江苏省高校“智慧教育与教学数字化转型研究”课题建设教材
昆山市智能制造技能大师工作室建设教材

工业机器人工具设计与仿真

主　编　卢亚平　刘和剑　石海坤

西安电子科技大学出版社

内 容 简 介

本书以“智能制造/工业 4.0”为背景，以 SOLIDWORKS 软件为设计平台，以发那科(FANUC)工业机器人的 ROBOGUIDE 软件为应用平台，结合多年的教学经验、企业实践经验编写而成。全书内容以学生就业为导向，以培养能力为本位，符合工业机器人方向的教学要求，能够适应相关智能制造类企业对应用型人才的需求。

全书共 3 篇 7 章。第 1～3 章为工业机器人工具设计之理论篇，具体内容包括工业机器人末端执行器、机器人柔性工具设计、机器人快换装置设计；第 4～5 章为工业机器人工具设计之设计篇，具体内容包括工业机器人工具原理设计、工业机器人工具应用设计；第 6～7 章为工业机器人工具设计之仿真应用篇，具体内容包括工业机器人工作站工具快换仿真应用、工业机器人吸盘设计与仿真应用。

本书适合作为应用型本科院校智能制造工程、机械电子工程、机器人工程、电气工程、机械设计制造及其自动化等专业的教材，也可作为高职高专院校工业机器人技术、机电一体化技术等专业的教材，还可作为相关智能制造从业人员的参考用书。

图书在版编目（CIP）数据

工业机器人工具设计与仿真 / 卢亚平，刘和剑，石海坤主编. -- 西安 : 西安电子科技大学出版社，2024. 8 (2024. 11 重印). -- ISBN 978-7-5606-7372-1

Ⅰ. TP242.2

中国国家版本馆 CIP 数据核字第 20248PK015 号

策　　划　陈　婷
责任编辑　赵婧丽
出版发行　西安电子科技大学出版社（西安市太白南路 2 号）
电　　话　（029）88202421　88201467　　邮　　编　710071
网　　址　www.xduph.com　　电子邮箱　xdupfxb001@163.com
经　　销　新华书店
印刷单位　咸阳华盛印务有限责任公司
版　　次　2024 年 8 月第 1 版　　2024 年 11 月第 2 次印刷
开　　本　787 毫米×1092 毫米　1/16　　印　张　15
字　　数　350 千字
定　　价　39.00 元
ISBN 978-7-5606-7372-1

XDUP 7673001-2

序

我国在“十四五”期间将大力发展高端制造和智能制造。工业机器人作为高端制造和智能制造的重要组成部分，广泛应用于各行各业，主要完成焊接、装配、搬运、加工、喷涂、码垛等复杂作业。工业机器人及自动化成套装备对提高制造业自动化水平、提高产品质量和生产效率、增强企业市场竞争力、改善劳动条件等起到了重大的作用，加之成本大幅度降低和性能迅速提高，工业机器人发展速度较快。这使得企业对相关专业人才的需求在数量和质量上均不断提高。

以工业机器人为核心的自动化生产线适应了现代制造业多品种、少批量的柔性生产发展方向，具有广阔的市场前景和强劲的生命力，目前已开发出多种面向汽车、电气、机械等行业的自动化成套装备和生产线产品。机器人自动化生产线已形成一个巨大的产业，如ABB、FANUC、KUKA、BOSCH 等公司都是机器人自动化生产线及物流与仓储自动化设备的集成供应商。

随着灵活性和快速转换成为制造竞争力的要求，工业机器人和工具之间的连接将变得更加复杂。工业机器人工具设计是工业机器人应用的重要组成部分，能够为机器人提供良好的定位和夹持环境，为其精确操作提供保障。当前，传统的工业机器人工具设计教材，通常只注重理论知识的传授，缺乏实际操作和实践能力培养，这导致学生在实际工作中存在无法灵活应用所学知识的困境。

本系列教材以工业机器人工具设计与仿真为出发点，按照真实环境、真学真做、掌握真本领的要求进行撰写，建立多维度的教学内容，增加实践环节，让学生亲自动手设计和制作工具。引入项目化教学案例，让学生能够分组进行项目设计与实施，培养学生的团队合作能力和解决实际问题的能力。在本教材中，加强了信息技术的应用，如使用 3D 软件 SOLIDWORKS 进行工具设计、使用仿真软件 ROBOGUIDE 对工具进行验证等，能有效提高学生的信息技术应用能力，增加实际操作的灵活性，最终协助师生实现构建“项目体验式、课堂实习式、理实一体化”的课程教学模式，以切合新工科培养面向企业需求的高素质技术技能人才的目标。

在此，我很高兴看到这本书的出版，也希望这本书能够给更多的应用型高校师生带来教学上的便利，帮助读者尽快掌握智能制造大背景下工业机器人工具设计的相关技术，成为智能制造领域中紧缺的应用型、复合型和创新型人才！

[signature] 教授

前　言

随着智能制造时代的到来，工业 4.0 已经成为制造业的主流发展方向。工业 4.0 时代下的智能制造，其主旨是利用人工智能、大数据、机器人等技术，实现制造过程的智能化和自动化，从而达到更高的制造水平和更好的制造效果。我国工业化水平不断提升，工业机器人在工业领域内的应用变得越来越重要，其中工业机器人工具技术作为工业自动化技术的一个重要组成部分，为工业 4.0 提供了动力和支撑。

本书以机器人工具设计和应用为重点，包含了工业机器人工具领域的新知识、新技术、新工艺和新标准，以及理实一体化的核心课程改革理念。本书内容由理论到实践，由设计到应用，将知识传授、技能训练融为一体，充分体现学生学中做、做中学、学会做、学做合一的行动教学特点，实现了以实践的行动内容为主、以理论的学科内容为辅的应用型人才培养模式。

本书采用企业真实案例，依托企业资源开展编写活动，撰写内容体现企业真实的工具设计和应用实践。

本着“学以致用”的教学理念，本书编写有理论篇、设计篇和仿真应用篇三部分内容。

● 理论篇——溯本而求源，温故而知新

兼顾不同工业机器人工具的特点，全面论述了机器人末端执行器的概念、分类、结构、特点，讲述了机器人柔性工具的设计方法与机器人快换装置的设计方法。

● 设计篇——工欲善其事，必先利其器

结合 SOLIDWORKS 软件，介绍了机器人工具原理设计和工具应用设计的基本方法和步骤，阐述了几种常见的工业机器人工具的设计过程。

● 仿真应用篇——学以致用，用学相长

结合 ROBOGUIDE 软件，详细讲解了工作站工具快换、吸盘工具设计仿真案例，案例切合工厂实际情况、富有特色，有效提升学生学科认知，实现实践认知循环。

本书由苏州大学应用技术学院卢亚平、刘和剑和石海坤担任主编。卢亚平负责全书统稿，并编写第 1 章、第 2 章、第 3 章、第 6 章、第 7 章；石海坤编写第 4 章、第 5 章；刘和剑参与了全书的修订和核对工作。另外，浙江仪迈智能装备有限公司对本书提供了珍贵的应用案例和技术指导，以及丰富的虚拟仿真教学案例。在此衷心感谢机器人教研室各位老师对本书出版给予的帮助和支持。本书的出版也得到了苏州大学 2023 年高等教育教改项目的支持，在此深表谢意。

由于编者水平有限，书中难免有疏漏之处，恳请广大读者批评指正。

编者邮箱地址：215894241@qq.com。

编者

2023 年 12 月

目　录

●理论篇——溯本而求源，温故而知新

●设计篇——工欲善其事，必先利其器

●仿真应用篇——学以致用，用学相长

理论篇

——溯本而求源，温故而知新

第 1 章　工业机器人末端执行器

1.1　工业机器人末端执行器概述

工业机器人的出现为解放人工劳动力、提高企业生产效率作出了杰出的贡献。随着工业机器人技术的快速发展，以及其在各个领域中的广泛应用，作为工业机器人与环境交互的最后执行部件，末端执行器对机器人的智能化水平和作业水平的提高具有十分重要的作用，就像早在史前社会时期，人类利用石器打制社会主要生产工具导致狩猎采集社会向农业社会改变一样。因此，对工业机器人末端执行器的研究具有重大的意义。目前，通过对机器人末端执行器的研究，根据不同的作业对象，设计出特有末端执行器，安装在工业机器人手腕上来模仿人类使用工具进行劳动生产。可以预测，不久的将来某些工种会实现机器人代替人类，出现机器人制造机器人、工具制造工具的一个崭新的工业世界。

工业机器人的末端执行器是一个安装在移动设备或者机器人手臂上，使其能够拿起一个对象，并且具有处理、传输、夹持、放置和释放对象到一个准确的离散位置等功能的机构。这是末端执行器的一个定义。末端执行器一般安装于工业机器人手腕部位。有了末端执行器，工业机器人可以完成搬运物品、装卸材料、组装零件、焊接、喷漆等工作任务，更能适应在高风险环境下工作。

工业机器人是一种通用性较强的自动化作业设备，其末端执行器则是直接执行作业任务的装置。大多数末端执行器的结构和尺寸都是根据其不同的作业任务要求来设计的，从而形成了多种多样的结构形式。通常，根据其用途和结构的不同，可以分为机械式夹持器、吸附式末端执行器和专用的末端工具(如焊枪、喷嘴、电磨头等)三类，一般把它安装在工业机器人手腕的机械接口上。多数情况下末端执行器是为特定的用途而专门设计的，但也可以设计成一种适用性较强的多用途末端执行器。同时，为了方便更换末端执行器，可设计一种末端执行器的快换接头装置来形成工业机器人上的机械接口，一般较简单的可用法兰盘作为机械接口处的转换器，但为了实现快速和自动更换末端执行器，可以采用电磁吸盘或者气动缩紧的接换器。

末端执行器一般通过气动、液压、电动三种驱动方式产生驱动力，通过传动机构进行作业，其中多用气动驱动、液压驱动。

1) 气动驱动

(1) 优点：气源获得方便；安全且不会引起燃爆，可直接用于高温作业；结构简单，造价低。

(2) 缺点：压缩空气常用压力为 4～6 bar，要获得大的握力，驱动机构的结构将相应加大；空气可压缩性大，工作平稳性和位置精度稍差，但有时因气体的可压缩性，使气动末端执行器的抓取运动具有一定的柔顺性。

2) 液压驱动

(1) 优点：液压力比气压力大，以较紧凑的结构可获得较大的握力；油液介质可压缩性小，传动刚度大，工作平稳可靠，位置精度高；力、速度易实现自动控制。

(2) 缺点：油液高温时易引起燃爆；需供油系统，成本较高。

3) 电动驱动

电动驱动一般采用直流伺服电机或步进电机。

(1) 优点：一般连上减速器可获得足够大的驱动力和力矩，并可实现末端执行器的力与位置控制。

(2) 缺点：不宜用于有防爆要求的情况，因电机有可能产生火花和发热。

1.2　末端执行器设计方法

1.2.1　设计要求

在设计末端执行器时，应尽可能使其结构简单、紧凑，质量轻，以减轻手臂负荷。专用的末端执行器结构简单，工作效率高，而能够完成各种作业的“万能”末端执行器结构复杂，费用昂贵。因此，提倡设计可快速更换的系列化、通用化专用末端执行器。

专用末端执行器设计时应考虑的因素主要有以下几个方面。

(1) 作业要求。无论是夹持还是吸附，末端执行器都需要有满足作业要求的足够夹持(吸附)力和所需夹持位置精度，此外除考虑工件重量外，还应考虑在传送或操作过程中所产生的惯性力和震动，以保证工件不致产生松动或脱落。

(2) 手指间具有一定的开闭角。两手指张开和闭合的两个极限位置所夹的角度称为手指的开闭角，如图 1-1 所示。手指的开闭角应保证工件能顺利进入或脱开。若夹持不同直径的工件，则应按最大直径的工件考虑。而对于移动型手指，只有开闭幅度的要求。

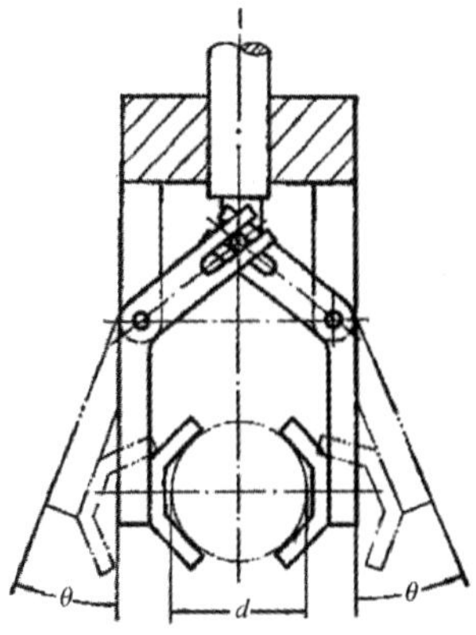

(3) 确保工件准确定位。为了使手指和被加持工件保持准确的相对位置，必须根据被抓取工件的形状，选择相应的手指形状，以确保工件准确定位。例如，圆柱形工件采用带 V 形面的手指，以便自动定心。

图 1-1　手指开闭角示意图

(4) 具有足够的强度和刚度。手指除受到被夹持工件的反作用外，还受到机械手在运动过程中所产生的惯性力和震动的影响，要求有足够的强度和刚度，以防止折断和弯曲变形，但应尽量结构简单、紧凑，质量轻，并使手部的重心在手腕的回转轴线上，以使手腕的扭转力矩最小。

(5) 抓取对象的抓取形状。手指形状应根据工件形状而设计。如果工件为圆柱形，则采用 V 形手指；如果工件是圆球状，则用圆弧形三指手指；如果工件是方料，则用平面形手指；如果工件是细丝，则用尖指勾形或细齿钳爪手指。总之，应根据工件形状来选定手指形状。

1.2.2　设计方法

末端执行器是直接执行工作的装置，它对增强机器人的作业功能、扩大应用范围、提高工作效率都有很大的影响，因此系统地研究末端执行器有着重要的意义。被抓取物体的不同特征，会影响末端执行器的操作参数；物体特征又同操作参数一起，影响末端执行器的设计要素。物体特征、操作参数与末端执行器设计要素的关系如图 1-2 所示。

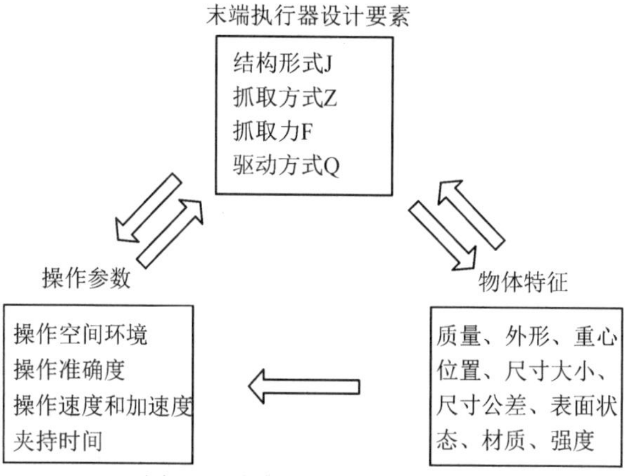

图 1-2　参数-要素-特征的联系

在设计末端执行器时，首先要确定的是不同的设计要素受哪些因素的影响。根据物体特征、操作参数等因素与设计要素的关系，可以建立关系矩阵。其中，物体特征、操作参数分别为影响因素Ⅰ、影响因素Ⅱ，作为列；末端执行器的设计要素作为行，得到如表 1-1 所示的关系矩阵。在关系矩阵中，“1”表示有关，“0”表示无关。

表 1-1　各要素间的关系

设计要素			结构形式 J	抓取方式 Z	抓取力 F	驱动方式 Q
影响因素Ⅰ	质量	I_1	1	1	1	1
	外形	I_2	1	1	0	0
	重心位置	I_3	1	0	1	1
	尺寸大小	I_4	1	0	1	1
	尺寸公差	I_5	0	1	0	0
	表面状态	I_6	1	1	1	1
	材质	I_7	1	1	1	1
	强度	I_8	1	1	1	1
影响因素Ⅱ	操作空间环境	II_1	1	0	1	1
	操作准确度	II_2	1	1	0	0
	操作速度和加速度	II_3	1	0	0	1
	夹持时间	II_4	0	0	0	1

1.3　末端执行器设计分类

1.3.1　根据用途分类

根据用途，末端执行器可分为手爪和工具。

(1) 手爪：具有一定的通用性。其主要功能是完成抓住工件、握持工件、释放工件等操作。

(2) 工具：进行作业的专用工具。机器人直接抓取和握紧(吸附)专用工具(如喷枪、扳手、焊具、喷头等)进行操作的部件。

1.3.2　根据工作原理分类

根据工作原理，末端执行器可分为手指式和吸附式。

(1) 手指式：二指式、多指式；单关节式、多关节式。

(2) 吸附式：气吸式、磁吸式。

1.3.3　根据夹持方式分类

根据夹持方式，末端执行器可分为外夹式、内撑式和内外夹持式，如图 1-3 所示。

(1) 外夹式：手部与被夹工件的外表面相接触。

(2) 内撑式：手部与工件的内表面相接触。

(3) 内外夹持式：手部与工件的内、外表面相接触。

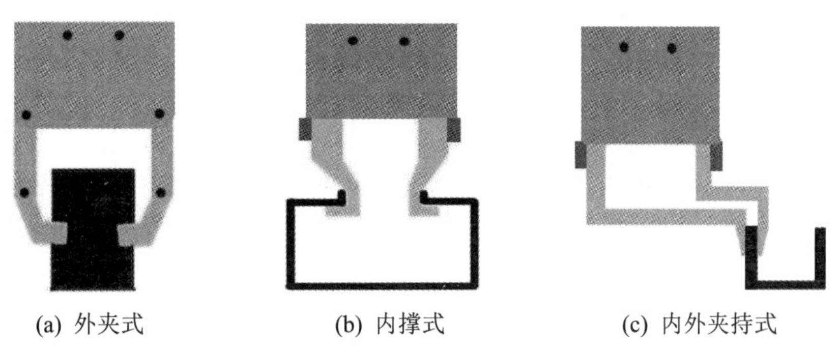

(a) 外夹式　(b) 内撑式　(c) 内外夹持式

图 1-3　不同夹持方式的末端执行器

1.3.4　根据运动形式分类

根据运动形式，末端执行器可分为回转型和平移型。

(1) 回转型：当手爪夹紧和松开物体时，手指做回转运动。当被抓物体的直径大小变化时，需要调整手爪的位置才能保持物体的中心位置不变。回转型执行器如图 1-4 所示。

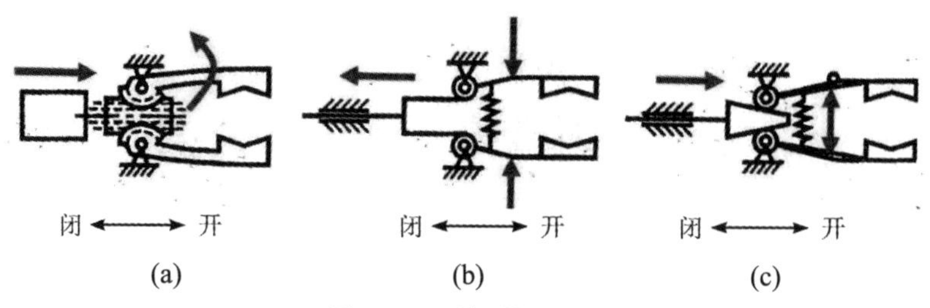

图 1-4　回转型执行器

(2) 平移型：当夹持器夹持或松开工件时，手指的姿态保持不变，只进行平移运动。当夹持器的位置不需要改变时，夹持器的位置是固定的。平移型执行器如图 1-5 所示。

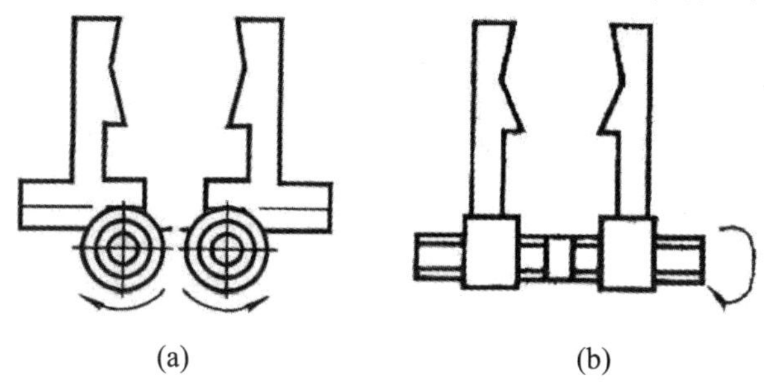

图 1-5　平移型执行器

1.3.5　根据结构分类

由于工件的形状、尺寸、重量、材质及表面状态等不同，工业机器人末端执行器的设计也是多种多样的。

1. 夹持类末端执行器的结构形式及特点

夹持类末端执行器各种结构形式及特点如表 1-2 所示。

表 1-2　夹持类末端执行器各种结构形式及特点

结构形式	图　例	特　点
摆动式		在手爪的开合过程中，其运动状态是绕固定轴摆动的，这种形式结构简单，可获得较大的开闭角，适用面广
对中定心式		三点爪可抓取圆形物件，三片平面爪可抓取多边形物件，能够对中定心
大行程式		抓取行程大，用气缸与齿轮齿条联动，保证对称抓取

续表

结构形式	图　例	特　点
平行开闭式		利用滑槽相对中心平行移动，行程较大；手爪做成不同形状，可抓取圆形、方形、多边形物件
小型摆动式		回转角较小，手部做成平面，可夹持薄型板片；做成 V 形或半圆形，可夹持小圆柱体，如钻头、电子元件等
柔性夹爪		外张夹持，可抓取各类形状、尺寸和重量的物件，即使被抓取物件的位置在一定范围内变化，仍可以保证顺利抓取，降低了对抓取系统定位精度的要求，具有良好的稳定性和密封性，能够在粉尘、油污、液体环境下正常工作，应用范围较广
柔性管爪		适宜抓取易损物件及型面，如鸡蛋、灯泡、多面体(见下图)
橡胶柔性手指		适宜抓取易损物件及小型物件，如纸杯、牙膏、塑料壳体等

夹持类末端执行器是一种常见的机器人末端执行机构，主要由四部分构成，分别是手指、联动机构(传动机构)、动力装置、主体支架。

根据不同的工件形状和工艺需求，在制作手指的时候可将手指做成各种各样的形状，V 形是一种常用的形状，也是适用范围比较广泛的手指形状。对于手指的表面处理，通常是根据工件的重量和工件的易损程度决定的。在抓取重量较大的工件时，除了选择动力装置之外，通常还会在手指表面做滚花纹路处理，这样能增加手指表面与工件接触时所产生的摩擦力。

不同的传动机构有着各自独特的传动方式，典型的传动机构有齿轮与齿轮传动、链轮与链条传动、齿轮与齿条传动、蜗轮与蜗杆传动、柔性夹爪与手指等。这些传动方式的传动原理都会在机器人末端执行器中有所体现。

2. 吸附类末端执行器的结构形式及特点

吸附类末端执行器各种结构形式及特点如表 1-3 所示。

表 1-3　吸附类末端执行器各种结构形式及特点

结构形式		图　例	特　点
气吸式	挤压排气式	1—橡胶吸盘；2—弹簧；3—拉杆。	通过气缸将吸盘压向物件，把吸盘内腔的空气挤压排出，将物件吸附起来；结构简单，吸力较小，宜用于吸起轻、小的片状物件；拉杆向上进入空气，吸力消失
	气流负压式	1—橡胶吸盘；2—心套；3—通气螺钉；4—支撑杆；5—喷嘴；6—喷嘴套。	需稳定的气源，喷嘴出口处气流速度很高，有啸叫声
	真空式	1—橡胶吸盘；2—固定环；3—垫片；4—支承杆；5—螺母；6—基板。	利用真空泵抽去吸盘内腔空气而吸取物件，吸取可靠，吸力大，成本较高
磁吸式	电磁铁	1—线圈；2—铁芯；3—衔铁。	吸力稳定，吸力较大，结构轻巧，应用较多，易产生振动和噪声

吸附类末端执行器吸持物件时，不会破坏物件的表面质量。吸附类末端执行器包括气吸式与磁吸式。

气吸式吸盘：结构简单，质量轻，使用方便可靠，主要用于板材，薄壁零件，陶瓷、搪瓷制品，塑料、玻璃器皿，纸张等。

磁吸式吸盘：吸附力较大，对被吸物件表面光整度要求不高，主要用于磁性材料吸附(如钢、铁、镍、钴等)，对于不能有剩磁的物件，吸取后要退磁。钢、铁等磁性材料的物件，在 723℃以上失去磁性，所以高温时不可使用。

1.4　夹钳式末端执行器

夹钳式末端执行器是工业机器人中应用较广的一种手部形式，如图 1-6 所示。夹钳式手部与人手相似，它一般由手指(手爪)、传动机构、驱动装置、连接与支承元件(即支架)等组成，并能通过手爪的开、闭动作实现对物体的夹持。

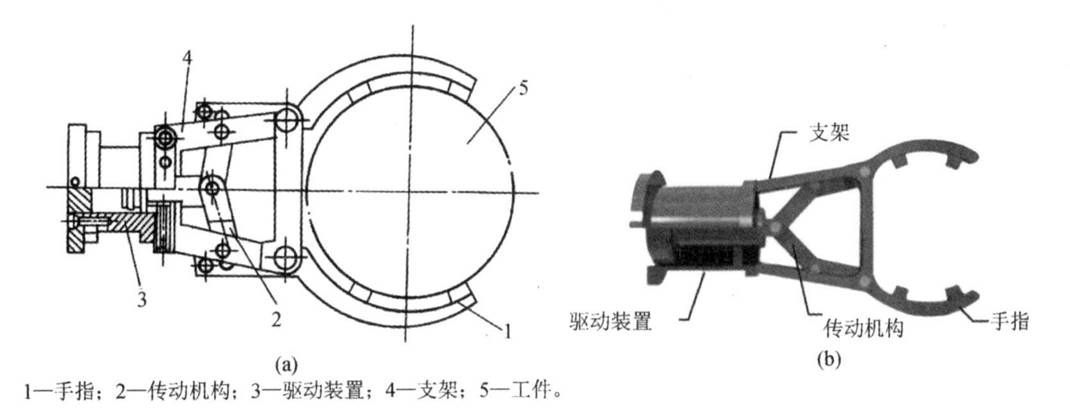

1—手指；2—传动机构；3—驱动装置；4—支架；5—工件。

图 1-6　夹钳式末端执行器

1.4.1　手指设计

手指是直接与工件接触的部件，手部松开或夹紧工件，都是通过手指的张开与闭合来实现的。机器人的手部一般设计有两个或多个手指，其结构形式往往取决于被夹持工件的形状和特性。指端的形状通常有两类：V 形指和平面指。如图 1-7 所示的 3 种 V 形指，用于夹持圆柱形工件。如图 1-8 所示的平面指为夹钳式手的指端，一般用于夹持方形工件(具有两个平行平面)、板形或细小棒料。

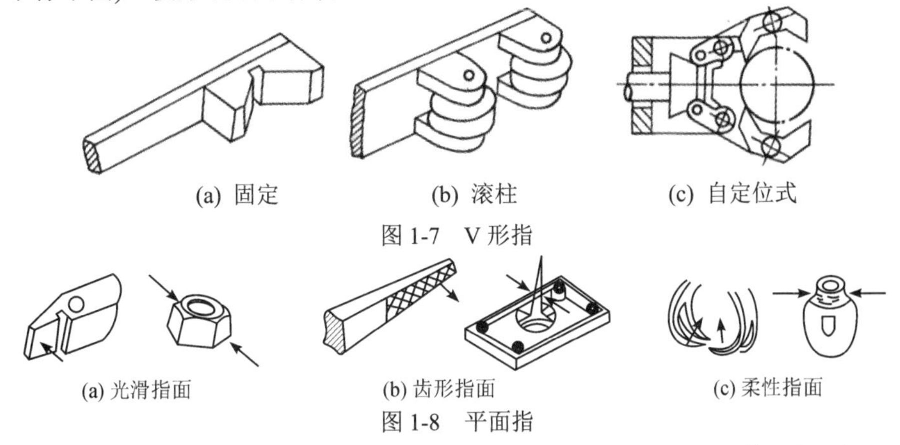
(a) 固定　(b) 滚柱　(c) 自定位式

图 1-7　V 形指

(a) 光滑指面　(b) 齿形指面　(c) 柔性指面

图 1-8　平面指

平面指的手指面的形状常设计有光滑指面、齿形指面和柔性指面等，如图 1-8 所示。光滑指面平整光滑，用来夹持已加工表面，避免已加工表面受损。齿形指面的指面刻有齿纹，可增加夹持工件的摩擦力，以确保夹紧牢靠，多用来夹持表面粗糙的毛坯或半成品。柔性指面内镶橡胶、泡沫、石棉等物，有增加摩擦力、保护工件表面、隔热等作用，一般用于夹持已加工表面、炽热件，也适于夹持薄壁件或脆性工件。

1.4.2　传动机构

根据手指开合的动作特点，夹钳式末端执行器传动机构可分为回转型、平移型和平动型。

回转型：当手爪夹紧和松开物体时，手指作回转运动；当被抓物体的直径大小变化时，需要调整手爪的位置才能保持物体的中心位置不变。

平移型：当手爪夹紧和松开物体时，手指作平移运动，并保持夹持中心固定不变，且不受工件直径变化的影响。

平动型：当手爪夹紧和松开物体时，手指由平行四杆机构传动；当手爪夹紧和松开物体时，手指的姿态不变，作平动。

1. 回转型传动机构

夹钳式手部中使用较多的是回转型传动机构，其手指就是一对杠杆，一般再同斜楔、滑槽、连杆、齿轮、蜗轮蜗杆或螺杆等机构组成复合式杠杆传动机构，用以改变传动比和运动方向等。

斜楔杠杆式回转型结构如图 1-9 所示。斜楔 2 向下运动，克服弹簧拉力 5，使杠杆手指 7 以铰销 6 为中心旋转，使装着滚子的一端向外撑开，从而另一端夹紧工件；斜楔向上运动，则在弹簧拉力作用下使手指松开。手指与斜楔通过滚子接触，可以减少摩擦力，提高机械效率。有时为了简化，也可让手指与斜楔直接接触。

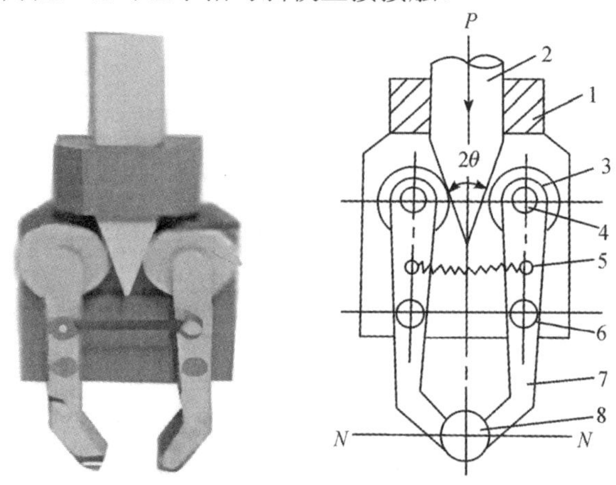

1—壳体；2—斜楔驱动杆；3—滚子；4—圆柱销；
5—拉簧；6—铰销；7—手指；8—工件。

图 1-9　斜楔杠杆式回转型

滑槽式杠杆回转型结构如图 1-10 所示。驱动杆上的圆柱销套在滑槽内，当驱动连杆同圆柱销一起做往复运动时，即可带动两个手指各绕其支点(铰销)做相对回转运动，从而实现手指的夹紧与松开动作。

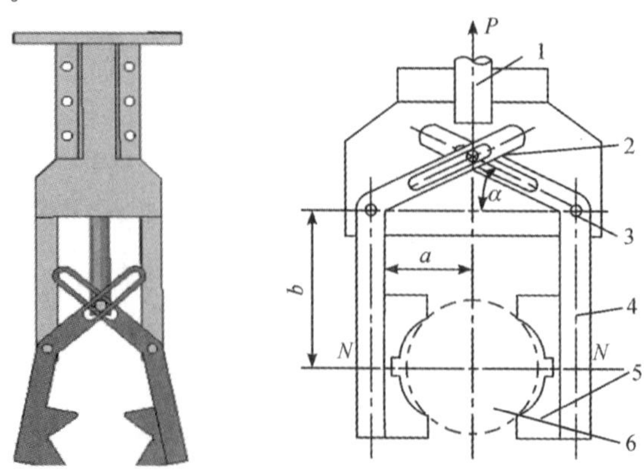

1—驱动杆；2—圆柱销；3—铰销；4—手指；5—V形指；6—工件。

图 1-10　滑槽式杠杆回转型

双支点连杆式回转型结构如图 1-11 所示。驱动杆 2 末端与连杆 4 由铰销 3 铰接，当驱动杆 2 作直线往复运动时，则通过连杆 4 推动两杆手指各绕支点做回转运动，从而实现手指夹紧与松开的动作。

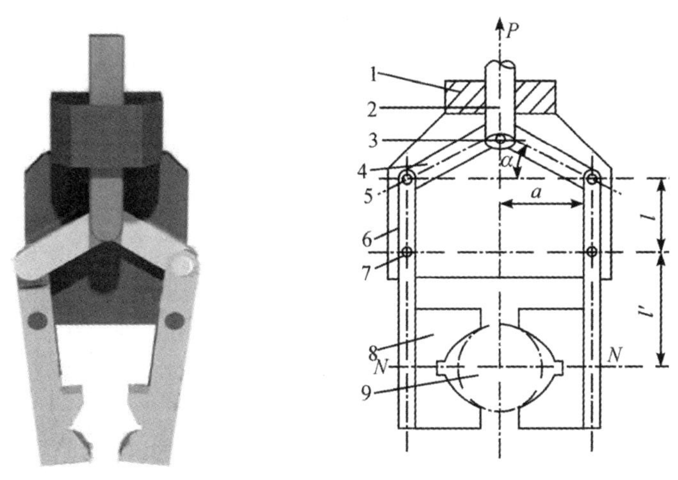

1—壳体；2—驱动杆；3—铰销；4—连杆；
5、7—圆柱销；6—手指；8—V形指；9—工件。

图 1-11　双支点连杆式

2. 平移型传动机构

平移型传动机构是通过手指的指面作直线往复运动或平面平行移动来实现夹紧与松开动作的，常用于夹持具有平行平面的工件。其结构较复杂，不如回转型手部应用广泛。

实现直线往复运动机构很多，常用的斜楔传动、齿条传动、螺旋传动等均可应用于手部结构，如图 1-12 所示。它们既可以是双指型的，也可以是三指(或多指)型的；既可自动定心，也可非自动定心。

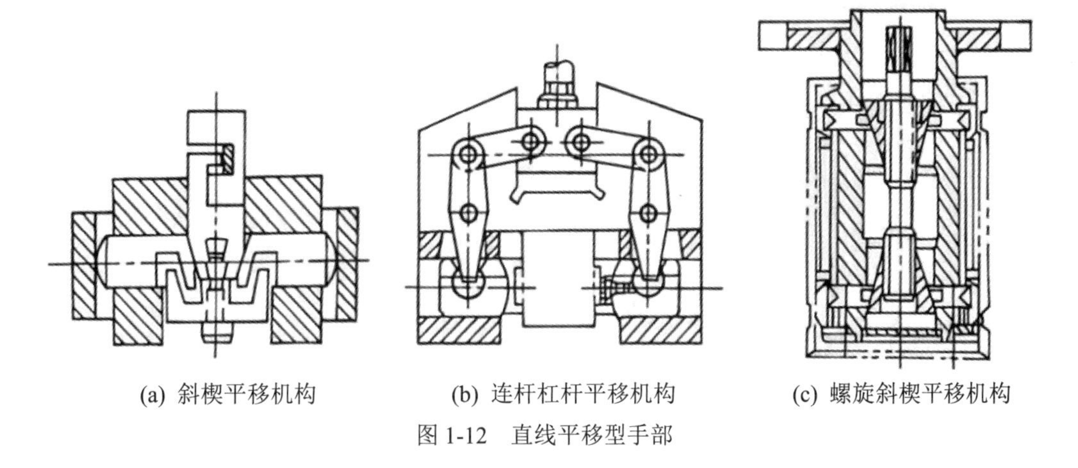

(a) 斜楔平移机构　　(b) 连杆杠杆平移机构　　(c) 螺旋斜楔平移机构

图 1-12　直线平移型手部

3. 平动型传动机构

平动型传动机构的共同点是都采用平行四边形的铰链机构——双曲柄铰链四连杆机构，以实现手指平动。它们可分别采用齿条齿轮、 蜗杆蜗轮、连杆斜滑槽的传动方法。四连杆机构平动型传动机构如图 1-13 所示。

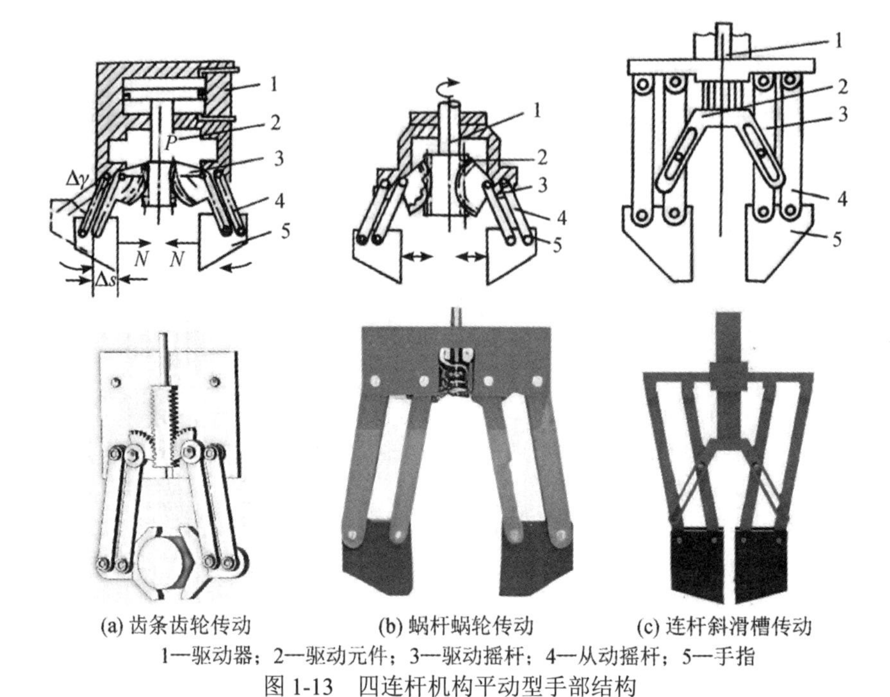

(a) 齿条齿轮传动　　(b) 蜗杆蜗轮传动　　(c) 连杆斜滑槽传动

1—驱动器；2—驱动元件；3—驱动摇杆；4—从动摇杆；5—手指

图 1-13　四连杆机构平动型手部结构

1.4.3　几种典型手爪

1. 弹性力手爪

弹性力手爪的特点是其夹持物体的抓力是由弹性元件提供的，不需要专门的驱动装置，在抓取物体时需要一定的压力，而在卸料时，则需要一定的拉力。

图 1-14 所示为几种弹性力手爪的结构原理图，图(a)所示手爪有一个固定爪，另一个活动爪靠压簧提供抓力，活动爪绕轴回转；抓物时活动爪在推力作用下张开，靠爪上的凹槽和弹性力抓取物体，卸料时需固定物体的侧面，手爪用力拔出即可。图(b)所示是用两块板弹簧做成的手爪。图(c)所示是用四块板弹簧做成的内卡式手爪，用于电表线圈的抓取。

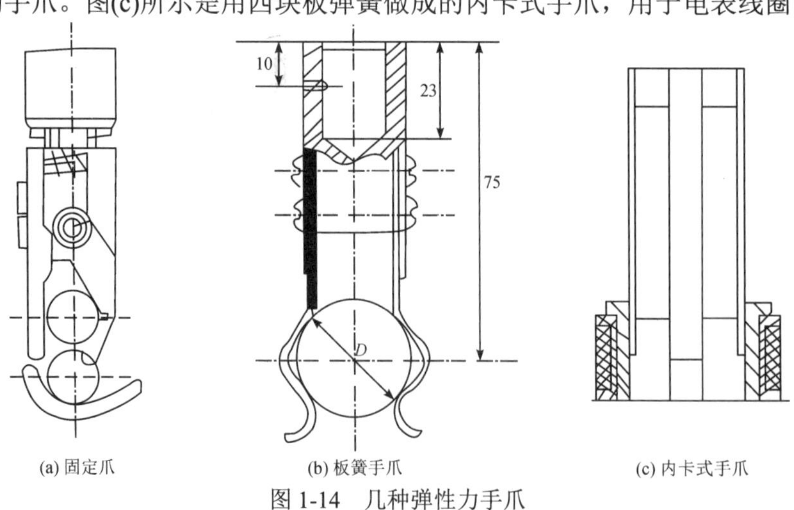

(a) 固定爪　　(b) 板簧手爪　　(c) 内卡式手爪

图 1-14　几种弹性力手爪

2. 摆动式手爪

摆动式手爪的特点是在手爪的开合过程中，其爪的运动状态是绕固定轴摆动的，结构简单，使用较广，适合于圆柱表面物体的抓取。齿轮齿条摆动式手爪如图 1-15 所示，推拉杆端部两侧有齿条，与固定于手爪上的齿轮啮合，齿条的上下移动带动两个手爪绕着各自的转轴摆动。

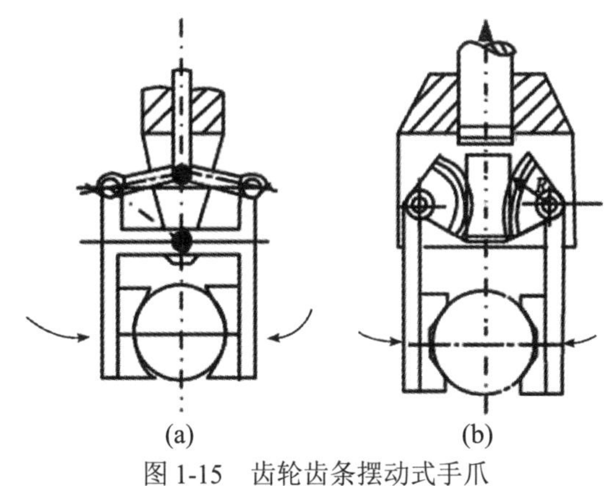

(a)　(b)

图 1-15　齿轮齿条摆动式手爪

3. 平动式手爪

平动式手爪的特点是手爪在开合过程中，其运动状态是平动的。可以有圆弧式平动和直线式平动之分。平动式手爪适用于被支持面是两个平行平面的物体。图 1-16 是连杆圆弧平动式手爪的结构原理图，它采用平行四边形平动机构，使爪在开合过程中保持方向不变，做平行开合运动，而爪上任一点的运动轨迹为一圆弧摆动。这种手爪在夹持物体的瞬时，对物体表面有一个切向分力。

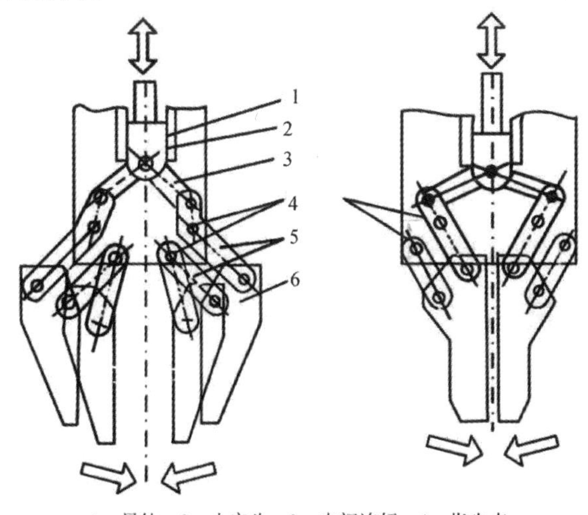

1—导轨；2—十字头；3—中间连杆；4—指尖点；
5—平行连杆；6—指。

图 1-16　连杆圆弧平动式手爪

1.4.4　研究现状

工业机器人手部除焊接、喷涂等机器人的终端是焊钳、喷枪等专用工具外，其他工种如搬运、装配等都配有专属夹持器。目前使用的或研制中的夹持器种类很多，为了便于研究，根据其结构、性能和应用方式可分为以下四种。

(1) 简单的夹持器机构：这类夹持器只适合抓取外形规则的物体，应用范围有限；但因其结构简单、造价低廉，所以目前使用得较多。

(2) 多夹持器系统：此类夹持器主要用于抓拿对象种类较多、外形变化较大的场所。它的优点是在操作过程中机器人可根据抓拿对象选择不同的夹持器，免除了因抓拿对象的变化而更换机器人终端设备的麻烦。其缺点是结构复杂，增加了机器人腕部的负载。

(3) 柔性夹持器机构：此类夹持器的特点是在操作过程中不存在固定不变的夹持形心，所以它可抓拿形状变化较大的物体；但由于其失去了对抓拿物空间位姿的精确控制，因此不适于机器人的装配操作，在实际应用中有局限性。

(4) 仿人手型夹持器机构：此类夹持器的特点是它的机械结构与人手相似，具有多个可独立驱动的关节，在操作过程中可通过关节的动作使被抓物体在空间做有限度地转动和移动，调整被抓拿物体在空间的位姿。在作业过程中，这种小范围的调整是十分必要的，它对提高机器人作业的准确性有利。仿人手型夹持器的应用前景十分广阔，但由于其结构和控制系统非常复杂，目前尚处于研究阶段，因此实际使用很少。

总之，尽管夹持器机构种类较多，但是其中有些在技术上尚不成熟，有待进一步开发研究。因此，如何提高现有夹持器机构的性能，研制能满足各种作业要求、实用可靠、结构简单、造价低廉的夹持器机构是我们的主要任务。

1.5 吸附式末端执行器

吸附式末端执行器靠吸附力取料，适用于大平面(单面接触无法抓取) 、易碎(玻璃、磁盘等)、微小的物体，且物体表面需平整光滑、无孔、无凹槽。根据吸附原理的不同，吸附式末端执行器可分为气吸附式和磁吸附式两种。

1.5.1 气吸附式末端执行器

气吸附式末端执行器是利用轻型塑胶或塑料制成的皮碗，通过抽空与物体接触平面密封型腔中空气产生的负压真空吸力来抓取和搬运物体。与夹钳式末端执行器相比，气吸附式末端执行器具有结构简单、质量轻、吸附力分布均匀等优点，对于薄片状物体的搬运更具有优越性。它广泛应用于非金属材料或不可有剩磁的材料吸附，但要求物体表面较平整光滑、无孔、无凹槽。工业机器人使用气吸附式末端执行器搬运玻璃，如图 1-17 所示。

气吸附式末端执行器由吸盘、吸盘架和气路组成。气吸附式末端执行器按形成压力差的方法分类，又可分为真空吸附、气流负压吸附、挤压排气负压吸附等。

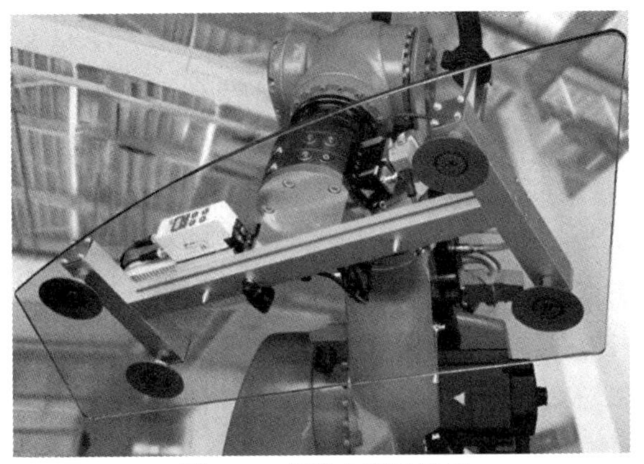

图 1-17　机器人搬运玻璃

1) 真空吸附末端执行器

真空吸附末端执行器的结构原理如图 1-18 所示。真空的产生是利用真空泵，真空度较高。取料时，碟形橡胶吸盘与物体表面接触，橡胶吸盘边缘起到密封与缓冲作用，利用真空泵抽气，吸盘内腔形成真空，实施吸附取料；放料时，管路接通大气，失去真空，物体依靠自身重量与吸盘分离。真空吸附取料工作可靠、吸附力大，但需要有真空系统，成本高。

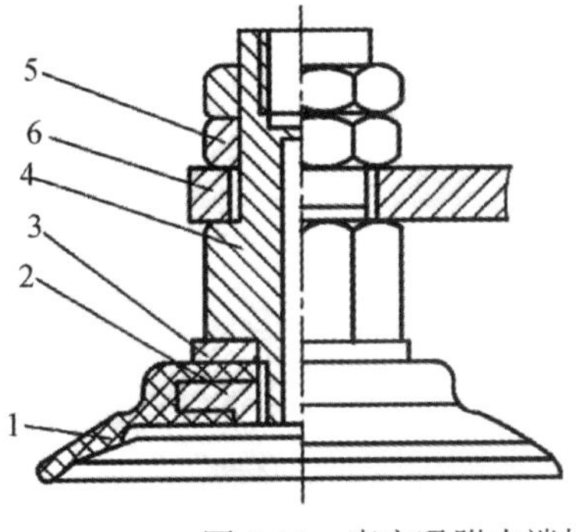

1—碟形橡胶吸盘；
2—固定环；
3—垫片；
4—支承杆；
5—螺母；
6—基板

图 1-18　真空吸附末端执行器

为了避免在取料、放料时产生撞击，有的还在支承杆上配有弹簧缓冲。为了更好地适应物体吸附面的倾斜状况，有的在橡胶吸盘背面设计有球铰链。各种真空吸附末端执行器如图 1-19 所示。

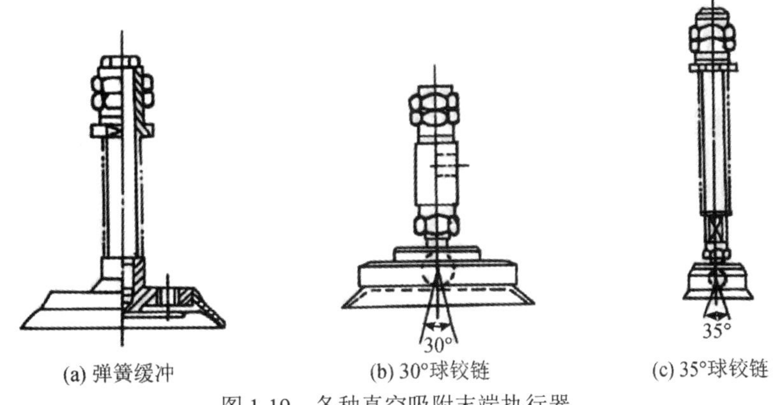

(a) 弹簧缓冲　(b) 30°球铰链　(c) 35°球铰链

图 1-19　各种真空吸附末端执行器

2) 气流负压吸附末端执行器

气流负压吸附末端执行器结构原理如图 1-20 所示。利用流体力学的原理，取料时，压缩空气高速流经喷嘴 5 时，其出口处喷嘴套 6 的气压低于吸盘腔内的气压，于是腔内的气体被高速气流带走，从而形成负压，完成取物动作；放料时，切断压缩空气即可。气流负压吸附末端执行器需要压缩空气，工厂里较易取得，成本较低，故使用得较多。

3) 挤压排气吸附式末端执行器

挤压排气吸附式末端执行器结构原理如图 1-21 所示。取料时，末端执行器先向下，吸盘压向工件 5，橡胶吸盘 4 形变，将吸盘内的空气挤出；之后，手部向上提升，压力去除，橡胶吸盘恢复弹性形变使吸盘内腔形成负压，将工件牢牢吸住，机械手即可进行工件搬运。到达目标位置后要释放工件时，用碰撞力 P 或电磁力使压盖 2 动作，使吸盘腔与大气联通而失去负压，从而释放工件。该末端执行器结构简单，但吸附力小，吸附状态不易长期保持，可靠性比真空吸附和气流负压吸附差。

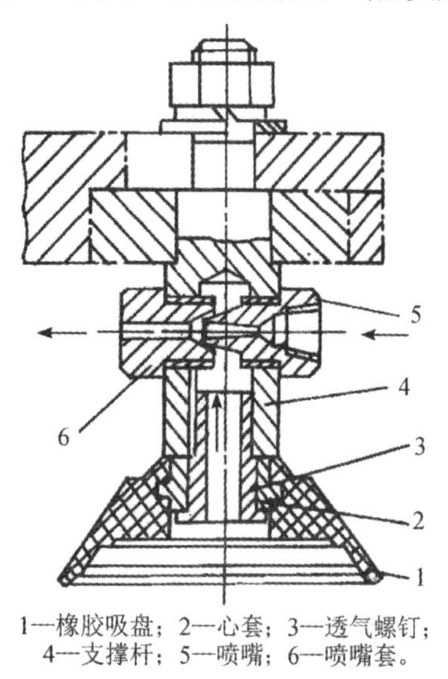

1—橡胶吸盘；2—心套；3—透气螺钉；
4—支撑杆；5—喷嘴；6—喷嘴套。

图 1-20　气流负压吸附末端执行器

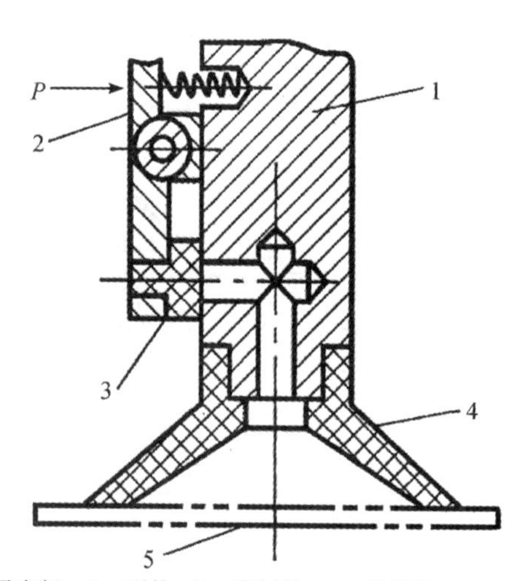

1—吸盘架；2—压盖；3—密封垫；4—橡胶吸盘；5—工件。

图 1-21　挤压排气吸附式末端执行器

1.5.2　磁吸附式末端执行器

磁吸附式末端执行器利用电磁铁通电后产生的电磁吸力取料，只能对铁磁物体起作用，对某些不允许有剩磁的零件禁止使用，因此，磁吸附式末端执行器的使用有一定的局限性。

电磁铁的工作原理如图 1-22(a)所示。当线圈 1 通电后，在铁芯 2 内外产生磁场，磁力线经过铁心，空气隙和衔铁 3 被磁化并形成回路。衔铁受到电磁吸力 F 的作用被牢牢吸住。实际使用时，往往采用如图 1-22(b)所示的盘式电磁铁，衔铁是固定的，衔铁内用隔磁材料将磁力线切断，当衔铁接触磁铁物体零件时，零件被磁化形成磁力线回路并受到电磁吸力而被吸住。

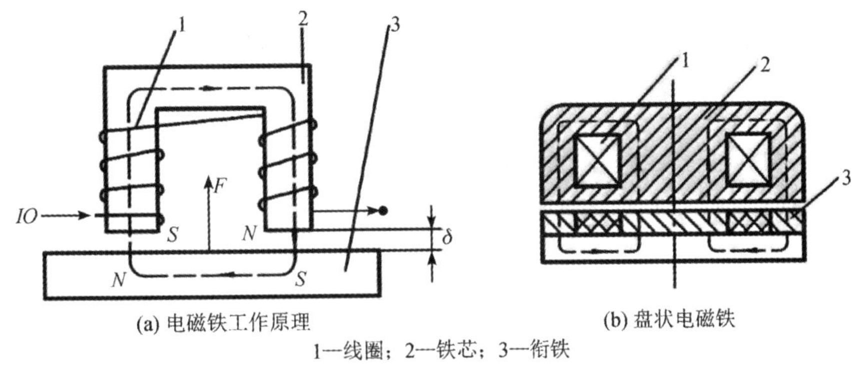

(a) 电磁铁工作原理　(b) 盘状电磁铁

1—线圈；2—铁芯；3—衔铁

图 1-22　电磁铁

1.6 专用末端执行器

1.6.1 一般专用末端执行器

工业机器人是一种通用性很强的自动化设备，配上各种专用的末端执行器后，就能完成各种任务。例如，在通用机器人上安装焊枪，就成为一台焊接机器人，安装吸附式末端执行器，则成为一台搬运机器人。目前有许多由专用电动、气动工具改型而成的执行器，如图 1-23 所示，有拧螺母机、焊枪、电磨头、电铣头、抛光头、激光切割机等，形成一整套系列，供用户选用，使机器人能胜任各项加工任务。

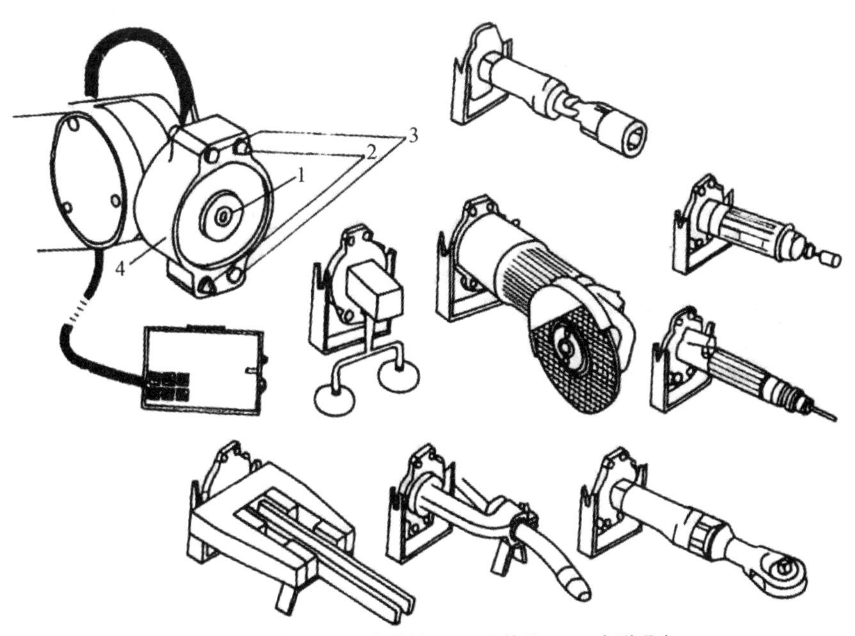

1—气路接口；2—定位销；3—电接头；4—电磁吸盘

图 1-23　各种专用末端执行器和电磁吸盘式换接器

1.6.2 特殊专用末端执行器

目前大部分工业机器人的末端执行器只有两个手指，而且手指上没有关节，无法满足对复杂形状的物体实施包夹操作。而仿生机器人末端执行器能像人手一样进行各种复杂的作业，如装配作业。仿生机器人末端执行器有两种：一种叫柔性手，另一种叫仿生多指灵巧手。

1) 柔性手

为了能对不同外形的物体实施抓取，并使物体表面受力比较均匀，因此研制出了柔性手。如图 1-24 所示为多关节柔性手腕，每个手指由多个关节串联而成。手指传动部分由牵引钢丝绳及摩擦滚轮组成，每个手指由两根钢丝绳牵引，一侧为握紧，另一侧为放松。这样的结构可抓取凹凸外形的物体，且使物体受力均匀。

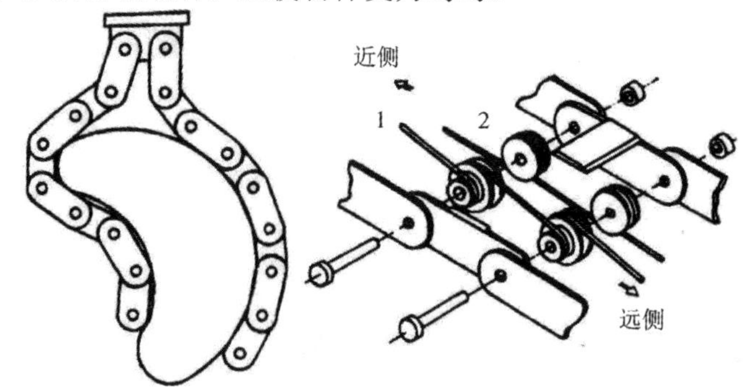

图 1-24 多关节柔性手腕

图 1-25 所示为用柔性材料做成的柔性手。一端固定，另一端为自由端的双管合一的柔性管状手爪。当一侧管内充气体或液体、另一侧管内抽气或抽液时，形成压力差，柔性手爪就向抽空侧弯曲。此种柔性手适用于抓取轻型、圆形物体，如玻璃器皿等。

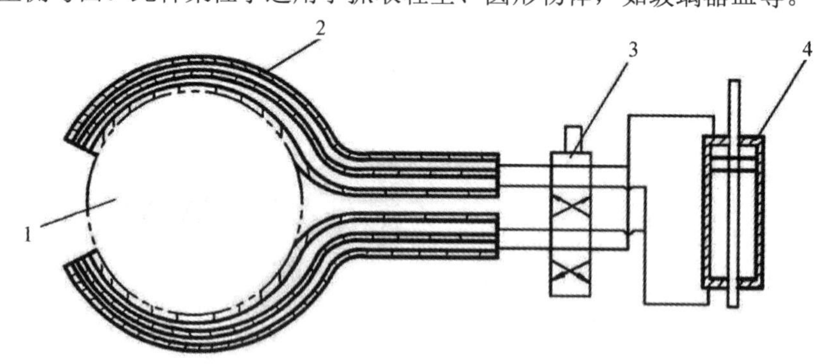

1—工件；2—手指；3—电磁阀；4—油缸

图 1-25 柔性材料做成的柔性手

2) 多指灵巧手

机器人手爪和手腕最完美的形式是模仿人手的多指灵巧手，如图 1-26 所示。多指灵巧手有多个手指，每个手指有 3 个回转关节，每一个关节的自由度都是独立控制的。因此，几乎人类手指能完成的各种复杂动作，它都能模仿，诸如拧螺钉、弹钢琴、作礼仪手势等动作。在手部配置触觉、力觉、视觉、温度传感器，将会使多指灵巧手达到更完美的程度。

多指灵巧手的应用前景十分广泛，可在各种极限环境下完成人类无法实现的操作，例如，在核工业领域、宇宙空间作业，在高温、高压、高真空环境下作业等。

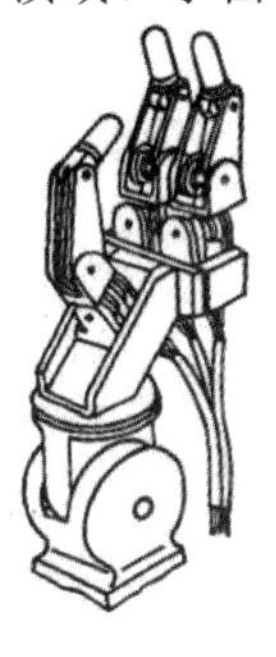
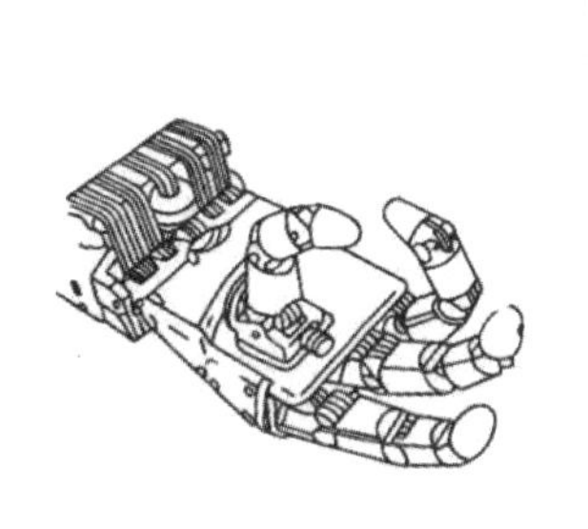
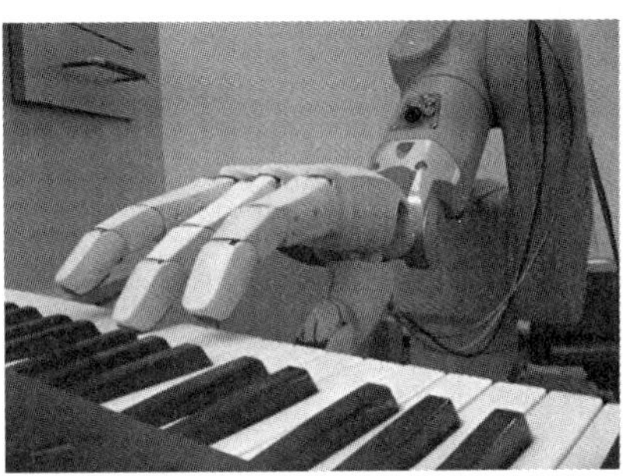

图 1-26　多指灵巧手

1.7　工具快换装置

由于有的机器人工作站需要承担多种不同的任务，在作业时需要自动更换不同的末端执行器，使用机器人工具快换装置(Robotic tool changers)能快速装卸机器人的末端执行器，可以在数秒内快速更换不同的末端执行器，使机器人更具有柔性、更高效，因此，工具快换装置被广泛应用于自动化行业的各个领域。一般工具快换装置由机器人侧和工具侧两部分组成，机器人侧安装在机器人手腕部位上，工具侧安装在工具上，如夹具、焊枪和毛刺清理工具等。

1.7.1　单工位换接装置

一般工艺实施时，各种单一末端执行器存放在工具架上，组成一个专用末端执行器库，如图 1-27 所示。根据作业要求，自行从工具架上装接相应的专用末端执行器。

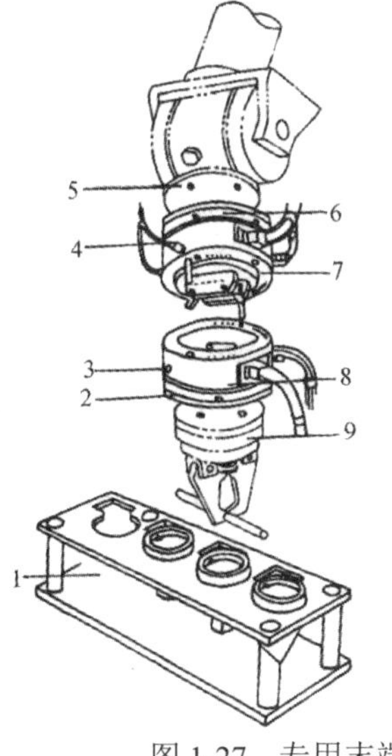

1—末端执行器库；
2—执行器过渡法兰；
3—位置指示灯；
4—换接器气路；
5—连接法兰；
6—过渡法兰；
7—换接器；
8—换接器配合端；
9—末端执行器

图 1-27　专用末端执行器库

机器人工具快换装置也被称为自动工具快换装置(ATC)、机器人工具快换、机器人连接器、机器人连接头等，它为自动更换工具并连通各种介质提供了极大的柔性，可以自动锁紧连接，同时可以连通和传递(例如电信号、气体、水等)介质，如图1-28所示。大多数的机器人连接器使用气体锁紧机器人侧和工具侧，使用中主要有以下几方面要求。

(1) 同时具备气源、电源及信号的快速连接与切换；

(2) 能承受末端执行器的工作载荷；

(3) 在失电、失气情况下，机器人停止工作时不会自行脱离；

(4) 具有一定的换接精度等。

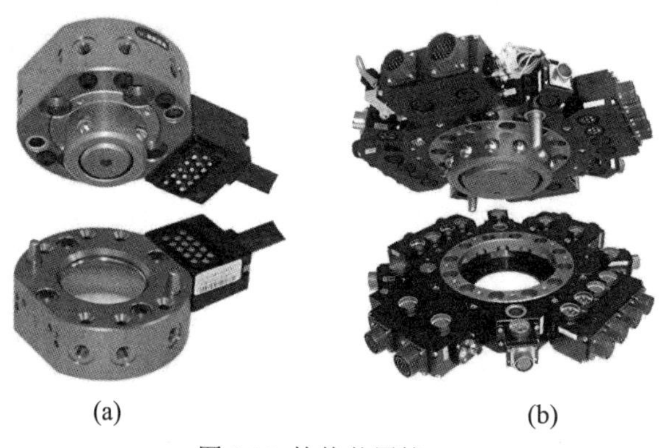

(a) (b)

图1-28 快换装置接口

1.7.2 多工位换接装置

当机器人的作业任务相对较为集中，需要换接一定量的末端执行器，但又不必配备数量较多的末端执行器库时，可以在机器人手腕上设置一个多工位换接装置。例如，在某种按钮开关装配工位上，机器人需要依次装配开关外壳、复位弹簧、按钮帽等几种零件，采用多工位换接装置，可以先从几个供料位处依次抓取几种零件，然后逐个进行装配，既可以节省几台专用机器人，也可以避免通用机器人的频繁换接执行器，以节省装配作业时间。多工位末端执行器如图1-29所示。

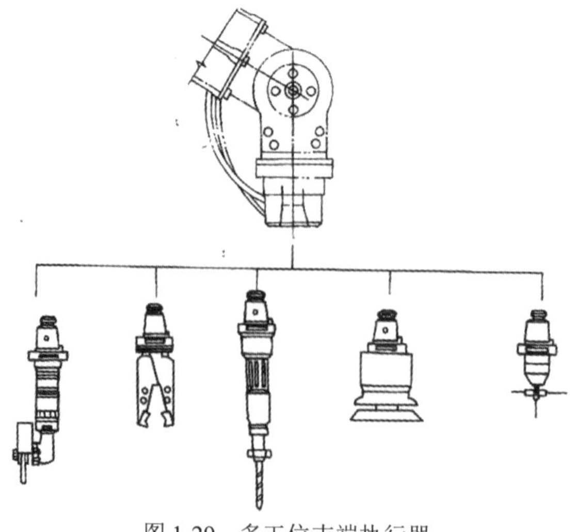

图1-29 多工位末端执行器

多工位换接装置如图 1-30 所示，实物图如图 1-31 所示。同数控加工中心的刀库一样，多工位换接装置可以有棱锥型和棱柱型两种形式。棱锥型换接装置可保证手爪轴线和手腕轴线一致，受力较合理，但其传动机构较为复杂；棱柱型换接器传动机构较为简单，但其手爪轴线和手腕轴线不能保持一致，受力不均。

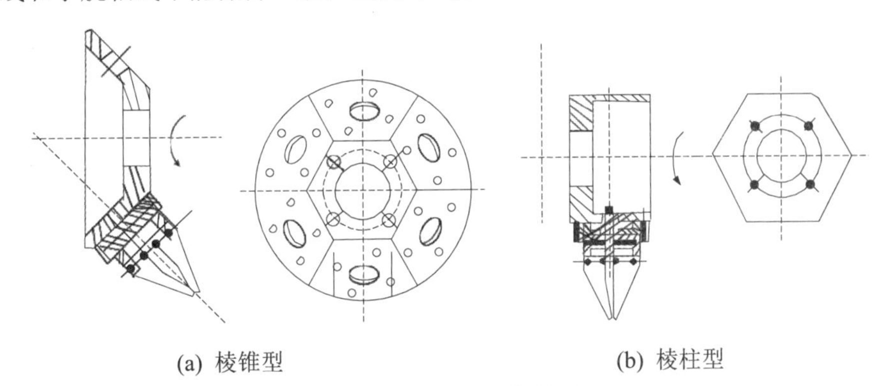

(a) 棱锥型　　(b) 棱柱型

图 1-30　多工位换接装置

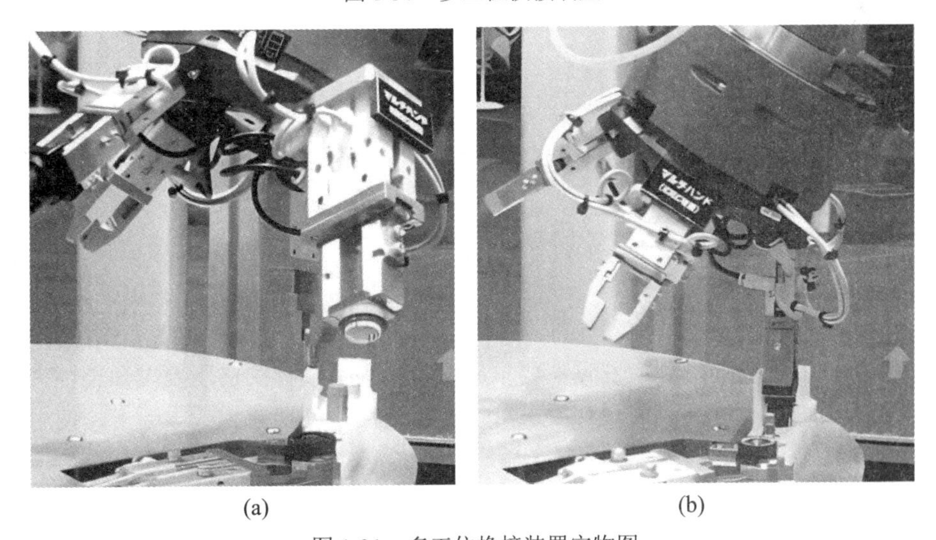

(a)　　(b)

图 1-31　多工位换接装置实物图

第 2 章 机器人柔性工具设计

夹具作为制造系统的重要组成部分之一，其设计制造费用占整个制造系统成本的10%～20%，装夹时间占整个工艺时间的 1/4 左右。随着科技的进步和社会的发展，产品市场逐渐由卖方市场向买方市场转变，市场需求个性化、多样化、快速化更加突出，对制造业提出了新的挑战。柔性制造系统作为传统刚性制造系统的进化升级，具有市场响应快、产品生产范围广、设备利用率高、加工成本低、产品质量好等优势。柔性制造系统的柔性主要集中在设备柔性、工艺柔性、产品柔性、控制柔性、管理柔性等方面。其中柔性夹具系统作为柔性制造系统设备层柔性的关键部分之一，对整个柔性制造系统中柔性的实现至关重要。

2.1 柔性夹具的设计要求及方法

2.1.1 柔性夹具的设计要求

柔性夹具作为夹具的一种，其设计要求应该包括夹具设计的通用要求和柔性夹具的柔性化要求两大方面。柔性夹具的设计要求总体可以分为精度要求、成本要求、使用性要求和柔性化要求四方面，具体内容如表 2-1 所示。

表 2-1 柔性夹具的设计要求

设计要求	要 求 概 述
精度要求	柔性夹具能够适应工件的各物理要素； 柔性夹具可以适应工件的加工特性； 柔性夹具的形位公差、定位公差满足设计使用要求； 柔性夹具应具有较好的稳定性和足够的刚度
成本要求	柔性夹具的成本应在控制范围内； 柔性夹具的拆装时间、操作时间应在控制范围内
使用要求	柔性夹具与工件、刀具、加工设备等不发生干涉； 柔性夹具不能对自身和工件造成损伤； 柔性夹具应便于切屑的排除； 柔性夹具应具备防错技术； 柔性夹具可根据工件的设计特征对刀具进行导向

续表

设计要求	要求概述
柔性化要求	柔性夹具重新配置的时间应不高于期望值； 柔性夹具具有可调整性； 柔性夹具具有重新调整工件和操作工件的能力； 在生产过程中，柔性夹具的定位件、夹紧件可以被重新配置，柔性夹具布局可以被重新优化； 柔性夹具的夹紧力应可控，以减少夹紧力引起的工件及夹具变形

2.1.2　柔性夹具的设计方法

柔性夹具的设计方法一般可以总结为需求分析、概念设计、构形设计、试生产与优化设计四个步骤。

(1) 需求分析。柔性夹具的需求分析主要是确定用户需求、掌握设计目标、了解设计任务，包括装夹工件的形状、尺寸、系列等信息，机床、刀具的基本信息，设计时间等生产管理信息的收集和分析。

(2) 概念设计。通过对柔性夹具的需求分析，结合成组技术、模块化技术等展开柔性夹具的概念设计，包括对柔性夹具定位点(面)、夹紧点(面)、装夹次数、装夹方向等的规划，确定柔性夹具的夹紧原理，形成初步的概念方案。

(3) 构形设计。柔性夹具构形设计阶段是对概念设计具体化的过程，包括设计出全部的基础件、定位件、夹紧件和连接件等，并完成柔性夹具各元件的装配。

(4) 试生产与优化设计。柔性夹具设计完成后还要进行试制和优化，可以通过有限元分析、动力学分析等手段对柔性夹具进行实验仿真，以便发现问题、进行系统优化。

2.1.3　柔性夹具及其设计的发展

随着市场需求的更新，多品种、个性化、定制化、中小批量的生产方式将成为未来的发展趋势，以柔性夹具为代表的柔性化工装设备将成为企业增强竞争力、提高产品质量的关键因素之一。同时，在新技术、新材料、新方法的推动下，柔性夹具设计方法也将进一步融入计算机辅助设计、辅助创新等技术，逐渐降低柔性夹具设计对人员技术水平和经验的依赖。

(1) 柔性夹具的发展方向。柔性夹具作为与工件直接接触、直接影响工件加工质量的辅助加工设备之一，其发展方向将以提高产品质量、降低生产成本为主线，朝着自动化程度高、柔性大、精度高、调整时间短等方向发展。自动化程度高是指柔性夹具将进一步融入机、电、气、液、磁等技术，以减少工人手工操作；柔性大是指柔性夹具的适应性更广，能适应不同产品的装夹需要；精度高是指柔性夹具的制造精度、定位精度、装夹精度更高，以适应高精密加工；调整时间短是指柔性夹具接口标准化程度更高，广泛使用快换元件，短时间内就可实现功能的转变，从而可以降低工艺时间、提高生产效率。

(2) 柔性夹具设计的发展方向。随着信息技术的发展，以计算机辅助夹具设计技术为主的柔性夹具设计将成为未来的发展方向之一。计算机辅助柔性夹具设计系统的核心模块为逻辑推理模块，根据推理机制的不同，可以是专家系统、基于实例的推理、基于知识的推理以及柔性夹具布局方案的优化算法等。因此，构建丰富的知识库、柔性夹具实例库、元件库，将是实现柔性夹具计算机辅助设计的关键。同时，柔性夹具作为知识密集型产品，其概念阶段的创新设计将成为柔性夹具设计发展的另一方向。基于质量功能展开 QFD，发明问题解决理论 TRIZ 等的集成创新方法，将成为提高柔性夹具创新程度的重要理论支撑。

2.2 柔性手指结构设计

2.2.1 结构组成和变形原理

柔性手指的关节三维结构模型，如图 2-1(a)所示。关节主要由乳胶管、约束环、弹簧钢板、端盖和气动接头等组成，其中乳胶管、约束环和上下端盖构成密封良好的腔体，称为人工肌肉。关节由 2 个独立的人工肌肉并联而成，具有 1 个自由度，能实现较大的弯曲变形。通入压缩气体后，约束环(见图 2-1(b))只起到约束乳胶管径向膨胀的作用，关节在轴向合力 $\sum F_p$ 与合力矩 $\sum M$ 共同作用下朝着弹簧钢板的一侧弯曲。关节受力变形情况如图 2-1(c)所示。

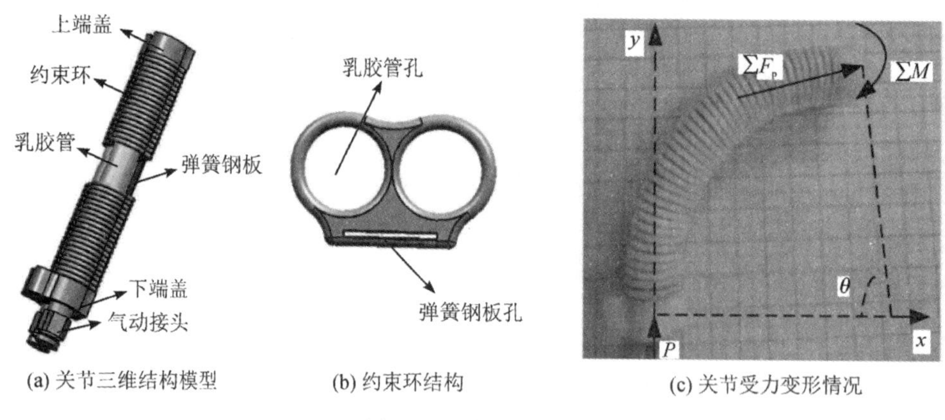

图 2-1 柔性手指结构

2.2.2 乳胶管变形分析

在变形过程中，乳胶管的截面尺寸将发生变化。其中，因受约束环的径向约束，外径保持不变，内径变大，厚度变薄。乳胶管变形前后几何关系，如图 2-2 所示。

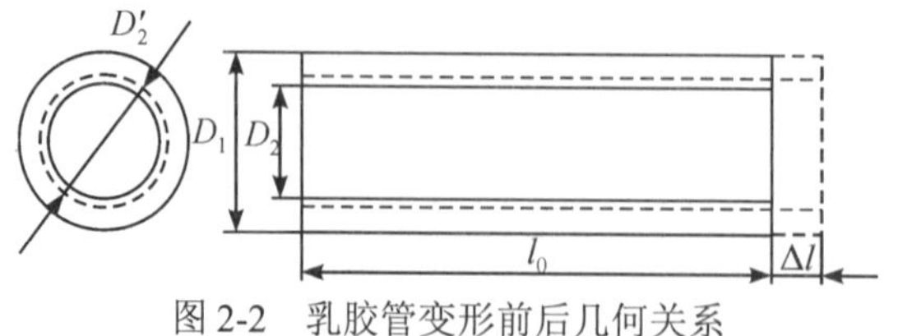

图 2-2 乳胶管变形前后几何关系

变形前乳胶管的有效体积：

$$V_0 = \frac{\pi}{4}(D_1^2 - D_2^2)l_0 \tag{2-1}$$

式中：D_1 为乳胶管的外径；D_2 为乳胶管的原始内径；V_0 为乳胶管原始体积；l_0 为人工肌肉的有效长度。

变形后乳胶管的有效体积：

$$V_0 = \frac{\pi}{4}(D_1^2 - D_2'^2)(l_0 + \Delta l) \tag{2-2}$$

式中：D_2'为乳胶管变形后的内径；Δl为人工肌肉的伸长量。

由于乳胶管具有超弹性体的属性，因此在变形过程中总体积不变。由式(2-1)、式(2-2)可知，乳胶管变形后的内径：

$$D_2' = \left(\frac{D_1^2\Delta l - D_2^2 l_0}{l_0 + \Delta l}\right)^{\frac{1}{2}} \tag{2-3}$$

变形后乳胶管的内腔截面积：

$$S = \frac{\pi(D_1^2\Delta l + D_2^2 l_0)}{4(l_0 + \Delta l)} \tag{2-4}$$

当关节下端固定、上端自由变形时，由于弹簧钢板的轴向刚度较大，可以认为钢板没有伸长，只发生弯曲变形。设双驱动型单向弯曲柔性关节在弯曲变形过程中某一时刻的角度为 θ，弹簧钢板到弯曲中心的弯曲半径为 r，乳胶管中心到弯曲中心的弯曲半径为 r'。由图 2-3 中关节弯曲变形时的几何关系可知：

$$r = \frac{l_0}{\theta} \tag{2-5}$$

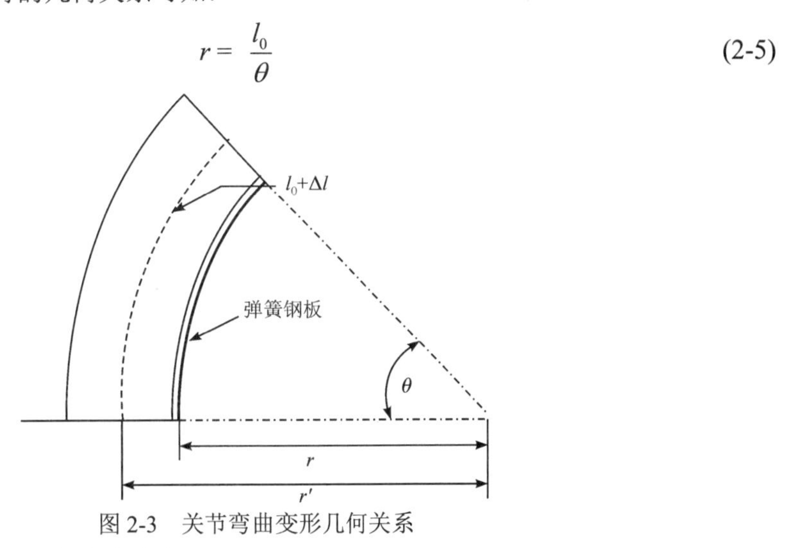

图 2-3　关节弯曲变形几何关系

乳胶管中心到弯曲中心的弯曲半径：

$$r' = \frac{l_0}{\theta} + d \tag{2-6}$$

式中：d 是乳胶管中心到弹簧钢板的垂直距离。

当关节弯曲角度为 θ 时，乳胶管的中心轴线的长度：

$$l = r' \cdot \theta = \left(\frac{l_0}{\theta} + d\right)\theta \tag{2-7}$$

乳胶管的伸长量：

$$\Delta l = l - l_0 = \left(\frac{l_0}{\theta} + d\right)\theta - l_0 = d\theta \tag{2-8}$$

2.2.3 弯曲变形理论分析

通入压缩气体后，关节受到轴向合力 ΣF_p 与合力矩 ΣM 的共同作用，朝弹簧钢板的一侧弯曲，如图 2-4 所示。此时，约束环只起到约束乳胶管径向膨胀的作用，本身并不产生力矩。因此，影响关节弯曲变形的因素主要有 3 项：关节端盖处的驱动力矩 M_p、弹簧钢板产生的阻抗力矩 M_k 以及乳胶管产生的阻抗力矩 M_n。

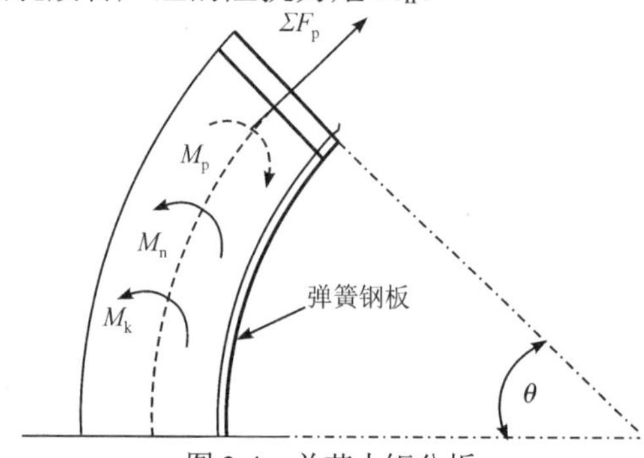

图 2-4 关节力矩分析

由关节上端盖处的力矩平衡可知：

$$M_p = M_k + M_n \tag{2-9}$$

在气体压力的作用下，关节上端盖处产生的驱动力矩：

$$M_p = 2pSR = p\frac{\pi(D_1^2\Delta l + D_2^2 l_0)}{2(l_0 + \Delta l)}d \tag{2-10}$$

式中：p 为通入关节中压缩气体的气压。

在工程中，薄板必须满足

$$\left(\frac{1}{80} \sim \frac{1}{100}\right) < \frac{t}{b} < \left(\frac{1}{5} \sim \frac{1}{8}\right)$$

式中：t 为薄板的厚度；b 为薄板的短边长度。

假设薄板的长宽比相当大(≥(3～25))，并且外载荷在长边方向上不发生变化，则薄板的变形为筒型弯曲。关节中所用的弹簧钢板完全符合筒型弯曲条件，其弹性模量：

$$E_1 = \frac{E}{1 - \mu^2} \tag{2-11}$$

式中：E 为弹簧钢板的弹性模量；μ 为泊松比。

弹簧钢板的截面惯性矩：

$$I_1 = \frac{bt^2}{12} \tag{2-12}$$

由梁的平面弯曲方程可得弹簧钢板产生的阻抗力矩：

$$M_{\mathrm{k}}=\frac{E_1 I_1}{r}=\frac{bE_1 t^3\theta}{12l_0(1-\mu^2)} \tag{2-13}$$

同理，乳胶管产生的阻抗力矩：

$$M_{\mathrm{n}}=\frac{2E_2 I_2}{r'}=\frac{2E_2 I_2}{\left(\dfrac{l_0}{\theta}+R\right)} \tag{2-14}$$

式中：E_2 为乳胶管的弹性模量，$I_2=\dfrac{\pi\left(D_1^4-D_2'^4\right)}{64}+\dfrac{\pi\left(D_1^2-D_2'^2\right)}{4}\cdot d^2$ 为乳胶管的截面惯性矩。

将式(2-10)、式(2-13)、式(2-14)代入式(2-9)中，可整理得出双驱动型单向弯曲柔性关节的弯曲角度

$$\theta=\frac{\left[\left(6\pi pD_1^2d^2l_0-12E_2I_2l_0\right)\left(1-\mu^2\right)-bE_1t^3l_0\right]}{2bE_1t^3d}+\frac{\sqrt{\left[\left(6\pi pD_1^2d^2l_0-12E_2I_2l_0\right)\left(1-\mu^2\right)-bE_1t^3l_0\right]^2+24p\pi bD_2^2l_0^2E_1t^3d^2\left(1-\mu^2\right)}}{2bE_1t^3d} \tag{2-15}$$

由式(2-15)可以看出：双驱动型单向弯曲柔性关节的弯曲角度和气压、有效变形长度呈正相关，与弹簧钢板的弹性模量呈负相关。

2.3　气动柔性三指机械手设计

三指机械手是工业生产中最为常见的抓持器，多为中心对称结构，针对特定目标物体进行抓取。传统三指机械手的手爪多为刚性连杆，采用电机驱动或液压驱动，虽然具有较大的夹持能力，但是存在抓取模式单一、柔性不足、适应性差等缺陷，尤其是对果蔬和杯子等柔软、易碎和易损、形状多样物品的抓持。随着机械手应用环境的改变，近年来出现了多种类型的柔性抓持器，例如，采用人工肌肉或电机拉线驱动软体手爪，采用硅橡胶、电活性聚合物、凝胶等软体材料制作的软体驱动器柔性手爪等。虽然上述软体机械手的柔性和适应性较好，但是刚性不足。为了保证机械手具有一定柔性的同时又保持一定的刚度，可采用弹性气囊加入弹性骨架(即“刚柔耦合”)的气动单向弯曲柔性关节作为机械手的抓持执行工具，其具有较好的柔顺性和横向刚度，且驱动方式简单。由此设计一种工作位姿可调的三指柔性机械手，本节内容描述该机械手的机械结构与功能，并建立虚拟样机模型，进行不同抓持模式下的仿真分析和抓取实验。

2.3.1　三指机械手结构与功能

气动柔性三指机械手采用中心对称式结构，主要由手腕、手掌和柔性手指组成，如图 2-5 所示。三个手指以中心对称的方式分布于手掌上。腕关节采用回转气缸进行驱动，以实现机械手的回转运动。该机械手具有 7 个自由度，通过控制系统协调各个手指和气缸配合运动，可实现三种抓取模式，以适合对球形、圆柱形、方形、三角形等多种形状和尺寸物品进行抓取。

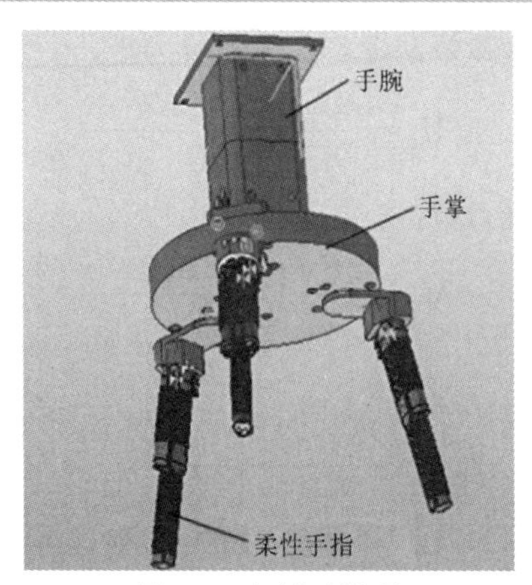

图 2-5 机械手模型

2.3.2 手掌结构设计

机械手手掌及其各部件如图 2-6 所示，机械手手掌为圆盘状，设有安装通孔，柔性手指通过连接件与手掌进行连接，连接件与手掌安装位置装有回转气缸，可调整手指相对于手掌的位姿，以适应对不同形状、尺寸物体的抓取。

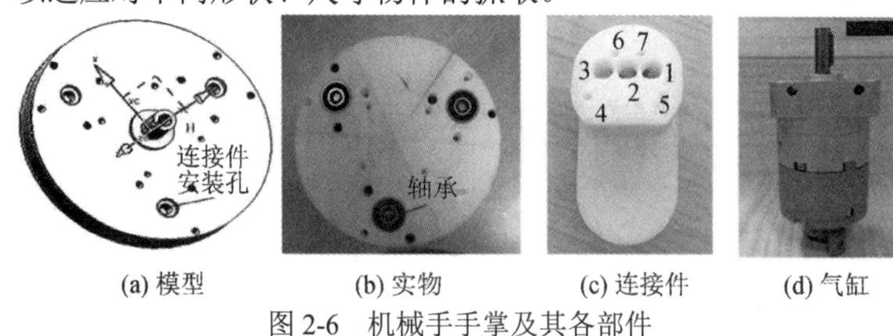

(a) 模型　(b) 实物　(c) 连接件　(d) 气缸

图 2-6 机械手手掌及其各部件

2.3.3 柔性手指设计

柔性手指采用多关节串联，其中远关节采用单向弯曲关节；为增加手指的刚性，提高夹持能力，基关节采用双气囊驱动单向弯曲关节。手指的气动柔性关节主要由气囊、约束环和弹性骨架组成，其中气囊采用乳胶管，弹性骨架采用板弹簧。关节端盖与气囊之间形成密闭的空间，约束环用来限制气囊的径向变形。施加气压后，气囊受压膨胀变形，在关节端部产生力矩，驱动关节沿板弹簧一侧产生类似手指的圆弧状弯曲变形。气动柔性手指结构，如图 2-7 所示。

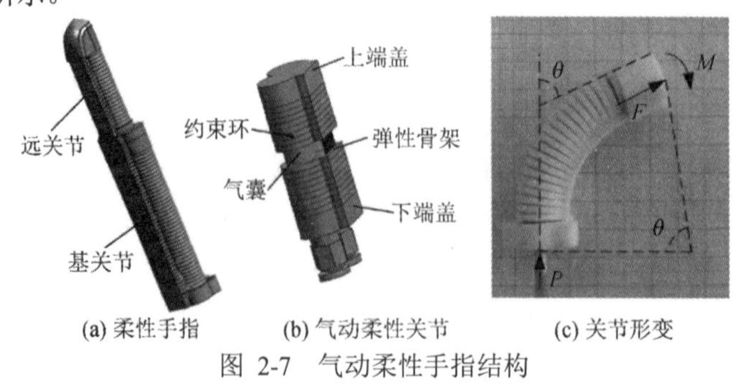

(a) 柔性手指　(b) 气动柔性关节　(c) 关节形变

图 2-7 气动柔性手指结构

机械手手指工作位置的调节，如图 2-8 所示。例如，手指 2 的位置调节，可由回转气缸 2 驱动连接件带动手指 2 从初始位置 1 到达工作位置 2(即手指指根与手掌中心连线同 y 轴的夹角从初始 θ_1 变化到 θ_2)；当手指 3 逆时针方向运动到与手指 2 对称位置时，即完成抓取模式切换。根据目标物体的形状和尺寸变化，以此方式调整手指位置，机械手可实现三种动作模式，如图 2-9 所示。

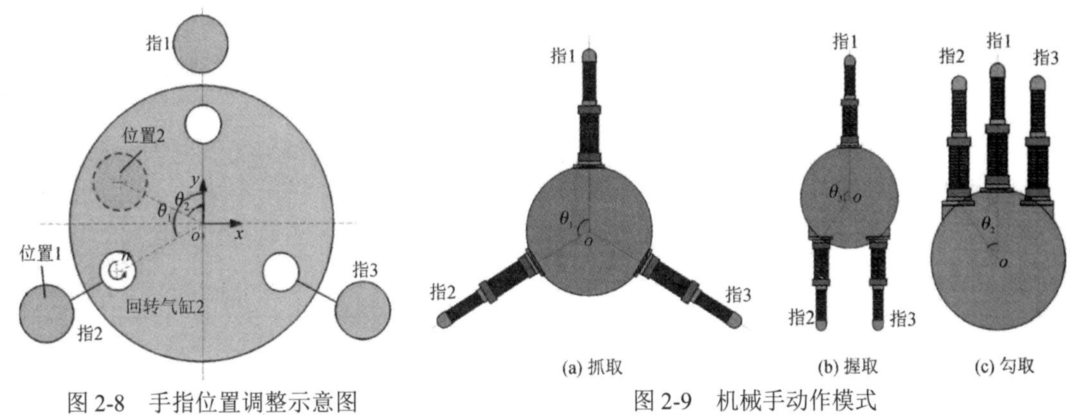

图 2-8　手指位置调整示意图　　图 2-9　机械手动作模式

机械手的手指初始位置为 120°中心对称分布，此时为抓取模式；指 2 逆时针运动、指 3 顺时针运动到达与指 1 平行位置时，为握取模式；指 2 顺时针运动、指 3 逆时针运动到达与指 1 平行位置时，为勾取模式。

2.4　柔性三指实验与分析

2.4.1　柔性手指实验

利用机械手实验平台和静力学实验装置进行柔性手指静力学、机械手位姿和抓取实验。机械手手指性能测试原理，如图 2-10 所示。可将机械手固定安装在某平台上，气压控制系统用于控制手指各关节内气压和回转气缸的运动。通过安装在手指前端的陀螺仪传感器 MPU6050 和触力传感器 FSG005 测试不同气压下手指的弯曲角度和夹持力。

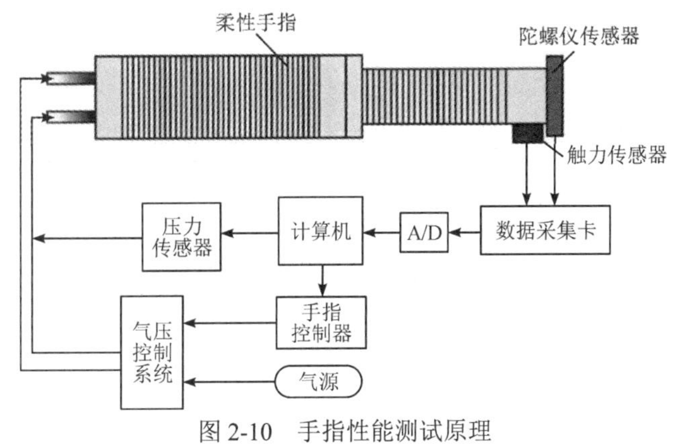

图 2-10　手指性能测试原理

不同通气驱动方式下，柔性手指弯曲时端面转角与气压的关系，如图 2-11 所示。随着通入气压的增加，手指弯曲角度随之呈非线性增加，基关节和远关节同时驱动时，手指弯曲变形角度最大，基关节单独驱动时次之，远关节单独驱动时最小。手指弯曲角度近似为基关节单独驱动时和远关节单独驱动时角度之和。气压为 0.35 MPa 时，最大弯曲角度为 275°。

利用触力传感器测量手指在不同通气驱动方式下，未变形时与物体接触指端处产生的正压力与通入气压的关系，结果如图 2-12 所示。2 个关节同时通气时，指端产生的正压力明显大于其他关节单独通气时产生的压力，其次为远关节通气时，基关节单独通气时产生的正压力最小。手指正压力随着气压的增加而呈线性增加，通过调节关节内气压值可以控制手指的夹持力。由手指的静力学性能分析可知：该类气动柔性关节组成的柔性手指在保持较大形变的同时，具有一定夹持能力；由该类手指组成的机械手可实现一定尺寸和质量物品的抓取，指端最大夹持力可达 5.5 N。

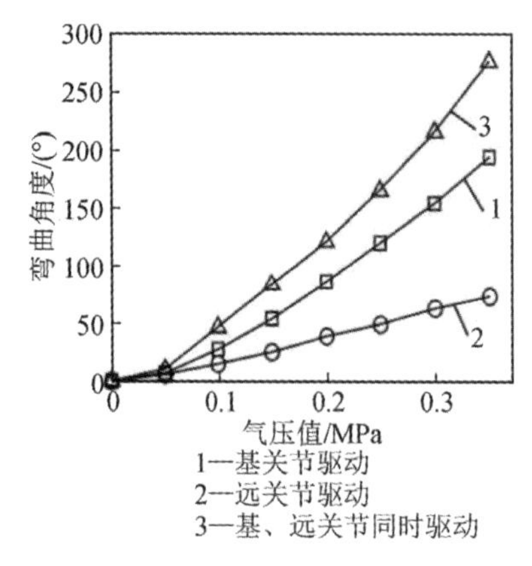

图 2-11　手指弯曲角度与气压的关系

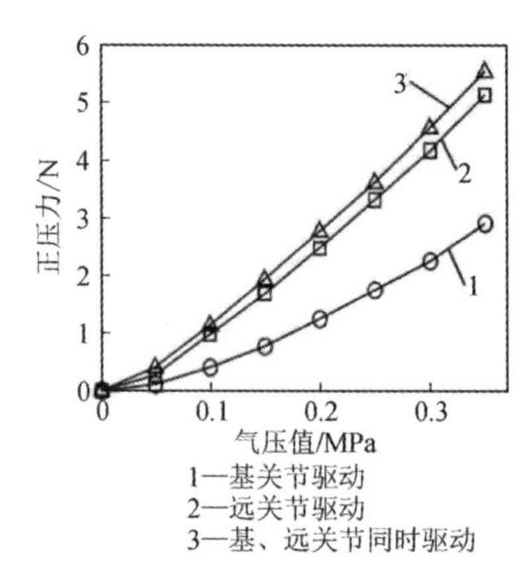

图 2-12　手指夹持力与气压的关系

2.4.2　抓取模式

通过气压控制系统调节机械手手指各关节，并利用回转气缸内的气压控制手指形变和调整手指的位置，实现机械手的动作模式切换和物体抓取。

通过调整柔性手指的相对位置，机械手可形成三种位姿：抓取、握取和勾取。三种动作模式在不同气压下的机械手位姿如图 2-13、图 2-14、图 2-15 所示，随着气压的增加，开合的手指逐渐弯曲并拢，实现抓取动作。

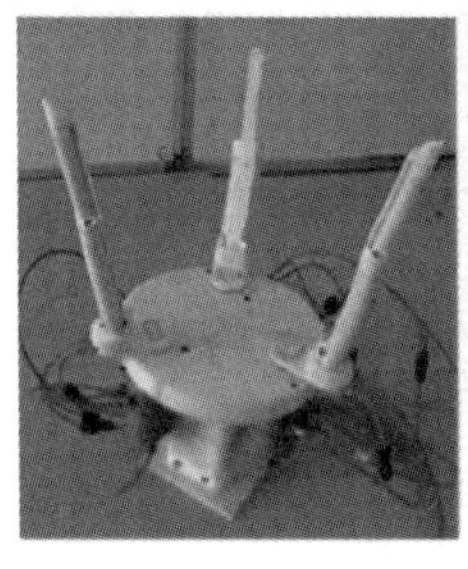

(a) 0 MPa

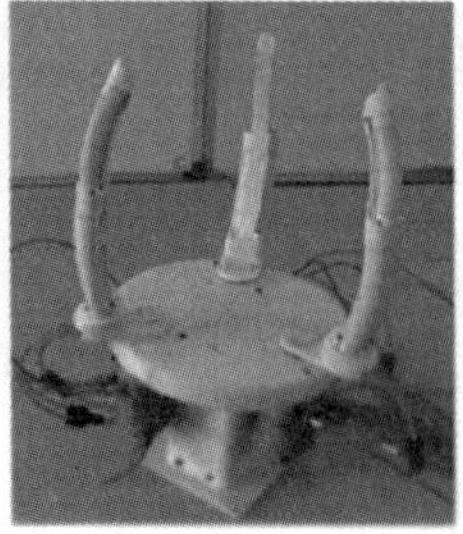

(b) 0.1 MPa

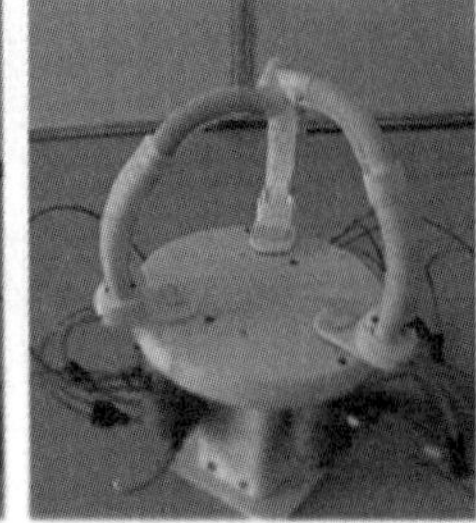

(c) 0.2 MPa

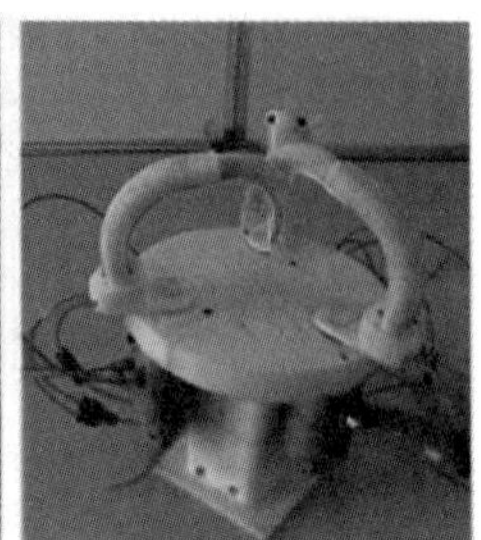

(d) 0.3 MPa

图 2-13 不同气压下机械手抓取姿态

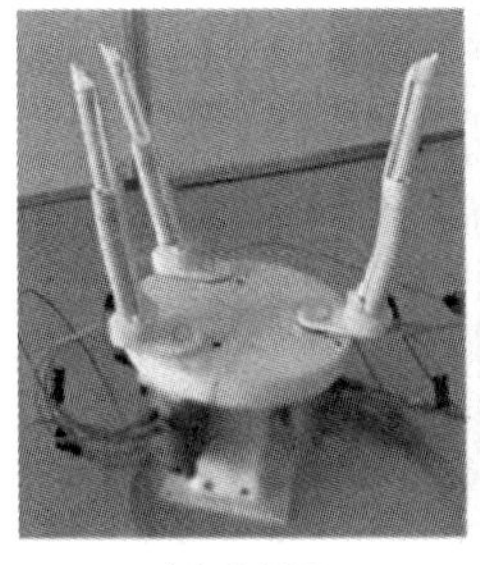
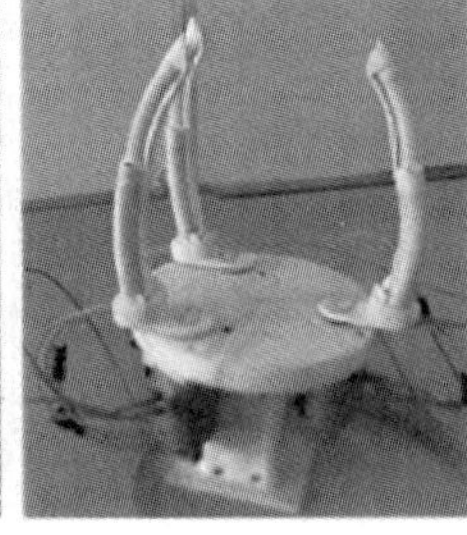
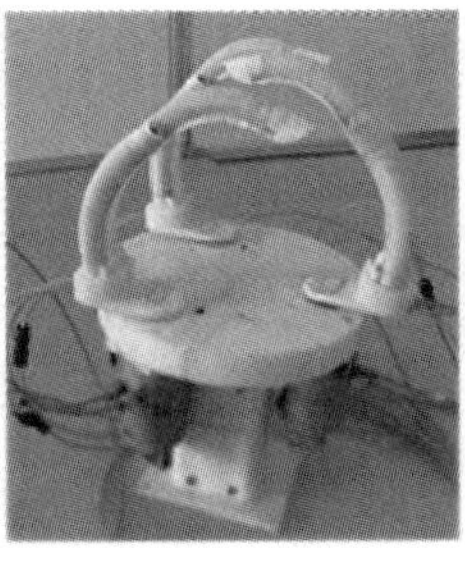
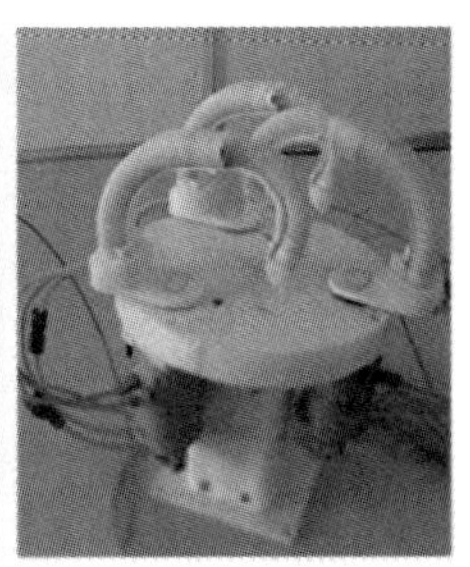

(a) 0 MPa　(b) 0.1 MPa　(c) 0.2 MPa　(d) 0.3 MPa

图 2-14　不同气压下机械手握取姿态

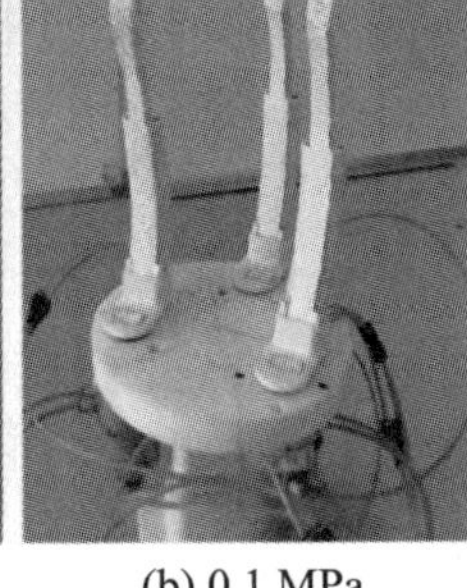
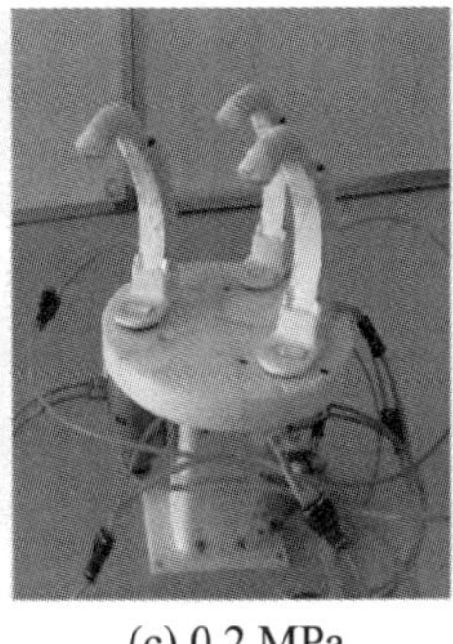
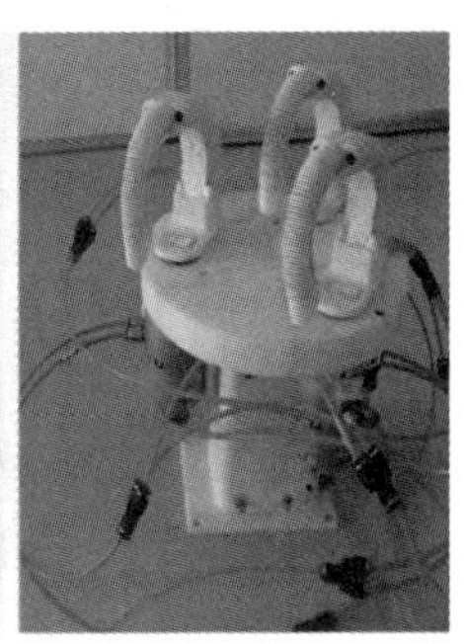

(a) 0 MPa　(b) 0.1 MPa　(c) 0.2 MPa　(d) 0.3 MPa

图 2-15　不同气压下机械手勾取姿态

抓取姿态下，中心对称分布的 3 根手指同时正屈，逐渐闭合形成“抓姿”(见图 2-13)；三指中 2 根手指转向，余下 1 根手指对侧，与其形成“握”姿(见图 2-14)，随着气压增加，手指弯曲形成包裹动作；3 根指同时位于同侧形成“勾”姿(见图 2-15)，位于同一平面内的 2 根手指起主要抓握功能，另外的 1 根手指为辅助。

2.4.3　抓取实验

通过调节气压控制手指形变和输出力，配合 3 种抓取模式，该三指气动柔性机械手可完成球形、柱体状和箱体等多种物品的抓取。抓取物品时工作气压小于等于 0.4 MPa，具体实验参数见表 2-2。

表 2-2　抓取物体具体参数

物品	质量/g	尺寸/mm
水瓶	1050	直径 130，高度 317
箱体	200	110 × 220 × 180
乒乓球	3	直径 40
圆柱体	450	直径 90
篮球	760	直径 245
盘	600	直径 240
三角体	150	边长 105，高 65

机械手采用抓取模式对物品进行抓取，抓取姿态如图 2-16 所示。由于手指中心对称可形成力封闭和形封闭，有利于抓取球体和三角体等中心对称物体。该模式下既适合抓取大

的球体，也适合通过指尖配合抓取细小的物体。通过调节不同通气组合方式，控制手指形变完成对盘形物品抓取。

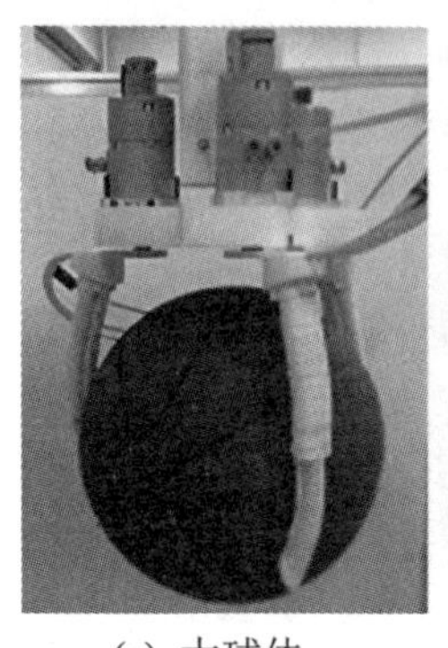

(a) 大球体

(b) 小球体

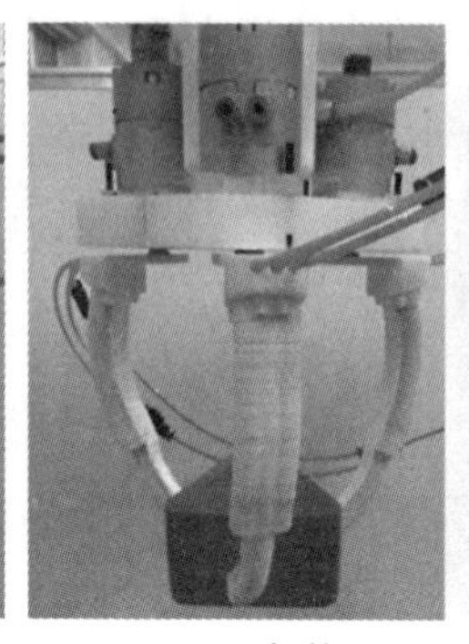
(c) 三角体

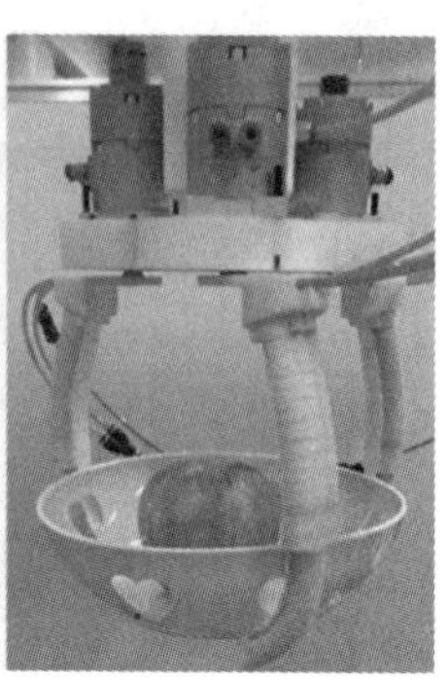
(d) 盘

图 2-16　抓取

抓取大尺寸的箱体和圆柱体可采用握取模式，握取姿态如图 2-17 所示。该模式下，机械手手指与手掌可形成封闭空间，完成箱体和块状物体有效抓取。勾取模式下可实现三指勾握，完成对细小圆柱状物体抓取，勾取姿态如图 2-18 所示。

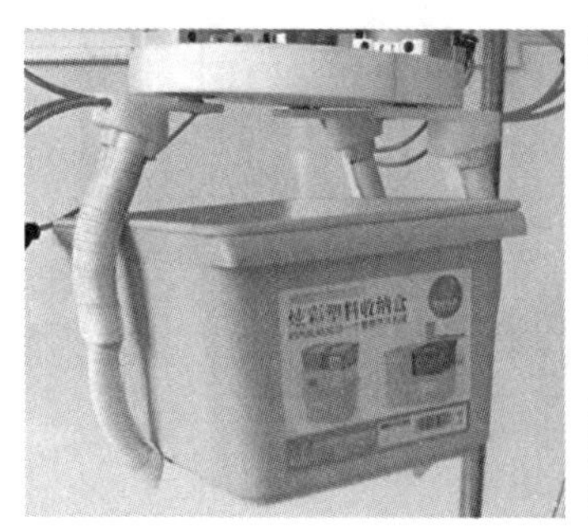
(a) 箱体

(b) 圆柱体

图 2-17　握取

图 2-18　勾握

经验证，该机械手抓取模式多样、灵活可调，具有一定重物抓取能力。抓取最大尺寸为 250 mm，有效抓取重物质量为 1 kg。

2.5　SRT 软体机器人

软体机器人科技(SRT)是国内首家以软体机器人技术开发为核心的高科技公司，核心团队来自北京航空航天大学、美国哈佛大学、美国东北大学等高等院校。经过多年潜心研发，SRT 推出了柔性夹爪系列产品，该产品拥有多项专利，抓持动作轻柔，尤其适合于抓取易损伤或软质不定形物体，其应用布局将使生产线自动化向前迈出飞跃性的一步。

在工厂的抓取作业中，目前普遍采用的是机械夹爪、真空吸盘等传统夹具对物品进行抓取，经常会受到产品不同形状、材质、位置的影响，导致无法顺利抓取。STR 推出的基于柔性机器人技术的柔性夹爪，可以完美攻克这一工业难题。

2.5.1　柔性夹爪抓取原理

柔性夹持系统主要由 SRT 柔性夹爪、SRT 气动控制器、附件气路、压缩气源、工业机器人及其控制系统等组成，借助 SRT 提供的通信协议及控制软件，工业机器人可以很好地与 SRT 柔性夹爪协同工作。

柔性夹爪具有特殊的气囊结构，随着气动控制器输入气压的不同产生不同的动作。输入正压，夹爪将自适应物体外表体征，呈握紧趋势，完成抓取动作；输入负压，夹爪张开，释放物体。在某些场合，柔性夹爪也可起到内支撑抓取效果。柔性夹持系统如图 2-19 所示。

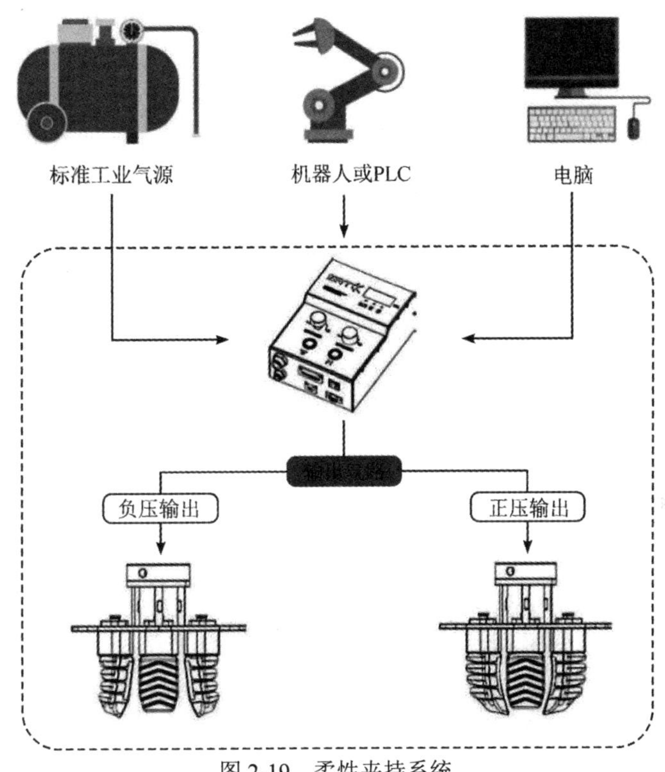

图 2-19　柔性夹持系统

2.5.2　SFG 柔性夹爪

1) SFG 柔性夹爪结构

SFG 柔性夹爪是 SRT 推出的主要产品，主要由柔性手指模块、支架、机械臂连接件等构成，如图 2-20 所示。其中，柔性手指模块由特殊的硅橡胶材料浇铸成型，具有柔韧性好、寿命长、可靠性高等特点。支架及连接件部分由航空级高强度铝合金制作而成，重量轻、强度高，可轻松应对各种工业场合。不同于传统爪手的刚性结构，此夹爪依靠柔软的气动“手指”，能够完美模拟人手抓取动作，自适应地包裹住目标物体，无须根据物体的精确尺寸、形状和硬度进行预先设置，摆脱了传统生产线对来料的种种束缚，尤其适用于易变形、易损的各类产品。

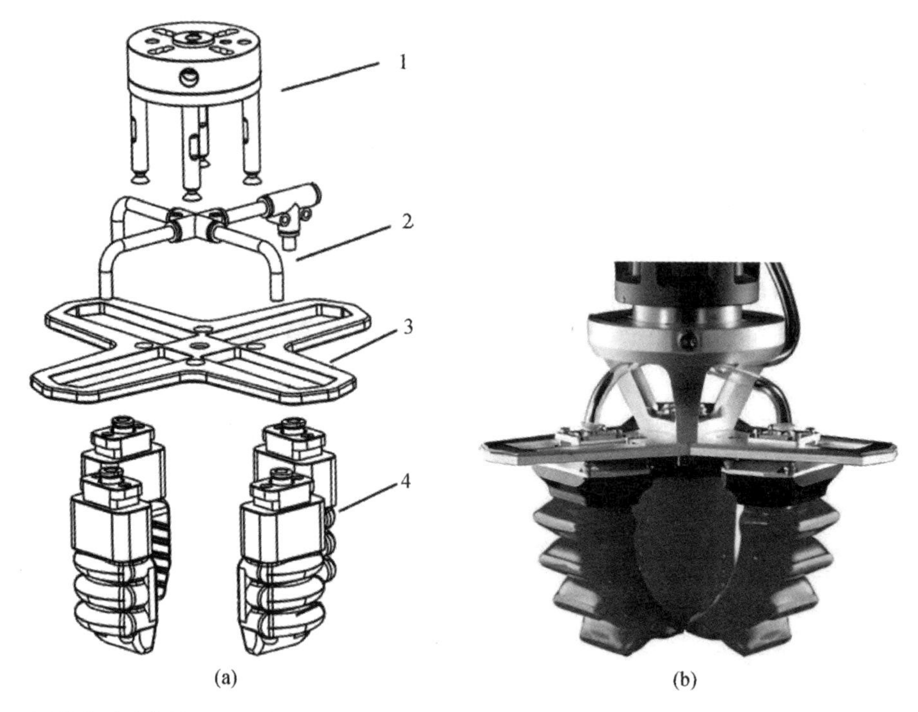

(a) (b)

1—柔性夹爪连接件：可与各种常用机械臂实现快速对接；2—气路连接件：气体驱动，依靠正负气压控制爪手形态，即插即用；3—多指可调支架：多类型选择，应对产品不同尺寸的抓取任务；4—柔性手指模块：应对不同产品选用对应的柔性手指。

图 2-20 SFG 柔性夹爪

同时，SFG 柔性夹爪可根据工件抓取要求，进行定制夹爪表面，以便于某些非标物品的抓取，夹爪表面种类如图 2-21 所示。

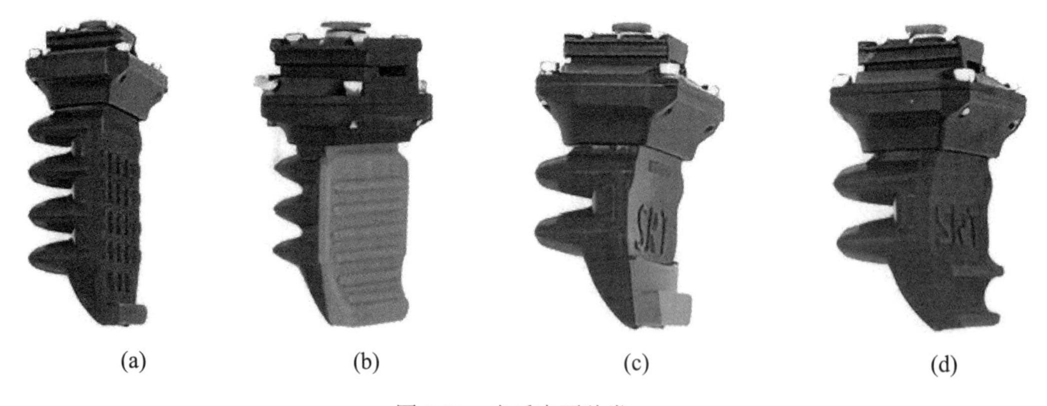

(a) (b) (c) (d)

图 2-21 夹爪表面种类

2) SFG 柔性夹持系统

SFG 柔性夹持系统主要由末端执行器、气动控制器及附件气路等组成，通过连接气源及工业机器人，可方便快捷搭建起柔性夹持系统。借助 SRT 提供通信协议，SFG 柔性夹爪可与工业机器人实现协同工作，无缝衔接。SFG 柔性夹持系统如图 2-22 所示。

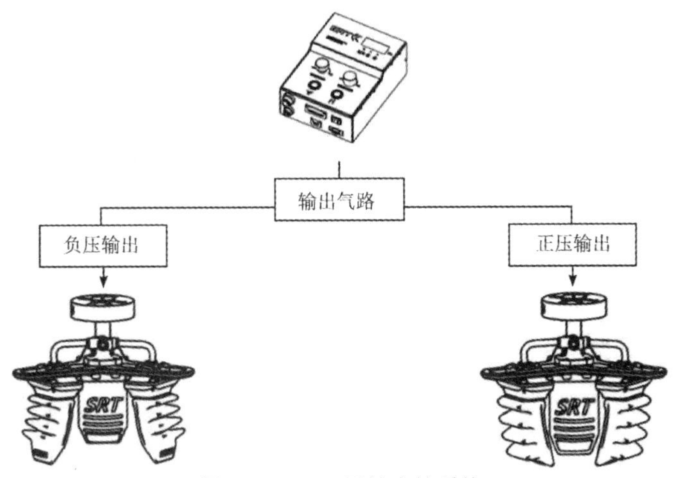

图 2-22　SFG 柔性夹持系统

3) SFG 柔性夹爪安装

SFG 柔性夹爪安装步骤如下：

(1) 手指安装，如图 2-23 所示。手指模块的顶端安装手指连接件；手指连接件于附件包中，利用螺钉及弹垫安装至相应位置，螺钉无须旋紧。

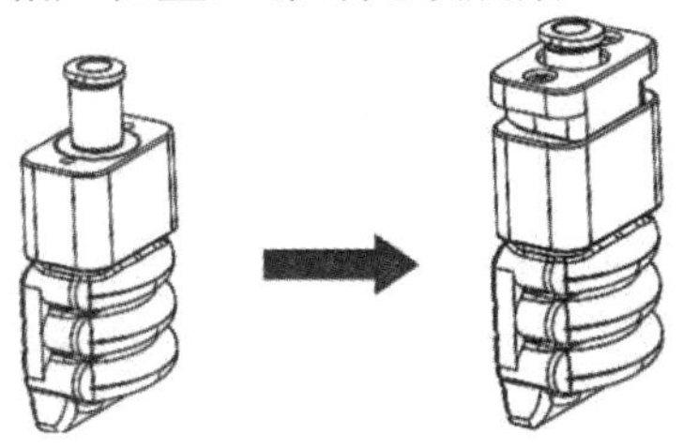

图 2-23　手指安装

(2) 支架安装，如图 2-24 所示。将手指平行安装在支架上，注意安装支架方向，顺时针旋转手指模块，使支架滑入手指模块卡槽中。

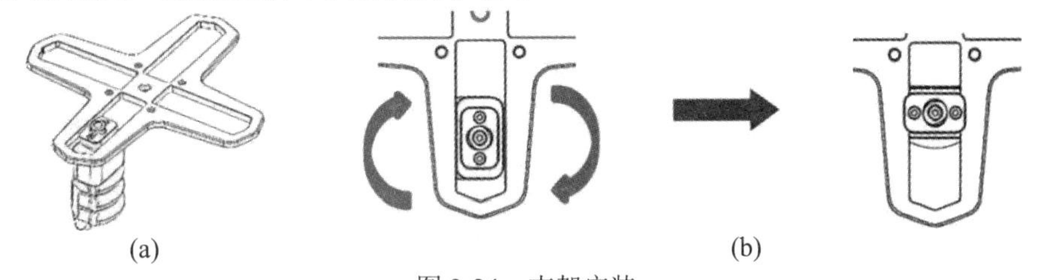

图 2-24　支架安装

(3) 间距调整，如图 2-25 所示。调整手指模块间距，根据实际需求，合理装配手指模块数量与间距，锁紧螺钉。

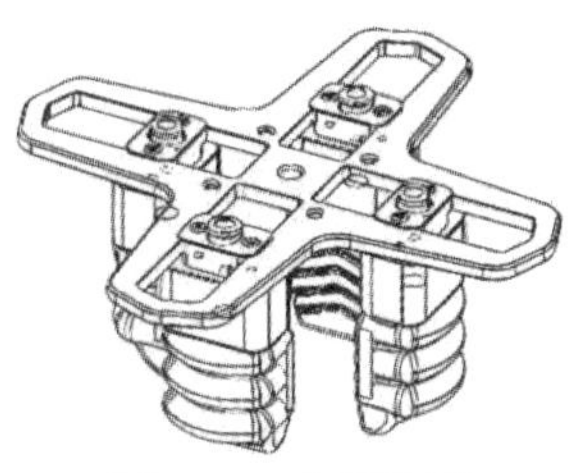

图 2-25　间距调整

(4) 法兰盘组装，如图 2-26 所示。

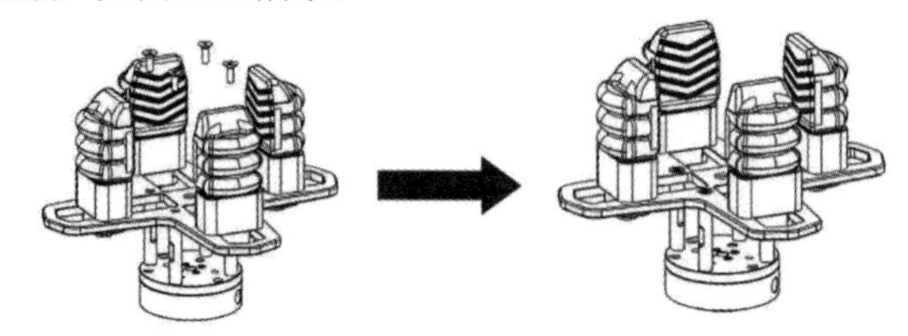

图 2-26 法兰盘组装

(5) 气管组装，如图 2-27、图 2-28 所示。

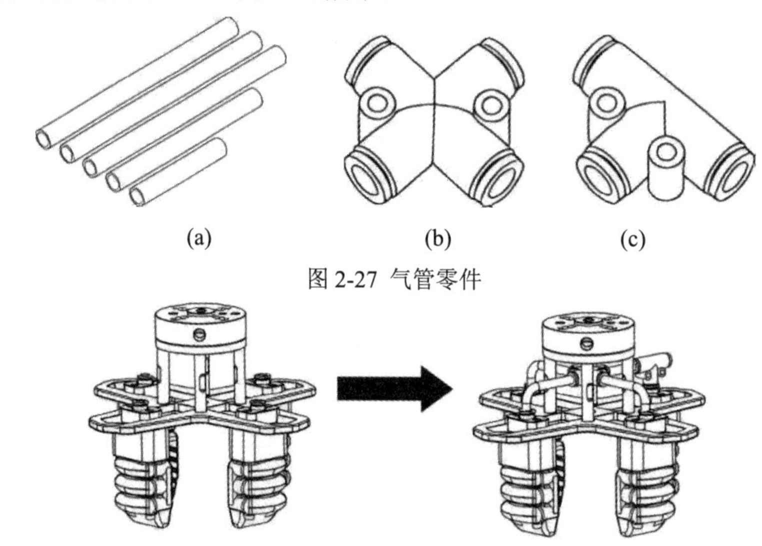

(a) (b) (c)

图 2-27 气管零件

图 2-28 气管组装

(6) 机械臂安装，如图 2-29 所示。根据所要安装机器人的机械接口，选取对应大小的连接件，将其安装在机器人末端手腕上，通过 Φ6 mm 气管将柔性夹爪的气动接口连接至控制器，输入正压、负压即可控制柔性夹爪抓紧与张开状态。

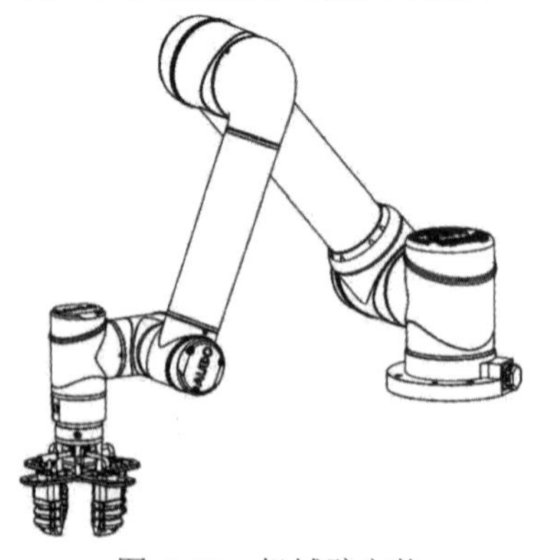

图 2-29 机械臂安装

2.5.3 MVG 微型真空夹爪

MVG 系列微型真空夹爪是 SRT 自研的新型微型夹爪，具有结构简单、轻便、易操作

等特点。在工业生产中，常常需要对小型、易损易碎的物品进行抓取搬运，本产品主要针对此类物品而设计的微型夹爪。夹爪内部独特设计的空腔，可以在施加正压时，使夹爪前端的指尖张开，施加负压时指尖闭合，以此来抓取、释放物品。MVG 系列微型真空夹爪组装图如图 2-30 所示。

输入负压：MVG 夹爪呈抓取状态；输入正压：MVG 夹爪呈张开状态。具体的 MVG 夹爪状态，如图 2-31 所示。

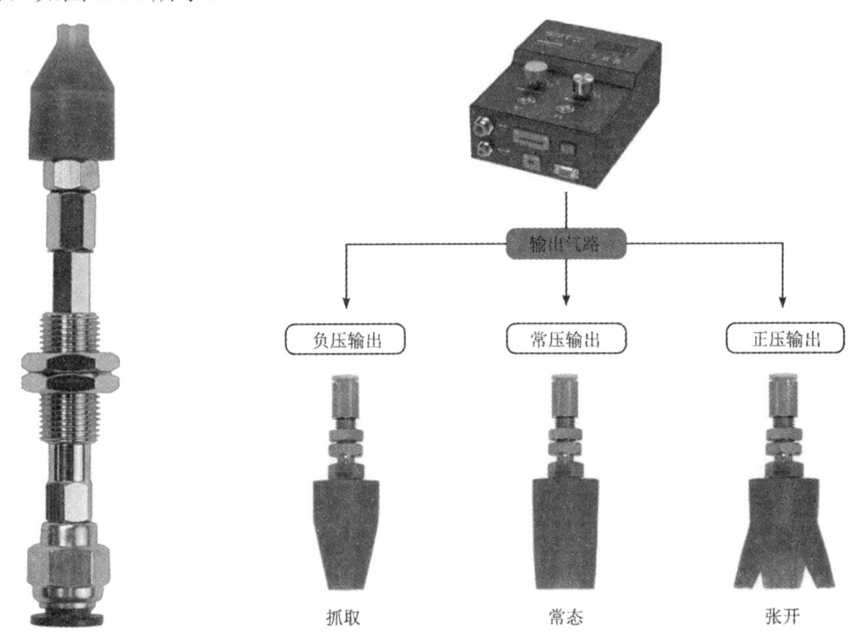

图 2-30　MVG 系列微型真空夹爪　　　　图 2-31　MVG 夹爪状态

MVG 胶头组成如图 2-32 所示，产品形态由以下 3 种组成。

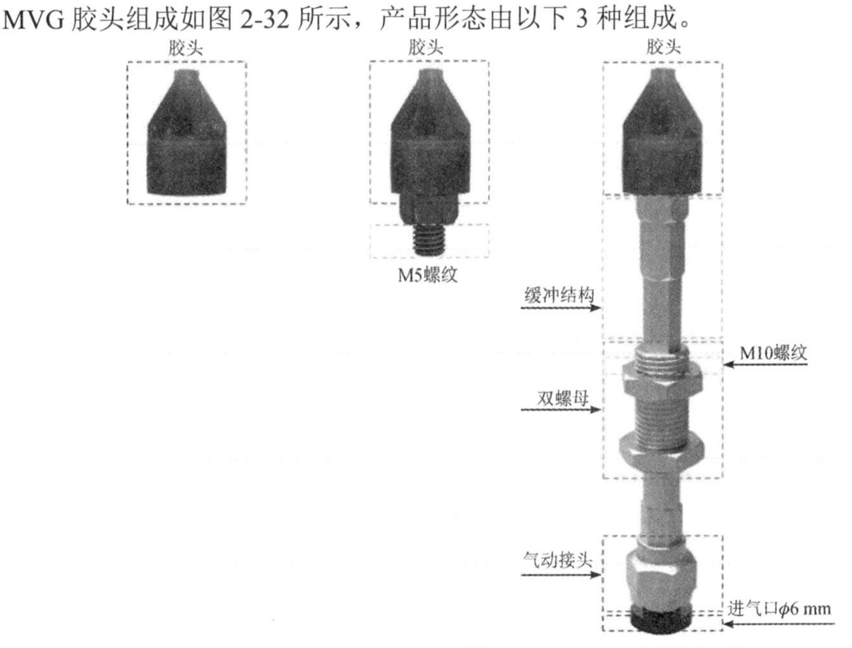

(a) MVG胶头　(b) MVG胶头模块　(c) MVG微型真空夹爪

图 2-32　MVG 胶头组成

(1) MVG 胶头：胶头可适配不同型号的气嘴。

(2) MVG 胶头模块：模块自带 M 形安装螺纹。

(3) MVG 微型真空夹爪：夹爪带有缓冲杆和气动接头，可直接连接气管使用，缓冲杆带有 M10 双螺母，可过板安装。

2.5.4　ISC 内撑夹具

ISC 气囊式内撑夹具是 SRT 最新研发的微型夹具系列，如图 2-33 所示。在工业生产及生产线上，需要拾取某些物体，有时会因为不方便直接接触其外表，或是壁厚较薄、内表面易损伤，或是内部空间较小、轮廓复杂等原因，不能够使用金属或其他刚性夹具进行内撑夹取，而订制专用的刚性夹具成本又较高，且不能同时适用于其他物体，这时就需要一种特制的内撑夹具。

气囊式内撑夹具产品采用软性防滑防摩擦材质，气囊膨胀范围大，柔性好，成本低；采取从内侧撑住其内壁的方式来进行夹取，对物体做内部支撑或是固定，并且无须负压，具有一定的安全性和稳定性。

如图 2-34 所示，当工作时输入正压：夹具呈现鼓胀形式，自适应地支撑在物体内表面，完成抓取动作；当输入负压：夹具呈现自然状态，释放物体。

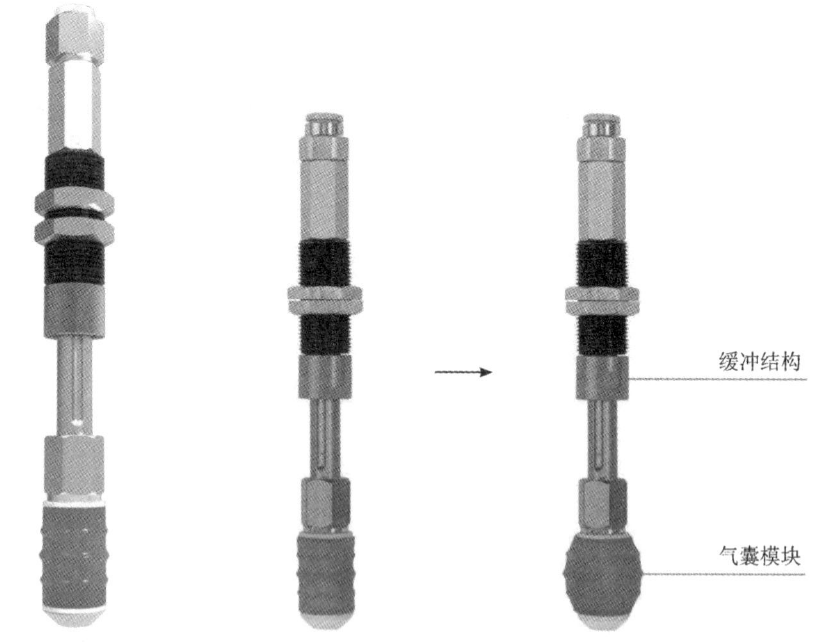

图 2-33　ISC 气囊式内撑夹具　　　　图 2-34　ISC 气囊状态

2.5.5　SRT 柔性夹爪特点

不同于传统爪手的刚性结构，柔性抓持器具有柔软的气动“手指”，能够自适应地包覆住目标物体，无须根据物体精准的尺寸、形状进行预先调整，摆脱了传统生产线要求生产对象尺寸等的约束。

SRT 柔性特点概括如下：

(1) 能够应对各种情况：柔性夹爪可以抓取各类形状、尺寸和重量的物体，完全覆盖了传统机械夹爪的应用范围。由于夹爪具有柔性，即使抓取物品的位置在一定范围内变化，仍然可以保证顺利抓取，大大降低了抓取系统定位精度的要求，夹爪有良好的稳定性和密封性，能够在粉尘、油污液体环境下正常工作。

(2) 包裹式抓取实现多重安全：融入仿生机理的包裹式抓取，模拟人手握住物体，抓持动作更为稳定，柔性手指完全由柔性材质构成，与物体接触时不会产生损伤，对操作人员也极为安全。同时设计的产品通过了美国 FDA 食品认证，可以直接接触食品，不会污染抓持物品。

(3) 高精度与高速度胜任更多场合：柔性夹爪作业频率可达 90 cpm(count per minute)，重复精度 0.08 mm，负载重量可达 5 kg，抓持寿命达 300 万次以上，可轻松满足大部分生产线应用需求。

(4) 更低成本更高回报：柔性夹爪在设计上，完全颠覆传统爪手的模式，仅需一个简单支架和一路气动控制。工作间无须调整原有生产线，将生产及维护成本降低。

(5) 从安装到维护便捷：模块化的手指设计，简化了传统机械手复杂的安装、调试和维护环节，仅需一个简单的安装支架即可完成安装，一路气动控制即可调试，拆卸手指模块即可维护。

2.5.6　柔性夹爪适用领域

柔性夹爪的动作类似人的手指，具有柔性而且能自动包裹产品，不会对产品造成物理损伤，适用于食品、汽车、日化、医药、3C 电子等诸多行业，可集成至智能装配、自动分拣、物流仓储和食品加工流水线中，也可以作为科研实验设备，智能娱乐设备或服务型机器人的功能性配件，是客户要求实现智能、无伤、高安全性、高适应性抓取动作的理想选择。

(1) 3C 电子行业：可用于电子产品及周边配件组装、分拣、测试、包装等，有效保障 3C 产品的完好无损；亦可作为手机等产品的工装治具，用于组装、测试和包装等环节，能有效防止划伤。柔性夹爪在 3C 电子行业的应用场景，如图 2-35 所示。

图 2-35　柔性夹爪在 3C 电子行业的应用

(2) 日化行业：可用于日化产品的分拣、装箱等工序。尤其适用于大瓶沐浴露、洗发水等表面具有薄膜包裹产品的抓取及装箱，传统的吸盘会损坏表面薄膜，柔性夹爪可完美解决此问题。柔性夹爪在日化行业的应用场景，如图 2-36 所示。

(3) 汽车行业：可用于汽车行业中异形、易划伤零部件的分拣搬运，亦可用于零件制造环节中的模具、工装的分拣搬运。柔性夹爪在汽车行业的应用场景，如图 2-37 所示。

图 2-36 柔性夹爪在日化行业的应用

图 2-37 柔性夹爪在汽车行业的应用

(4) 物流仓储：针对尺寸不同、材质各异的包装外观，柔性夹爪以不变应万变，可轻松且牢靠地抓取并完成喷标打码、分拣装盒等一系列工序，实现高效快速分拣、装箱。柔性夹爪在物流仓储的应用场景，如图 2-38 所示。

(5) 食品行业：可用于果蔬、糕点面包、酸奶饮品等的分拣、包装，适用于产品种类多、转产频率高的中小型食品加工企业。柔性夹爪在食品行业中的应用场景，如图 2-39 所示。

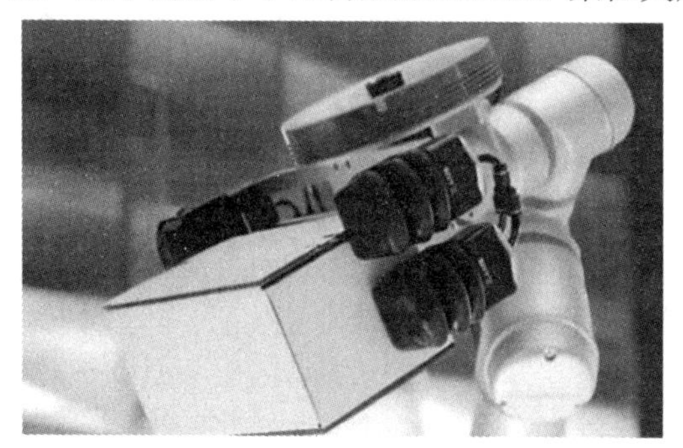

图 2-38 柔性夹爪在物流仓储的应用

图 2-39 柔性夹爪在食品行业中的应用

(6) 医药行业：可用于医疗耗材、注射液、药品等的自动化分拣、装箱；亦可用于相关手术器械的生产、消毒等环节。柔性夹爪在医药行业中的应用场景，如图 2-40 所示。

(7) 生鲜行业：可用于海鲜、水果、蔬菜、熟食等的分拣、包装；也适用于产品种类多、转产效率高的各种类型加工厂生产线。柔性夹爪在生鲜行业中的应用场景，如图 2-41 所示。

图 2-40 柔性夹爪在医药行业中的应用

图 2-41 柔性夹爪在生鲜行业中的应用

(8) 其他：柔性夹爪还可应用于易碎、形状怪异的玻璃制造业，形状、尺寸繁杂的玩具制造业，具有复杂抓取任务的物流仓储，要求安全交互氛围的服务餐饮等。

第3章　机器人快换装置设计

在工业 4.0 的时代背景下，工业机器人在生产制造领域起着举足轻重的作用。传统的工业机器人是基于预定的作业任务设计的，绝大多数机器人在自动化生产过程中只能完成一种操作，其固定构造显示出很大的局限性。在实际生产过程中，一个产品需要经过多道复杂工序，每个工位的机器人负责单一的工作，企业需要配置多台机器人才能完成整个工艺过程，这样的自动化生产线对机器人的数量要求较多，占用工作空间较大，企业的生产制造成本大幅增加。因此，流水线式的机器人作业在小批量生产、产品不便于移动、工作空间有限等情况下并不适用，反而单台机器人实现多种操作任务的方案更加可行。

随着工业机器人逐步向模块化、可重构化方向发展，机器人通过更换末端执行工具，可以实现多种操作任务，较前多采用人工手动更换的方式。人工手动更换执行工具存在很多不足：一方面，更换工作头的过程本身很繁琐，频繁更换机器人末端工具会造成人力、物力以及时间的浪费；另一方面，每次更换末端执行器后都需要重新定位，加工误差变大。以上因素严重地制约了机器人的推广和应用。

提高机器人作业速度的方式之一就是减少机器人手臂末端执行器的更换时间，为了解决执行器更换速度慢、柔性差的问题，许多公司相继研发推出了机器人快换接头。快换接头的出现无疑是提高了工业机器人的作业效率，给工业生产带来了方便。目前，快换接头获得了普遍的运用，变成大多数工业机器人的重要组成部分。

相比传统手动模式，机器人工具快换装置的优点在于：

(1) 生产线更换可以在数秒内完成；

(2) 维护和修理工具可以快速更换，大大降低停工时间；

(3) 通常在应用中使用一个以上的末端执行器，从而使柔性增加；

(4) 使用自动交换单一功能的末端执行器，代替原有笨重复杂的多功能工装执行器。

3.1　国内外研究现状

3.1.1　国外状况

国外对机器人末端工具快速更换装置的研究起步早、发展快，如美国、日本、瑞典等国家在机器人末端工具快速更换技术方面比较成熟，专业化程度相对较高，已经实现成套化、规模化生产，生产的末端工具快换装置价格较昂贵。

美国 ATI 是全球领先的机器人附属装置和机械手臂工具工程研发企业。自 1989 年起，

ATI 致力于机器人末端执行工具的研发制造，是北美工业机器人协会、北美汽车协会的成员。ATI 生产的机器人末端工具快换装置基本上能够覆盖市场上的各种需求，其快换装置的载重范围最小 18 磅，最大 2980 磅。ATI 快换装置的动力源大多数是采用气压传动锁紧工具盘及末端执行器，不过也提供液压、电气等传动方式。ATI 是宝马、东风日产、丰田、本田、一汽大众、长城、长安等汽车生产厂工具快换装置的供应商。ATI 生产的机器人末端工具快换装置，如图 3-1 所示，它采用圆形本体设计，本体内部集成了切换机构及锁紧机构，具有极高的抗力矩能力和重复精度。当压缩空气通入本体内部的活塞一侧时，产生的作用力推动活塞运动，锁紧机构中的钢球在活塞推力的作用下向外运动，被推进锁紧环并锁住工具盘；当反向供给压缩空气时，钢球在摩擦力的作用下缩回，工具盘被松开，即可实现工具盘与主盘分离。

美国 AGI 生产的自动更换装置，如图 3-2 所示。AGI 快换装置采用凸轮式锁紧机构，活塞驱动凸轮进入工具盘内的锁紧端口中，具有防故障自动保护功能，保证机器人末端工具更换的柔顺性、可靠性，以及较高的重复定位精度；日常保养与维修所需时间少，能够保障机器人作业的正常运行。

图 3-1　ATI 快换装置

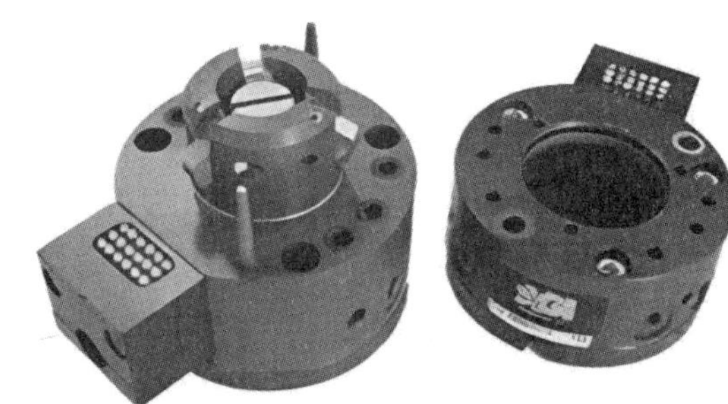

图 3-2　AGI 快换装置

德国 Schunk 公司是专业的气动夹具制造商，主要产品有工件夹紧装置及自动抓取系统。Schunk 公司生产的工具快换装置，如图 3-3 所示。Schunk 快换装置的自动锁紧机构没有弹簧力作用，其动力源为压缩空气。

日本霓达(NITTA)生产的自动更换装置，在工具盘接口上设有锁紧螺栓，利用特殊凸轮结构设计将机械手臂端的主盘与工具盘结合，如图 3-4 所示。NITTA 快换装置能够自动补偿连接偏移和磨损量，位于机器人手臂主盘端口的凸轮依靠气缸作用力锁紧或解锁工具盘。同时，气缸内安装有弹簧，即使在气压一时消失的情况下，工具盘接头与主盘接头也不会分离，从而保证连接可靠稳定。

图 3-3　Schunk 快换装置

图 3-4　NITTA 快换装置

3.1.2　国内状况

我国对机器人快换接头的研究起步晚，而且发展也相对慢一些。虽然国内的一些大学、企业等相关部门都有研究，但是由于专业知识的局限性，对一些有特殊需求的快换装置设计水平有待提高。并且国内生产的机器人快换接头普遍存在产品可靠性低、通用性差等问题，与国外先进水平差距较大。

上海桥田智能设备有限公司是一家致力于机器人工具快换系统的国内企业，公司产品包含了机器人工具快换系统、能源快插系统、零点定位系统等。桥田与众多汽车主机厂和零部件制造商达成深度合作，例如，上汽大众、上汽通用、红旗、一汽轿车、东风小康等。其研发的 QT-2060 快换装置，拥有三个锁紧机构，三个定位机构；最大搬运重量有 2060 kg；采用卡槽式锁紧机构设计，其中单个锁紧机构设有 9 个独立钢珠卡槽；并设计有机械防脱落机构，意外断气、断电不会脱落；它的气缸状态独立监测，在三个面周围均匀布局。桥田 QT-2060 快换装置如图 3-5 所示。

图 3-5　桥田 QT-2060 快换装置

郑州领航机器人有限公司专注于机器人末端装备的自主研发、设计和生产。现研发的机器人末端产品已覆盖包括码垛、搬运、真空、抛光打磨、焊接、激光、冲压、涂胶、以太网、数据采集等各行业应用。领航产品采用模块化设计，可以为机器人应用进行无限制的调整，以适应不同的生产工艺与新技术。其研发的 LTC-0300E 机器人工具快换装置，有 4 个模块扩展安装面，可进行气路模块和信号模块的扩展。LTC-0300E 机器人工具快换装置的锁紧力能达到 35421 N，负载≤300 kg，适用于搬运、码垛、焊接、打磨、去毛刺等应用；当气体压力丢失时自锁，即使主盘意外断气，主盘与工具盘也不会分离。领航 LTC-0300E 快换装置如图 3-6 所示。

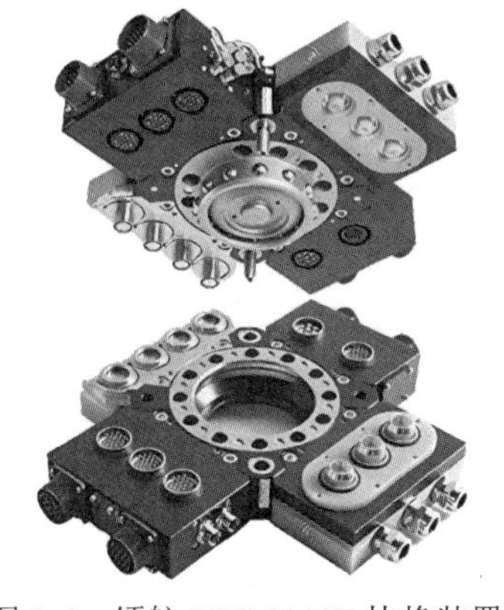

图 3-6　领航 LTC-0300E 快换装置

3.2 总体结构及其原理

机器人末端工具快速更换装置，主要包括主动盘和工具盘两部分。主动盘通过法兰固定于机器人手臂上，工具盘放置在工具架上，其末端安装有执行工具，一个主动盘配置有多个不同的工具盘及相应的末端执行工具。在生产作业过程中，机器人可以根据指令要求松开当前的执行工具，锁紧下一道工序所需要的工具盘及末端执行工具，在数秒内完成执行工具的快速更换，具有可重复性和可靠性。机器人末端工具快速更换装置增强了制造生产线的柔性，提高了机器人的作业能力和使用效率，真正实现了一机多用，促使企业生产向自动化、无人化方向迈进。

3.2.1 快换系统的组成

机器人末端工具快换系统是由主动盘(机器人手臂、主动端适应盘、主动端)和工具盘(工具端、工具端适应盘、末端工具)组成的，如图 3-7 所示。主动端通过主动端适应盘连接于机器人手臂上，末端工具通过工具端适应盘与工具端相接。企业可以根据自身需求，对同一台机器人配置多个工具盘，以实现多种操作功能。机器人可根据工作指令通过主动盘拾取相应的工具盘及末端执行工具，完成多种操作任务。

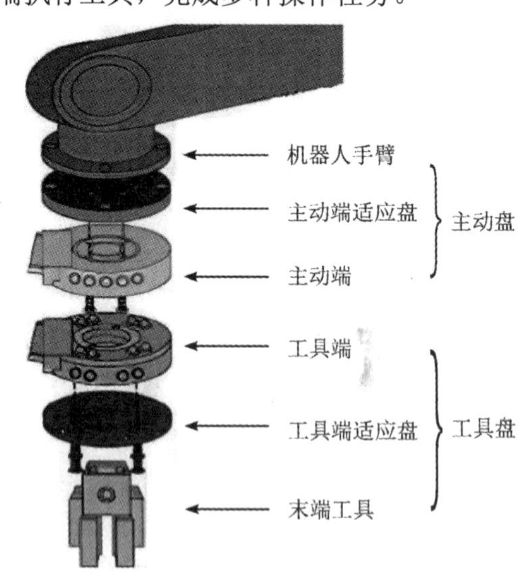

图 3-7 机器人末端工具快换系统的组成

3.2.2 锁紧装置分类

锁紧模块是机器人末端工具快换装置设计的核心，也是实现主动盘与工具盘可靠接合的重要保障。其设计要求是在保证动力源充足的情况下，将快速更换装置的主动盘与工具盘顺利对接，对接后不会自由摆动、自动脱落，保证足够的连接强度与稳定性。机械设计

中常见的锁紧方式有钢球式锁紧、凸轮式锁紧以及卡盘式锁紧等。

(1) 钢球式锁紧。钢球式锁紧如图 3-8 所示，当机器人根据指令要求锁紧工具盘时，位于主盘主体内部的活塞向下运动，推动锁紧钢球逐渐向外运动进入锁紧环中，从而使主盘和工具盘可靠连接；当要求脱开工具盘时，活塞在力的作用下向上运动，锁紧钢球在反向摩擦力的作用下沿套筒孔缩回，两盘即可分离。钢球式锁紧结构简单、紧凑，应用最为广泛。

(2) 凸轮式锁紧。主盘接口内的活塞推动凸轮向外运动，进入工具接口的配合钢环中，与钢环中的锁紧槽配合；当两盘分离时，凸轮退缩于主盘接口内的锁腔中，如图 3-9 所示。凸轮式锁紧机构能够保证动力源切断时两接口不分离，抗故障能力相对较强。

图 3-8　钢球式锁紧

图 3-9　凸轮式锁紧

(3) 卡盘式锁紧。卡盘式锁紧由卡紧件与轴向定位装置构成，如图 3-10 所示。当带有卡槽的定位销完全进入定位孔内时，按照特定方向旋转卡紧盘即可锁紧工具盘；反向转动卡紧盘，工具盘即可从卡位上松开。

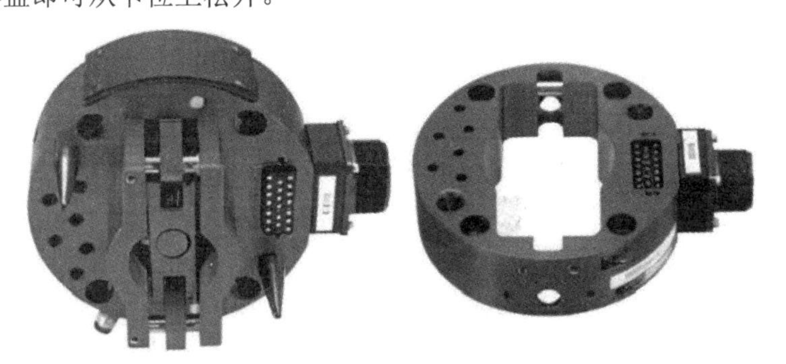

图 3-10 卡盘式锁紧

3.2.3　快换装置的动力源

机器人末端工具快换装置的切换模块是指为主动盘与工具盘的接合与分离提供动力源，保证快速更换装置中的两盘能够保持可靠连接与快速分离。现有的传动方式主要包括气压传动、液压传动、电子传动、电气传动、机械传动等，其中气压传动、液压传动具有成本低、效率高、结构简单等优点，在工业中应用较多。常见传动方式的特性，如表 3-1 所示。

表 3-1 常见传动方式的特性

传动方式	驱动力	驱动速度	特性受负载影响	构造	远程操作	定位精度	工作寿命	价格
气压传动	稍大	大	大	简单	良好	不良	长	便宜
液压传动	大	小	较小	复杂	较好	较良好	一般	较贵
机械传动	不太大	小	几乎没有	普通	难	良好	一般	一般
电气传动	不太大	大	几乎没有	复杂	复杂	良好	较短	较贵
电子传动	小	大	几乎没有	复杂	复杂	良好	短	贵

由上表可知，气压传动的优点主要有：

(1) 以压缩空气作为介质进行动力的传递，压缩空气来源广、价格便宜，利于实现远距离传送与集中供应；

(2) 压缩空气清洁无污染，使用后可直接排入大气中，一般情况下无噪声，环保性能良好；

(3) 结构紧凑，传动速度大，可靠性高，使用寿命较长，适用于多种场合。

当然，气压传动也存在一定的缺点：一方面，空气的压缩特性使得气动装置在工作过程中稳定性略差，负载的变化也会对稳定性产生很大的影响；另一方面，气源的动作气压较小，气动装置的整体尺寸不能过大，因而输出力不可能很大。

3.2.4 快换装置的特点

一套通用化程度高的机器人末端工具快换装置，必须具有以下几个特点：

(1) 灵活度高。同一台机器人不止实现一种操作，在同一工位上可通过更换末端执行工具完成多种任务，实现一机多用。

(2) 稳定性强。机器人在实际作业过程中，如遇突发情况造成气缸主体部的气源不稳定或被切断，防故障锁紧装置能够避免工具盘与主盘脱离，保证连接的稳定可靠。

(3) 刚度高。耦合和扭转刚度必须足以防止机器人系统产生过多的偏差，避免过大的变形影响系统的正常工作。

(4) 快速更换。当执行工具需要更换、保养维护维修时，在数秒内即可完成对末端执行工具更换操作，保证生产线的正常运行，降低停机待机成本，提高企业生产效率。

(5) 保证安全性、降低人工成本。机器人能够自动完成末端执行器的快速更换，不需要人工干预，这样既能保证工作人员的安全，又能降低人工成本，提高劳动生产率。

3.3 快换装置结构设计

3.3.1 快换装置设计目标

考虑到机器人末端工具快换装置的使用环境及工作方式，其设计目标如下：

(1) 轻量化。受机器人手臂持重限制，两盘自重不能过大，尽量选择轻量型材料，整体尺寸小，各个功能模块构造紧凑。

(2) 切换机构的可靠性与防故障锁紧设计。若发生特殊故障导致气压消失，切换机构与防故障锁紧设计仍能够确保工具盘与主盘连接稳定可靠。

(3) 通用性强。快速更换装置适应于多种机器人手臂结构，应用覆盖范围广泛。

(4) 需确保一定的位置精度，在作业过程中能够实现准确对接与分离。

(5) 密封性能良好，确保气体不会外泄。

(6) 重复定位精度高，机器人能够在全局坐标系内实现多种功能。

结合以上设计目标，可以初步确定机器人末端工具快速更换装置的一些设计参数，具体如下：

(1) 将主盘与工具盘设计成圆盘状，并将气缸集成在主动盘主体内部，气路通道分别设置于主盘与工具盘的盘体内部，在两盘的上下两侧预留电连接安装插口。

(2) 根据现有工业机器人末端法兰盘的设计尺寸，确定圆盘直径在 200 mm 左右。

(3) 主盘进行密封设计，采用 O 形密封圈，对气缸进行轴向密封，对活塞、活塞杆进行横向密封。

(4) 主盘与工具盘盘体一般采用铝合金材料，核心部件则采用不锈钢材料。

(5) 一般选取工作气压为 0.65 MPa。

3.3.2 快换装置的设计

1. 快换装置总体结构

快换装置模块在主端口主要由进出气缸、活塞、锁紧凸轮、锁紧钢珠、钢珠保持架、定位销以及密封圈等组成，在工具端口由锁紧环、定位销孔等组成，整体结构如图 3-11 所示。

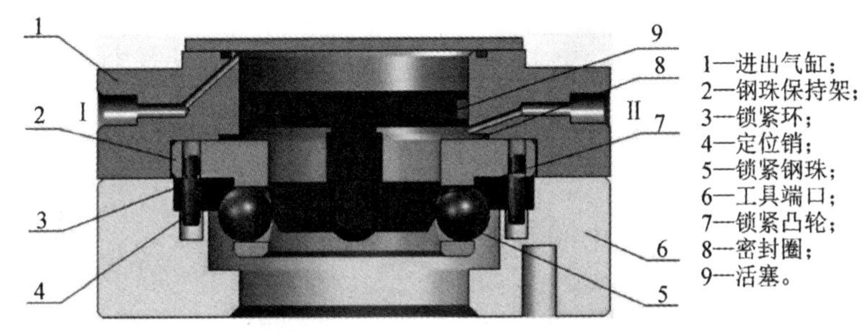

图 3-11　快换装置整体结构图

快换装置工作过程如下：当安装在机械臂上的更换器主端逐渐接近工具端时，在两个定位销 4(一个圆柱销，一个菱形销)的作用下，更换器主端口准确地与工具端口对接，同时启动锁紧机构的气压装置以提供动力。压缩气体由气孔 I 进入气缸，推动气缸的活塞 9 带动安装在其上的锁紧凸轮 7 向工具端移动，凸轮锁紧部分由两段圆锥面组成，第一段圆锥面能确保锁紧凸轮 7 推动钢珠 5 沿锁紧孔向外移动，活塞继续下移；此时第二段圆锥面与钢珠 5 相接触，前者继续推动钢珠沿同一方向向外微量移动，最终使得钢珠分别与该段锥面和锁紧环 3 锥面紧密结合，以提供足够的锁紧力。

快换装置具有一定的自动补偿功能，锁紧凸轮 7 的这种两段圆锥面能提高更换器的连接可靠性，起到防故障自锁的作用。当作业过程中动力源发生故障时，保证工具端口不会自动从主端口脱落；当需要主端口与工具端口脱离时，压缩气体由气孔Ⅱ进入气缸下腔，推动活塞反向动作，带动锁紧凸轮 7 向上运动；当机械臂向上提起主端时，钢珠在锁紧环锥面的作用下沿锁紧孔向内运动，两对接端口脱离。快速更换器机械结构设计总图如图 3-12 所示。

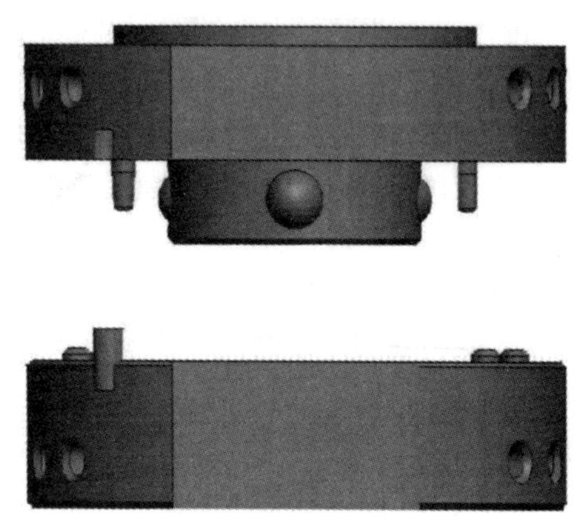

图 3-12　快速更换器机械结构设计总图

2. 快换装置的组成

快换装置主要包括主端的锁紧凸轮、锁紧钢球、套筒、定位销，工具端有锁紧环等。

(1) 锁紧凸轮。锁紧凸轮的特殊设置通常有两个作用：一是当锁紧凸轮与钢球接触时，锁紧表面的几何结构会使钢球被挤出后与锁紧环配合，从而使工具盘与主盘结合；二是锁紧凸轮与钢球的接触面是一个典型的防故障表面，其功能是当动力源暂时切断或失效时，防故障表面依然能够保持主盘与工具盘的配合关系不分离。活塞、活塞杆、锁紧凸轮结构图如图 3-13 所示，钢珠保持架结构图如图 3-14 所示，锁紧环结构图如图 3-15 所示。

图 3-13　活塞、活塞杆、锁紧凸轮

图 3-14　钢珠保持架

图 3-15　锁紧环

(2) 锁紧钢球。锁紧钢球是机器人末端工具快换装置两盘锁紧动作的执行者，锁紧钢球的数量直接影响装置的可靠性。当装置受到较大的轴向载荷时，选取的锁紧钢球数量需要适当增加，一般选用 6 颗锁紧钢球。

(3) 定位销。定位销一般采用两个，以确保主端与工具端能够准确地对接。其直径主要依据结构特征来确定。定位销的材料通常为 35#、45#钢，并进行硬化处理，受力较大、要求抗腐蚀等的场合可以采用 30CrMnSiA、1Cr13、2Cr15、H63、1Cr18Ni9Ti 等。一般采用圆锥销，定位销结构图如图 3-16 所示，与工具端有锥度的绞制孔相配合，材料选用 304 不锈钢。

图 3-16　定位销

3.3.3　快换装置工作过程

机器人快换装置的目的主要是为了解决机器人快速更换不同的手爪。机器人快换工具由主动端(公盘)和工具端(母盘)组成，公盘安装在机器人末端，母盘安装在机器人的手爪上。公盘只有一个，母盘和手爪的数量相同。快换工具可以根据需要，选装电、气、液等快速接口。机器人快换装置如图 3-17 所示。

图 3-17　机器人快换装置

机器人快换装置工作过程如下：

(1) 机械臂上的主动端(公盘)在机器人的带动下，精准与工具端(母盘)配合。快换工具的主动端上有钢珠，工具端上有凹槽。钢球与凹槽配合状态，如图 3-18 所示。

图 3-18　钢珠与凹槽配合

(2) 钢珠通过活塞杆的推动，使钢珠卡在母盘的凹槽里，使主动端与工具端完全锁紧。完成锁紧状态如图 3-19 所示。

图 3-19　主动端与工具端完全锁紧

其中，锁紧的工作过程可分三个阶段完成：

第一阶段(压珠)　硬化钢珠在凸轮的第一个锥度上，如图 3-20 所示，这种锥度允许在锁定时稍微分离主盘。在空气压力的持续作用下，钢珠最终被挤进凹槽里，作用过程如图 3-21 所示。

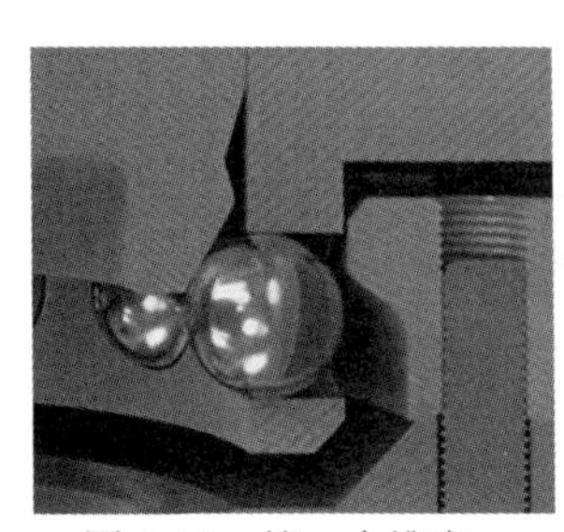

图 3-20　第一个锥度

图 3-21 空气压力的作用过程

第二阶段(锁紧)　在空气压力的作用下继续向下推动活塞，活塞杆继续下移到终点位置，将钢珠推出轴承座圈下方，钢珠被卡死，从而实现公盘和母盘的结合。此时硬化钢球移动到凸轮的第二个锥度，如图 3-22 所示。当活塞在气压的作用下驱动凸轮就位时，该锥度将锁紧球向外移动，从而产生极高的锁紧力，除非施加解锁气压，否则母盘不会从公盘上松开，公盘和母盘结合状态如图 3-23 所示。

图 3-22　第二个锥度

图 3-23　公盘和母盘结合

公盘和母盘是否结合到位，可通过检测活塞的位置。与钢球接触的 V 形槽，主要作用是断气保护，当气缸断气后，钢球位于反向的安全锥面上。反向安全锥面如图 3-24 所示。钢珠仍会卡在 V 形槽的位置，从而使母盘和工具盘牢固连接，防止凸轮和活塞因重力、振动或加速度而移动。保护位置的状态如图 3-25 所示。

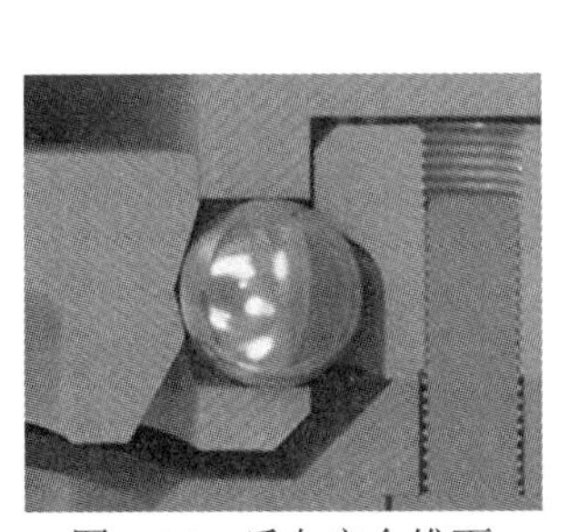
图 3-24　反向安全锥面

图 3-25　处于保护位置的状态

第三阶段(分离)　当要分离公盘和母盘时，只有给气缸反向通气将活塞杆推到上部，才能使公盘和母盘完全脱离。公盘和母盘分离状态如图 3-26 所示。

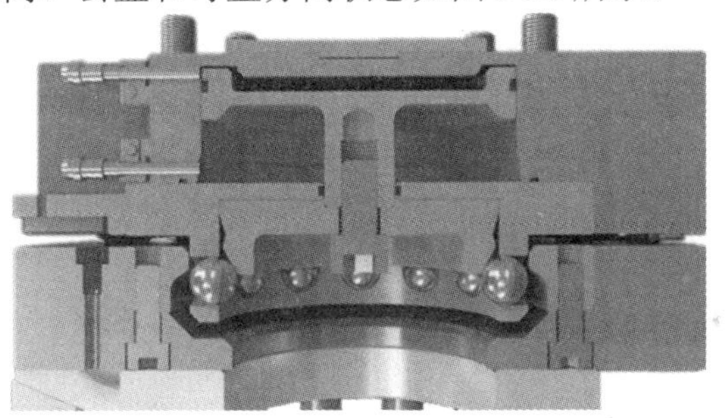
图 3-26　公盘和母盘分离

3.3.4　锁紧装置的气路设计

锁紧装置的气路设计主要包括主动端(公盘)供给气路设计以及工具端(母盘)补给气路设计，将气路通道集成在工具快速更换装置的两盘中，能够保证结构紧凑。

(1) 主动端供给气路设计。主动端的气源供给主要是指主盘根据指令要求松开工具盘时的气路供给。供给气路设计为斜向气路，该斜向气路通道位于气缸主体部的侧面，如图 3-27 所示，减轻了气缸的总体重量，使主盘的结构设计更为紧凑。气路通道的尺寸较小，加工难度相对较大，对加工工艺的要求比较高。

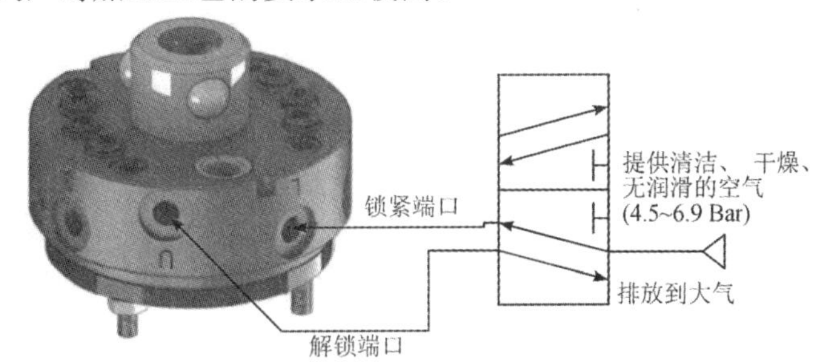

图 3-27　主动端供给气路设计

(2) 工具端补给气路设计。当安装在工具盘上的末端执行器为气爪、焊枪、气泵等时，需要通过补给气路保证气源。主端口与工具端口的气源补给气路，连接口径均为英制管螺纹孔 Rc3/8，其中主端口设计为圆锥孔，工具端口设计为圆柱孔，并为工具端口的圆柱孔添加橡胶密封接头，该设计能够保证主动端与工具端对接时，密封接头产生变形，与主动端上的圆锥孔构成紧密贴合，起到良好的密封效果。工具端补给气路设计如图 3-28 所示。

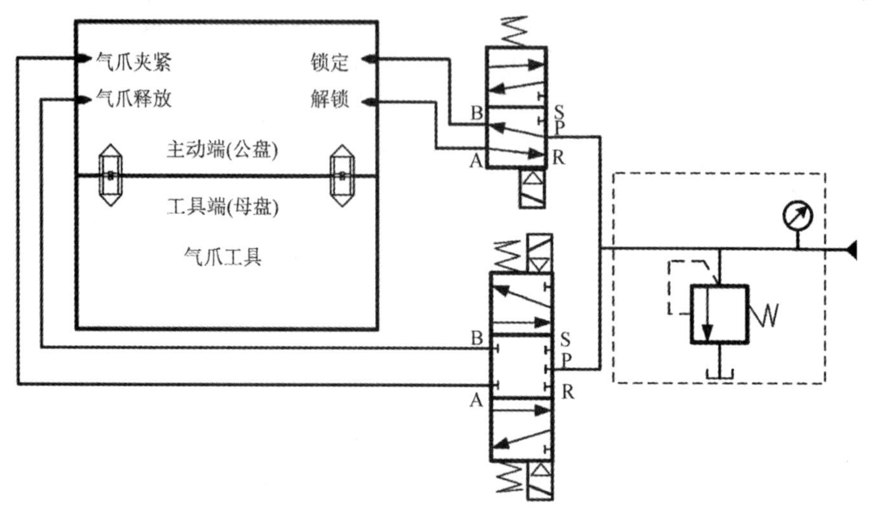

图 3-28　工具端补给气路设计

3.4　快换装置受力分析

锁紧机构的设计好坏会对更换工具的实现效果产生影响。本节对锁紧机构进行受力分析，确保锁紧机构具有防故障自锁功能，即使由于突发故障造成动力源切断，锁紧状态下的主盘也不会与工具盘分离。

3.4.1　切换过程中钢球受力分析

如图 3-29 所示，切换过程中，随着锁紧凸轮的运动，凸轮对锁紧钢球的作用力表示为沿当前接触点法线方向上的力 F，将力 F 分解为沿 x 方向的分力 F_1 及沿 y 方向的分力 F_2，建立钢球受力平衡方程：

$$\sum F_x = 0，F_1 = ma \tag{3-1}$$

$$\sum F_y = 0，F_2' - F\sin\theta = 0 \tag{3-2}$$

式中：F_x 为钢球在 x 方向受到的合力；F_y 为钢球在 y 方向受到的合力；F_2' 为主动端施加给钢球的支撑反力；m 为钢球质量；a 为钢球加速度；θ 为力 F 与 x 方向夹角。

锁紧钢球在分力 F_1 的作用下，钢球沿凸轮凹槽向锥形孔小口方向移动，直至被压紧在小口处。切换过程中钢球受力情况如图 3-29 所示。

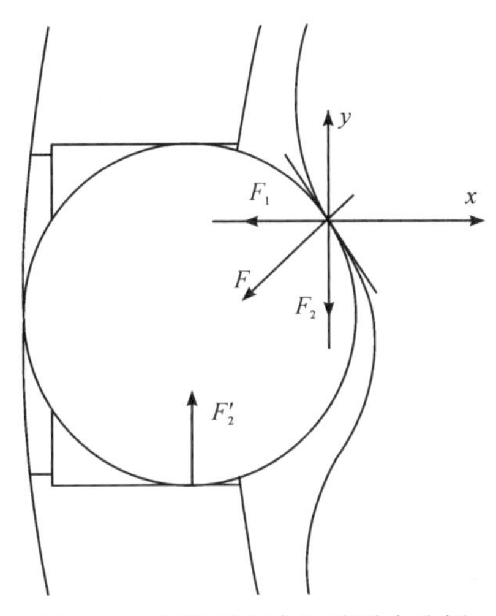

图 3-29　切换过程中钢球受力分析

3.4.2　锁紧机构的受力分析

当两盘结合时，锁紧凸轮将锁紧钢球挤出到极限位置处，锁紧钢球与锁紧环之间形成刚性接触。建立如图 3-30 中所示的直角坐标系，对锁紧钢球进行受力分析。工具端的锁紧环对锁紧钢球的作用力表示为沿接触点法线方向上的力 F，将力 F 分解为沿 x 方向上的 F_1，以及沿 y 方向上的 F_2。此时，锁紧凸轮对锁紧钢球的作用力为 F_1'，套筒支持力为 F_2'。建立钢球受力平衡方程：

$$\sum F_x = 0，\ F_1' - F\cos\theta = 0 \tag{3-3}$$

$$\sum F_y = 0，\ F_2' - F\sin\theta = 0 \tag{3-4}$$

式中，F_1'为凸轮施加给钢球的支撑反力，F_2'为主动端施加给钢球的支撑反力。

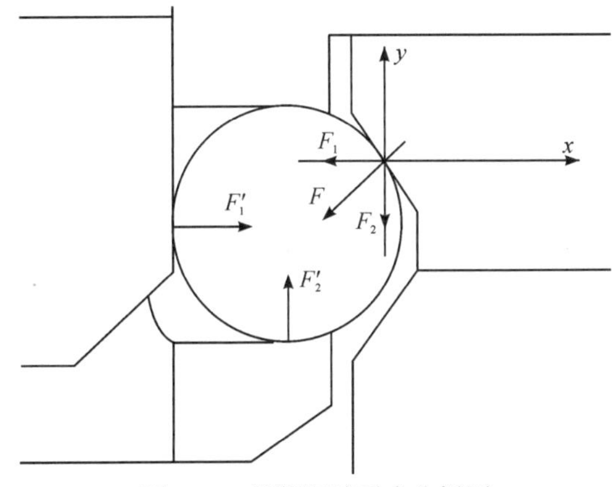

图 3-30　锁紧钢球受力分析图

锁紧凸轮受力情况如图 3-31 所示，对锁紧凸轮进行受力分析。锁紧环作用于锁紧钢球上的力在 y 方向上的分力F_1''和F_2'作用在套筒钢球保持架上，而在 x 方向上的分力F_1''与F_1'传递给锁紧凸轮。将锁紧凸轮作为研究对象进行受力分析，在 x 方向上受一对力的作用，则平衡方程如式(3-5)，一对力F_1''与F_1'相互抵消。由于选取 6 个锁紧钢球对称均匀分布，因此

另外两对力也互相抵消，即锁紧机构能够实现自锁功能。建立锁紧凸轮受力平衡方程：

$$\sum F_x = 0，F_1'' - F_1' = 0 \tag{3-5}$$

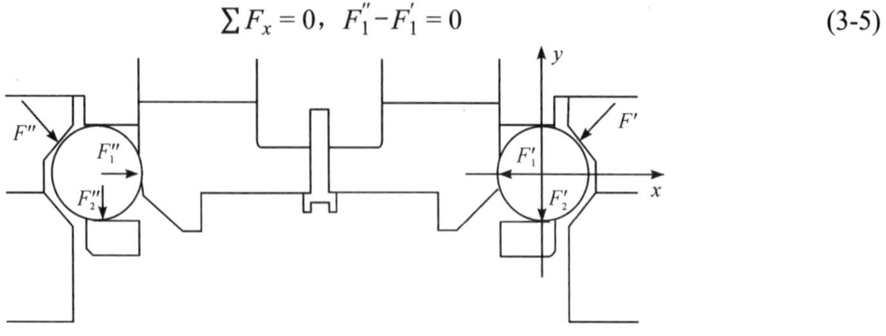

图 3-31 锁紧凸轮的受力分析

3.5 快换装置的安全性

在绿色、智能化工业发展进程中，工业机器人发展迅速，自动化、无人化生产模式得到了各生产领域的认可。现如今，工业机器人的应用越来越成熟，尤其是一机多作业任务的实现，使得机器人快换装置成了机器人系统比较重要的部件，其安全性也提上议程。

在工业机器人使用的过程中，保证自动化过程的安全性是首要考虑因素，机器人快换装置因为需要在不同的末端执行工具之间不断地自动切换，这对于安全性提出了更高的要求，机器人快速更换盘主要通过两种途径来保证其安全性：一是快换盘本身的机械锁紧机构，二是通过外部控制单元。

3.5.1 机械锁紧机构

当机器人主盘侧突然失压，锁紧机构往往依靠重力或弹簧向下压力的作用下，形成对等受力，使工具盘不会脱落。快换装置的机械锁紧机构一般分为三种。

(1) 钢珠加弹簧自复位式锁紧机构，如图 3-32 所示。整套锁紧机构由大推力弹簧、活塞、钢珠、凸轮等组成。其工作原理是：活塞与凸轮连接，在压缩空气和弹簧的作用下推动钢珠完成锁紧；松开时活塞带动凸轮退回，此时钢珠可以收回；当锁紧机构意外掉气时钢球在末端工具的重力作用下会由锁紧平台移动至安全平台，此时在大推力弹簧推力与工

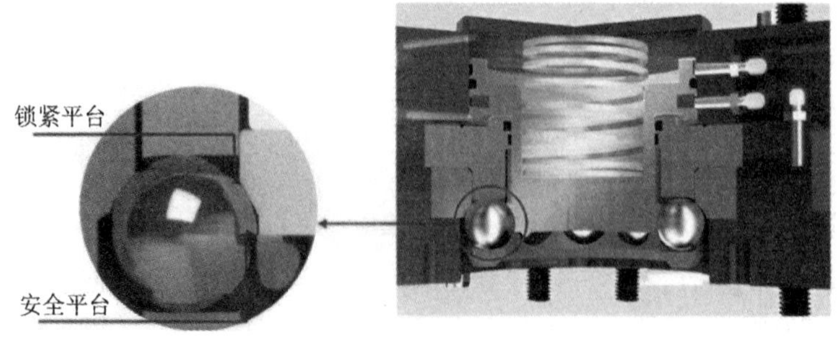

图 3-32 钢珠加弹簧自复位式锁紧机构

具重力的作用下实现钢珠对凸轮的抱死。安全平台和大推力弹簧的双重保险锁紧机构在系统意外掉气时有着较高安全性，该种机构代表性企业有瑞士史陶比尔、上海桥田智能等。

(2) 钢珠无弹簧式锁紧机构，如图 3-33 所示。整套锁紧机构由活塞、钢珠、凸轮等组成。其工作原理是：活塞与凸轮连接，在压缩空气的作用下推动钢珠完成锁紧；松开时活塞带动凸轮退回，此时钢珠可以收回；当锁紧机构意外掉气时，钢球在末端工具的重力作用下会由锁紧平台移动至安全平台，此时在工具重力的作用下实现钢珠对凸轮的抱死。安全平台设置的锁紧机构在意外掉气时提供了基本的安全和保护，该种机构代表性企业有美国 ATI，德国雄克等。

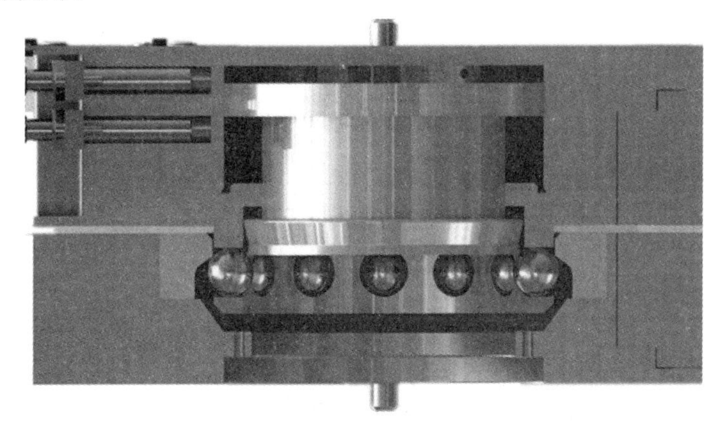

图 3-33　钢珠无弹簧式锁紧机构

(3) 卡爪式锁紧机构，如图 3-34 所示。整套锁紧机构由活塞、卡爪、凸轮等组成。其工作原理是：活塞与凸轮连接，在压缩空气的作用下带动卡爪完成锁紧；松开时活塞带动凸轮收回卡爪；当锁紧机构意外掉气时，凸轮在弹簧力的作用下保持顶出，依靠弹簧力保护的锁紧机构在意外掉气时具备了基本的安全和保护，该种机构代表性企业有日本 NITTA 等。

图 3-34　卡爪式锁紧机构

3.5.2　外部控制单元

除了从机械锁紧机构角度来解决机器人快换盘安全外，还可从快换盘的外部控制单元部分来考虑，实现双重安全保障。从上述的机械机构分析，快换盘锁紧机构的动力主要来源于内部的气缸，因此，对于安全性来说，就是要实现对气缸松开气源的控制，以防止意

外解锁的发生。外部控制单元，如图3-35所示，额外增加安全电路的防护措施，PLC或机器人控制信号需要经过安全电路控制，其优点是控制简单，增加额外安全措施，安全电路通过指定安全位置才可以解锁。

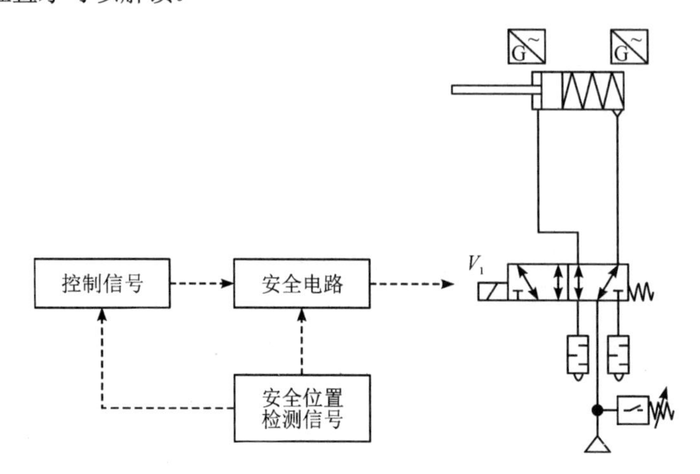

图3-35 外部控制单元

在实现断气自锁之后，机器人夹爪或执行工具被错误释放是快换装置使用的最大不安全因素。通过配套使用安全电路，如图3-36所示，实现机器人夹爪或执行工具只有在停靠站才能被释放，避免人为或程序错误导致的机器人夹爪或执行工具在错误的位置被释放。

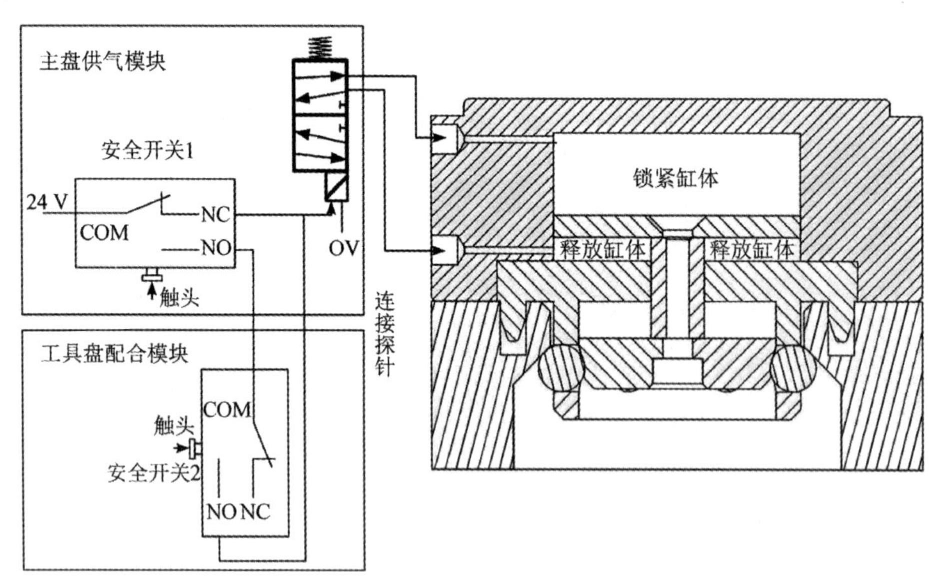

图3-36 安全电路

设计篇

——工欲善其事，必先利其器

第 4 章　工业机器人工具原理设计

4.1　齿轮传动夹钳式夹爪设计

如图 4-1 所示，为齿轮传动夹钳式夹爪爆炸图，要求使用机械建模软件 SOLIDWORKS 进行绘制。具体要求如下：

(1) 根据提供的零件图，采用 SOLIDWORKS 完成各个零件的三维模型。

(2) 根据已完成的零件三维模型，采用 SOLIDWORKS 完成夹爪的装配。

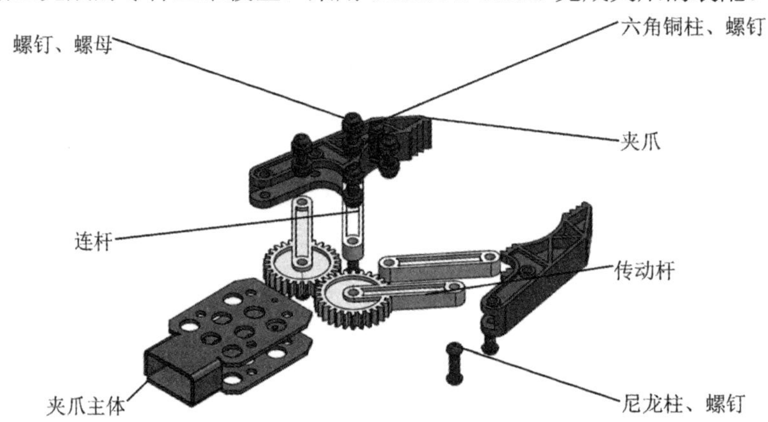

图 4-1　齿轮传动夹钳式夹爪爆炸图

专业能力素养

- 能够知道齿轮传动夹钳式夹爪的组成
- 能够了解齿轮传动夹钳式夹爪的工作原理
- 能够使用 SOLIDWORKS 完成夹爪各个零件的建模
- 能够使用 SOLIDWORKS 完成齿轮传动夹钳式夹爪的装配
- 能够了解夹爪的构成、使用方法及优缺点

任务与工作流程

首先根据任务要求及提供的零件图，使用 SOLIDWORKS 零件功能完成零件三维模型的造型；然后根据已完成的零件三维模型，使用 SOLIDWORKS 装配体功能完成整套夹爪

的装配。本任务可分为五个部分进行。

- 夹爪主体零件设计
- 连杆零件设计
- 传动杆零件设计
- 夹爪零件设计
- 完成零件装配

4.1.1　夹爪主体零件设计

1. 夹爪主体零件工程图

根据图纸设计要求，使用 SOLIDWORKS 造型的步骤为：绘制主体轮廓→钣金→拉伸顶面→绘制孔位草图→切除孔→完成零件绘制。夹爪主体工程图如图 4-2 所示。

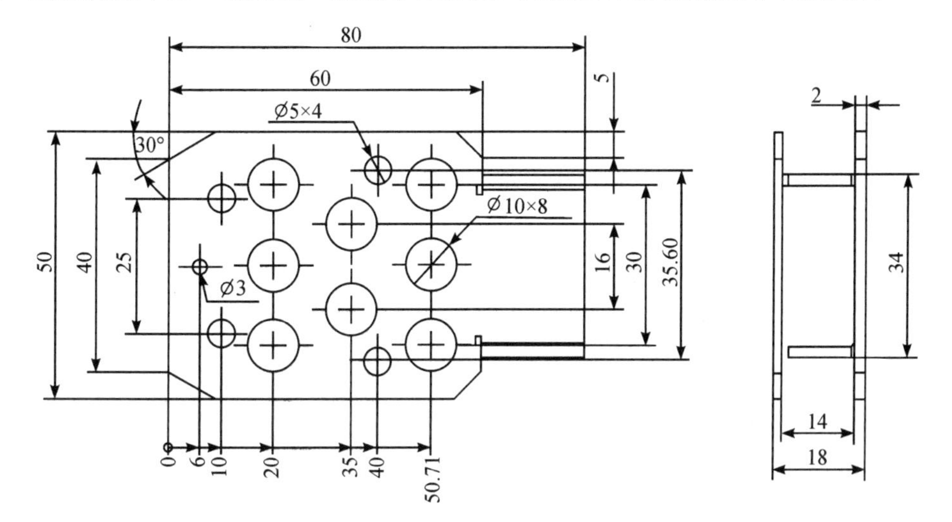

图 4-2　夹爪主体工程图(尺寸单位：mm)

2. 绘制夹爪主体

1) 创建零件工程

打开软件【SOLIDWORKS 2022】→单击【新建 】创建工程→系统弹出【新建 SOLIDWORKS 文件】→鼠标单击【零件图标 】→单击【确定】完成零件工程创建。

注意：绘制过程中应随时保存，以防止数据丢失。

2) 创建草图

单击【草图】→系统切换【草图选项卡】→单击【草图绘制 】→选择【上视基准面】为绘制平面。

注意：每次新建零件工程绘制模型都需进行上述操作，以后不再重复。

3) 绘制草图轮廓

使用草图绘制工具，根据提供的零件图在草图中心绘制外模型轮廓草图，单击【退出草图 】，完成后的夹爪主体轮廓草图，如图 4-3 所示。

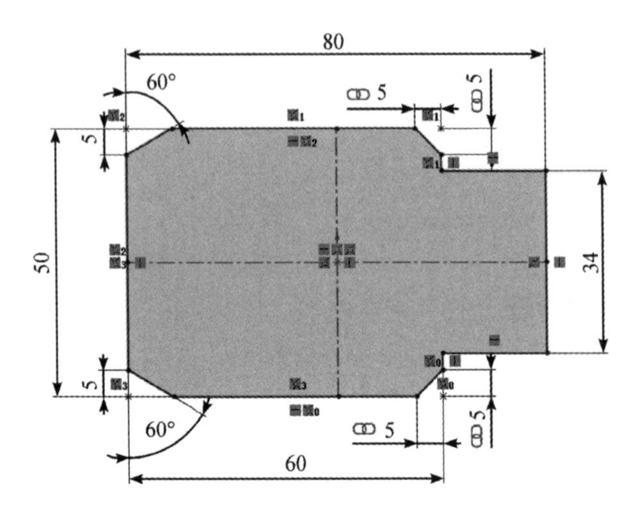

图 4-3 夹爪主体轮廓草图(尺寸单位：mm)

4) 拉伸主体

Step1 单击选项卡【钣金】→系统切换【钣金选项卡】→在导航栏内选择刚刚绘制的草图→单击【基体法兰 】→输入【钣金参数】2.00 mm→单击【 】完成，如图 4-4 所示。

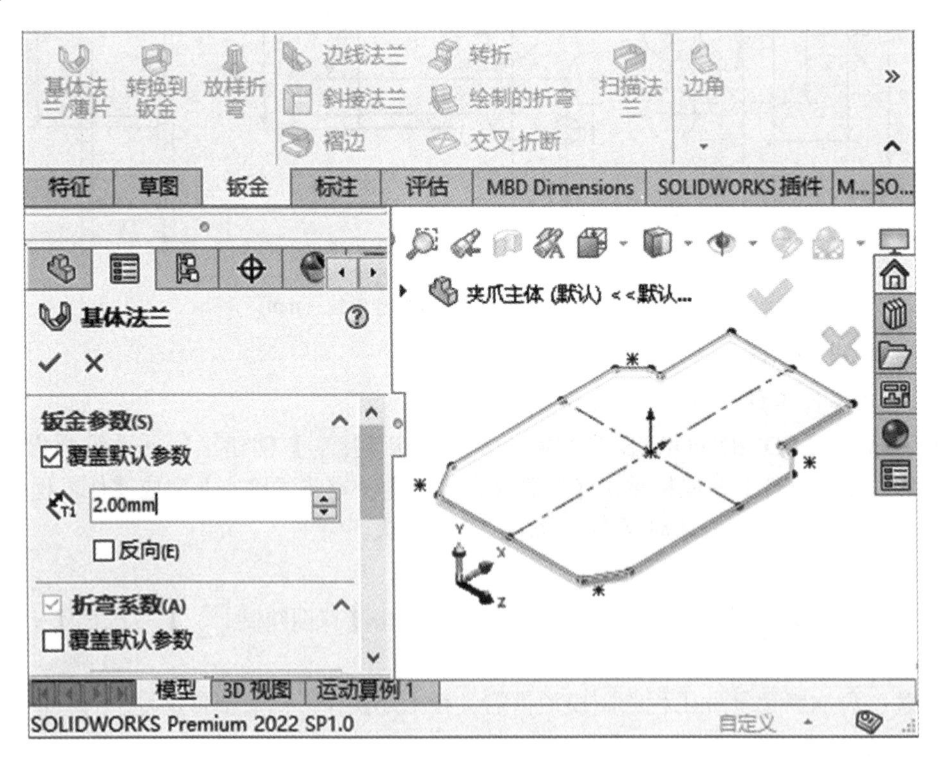

图 4-4 钣金操作

Step2 单击【边线法兰 2 】→选择弯折边 1→在法兰长度参数栏内，输入【给定深度】18.00 mm→单击【 】完成，如图 4-5 所示。

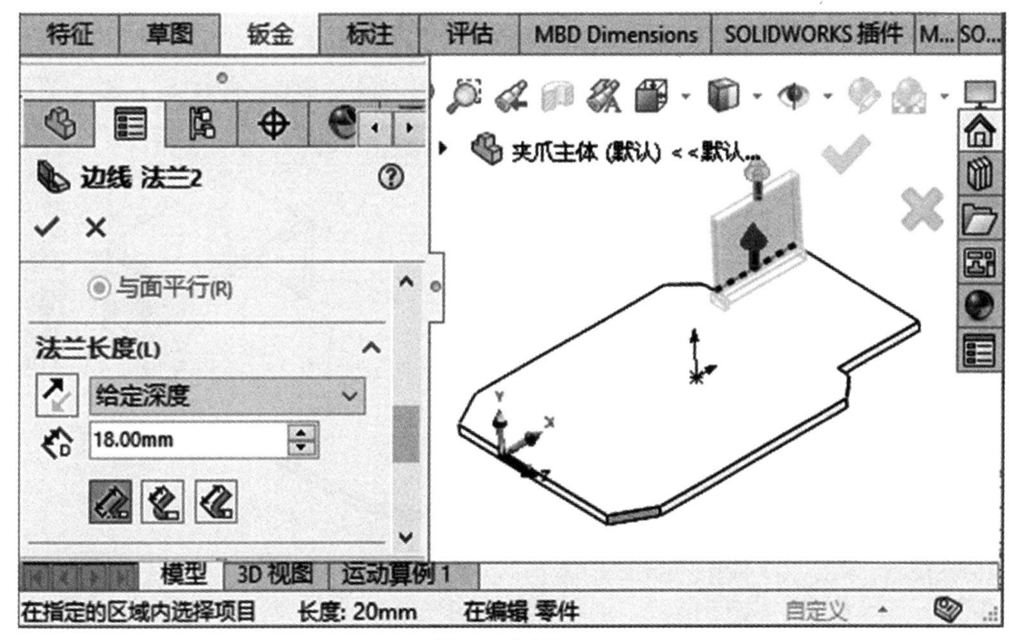

图 4-5 弯折边 1

Step3 单击【边线法兰 4】→选择弯折边 2→在法兰长度参数栏内，输入【给定深度】34.00 mm→单击【✓】完成，如图 4-6 所示。

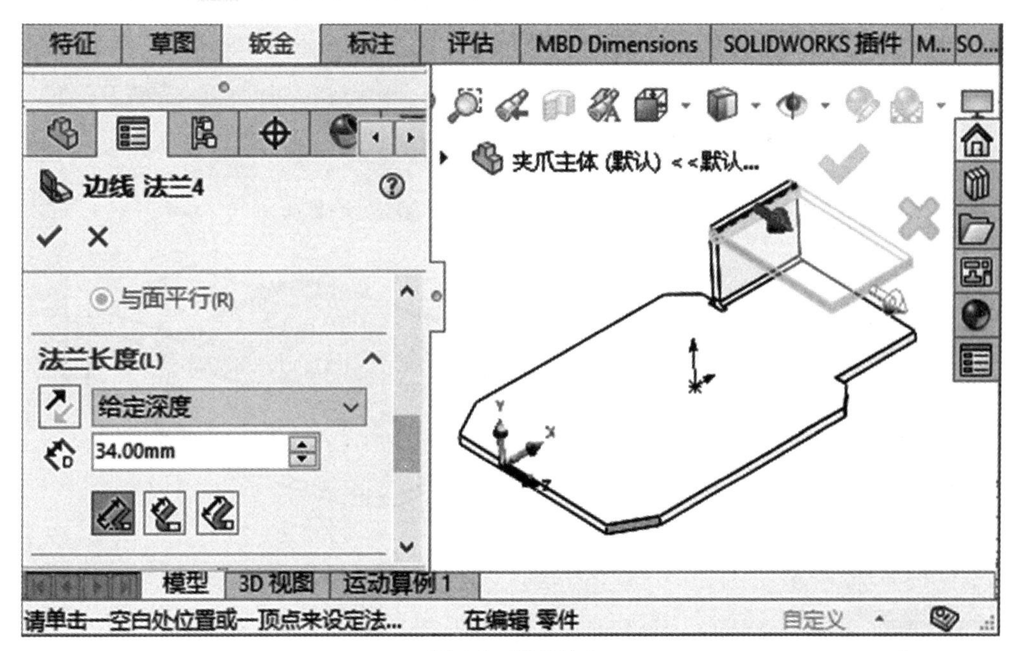

图 4-6　弯折边 2

Step4　单击【边线法兰 6】→选择弯折边 3→在法兰长度参数栏内，输入【给定深度】15.00 mm→单击【✓】完成，如图 4-7 所示。

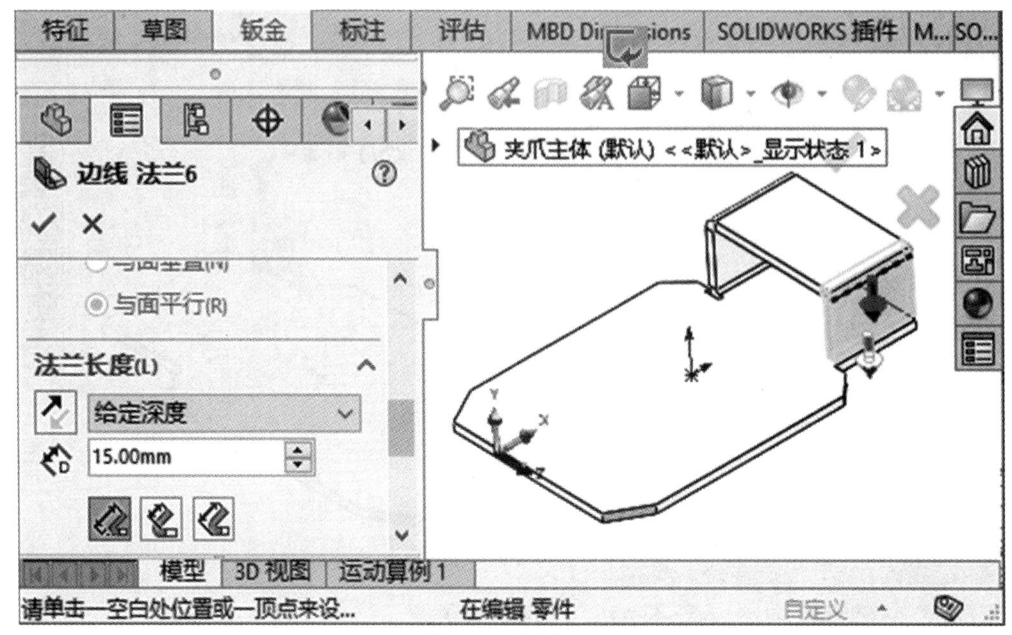

图 4-7 弯折边 3

Step5 单击【草图】→系统切换【草图选项卡】→单击【草图绘制 】→选择【零件顶面】为绘制平面→绘制与底面轮廓相同的草图→单击【退出草图 】。

Step6 单击【特征】→系统切换【特征选项卡】→单击【拉伸凸台】→选择 Step5 绘制的草图→输入【给定深度】2.00 mm→单击【✓ 】完成，如图 4-8 所示。

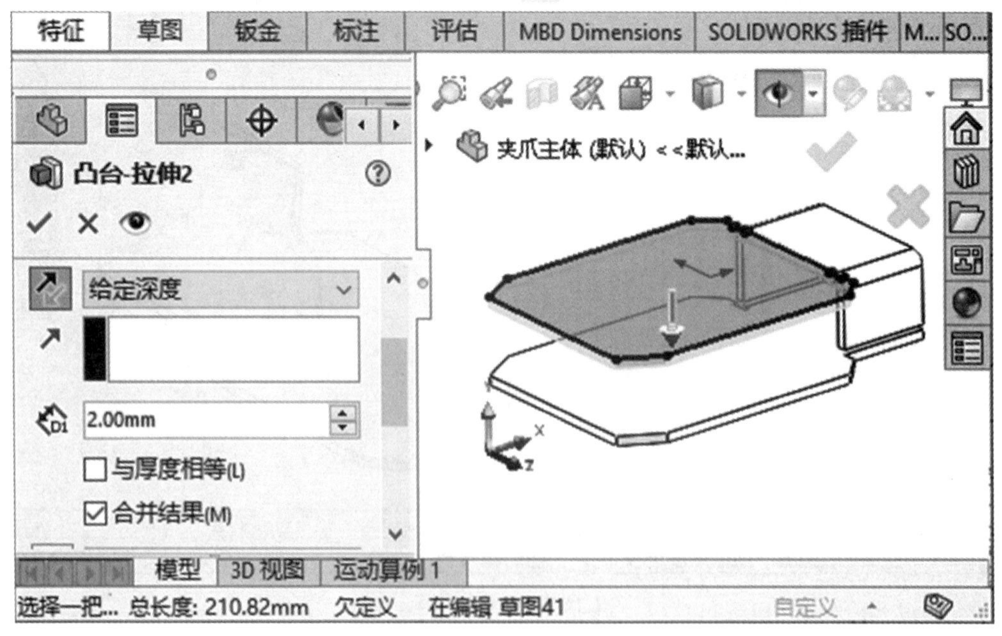

图 4-8 拉伸另一面

5) 切除内孔

Step1 单击【草图】→系统切换【草图选项卡】→单击【草图绘制 】→选择【零件顶面】为绘制平面→绘制内孔轮廓→单击【退出草图】。内孔位置图如图 4-9 所示。

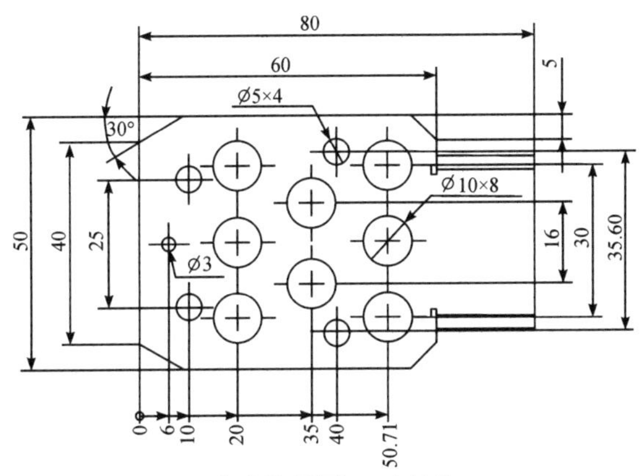

图 4-9　内孔位置图(尺寸单位：mm)

Step2　单击【特征】→系统切换【特征选项卡】→在导航栏内选择 Step1 绘制的轮廓草图→单击【拉伸切除】→输入【给定深度】22.00 mm→单击【✓】完成，如图 4-10 所示。

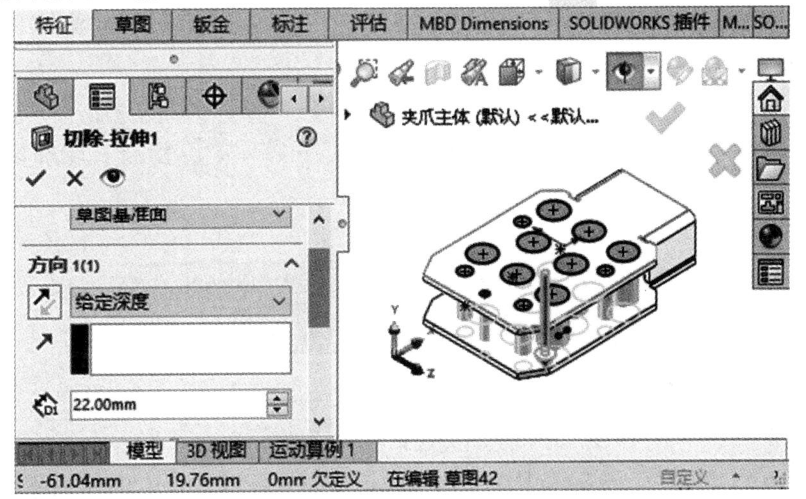

图 4-10 拉伸切除内孔

至此，完成了夹爪主体零件的模型创建，夹爪主体零件效果图如图 4-11 所示。

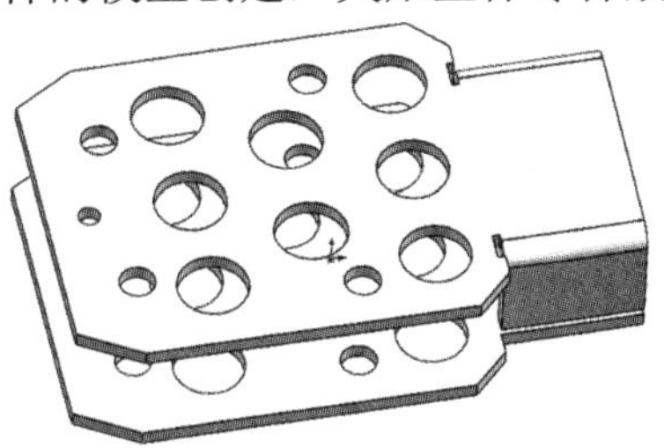

图 4-11　夹爪主体零件效果图

4.1.2　连杆零件设计

1. 连杆零件工程图

根据图纸所示，用 SOLIDWORKS 造型的步骤为：绘制主体轮廓→拉伸连杆主体→拉伸切除多余部分。连杆工程图，如图 4-12 所示。

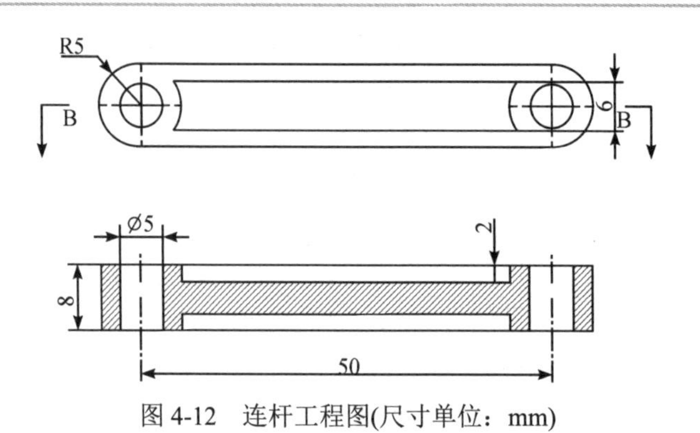

图 4-12　连杆工程图(尺寸单位：mm)

2. 绘制连杆

1) 创建零件工程

打开软件【SOLIDWORKS 2022】→单击【新建 】创建工程→系统弹出【新建SOLIDWORKS 文件】→鼠标单击【零件图标 】→单击【确定】完成零件工程创建。

2) 拉伸连杆

Step1 单击【草图】→系统切换【草图选项卡】→单击【草图绘制 】→选择【上视基准面】为绘制平面→绘制草图→完成后单击【退出草图 】。连杆轮廓草图如图 4-13 所示。

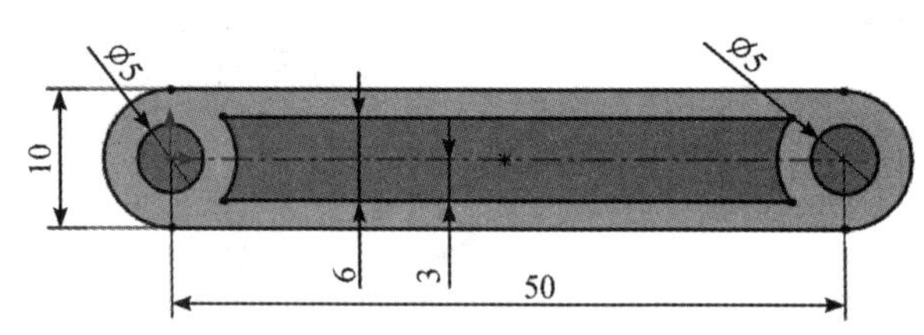

图 4-13　连杆轮廓草图(尺寸单位：mm)

Step2 单击【特征】→系统切换【特征选项卡】→在导航栏内选择 Step1 绘制的外部轮廓草图→单击【拉伸凸台 】→输入【给定深度】8.00 mm→单击【 】完成，拉伸连杆主体如图 4-14 所示。

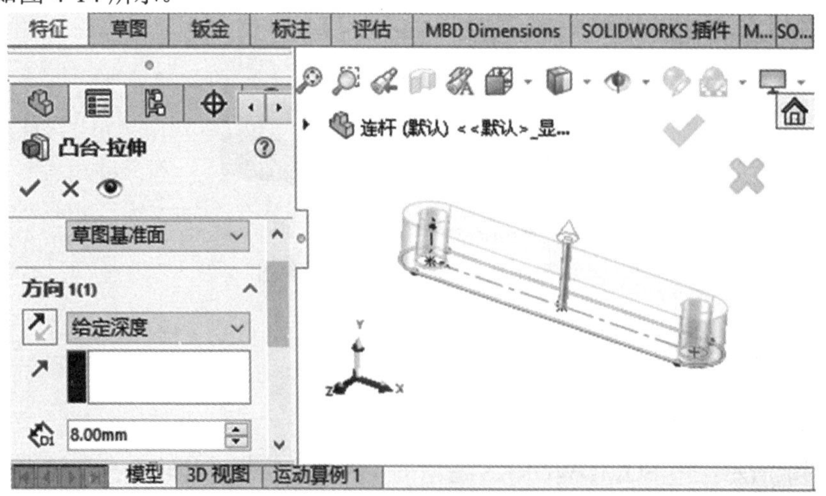

图 4-14　拉伸连杆主体

Step3　单击【特征】→系统切换【特征选项卡】→选择 Step1 绘制的内部轮廓草图→单击【拉伸切除 】→输入【给定深度】2.00 mm→单击【 ✔ 】完成，完成后的连杆零件图如图 4-15 所示。

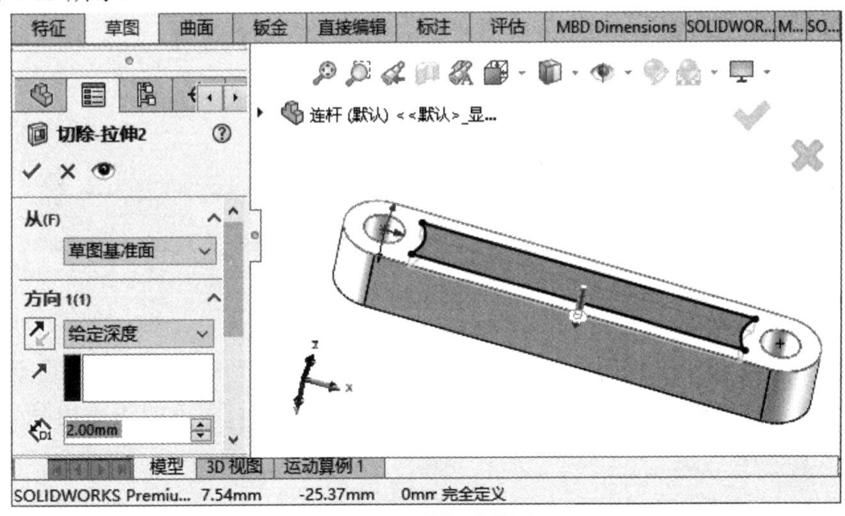

图 4-15　连杆零件图

Step4　在零件反面绘制相同草图，进行相同拉伸切除操作。至此，完成了连杆的绘制。

4.1.3　传动杆零件设计

1. 传动杆零件工程图

根据图纸所示，用 SOLIDWORKS 造型的步骤为：调用齿轮标准件→拉伸连杆主体→拉伸切除通孔→拉伸切除多余部分→完成零件绘制。传动杆工程图如图 4-16 所示。

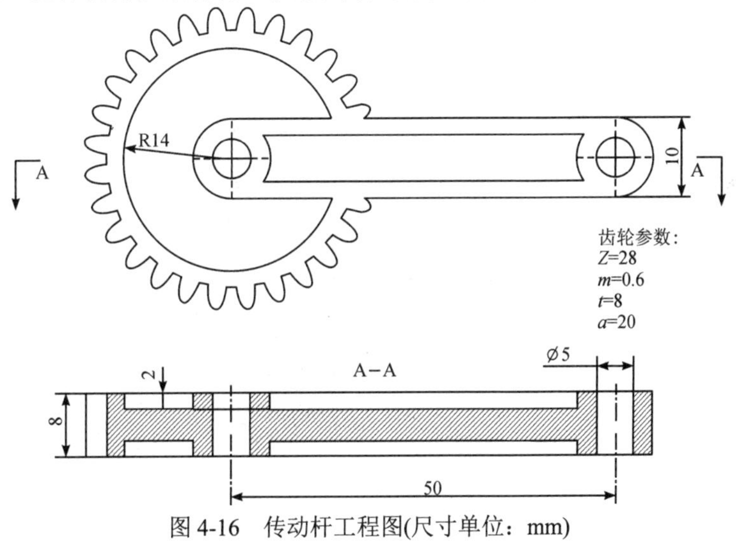

图 4-16　传动杆工程图(尺寸单位：mm)

2. 绘制传动杆

1) 创建零件工程

打开软件【SOLIDWORKS 2022】→单击【新建 】创建工程→系统弹出【新建

SOLIDWORKS 文件】→鼠标单击【零件图标】→单击【确定】完成零件工程创建。

2) 导入标准齿轮

Step1　单击右侧导航栏设计库图标【 】→选择【Toolbox 】→选择国标【GB 】→选择【动力传动 】→选择【齿轮 】→找到【正齿轮 】，如图 4-17 所示。(注：若是单击 Toolbox 后无内容，请单击【现在插入】。)

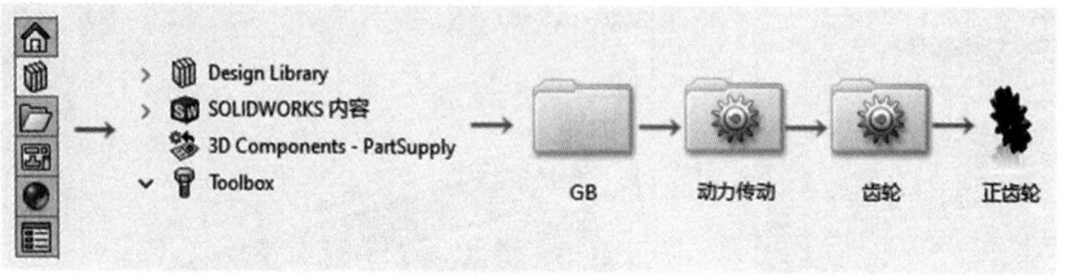

图 4-17　调用标准库

Step2　将光标移动到正齿轮图标上→鼠标右击【正齿轮 】→弹出【正齿轮右击弹出菜单】→单击【生成零件】→完成后系统会自动跳转窗口，菜单如图 4-18 所示。

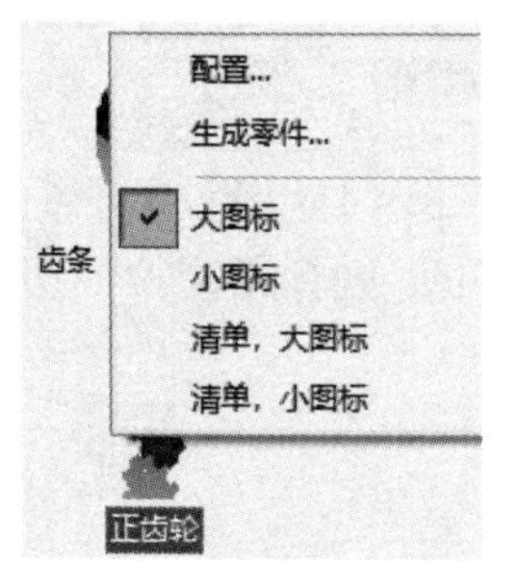

图 4-18　右击正齿轮菜单

Step3　在【配置零部件导航栏】→输入【模数】1.25→输入【齿数】28→输入【压力角】20→输入【面宽】8→输入【标准轴直径】28→完成后单击【 】→最后，保存到指定文件夹。标准齿轮参数如图 4-19 所示。

图 4-19　标准齿轮参数

Step4　完成后页面自行跳回原先工程→再次寻找正齿轮【 】→鼠标左键按住拖动【正齿轮】至画图界面，操作方式如图 4-20 所示。

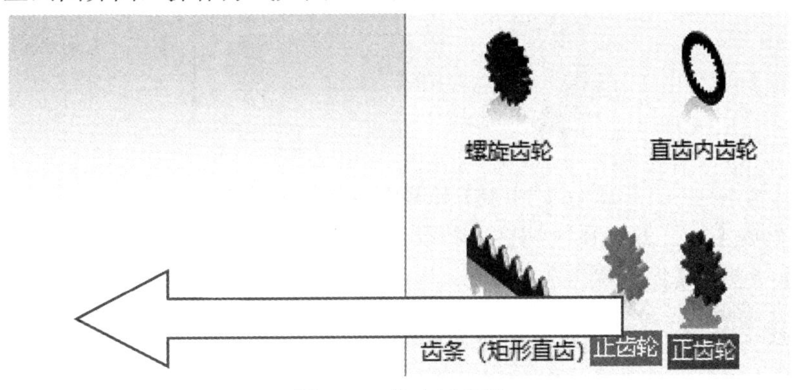

图 4-20　拖出正齿轮

Step5　完成后系统弹出对话框，选择【是】→单击插入零件导航栏里的【浏览】→弹出对话框→选择刚刚保存的标准齿轮→单击【打开】→回到 SW 界面后单击【坐标中心】→单击【添加/完成配合 ✓ 】完成，操作步骤如图 4-21 所示。

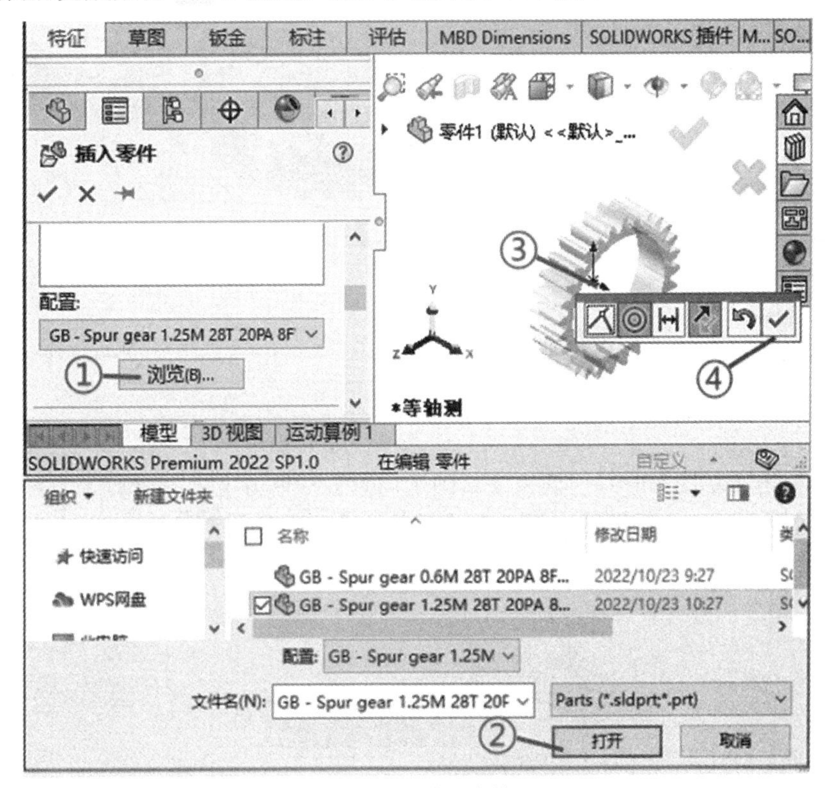

图 4-21　放置齿轮

3) 完成其余部分绘制

Step1　单击【草图】→系统切换【草图选项卡】→单击【草图绘制 】→选择【齿轮底面】为绘制平面→使用【草图工具】绘制拉伸轮廓→完成后单击【退出草图 】。传动杆轮廓草图如图 4-22 所示。

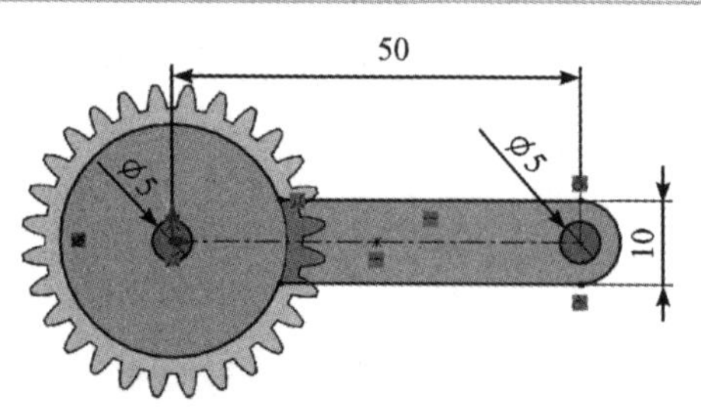

图 4-22 传动杆轮廓草图(尺寸单位：mm)

Step2 单击【特征】→系统切换【特征选项卡】→选择 Step1 绘制的草图→单击【拉伸凸台 】→输入【给定深度】8.00 mm→单击【 】完成。拉伸操作如图 4-23 所示。

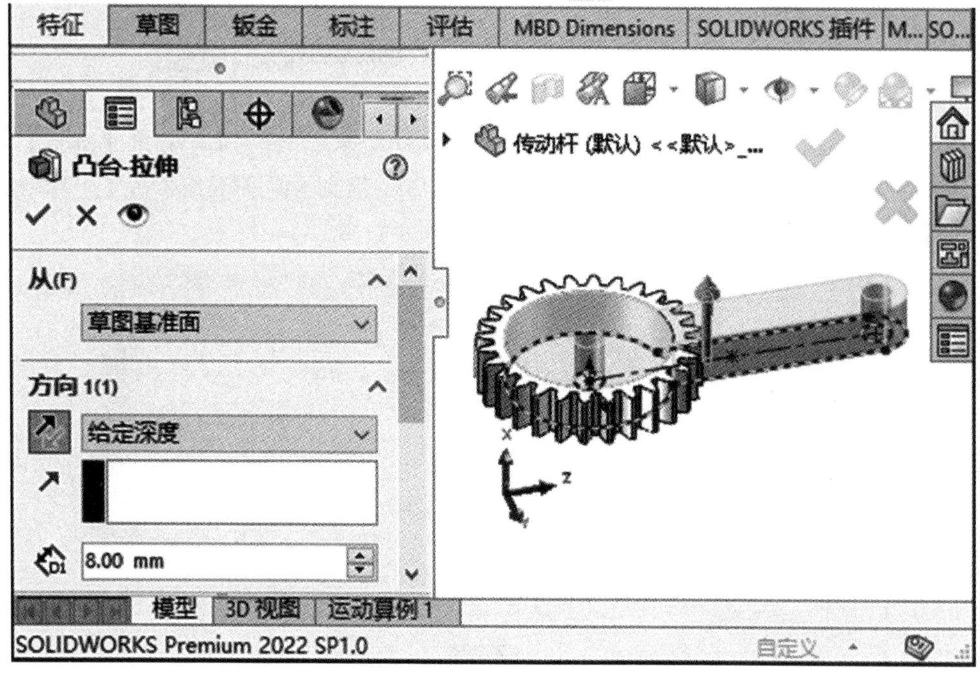

图 4-23 齿轮传动传动杆拉伸操作

Step3 单击【草图】→系统切换【草图选项卡】→单击【草图绘制 】→选择【齿轮底面】为绘制平面→绘制草图轮廓→完成后单击【退出草图 】。切除部分轮廓草图如图 4-24 所示。

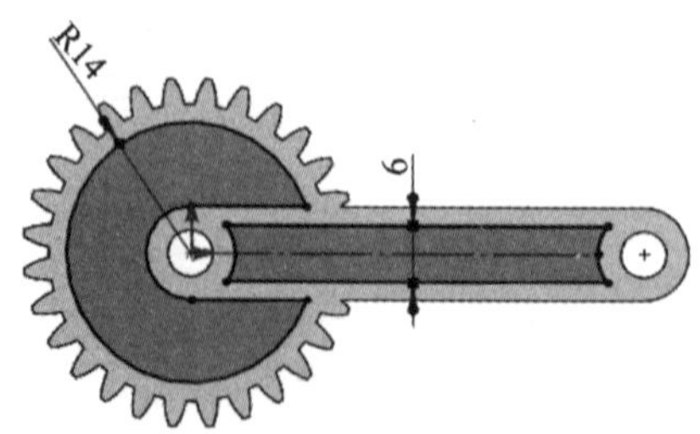

图 4-24 切除部分轮廓草图(尺寸单位：mm)

Step4 单击【特征】→系统切换【特征选项卡】→选择 Step3 绘制的草图→单击【拉伸切除 】→输入【给定深度】2.00 mm→单击【 】完成。拉伸切除操作如图 4-25 所示。

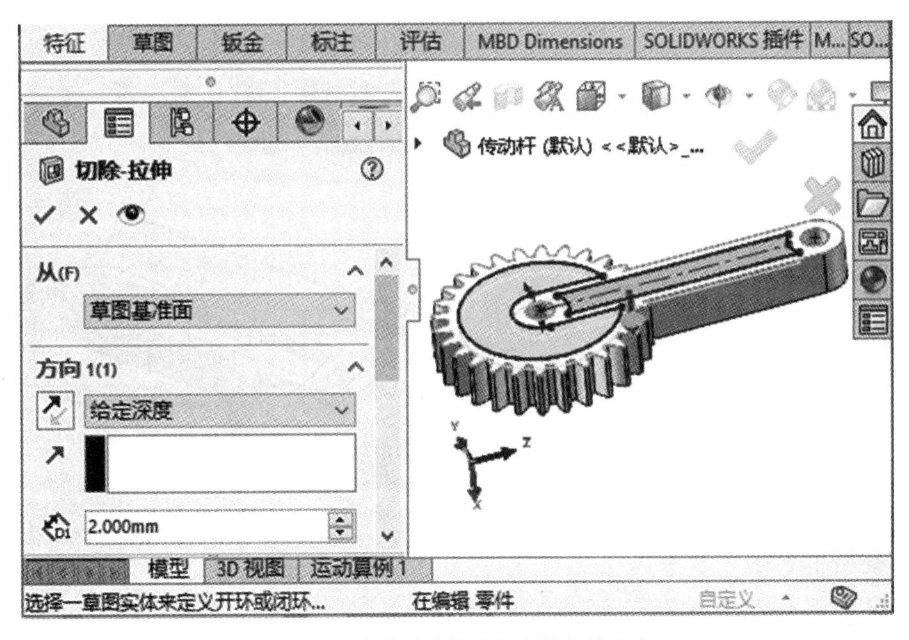

图 4-25　齿轮传动传动杆拉伸切除操作

Step5　单击【特征】→系统切换【特征选项卡】→单击【参考几何体 】→单击【基准面 3 】→选择顶面作为基准面→输入偏移距离【 】4.00 mm(注：若是偏移方向不正确请打钩【反转等距】)→单击【 ✓ 】完成。创建传动杆基准面如图 4-26 所示。

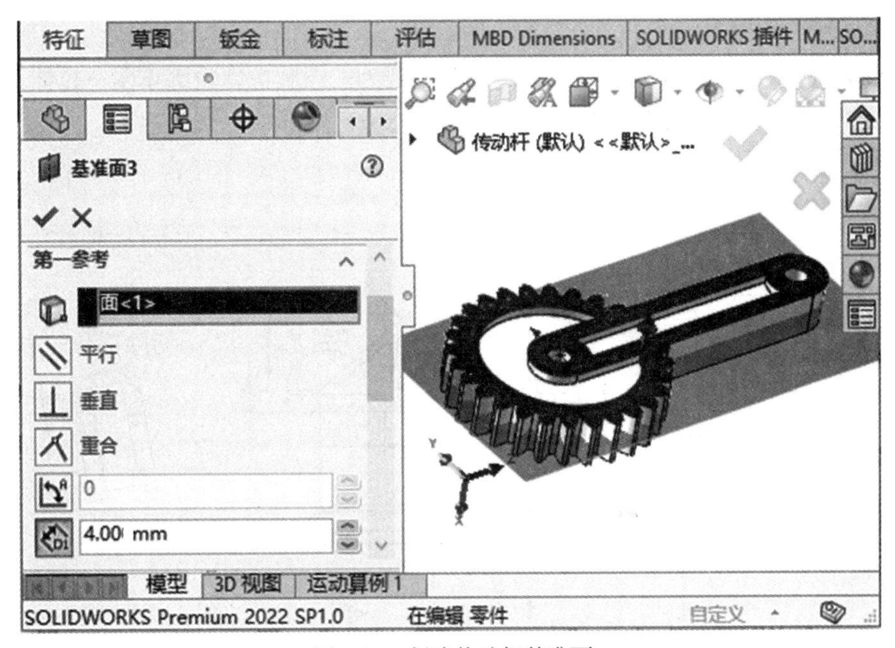

图 4-26　创建传动杆基准面

Step6　单击【特征】→系统切换【特征选项卡】→单击【镜像 】(注：图中“镜向”应为“镜像”，下同)→【要镜像的特征】选择 Step4 拉伸求差→【基准面】选择 Step5 创建的基准面→单击【 ✓ 】完成。镜像拉伸切除如图 4-27 所示。

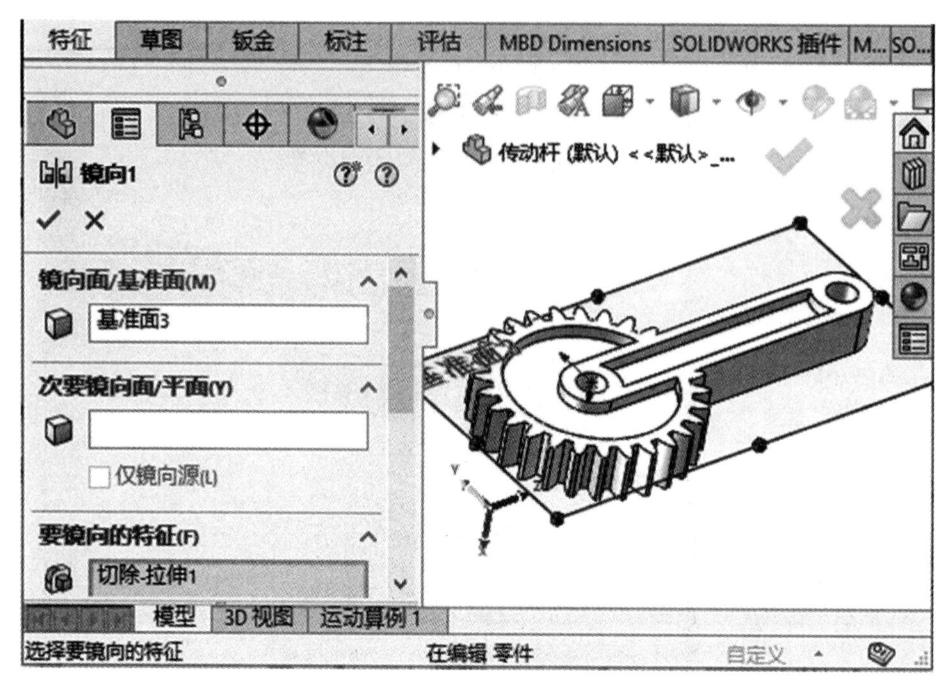

图 4-27 传动杆镜像拉伸切除

4.1.4 夹爪零件设计

1. 夹爪零件工程图

根据图纸所示，用 SOLIDWORKS 造型的步骤为：绘制主体轮廓草图→拉伸夹爪轮廓→拉伸切除多余部分→镜像拉伸切除操作→拉伸切除剩余部分→完成绘制。夹爪工程图如图 4-28 所示。

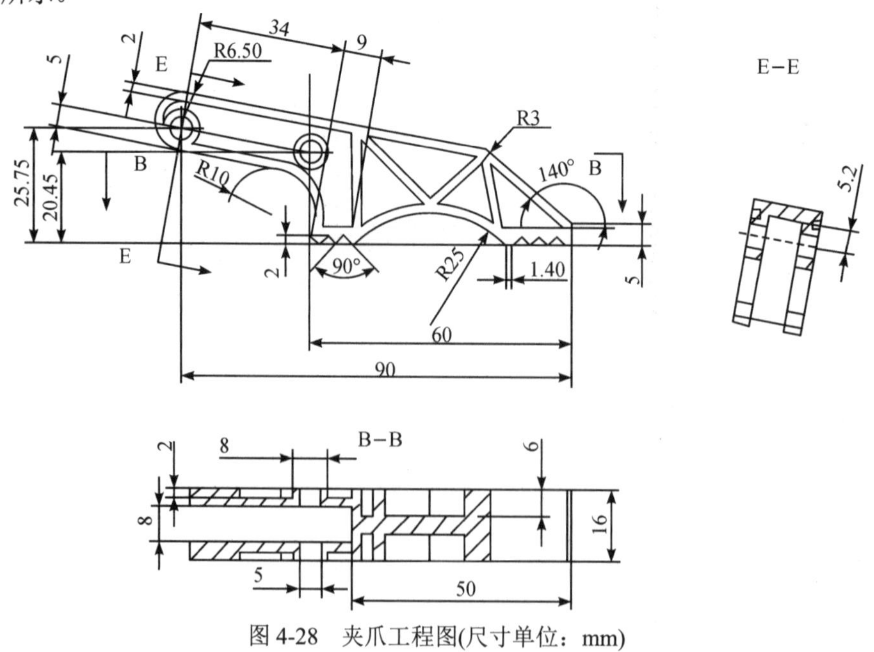

图 4-28 夹爪工程图(尺寸单位：mm)

2. 绘制夹爪

1) 创建零件工程

打开软件【SOLIDWORKS 2022】→单击【新建 】创建工程→系统弹出【新建 SOLIDWORKS 文件】→鼠标单击【零件图标 】→单击【确定】完成零件工程创建。

2) 拉伸夹爪主体

Step1 单击【草图】→系统切换【草图选项卡】→单击【草图绘制 】→选择【上视基准面】为绘制平面→绘制草图→单击【退出草图 】完成。夹爪草图轮廓如图 4-29 所示。

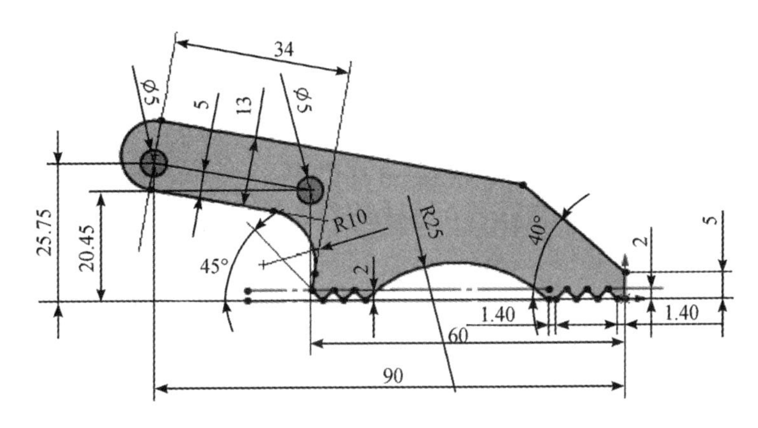

图 4-29　夹爪草图轮廓(尺寸单位：mm)

Step2 单击【特征】→系统切换【特征选项卡】→选择 Step1 绘制的草图→单击【拉伸凸台 】→输入【给定深度】16.00 mm→单击【 】完成，如图 4-30 所示。

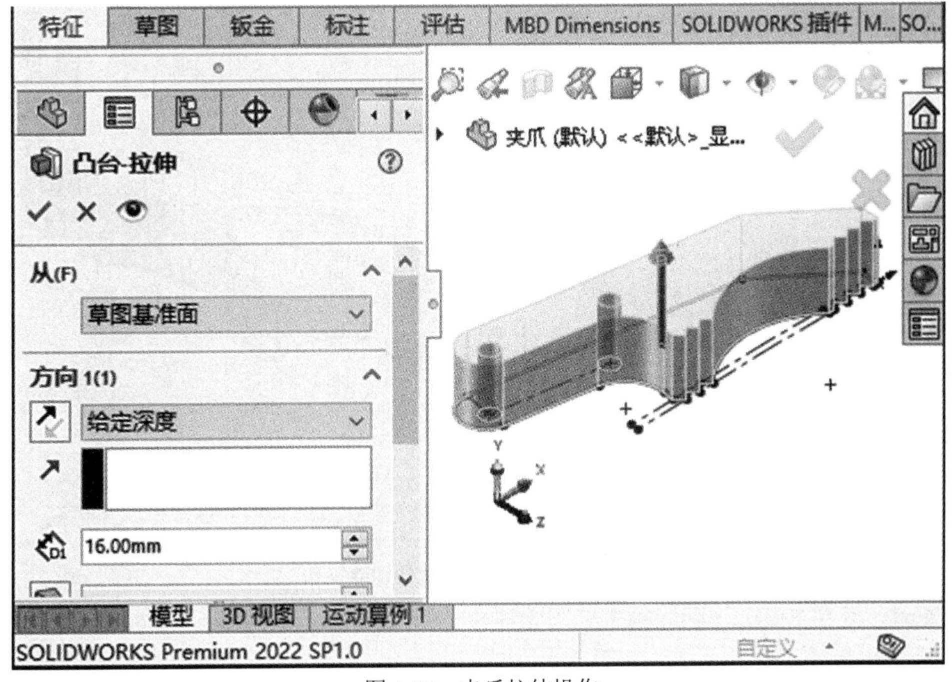

图 4-30　夹爪拉伸操作

3) 切除多余部分

Step1 单击【草图】→系统切换【草图选项卡】→单击【草图绘制 】→选择【夹爪顶面】为绘制平面→绘制草图→单击【退出草图 】完成。夹爪零件拉伸切除草图轮廓如图 4-31 所示。

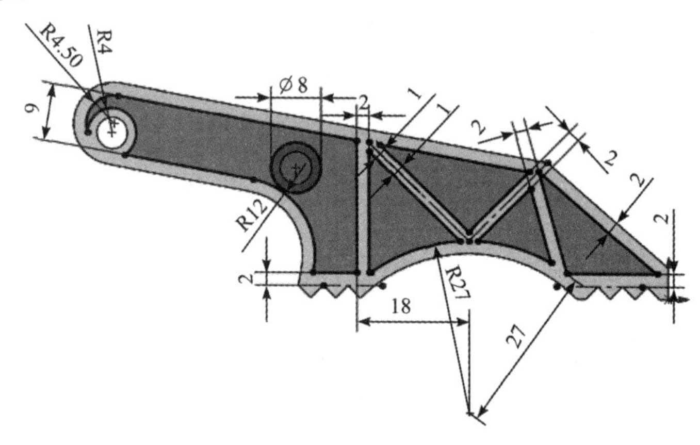

图 4-31　夹爪零件拉伸切除草图轮廓(尺寸单位：mm)

Step2 单击【特征】→系统切换【特征选项卡】→选择 Step1 绘制的左边的草图轮廓为切除轮廓→单击【拉伸切除 】→输入【给定深度】2.00 mm→单击【 ✓ 】完成，如图 4-32 所示。

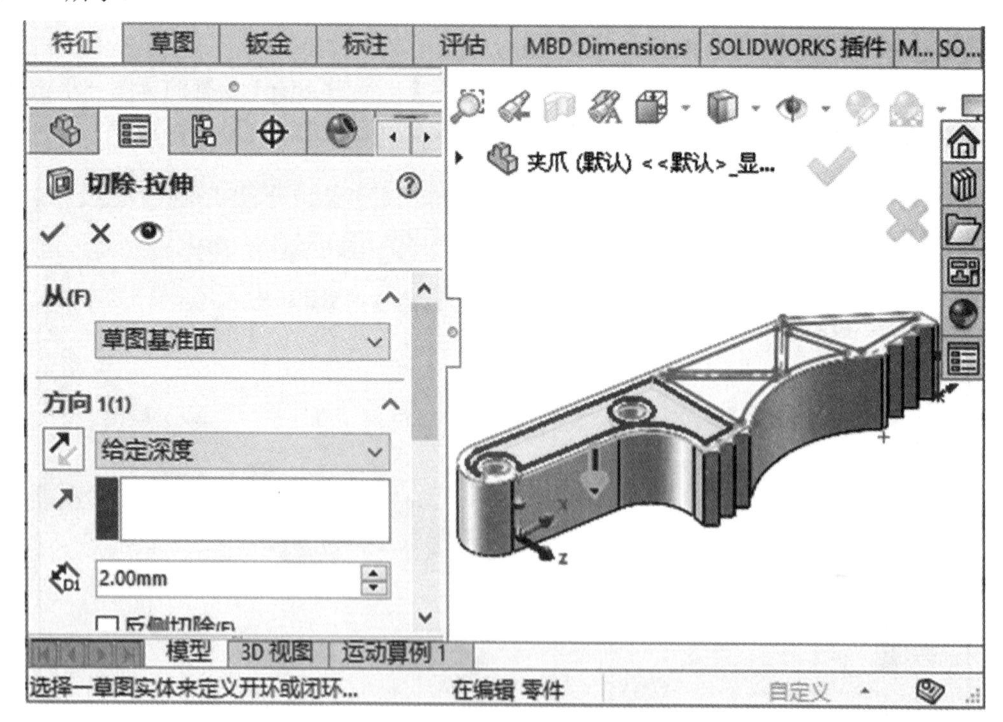

图 4-32　齿轮传动夹爪拉伸切除操作 1

Step3 选择 Step1 绘制的剩余草图轮廓→单击【拉伸切除 】→输入【给定深度】6.00 mm→单击【 ✓ 】完成，如图 4-33 所示。

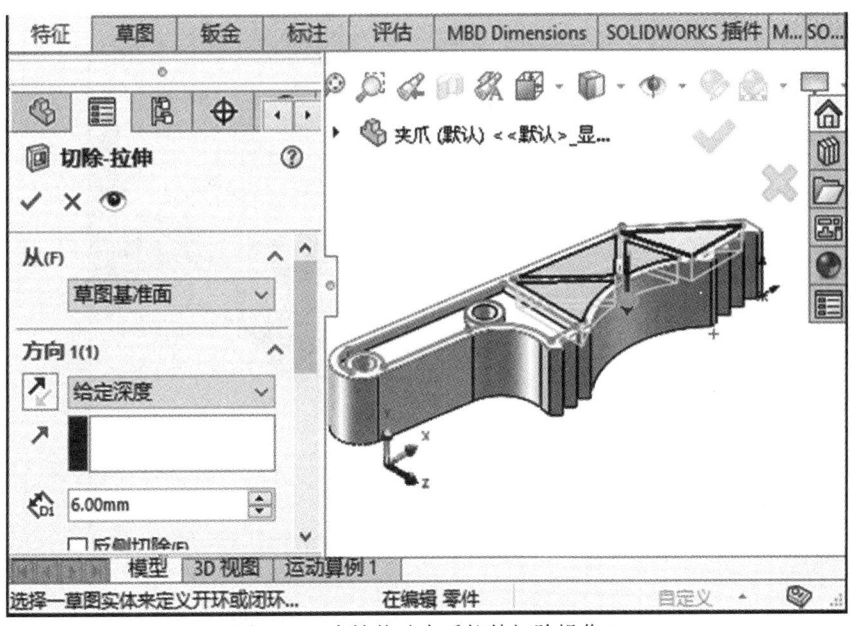

图 4-33　齿轮传动夹爪拉伸切除操作 2

Step4　单击【特征】→系统切换【特征选项卡】→单击【参考几何体 】→单击【基准面 1 】→选择顶面作为基准面→输入偏移距离【 】8.00 mm(注：若是偏移方向不正确请打钩【反转等距】)→单击【 】完成，如图 4-34 所示。

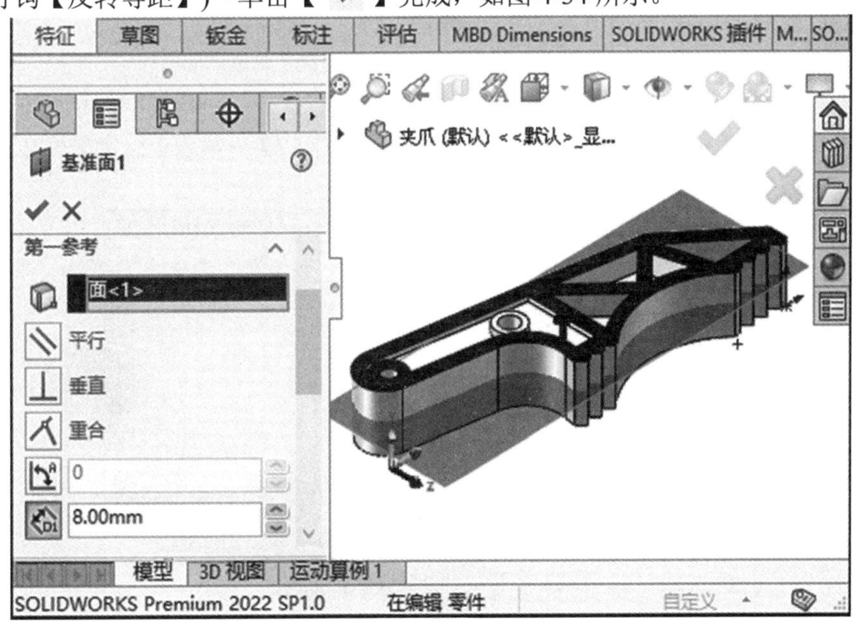

图 4-34　创建夹爪基准面

Step5　单击【镜像 】→【基准面 1】选择刚刚创建的基准面→【要镜像的特征】选择 Step2 与 Step3 进行的切除操作→单击【 】完成，如图 4-35 所示。

Step6　单击【草图】→系统切换【草图选项卡】→单击【草图绘制 】→选择 Step4 创建的基准面为绘制平面→绘制草图→单击【退出草图 】。夹爪零件尾部拉伸切除草图如图 4-36 所示。

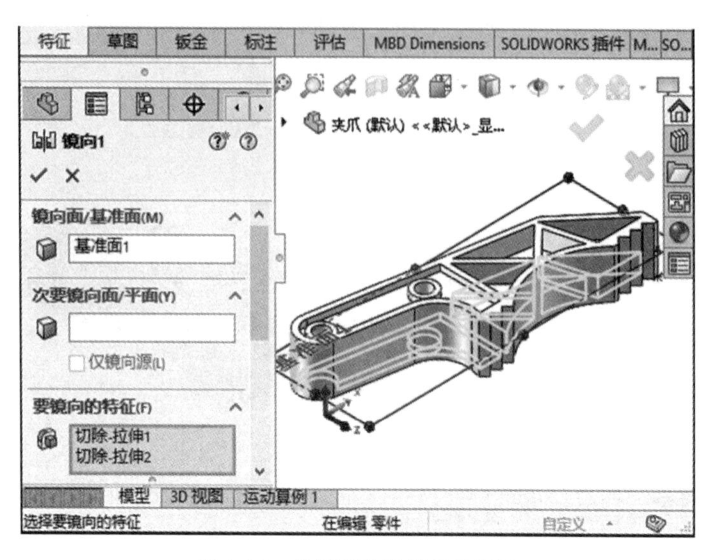

图 4-35　夹爪零件镜像拉伸切除

图 4-36　夹爪零件尾部拉伸切除草图(尺寸单位：mm)

Step7　单击【特征】→系统切换【特征选项卡】→选择 Step6 绘制的草图→单击【拉伸切除 】→输入【给定深度 1】4.00 mm→单击【方向 2】→输入【给定深度 2】4.00 mm→单击【 】完成，如图 4-37 所示。

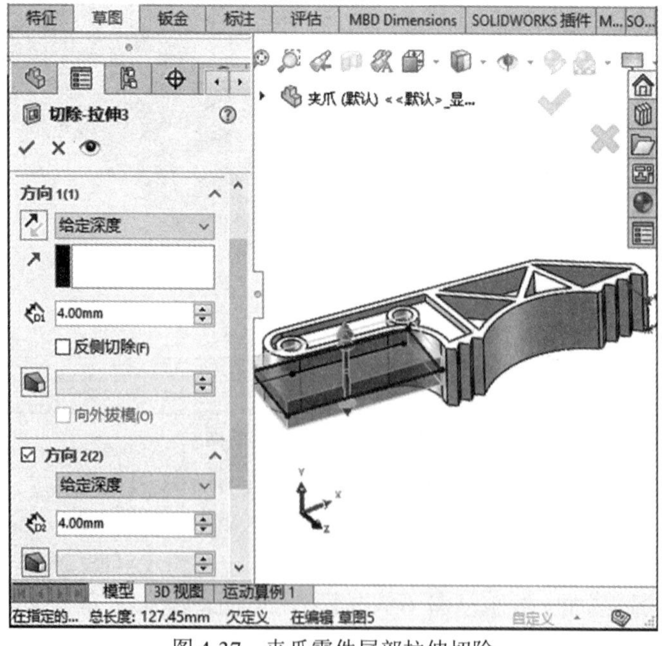

图 4-37　夹爪零件尾部拉伸切除

至此，完成了零件夹爪的绘制，夹爪零件效果图如图 4-38 所示。

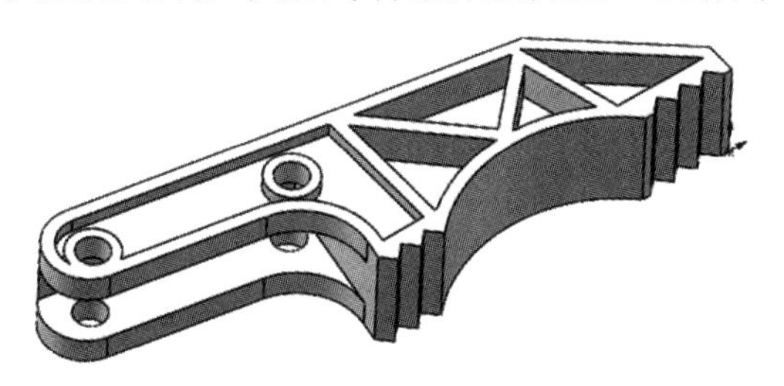

图 4-38　夹爪零件效果图

4.1.5　齿轮传动夹钳式夹爪零件装配

1) 创建装配图工程

打开软件【SOLIDWORKS 2022】→单击【新建 】创建工程→系统弹出【新建 SOLIDWORKS 文件】→鼠标单击【装配体图标 】→单击【确定】完成装配体工程创建。

2) 导入零件

Step1　单击【装配体】→系统切换【装配体选项卡】→单击【插入零部件 】→单击【浏览】→选择【夹爪主体】→单击【打开】→任意单击放置，完成夹爪主体的导入，如图 4-39 所示。

图 4-39　零件导入方式

Step2　根据数量要求导入各个零件，同时还需导入相关螺钉螺柱等标准件，具体图纸如图 4-40 所示。(注：此处采用第一类简化标准件，仅体现紧固方式，无实际装配意义，可自行绘制。)

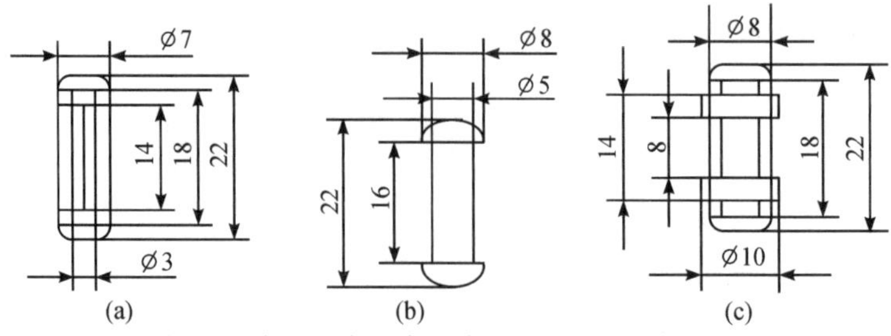

图 4-40　螺钉、螺柱标准件图纸(尺寸单位：mm)

导入所有零件后，各零件清单如图 4-41 所示。

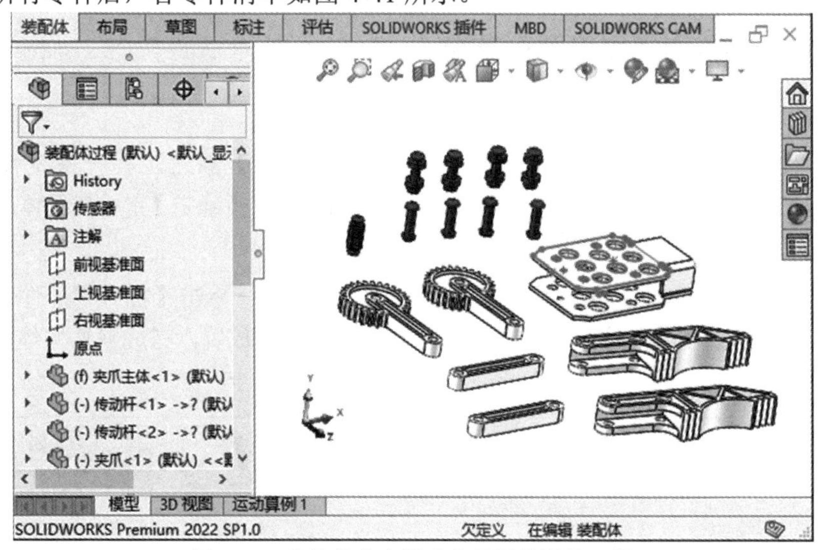

图 4-41　齿轮传动夹钳式夹爪零件清单一览

3) 定义装配关系

Step1　单击【配合 】→单击【标准】→选择【重合 】约束→根据各自的装配关系选择对象→单击【 】，完成单个零件的装配约束，如图 4-42 所示。

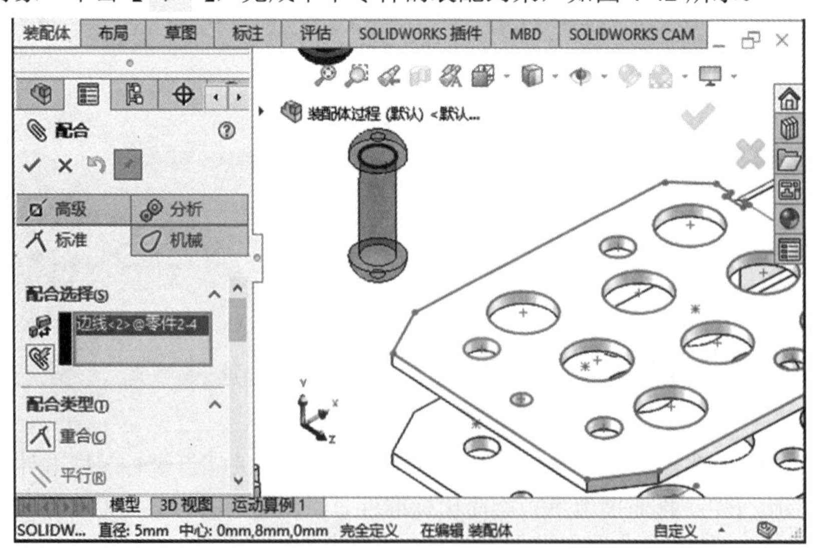

图 4-42　齿轮传动夹钳式夹爪零件配合装配

装配各个零件后，完整的零件装配图如图 4-43 所示。

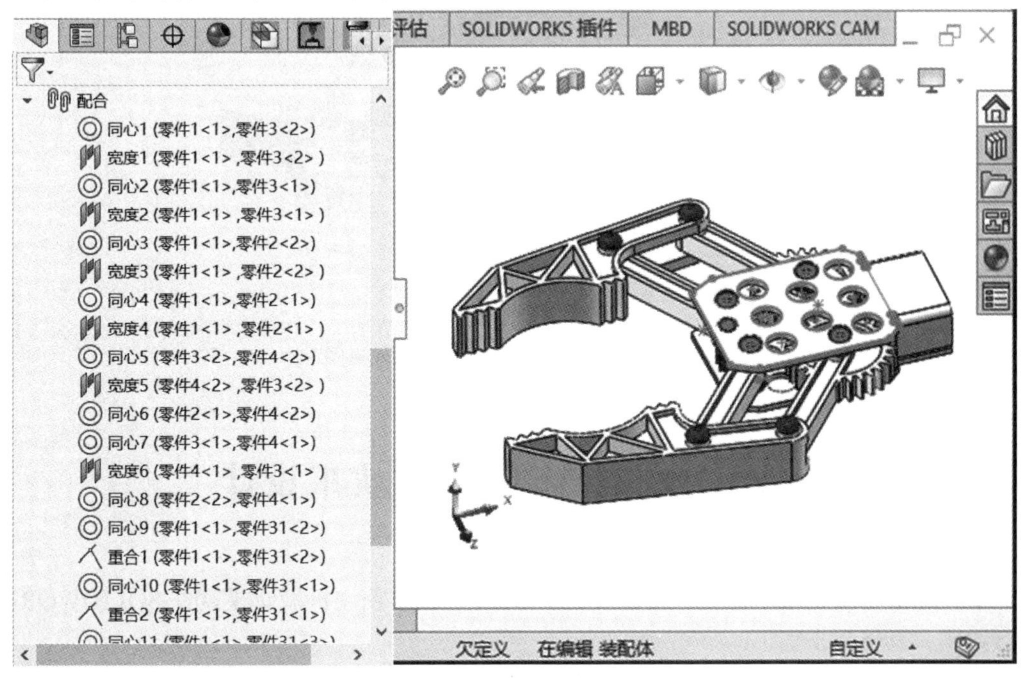

图 4-43　完整的零件装配图

Step2　单击【配合 】→单击【机械 】→配合类型选择【齿轮 】→选择齿轮顶面→单击【 ✓ 】完成，如图 4-44 所示。

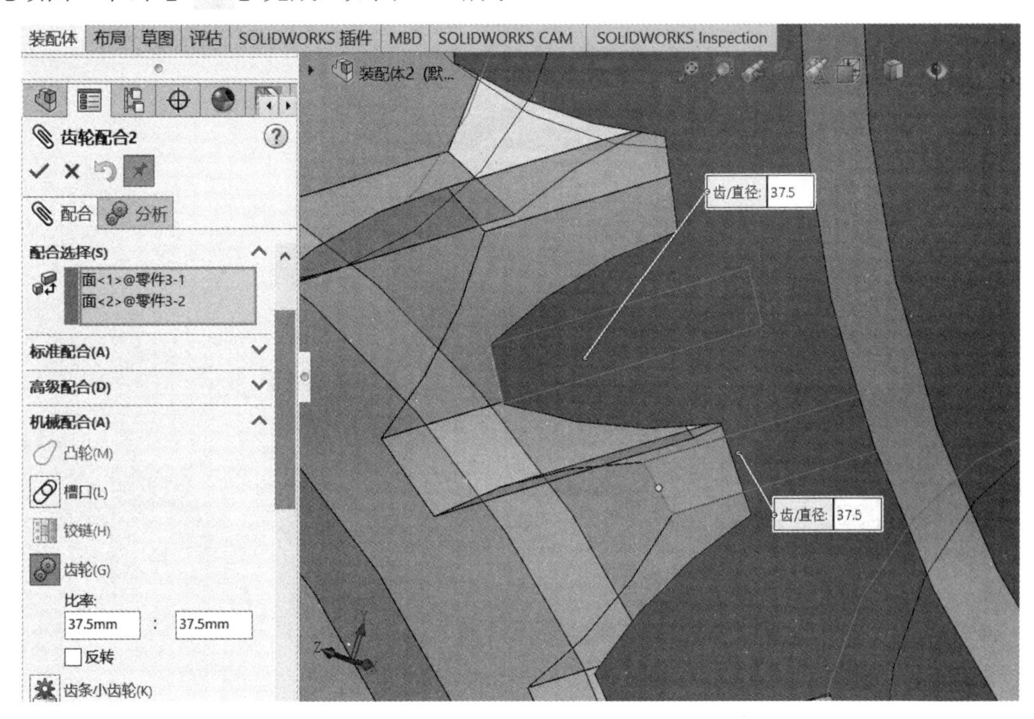

图 4-44　添加齿轮约束

至此，完成零件装配，齿轮传动夹钳式夹爪效果图如图 4-45 所示。

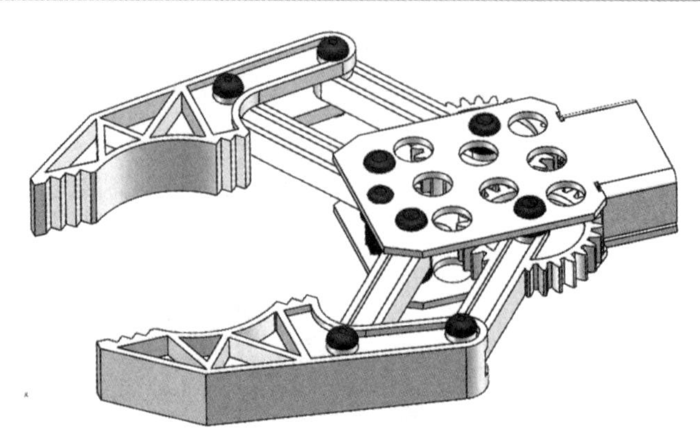

图 4-45　齿轮传动夹钳式夹爪效果图

4.2　螺旋传动夹钳式夹爪设计

如图 4-46 所示，为螺旋传动夹钳式夹爪爆炸图，要求使用机械建模软件 SOLIDWORKS 进行绘制。具体要求如下：

(1) 根据提供的零件图，采用 SOLIDWORKS 完成各个零件的三维模型。

(2) 根据已完成的零件三维模型，采用 SOLIDWORKS 完成夹爪的装配。

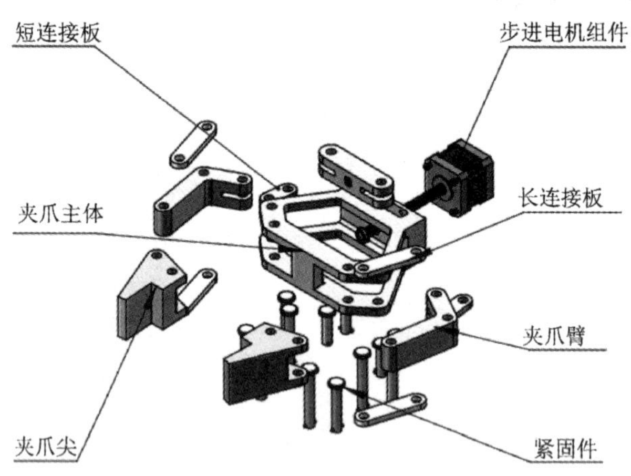

图 4-46　螺旋传动夹钳式夹爪爆炸图

专业能力素养

- 能够知道螺旋传动夹钳式夹爪的组成
- 能够了解螺旋传动夹钳式夹爪的工作原理
- 能够使用 SOLIDWORKS 完成夹爪各个零件的建模
- 能够使用 SOLIDWORKS 完成螺旋传动夹钳式夹爪的装配
- 能够了解夹爪的构成、使用方法及优缺点

任务与工作流程

首先根据任务要求及提供的零件图，使用 SOLIDWORKS 零件功能完成零件三维模型的造型；然后根据已完成的零件三维模型，使用 SOLIDWORKS 装配体功能完成整套夹爪的装配。因此，我们将本任务分为五个部分。

- 夹爪主体零件的设计
- 夹爪臂零件的设计
- 传动零件的设计
- 夹爪指尖零件的设计
- 完成零件装配

4.2.1　夹爪主体零件设计

1. 夹爪主体零件工程图

根据图纸使用 SOLIDWORKS 造型的步骤为：拉伸主体轮廓→拉伸切除侧面通孔及轮廓→完成零件绘制。螺旋传动夹钳式夹爪主体工程图如图 4-47 所示。

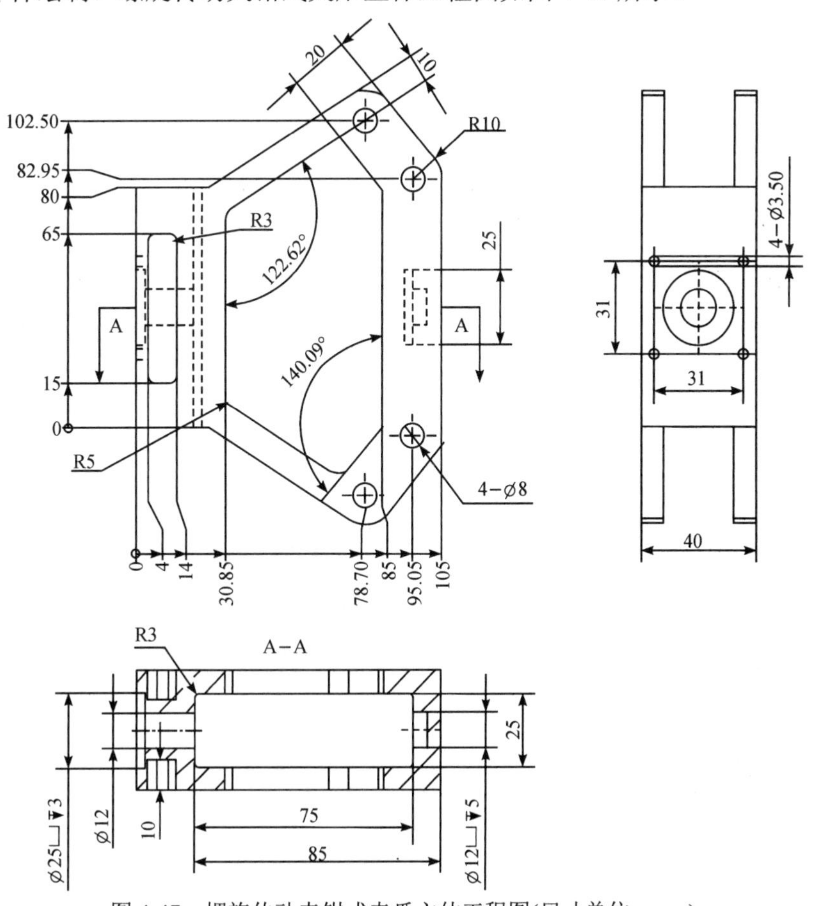

图 4-47　螺旋传动夹钳式夹爪主体工程图(尺寸单位：mm)

2. 绘制夹爪主体

1) 创建零件工程

打开软件【SOLIDWORKS 2022】→单击【新建 】创建工程→系统弹出【新建SOLIDWORKS 文件】→鼠标单击【零件图标 】→单击【确定】完成零件工程创建。

2) 拉伸零件主体

Step1 单击【草图】→系统切换【草图选项卡】→单击【草图绘制 】→选择【上视基准面】为绘制平面→绘制草图→完成后单击【退出草图 】。螺旋传动夹爪主体轮廓草图如图 4-48 所示。

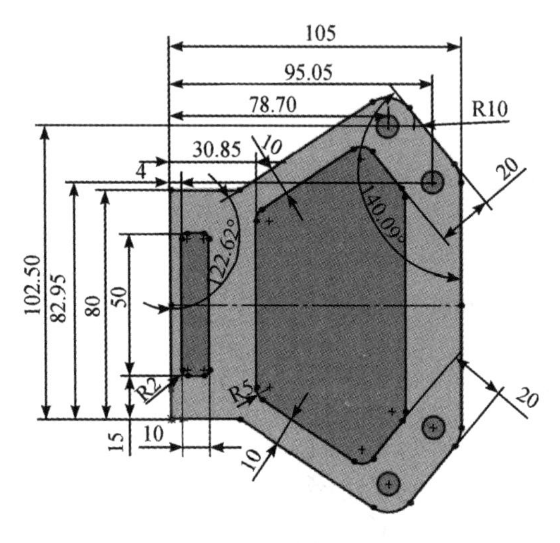

图 4-48 螺旋传动夹爪主体轮廓草图(尺寸单位：mm)

Step2 单击【特征】→系统切换【特征选项卡】→在导航栏内，选择 Step1 绘制的草图→单击【拉伸凸台 】→输入【给定深度】40.00 mm→单击【 】完成，如图 4-49 所示。

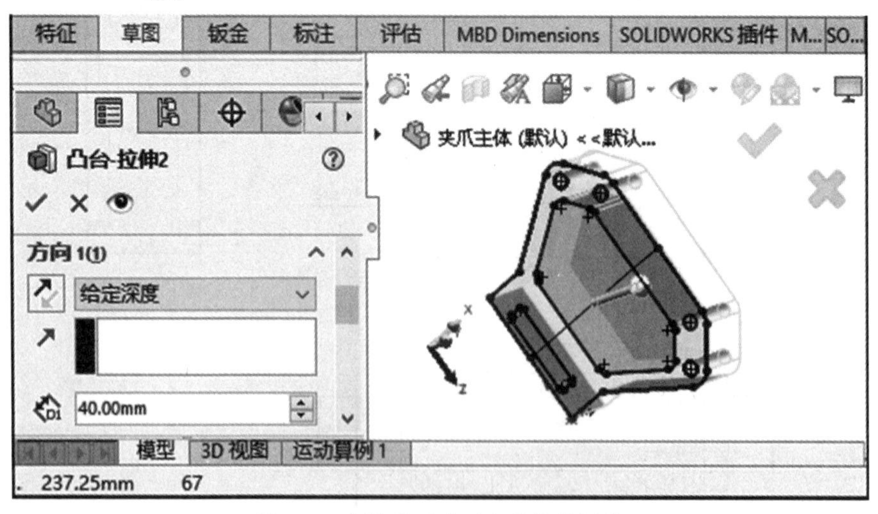

图 4-49 螺旋传动夹爪主体拉伸操作

Step3 单击【拉伸切除 】→选择 Step1 绘制的键槽→输入【给定深度】10.00mm→单击【 】完成，如图 4-50 所示。

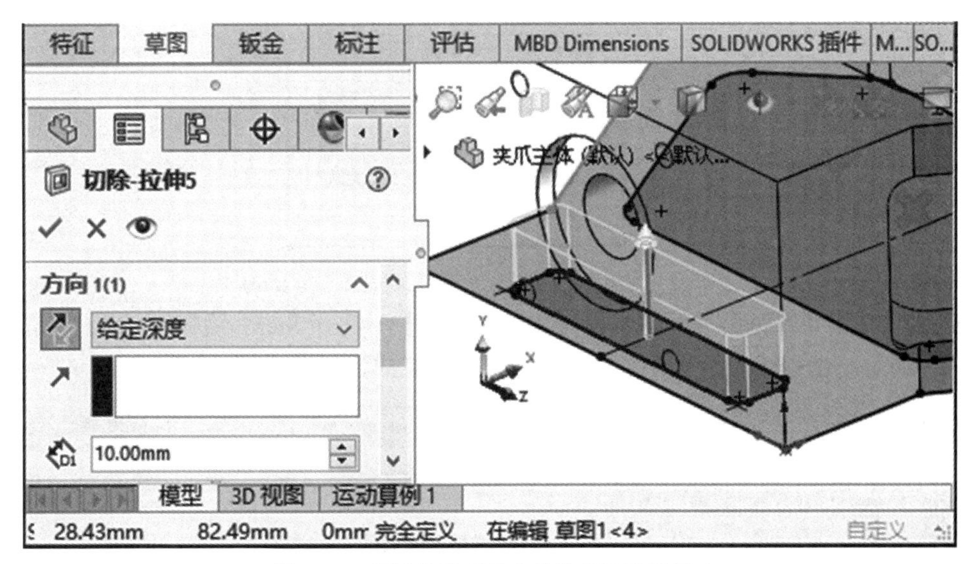

图 4-50　螺旋传动夹爪主体拉伸切除操作 1

Step4　单击【拉伸切除 】→选择 Step1 绘制的草图键槽→更改从【草图基准面】为【曲面/面/基准面】→选择零件顶面→输入【给定深度】10.00 mm→单击【 】完成，如图 4-51 所示。

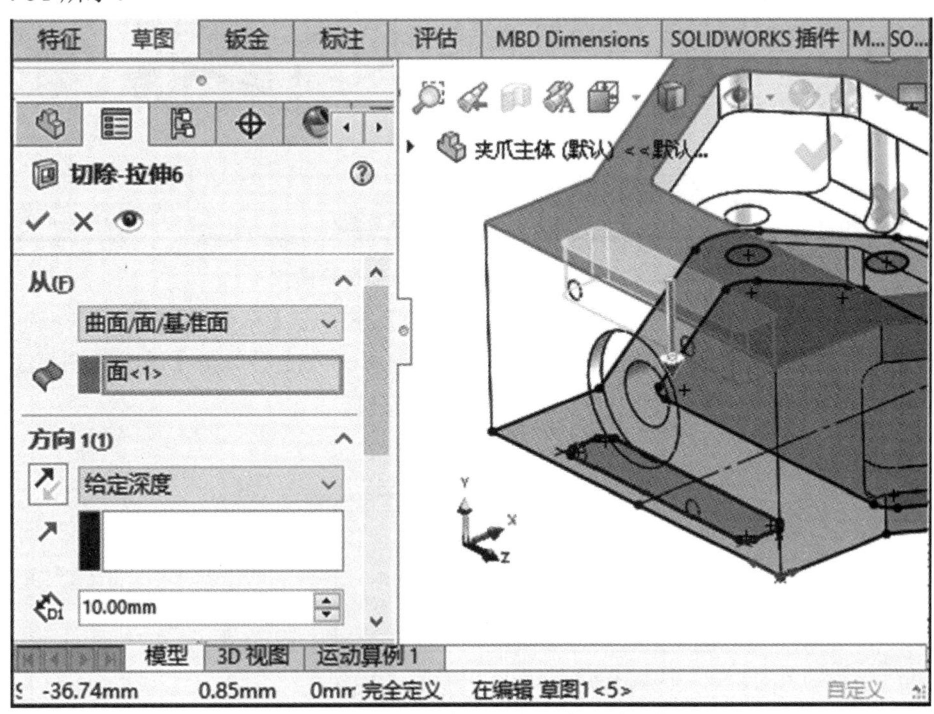

图 4-51　螺旋传动夹爪主体拉伸切除操作 2

3) 拉伸切除侧面轮廓

Step1　单击【草图】→系统切换【草图选项卡】→单击【草图绘制 】→选择【零件侧面】为绘制平面→使用【草图工具】绘制拉伸轮廓→完成后单击【退出草图 】。零件侧面轮廓草图如图 4-52 所示。

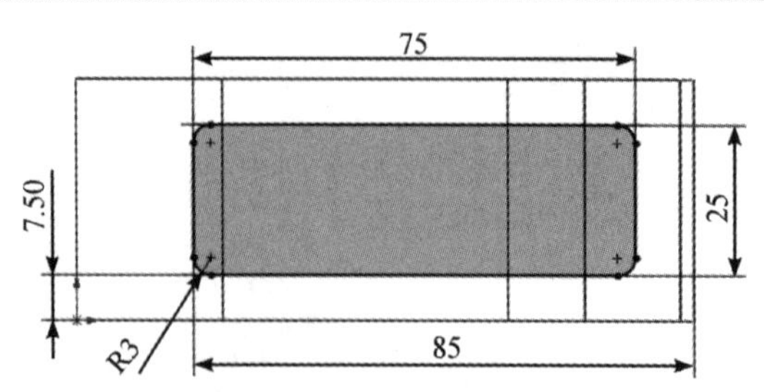

图 4-52　零件侧面切除轮廓草图(尺寸单位：mm)

Step2　单击【特征】→系统切换【特征选项卡】→选择 Step1 绘制的草图→单击【拉伸切除 】→选择【完全贯穿】→单击【 】完成，如图 4-53 所示。

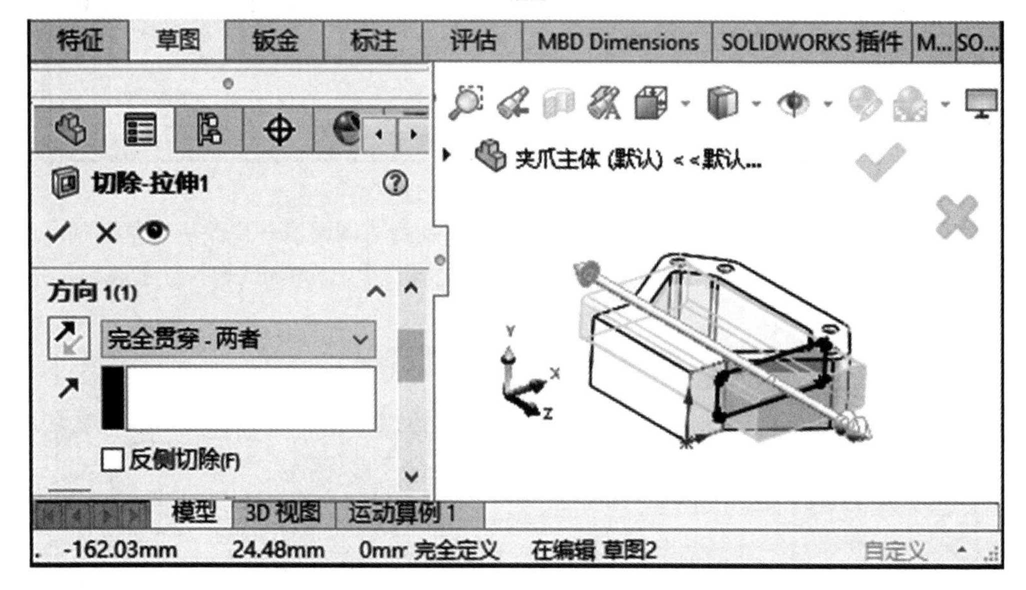

图 4-53　螺旋传动夹爪主体拉伸切除操作 3

Step3　单击【草图】→系统切换【草图选项卡】→单击【草图绘制 】→选择【零件后面】为绘制平面→使用【草图工具】绘制拉伸轮廓→完成后单击【退出草图 】。零件后面轮廓草图如图 4-54 所示。

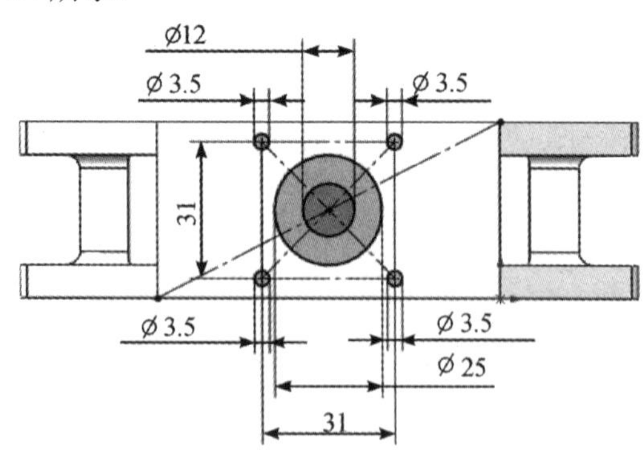

图 4-54　零件后面轮廓草图(尺寸单位：mm)

Step4　单击【特征】→系统切换【特征选项卡】→单击【拉伸切除 】→选择 Step3 绘制的直径 3.5 mm 的圆→输入【给定深度】62.00 mm→单击【 】完成，如图 4-55 所示。

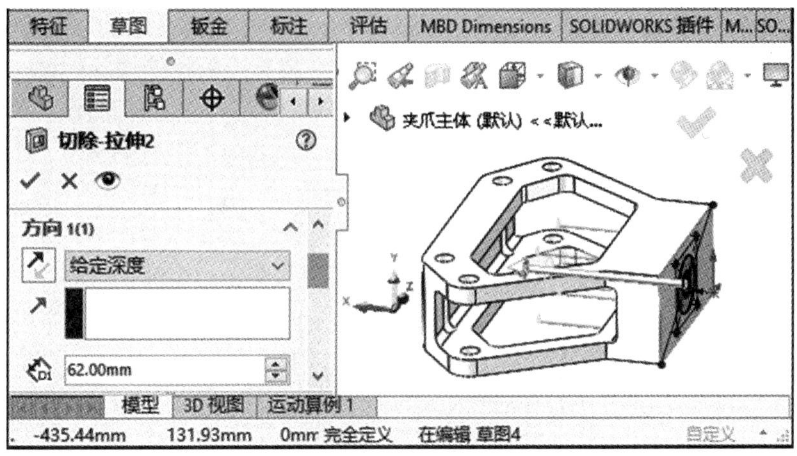

图 4-55　拉伸切除孔操作

Step5　单击【拉伸切除 】→选择 Step3 绘制的直径 25 mm 的圆→输入【给定深度】3.00 mm→单击【 ✓ 】完成，如图 4-56 所示。

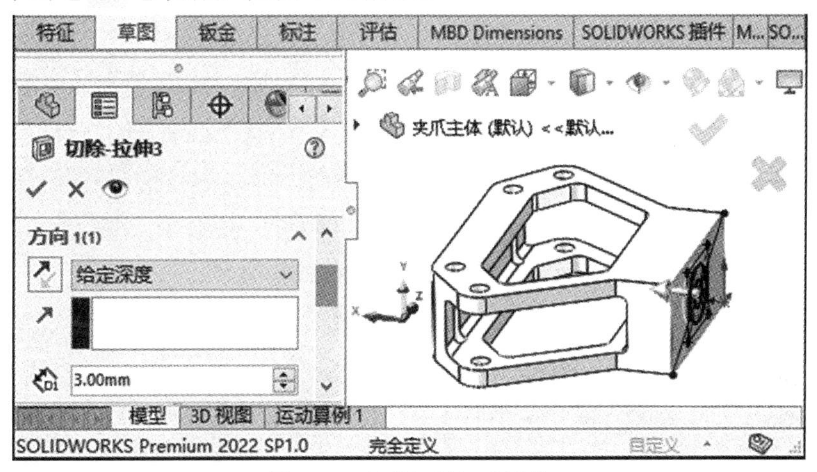

图 4-56　拉伸切除沉孔操作

Step6　单击【拉伸切除 】→选择 Step3 绘制的直径 12 mm 的圆→输入【给定深度】100.00 mm→单击【 ✓ 】完成，如图 4-57 所示。

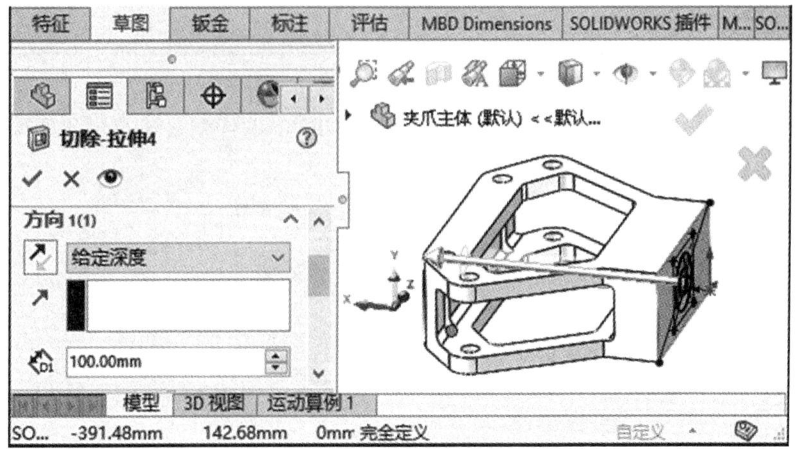

图 4-57　拉伸切除通孔操作

Step7 单击【草图】→系统切换【草图选项卡】→单击【草图绘制 】→选择 Step6 拉伸切除后的内部切除面为绘制平面→使用【草图工具】绘制拉伸切除轮廓→完成后单击【退出草图 】。零件内部切除轮廓草图如图 4-58 所示，绘制的草图包含需要切除的草图轮廓和需要保留的草图轮廓两部分。

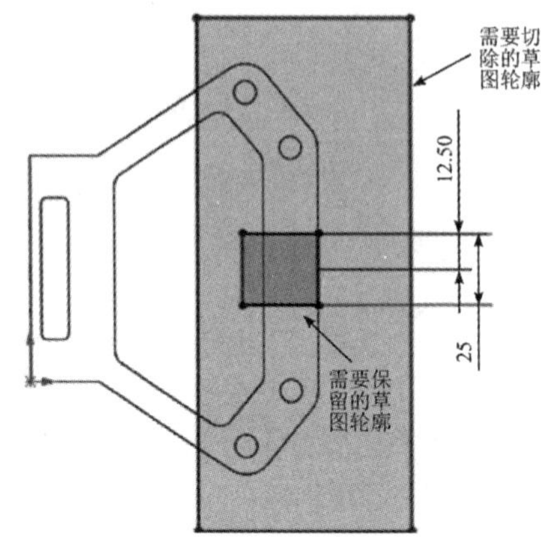

图 4-58 零件内部切除轮廓草图(尺寸单位：mm)

Step8 单击【特征】→系统切换【特征选项卡】→选择 Step7 绘制的草图→单击【拉伸切除 】→输入【给定深度】25.00 mm→单击【 】完成，如图 4-59 所示。

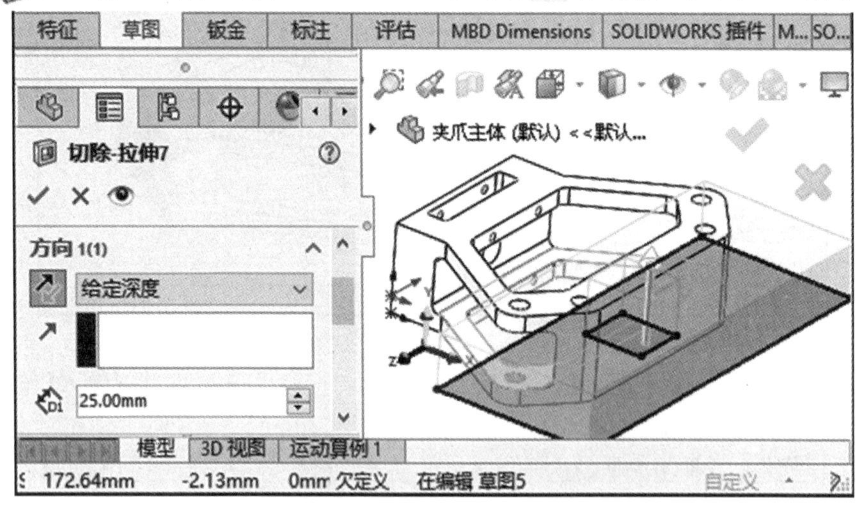

图 4-59 螺旋传动夹爪主体拉伸切除操作 4

至此，完成了夹爪主体的创建。零件内部切除前、切除后的模型对比效果图如图 4-60 所示。

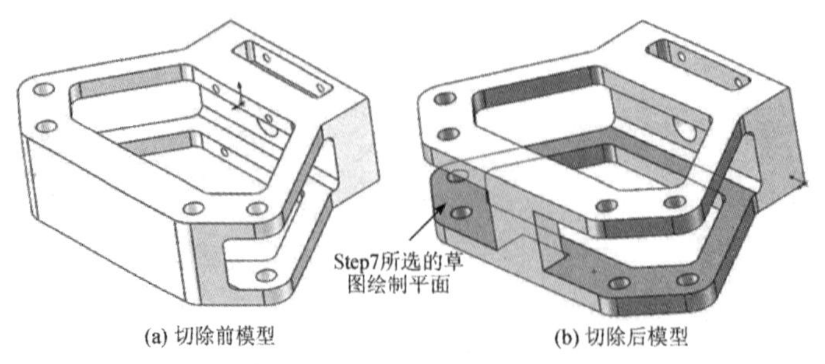

图 4-60 零件内部切除前、切除后的模型对比

4.2.2　夹爪臂零件设计

1. 夹爪臂零件工程图

根据图纸，用 SOLIDWORKS 造型的步骤为：绘制主体轮廓→拉伸连杆主体→拉伸切除多余部分。夹爪臂零件工程图如图 4-61 所示。

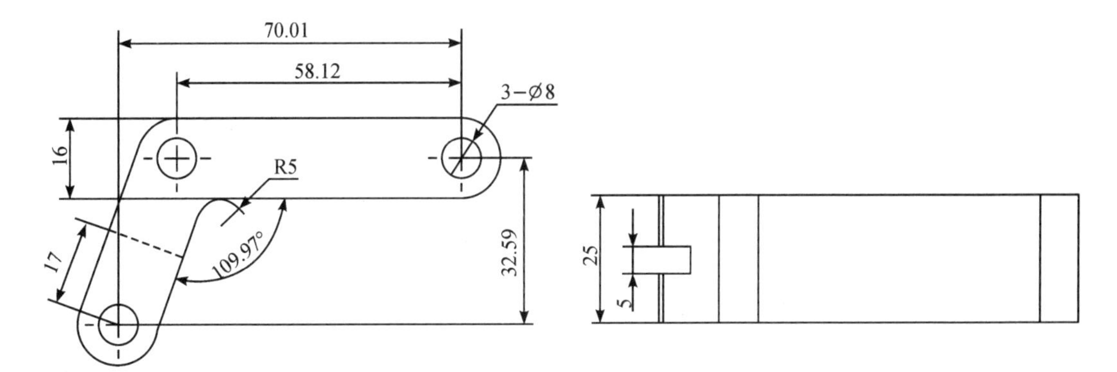

图 4-61　夹爪臂零件工程图(尺寸单位：mm)

2. 绘制夹爪臂

1) 创建零件工程

打开软件【SOLIDWORKS 2022】→单击【新建 】创建工程→系统弹出【新建 SOLIDWORKS 文件】→鼠标单击【零件图标 】→单击【确定】完成零件工程创建。

2) 拉伸零件

Step1 单击【草图】→系统切换【草图选项卡】→单击【草图绘制 】→选择【上视基准面】为绘制平面→绘制草图→完成后单击【退出草图 】。夹爪臂零件轮廓草图如图 4-62 所示。

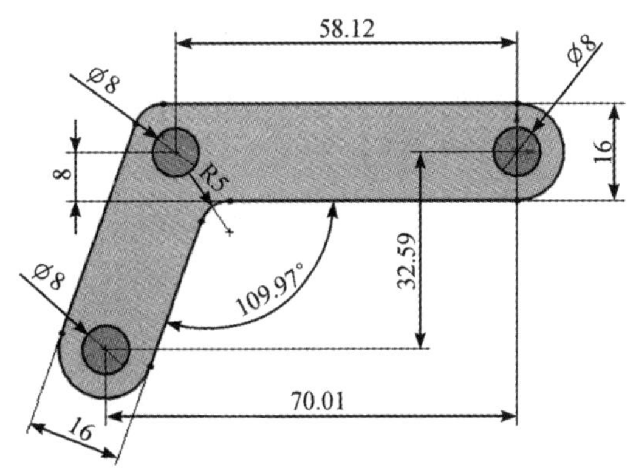

图 4-62　夹爪臂零件轮廓草图(尺寸单位：mm)

Step2　单击【特征】→系统切换【特征选项卡】→在导航栏内，选择 Step1 绘制的草图→单击【拉伸凸台 】→输入【给定深度】25.00 mm→单击【 】完成，如图 4-63 所示。

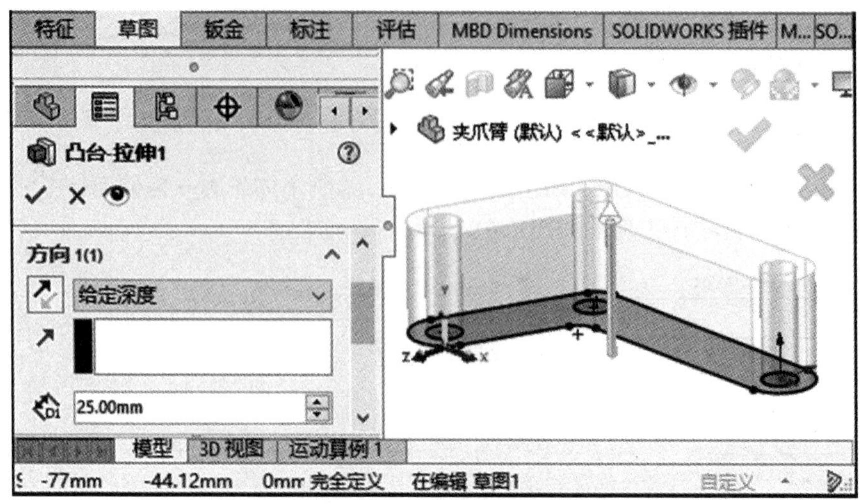

图 4-63　螺旋传动夹爪臂零件拉伸操作 1

Step3　单击【草图】→系统切换【草图选项卡】→单击【草图绘制 】→选择【零件顶面】为绘制平面→绘制切除轮廓→单击【退出草图 】。夹爪臂拉伸切除轮廓草图如图 4-64 所示。

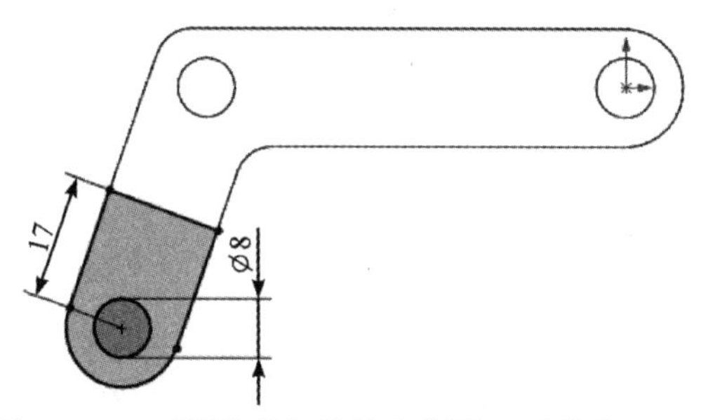

图 4-64　夹爪臂拉伸切除轮廓草图(尺寸单位：mm)

Step4　单击【特征】→系统切换【特征选项卡】→选择 Step3 绘制的草图→单击【拉伸切除 】→输入【给定深度】15.00 mm→单击【 】完成，如图 4-65 所示。

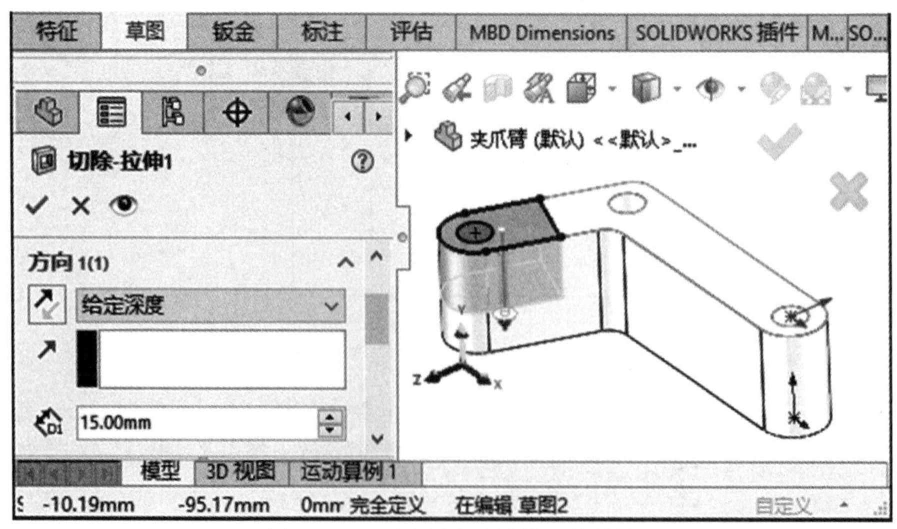

图 4-65　螺旋传动夹爪拉伸切除操作

Step5　在导航栏内，选择 Step1 绘制的草图→单击【拉伸凸台 】→输入【给定深度】10.00 mm→单击【✓ 】完成，如图 4-66 所示。

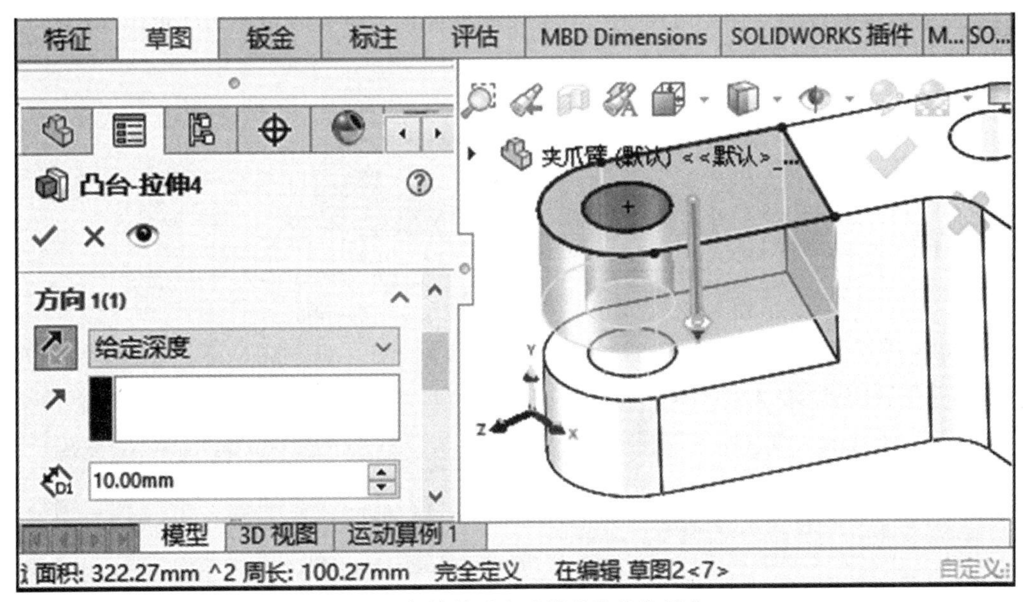

图 4-66　螺旋传动夹爪臂零件拉伸操作 2

4.2.3　传动零件设计

1. 活动板零件工程图

根据图纸，用 SOLIDWORKS 造型的步骤为：拉伸零件主体→拉伸切除多余部分→扫描切除 T8 丝杆螺纹孔(第二种方法)→完成零件绘制。活动板零件工程图如图 4-67 所示。

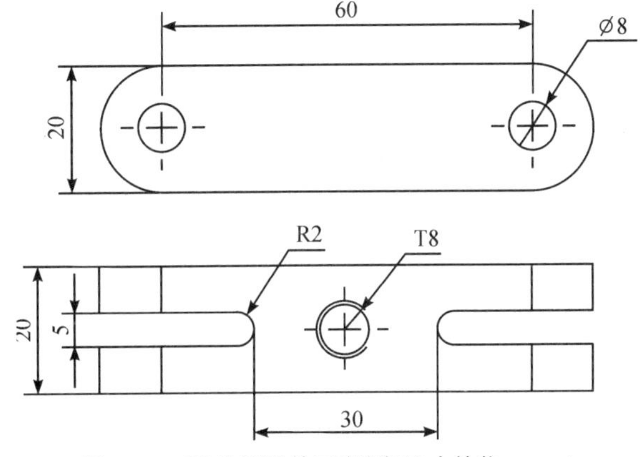

图 4-67　活动板零件工程图(尺寸单位：mm)

2. 绘制活动板

1) 创建零件工程

打开软件【SOLIDWORKS 2022】→单击【新建 】创建工程→系统弹出【新建 SOLIDWORKS 文件】→鼠标单击【零件图标 】→单击【确定】完成零件工程创建。

2) 拉伸零件主体

Step1　单击【草图】→系统切换【草图选项卡】→单击【草图绘制 】→选择【上视基准面】为绘制平面→使用【草图工具】绘制拉伸轮廓→完成后单击【退出草图 】。活动板主体轮廓草图如图 4-68 所示。

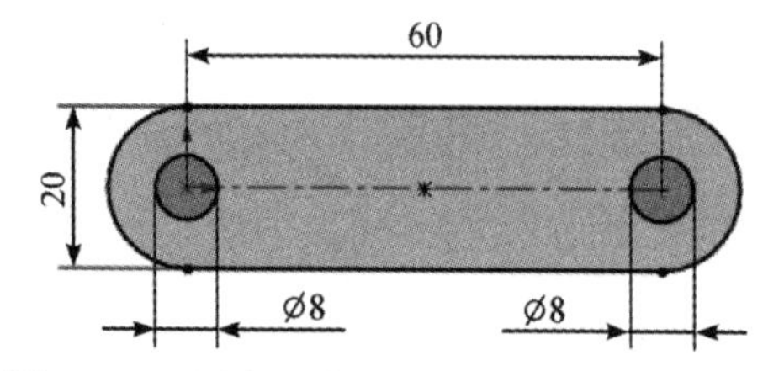

图 4-68　活动板主体轮廓草图(尺寸单位：mm)

Step2　单击【特征】→系统切换【特征选项卡】→在导航栏内，选择 Step1 绘制的草图→单击【拉伸凸台 】→输入【给定深度】20.00 mm→单击【 】完成，如图 4-69 所示。

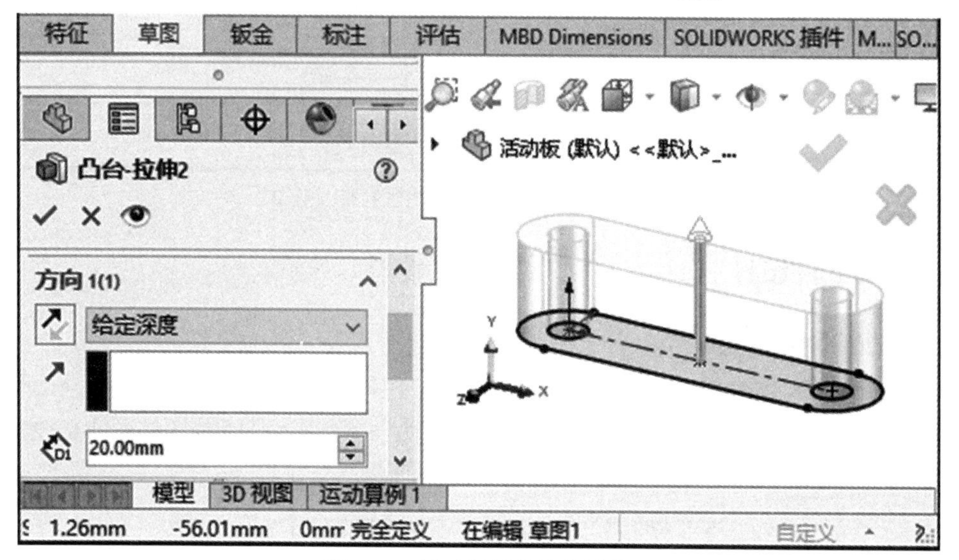

图 4-69　活动板零件拉伸操作

3) 拉伸切除多余部分

Step1　单击【草图】→系统切换【草图选项卡】→单击【草图绘制 】→选择【零件侧面】为绘制平面→使用【草图工具】绘制拉伸切除轮廓→完成后单击【退出草图 】。活动板零件拉伸切除草图如图 4-70 所示。

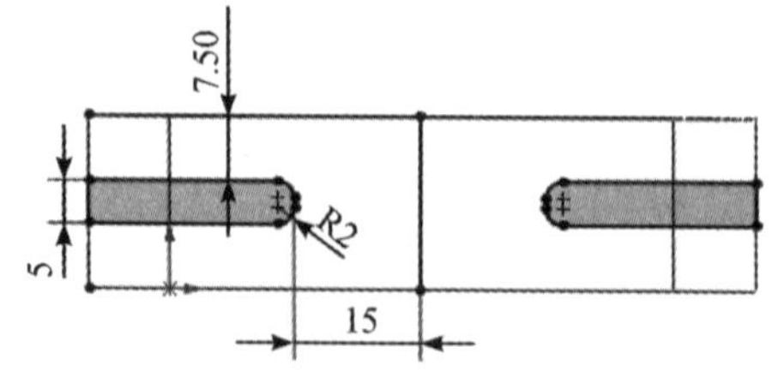

图 4-70　活动板零件拉伸切除草图(尺寸单位：mm)

Step2　单击【特征】→系统切换【特征选项卡】→选择 Step1 绘制的草图→单击【拉伸切除 】→输入【给定深度】20.00 mm→单击【 】完成，如图 4-71 所示。

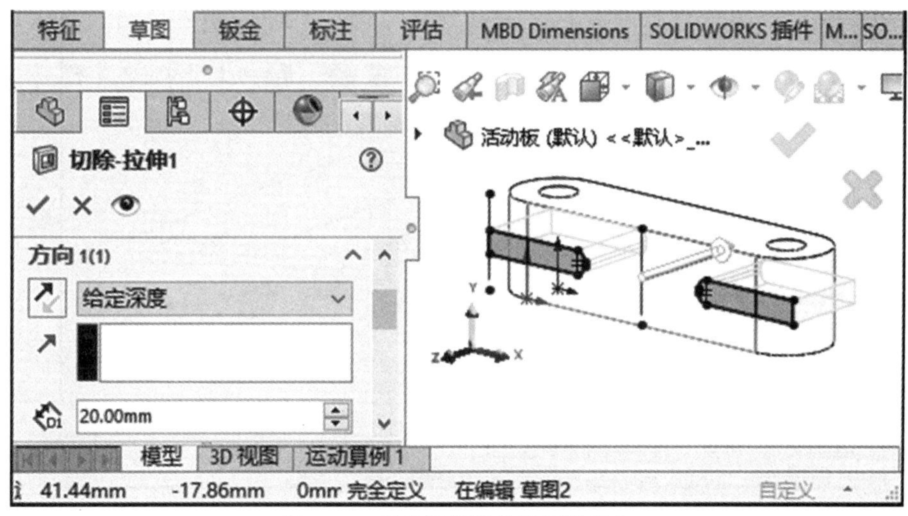

图 4-71　活动板零件拉伸切除操作

4) 扫描切除 T8 丝杆螺纹孔

T8 丝杆常用于步进电机传动杆，其螺纹型号为梯形螺纹，公称直径为 8 mm，螺距为 2，导程为 1。丝杆与螺母之间的配合为螺旋副，因此通过旋转丝杆，可以带动螺母沿丝杆轴线方向进行运动。T8 丝杆与螺母如图 4-72 所示。

由于丝杆与螺母之间有着严格的配合关系。因此，此处活动板零件作为活动螺母，其螺纹孔需要通过扫描的方式进行详细绘制，这样做出来的丝杆与螺母配合在装配中转动丝杆螺杆，螺母才能实现移动。如果是用异性孔向导做出来的螺纹，则只有装饰效果。

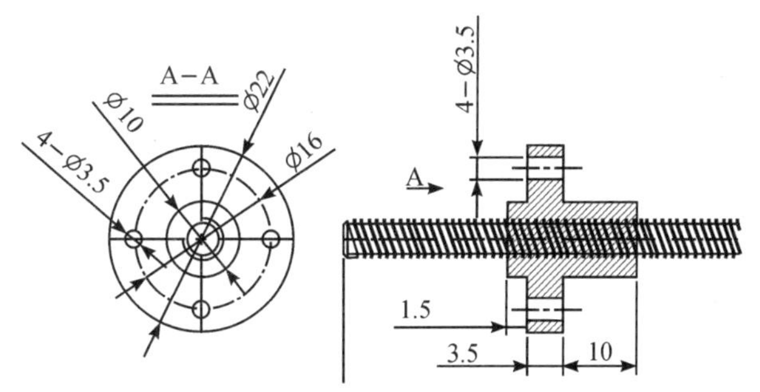

图 4-72　T8 丝杆与螺母(尺寸单位：mm)

Step1　单击【草图】→系统切换【草图选项卡】→单击【草图绘制 】→选择【零件侧面】为绘制平面→使用【草图工具】绘制拉伸轮廓→完成后单击【退出草图 】。活动板螺母基体草图如图 4-73 所示。

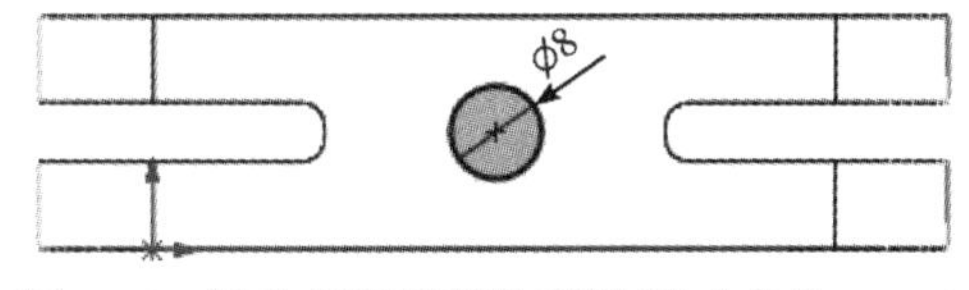

图 4-73　活动板螺母基体草图(尺寸单位：mm)

Step2　单击【特征】→系统切换【特征选项卡】→选择 Step1 绘制的草图→单击【拉伸凸台 】→输入【给定深度】20.00 mm→取消勾选【合并结果】→单击【 】完成，如图 4-74 所示。(注：创建草图后可先隐藏零件主体，这样便于接下来的操作。)

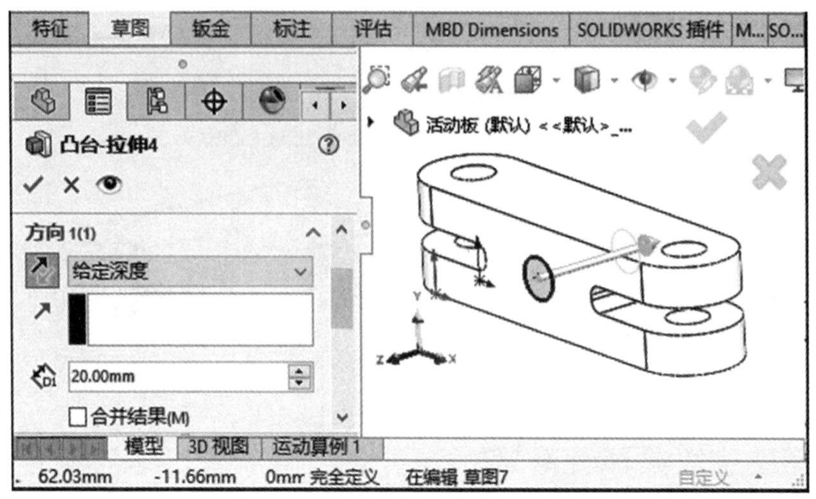

图 4-74　活动板螺母基体拉伸操作

Step3.1　单击【曲线 】→系统弹出下拉菜单→选择【螺旋线 】→选择【零件侧面】为绘制平面→使用【草图工具】绘制丝杆内径圆→完成后单击【退出草图 】。螺旋线投影直径草图如图 4-75 所示。

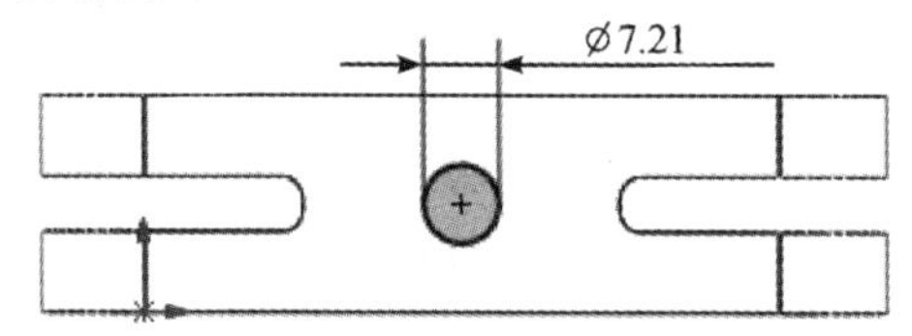

图 4-75　螺旋线投影直径草图(尺寸单位：mm)

Step3.2　系统切换【螺旋线/蜗状线】对话框→输入【螺距】2.00 mm→输入【圈数】10→单击【 ✓ 】完成，螺旋线生成如图 4-76 所示。

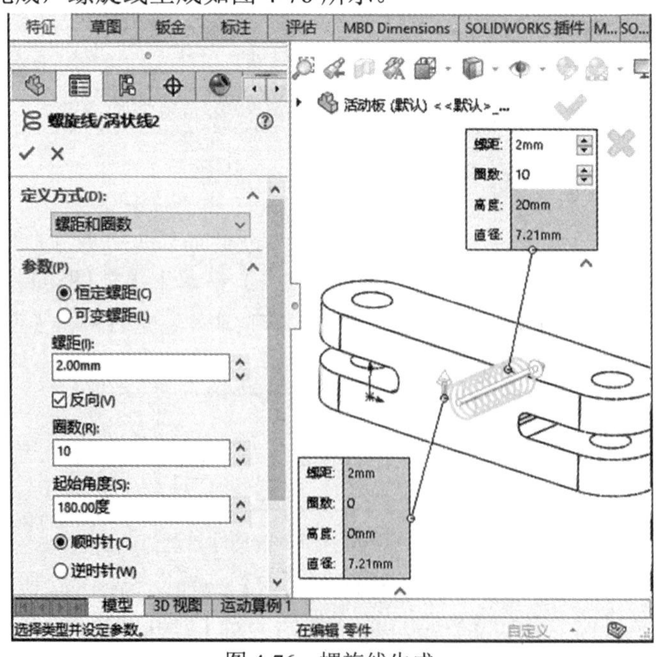

图 4-76　螺旋线生成

Step4 单击【特征】→系统切换【特征选项卡】→单击【参考几何体 】→单击【基准面 3 】→选择【零件顶面】作为第一参考→选择【零件底面】作为第二参考→单击【两侧对称】，系统生成新基准面的预览→单击【 】完成，创建活动板基准面如图 4-77 所示。

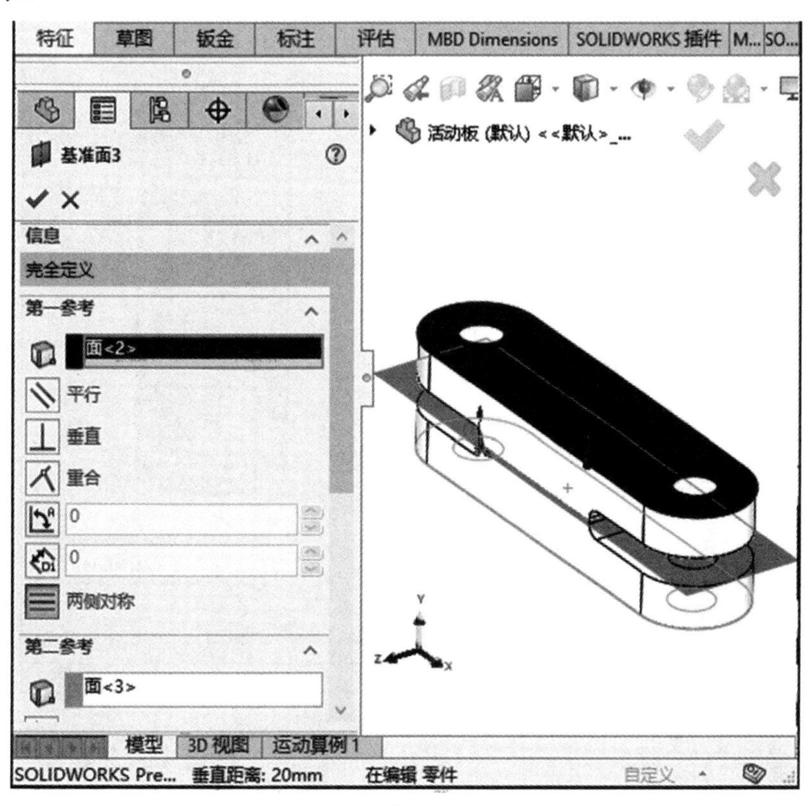

图 4-77　创建活动板基准面

Step5 单击【草图】→系统切换【草图选项卡】→单击【草图绘制 】→选择 Step4 创建的基准面为绘制平面→使用【草图工具】绘制螺纹截面→单击【退出草图 】完成。截面轮廓草图如图 4-78 所示。(注：此处需根据实际要求计算尺寸。)

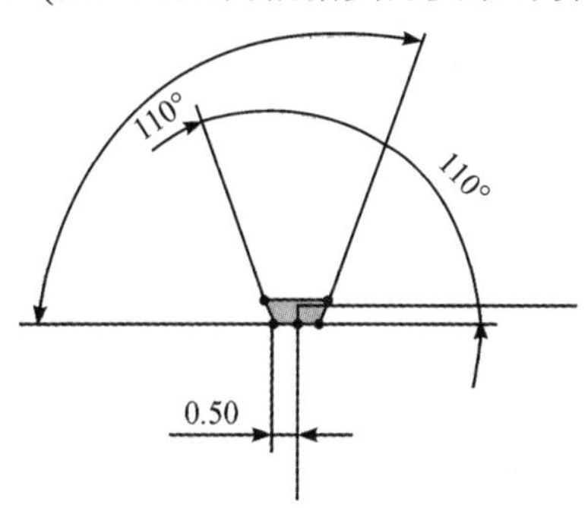

图 4-78　截面轮廓草图(尺寸单位：mm)

Step6 单击【特征】→系统切换【特征选项卡】→单击【扫描切除 】→选择【轮廓】Step5 绘制的草图→选择【路径】为 Step3 创建的螺旋线→单击【 】完成，扫描切除操作如图 4-79 所示。

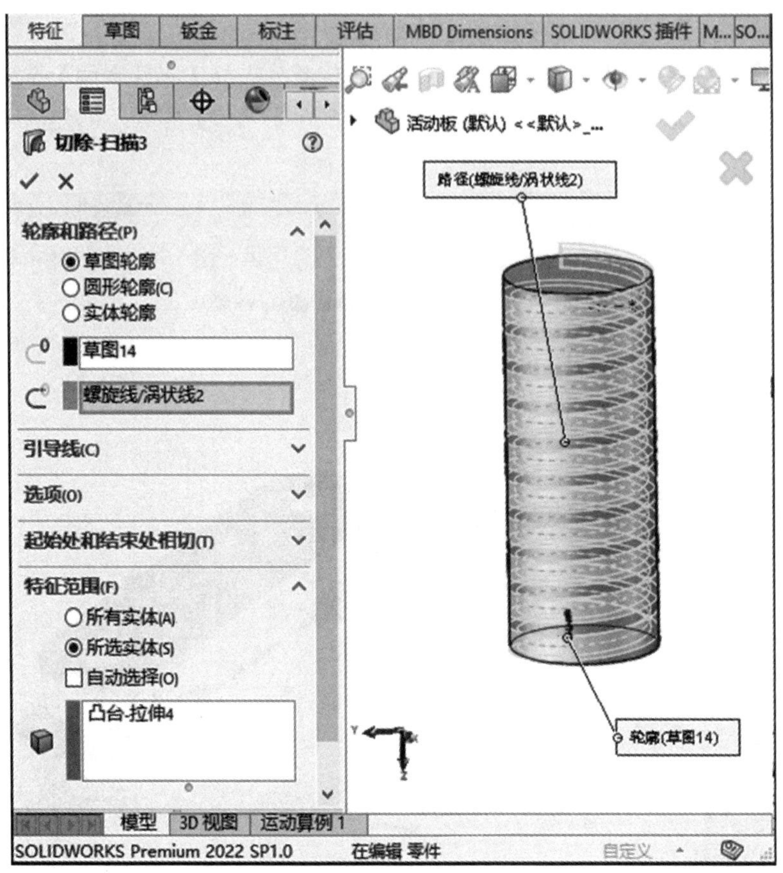

图 4-79　扫描切除操作

Step7　单击【命令搜索栏】→输入【组合】搜索命令→单击【组合 】→操作类型选择【删减】→【主要实体】选择【零件主体】→【要组合的实体】选择 Step6 绘制的 T8 丝杆→单击【 ✓ 】完成，如图 4-80 所示。

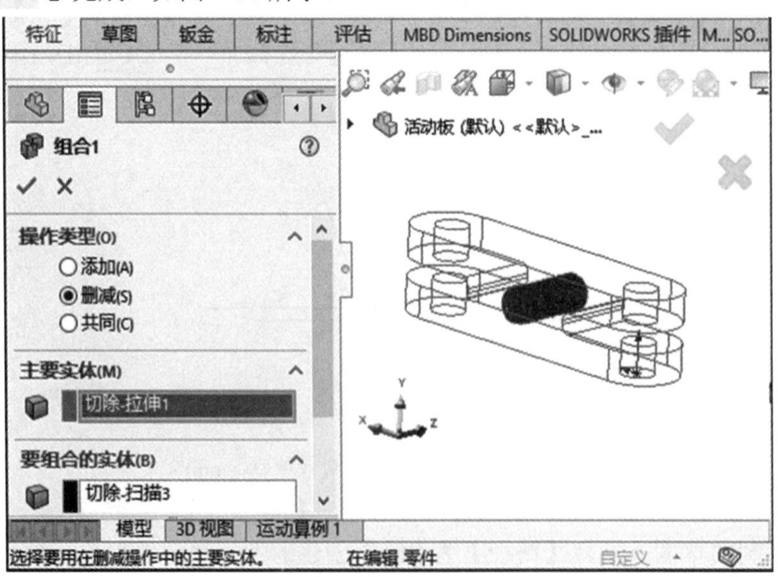

图 4-80　组合切除操作

至此，完成了活动板的绘制，活动板零件效果图如图 4-81 所示。

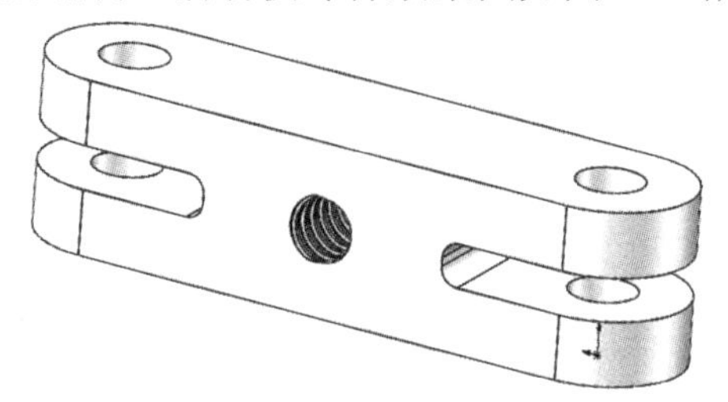

图 4-81　活动板零件效果图

3. 绘制传动板 1

1) 创建零件工程

打开软件【SOLIDWORKS 2022】→单击【新建 】创建工程→系统弹出【新建 SOLIDWORKS 文件】→鼠标单击【零件图标 】→单击【确定】完成零件工程创建。

2) 拉伸零件主体

Step1 单击【草图】→系统切换【草图选项卡】→单击【草图绘制 】→选择【上视基准面】为绘制平面→使用【草图工具】绘制拉伸轮廓→完成后单击【退出草图 】。传动板 1 草图如图 4-82 所示。

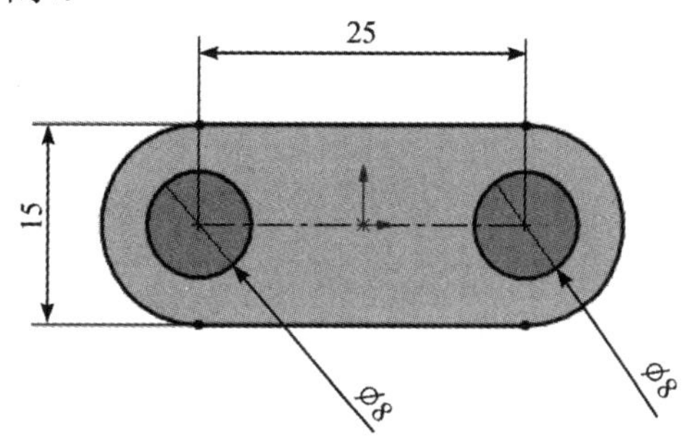

图 4-82　传动板 1 草图(尺寸单位：mm)

Step2 单击【特征】→系统切换【特征选项卡】→在导航栏内，选择 Step1 绘制的草图→单击【拉伸凸台 】→输入【给定深度】5.00 mm→单击【 ✓ 】完成，如图 4-83 所示。

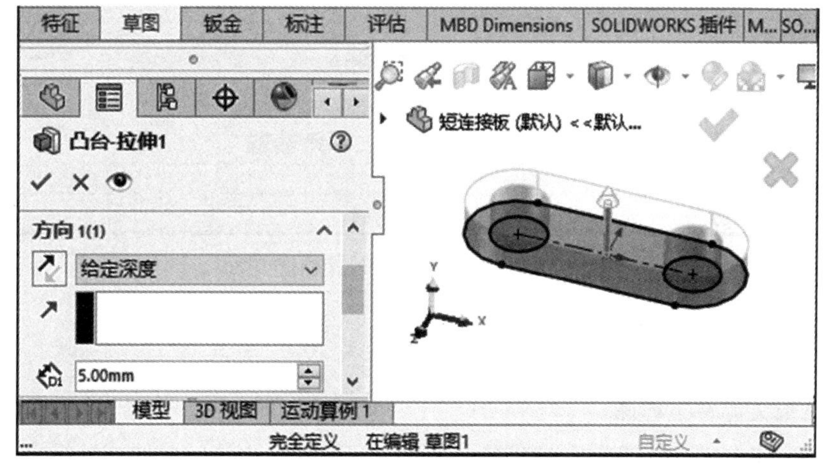

图 4-83　传动板 1 拉伸操作

4. 绘制传动板 2

1) 创建零件工程

打开软件【SOLIDWORKS 2022】→单击【新建 】创建工程→系统弹出【新建 SOLIDWORKS 文件】→鼠标单击【零件图标 】→单击【确定】完成零件工程创建。

2) 拉伸零件主体

Step1 单击【草图】→系统切换【草图选项卡】→单击【草图绘制 】→选择【上视基准面】为绘制平面→使用【草图工具】绘制拉伸轮廓→完成后单击【退出草图 】。传动板 2 草图如图 4-84 所示。

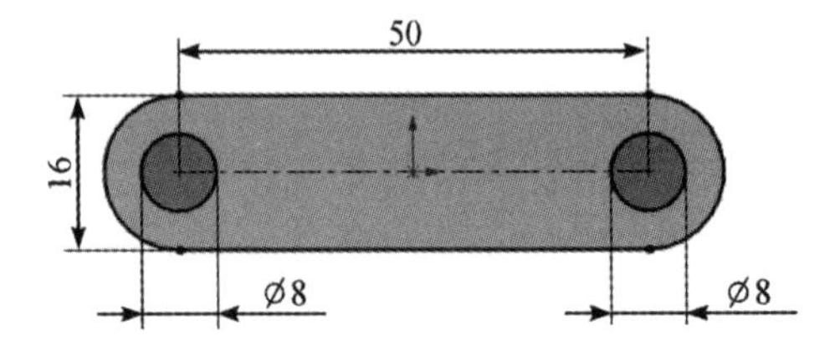

图 4-84　传动板 2 草图(尺寸单位：mm)

Step2 单击【特征】→系统切换【特征选项卡】→在导航栏内，选择 Step1 绘制的草图→单击【拉伸凸台 】→输入【给定深度】5.00 mm→单击【 】完成，如图 4-85 所示。

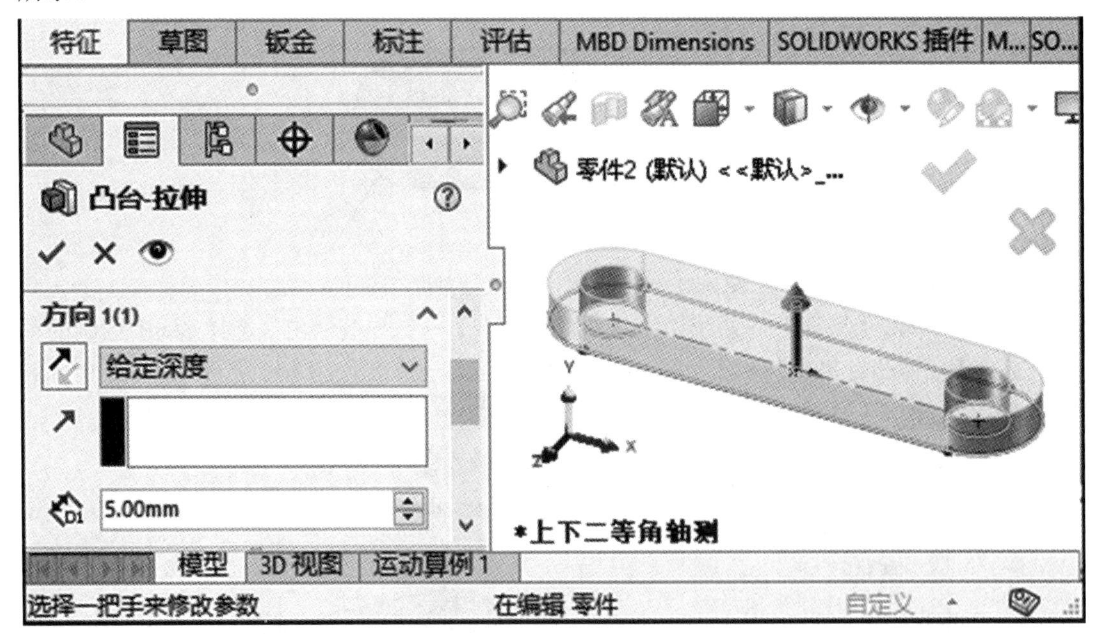

图 4-85　传动板 2 拉伸操作

4.2.4　夹爪指尖零件设计

1. 夹爪指尖零件工程图

根据图纸用 SOLIDWORKS 造型的步骤为：拉伸零件主体→拉伸切除多余部分→完成绘制。夹爪指尖工程图如图 4-86 所示。

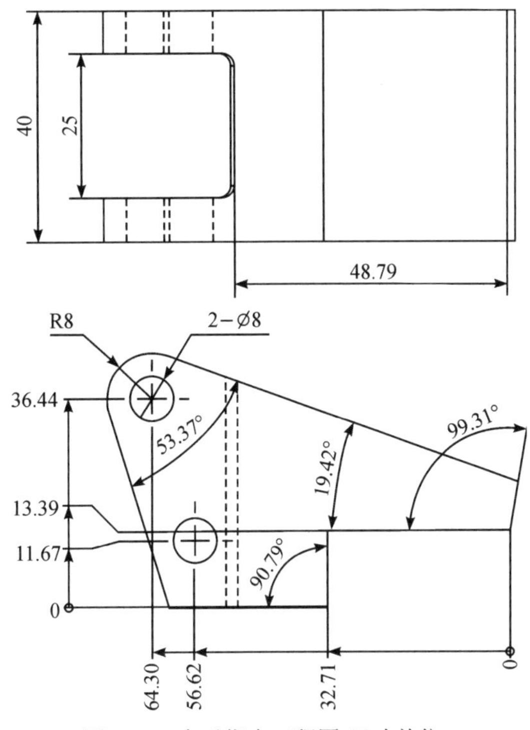

图 4-86　夹爪指尖工程图(尺寸单位：mm)

2. 绘制夹爪

1) 创建零件工程

打开软件【SOLIDWORKS 2022】→单击【新建 】创建工程→系统弹出【新建 SOLIDWORKS 文件】→鼠标单击【零件图标 】→单击【确定】完成零件工程创建。

2) 拉伸零件主体

Step1 单击【草图】→系统切换【草图选项卡】→单击【草图绘制 】→选择【上视基准面】为绘制平面→绘制草图→单击【退出草图 】完成。夹爪指尖拉伸操作草图轮廓如图 4-87 所示。

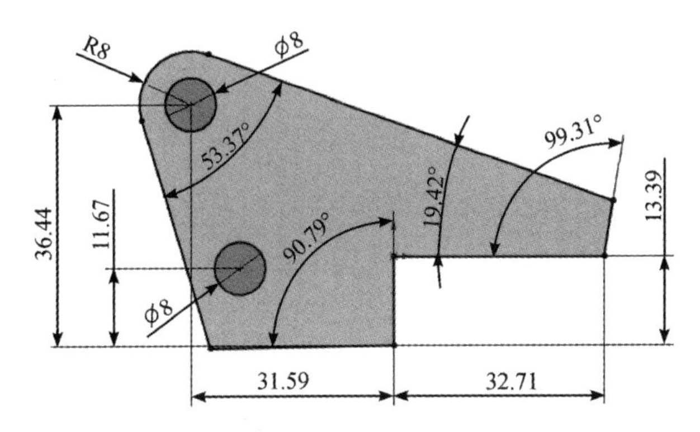

图 4-87　夹爪指尖拉伸操作草图轮廓(尺寸单位：mm)

Step2 单击【特征】→系统切换【特征选项卡】→选择 Step1 绘制的草图→单击【拉伸凸台 】→输入【给定深度】40.00 mm→单击【 】完成，如图 4-88 所示。

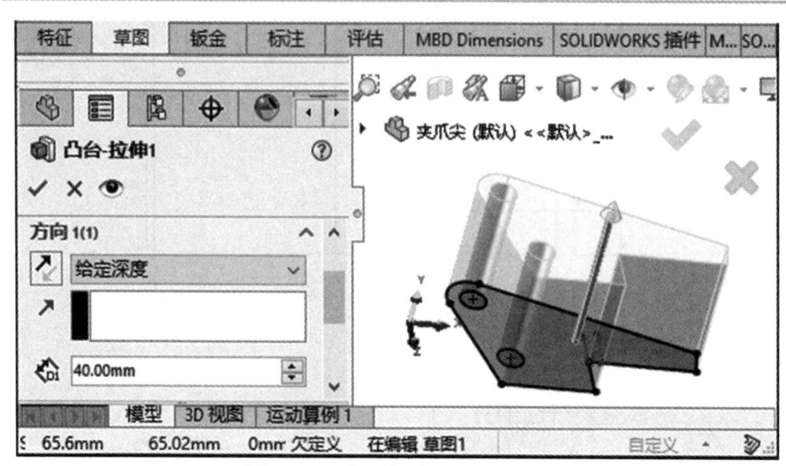

图 4-88　夹爪指尖拉伸操作 1

3) 切除多余部分

Step1　单击【草图】→系统切换【草图选项卡】→单击【草图绘制 】→选择【零件顶面】为绘制平面→绘制草图→单击【退出草图 】完成。夹爪指尖拉伸切除操作草图轮廓如图 4-89 所示。

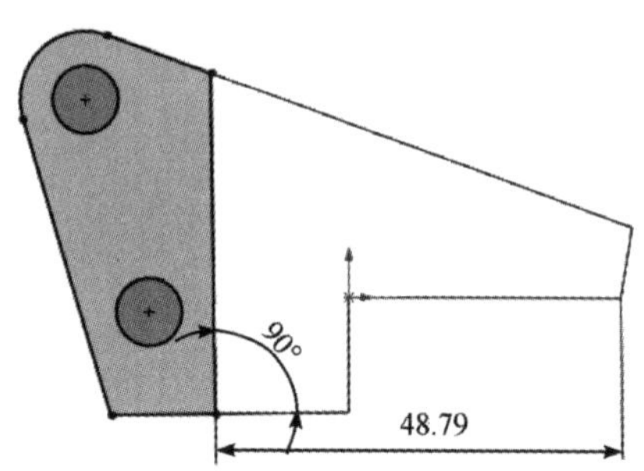

图 4-89　夹爪指尖拉伸切除操作草图轮廓

Step2　单击【特征】→系统切换【特征选项卡】→选择 Step1 绘制的草图→单击【拉伸切除 】→输入【给定深度】32.50 mm→单击【 】完成，如图 4-90 所示。

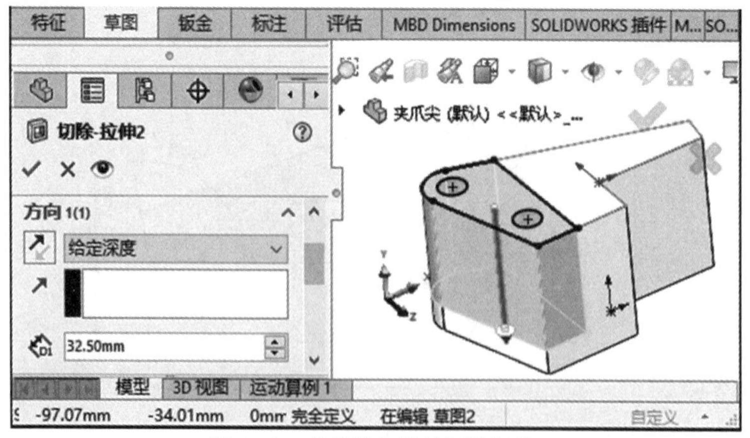

图 4-90　夹爪指尖拉伸切除操作

Step3　再次选择 Step1 绘制的草图轮廓→单击【拉伸凸台 】→输入【给定深度】7.50 mm→单击【 】完成，如图 4-91 所示。

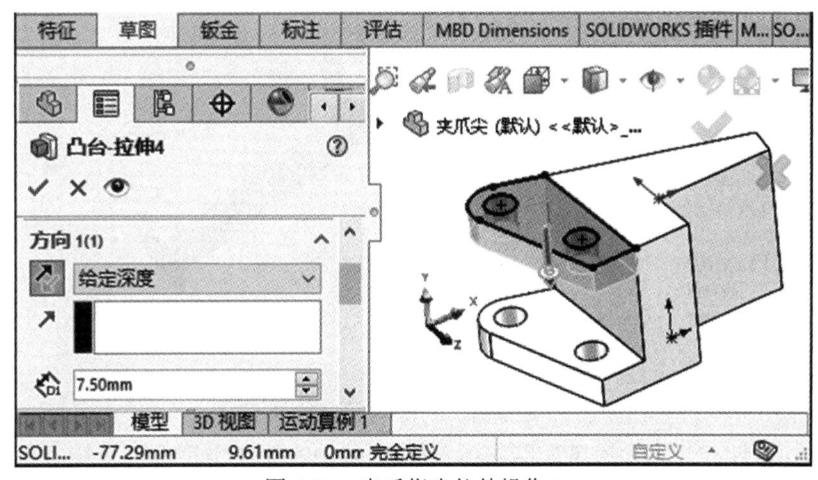

图 4-91　夹爪指尖拉伸操作 2

至此，完成了夹爪的模型创建。

4.2.5　螺旋传动夹钳式夹爪零件装配

1) 创建装配图工程

打开软件【SOLIDWORKS 2022】→单击【新建 】创建工程→系统弹出【新建 SOLIDWORKS 文件】→鼠标单击【装配体图标 】→单击【确定】完成装配体工程创建。

2) 导入零件

Step1 单击【装配体】→系统切换【装配体选项卡】→单击【插入零部件 】→单击【浏览】→选择【夹爪主体】→单击【打开】→任意单击放置，完成夹爪主体的导入，导入方式如图 4-92 所示。

图 4-92　螺旋传动夹钳式夹爪导入方式

Step2 部分螺钉螺柱等标准件可先创建成一个装配体，再导入装配体至现有的装配图中(注：标准件请自行绘制)。简易标准件模型如图 4-93 所示。

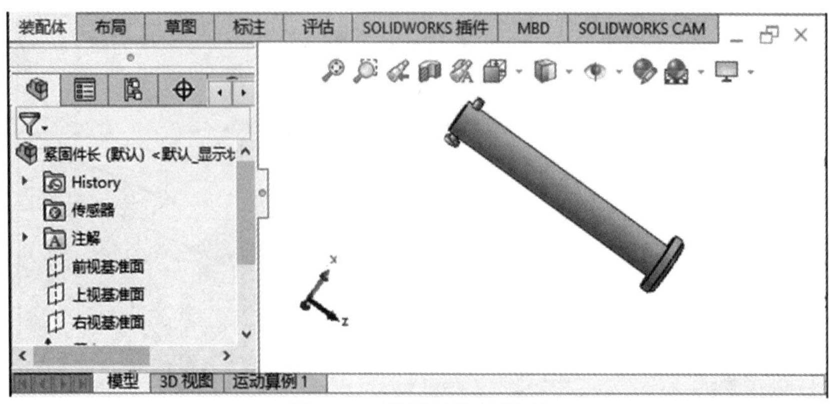

图 4-93 简易标准件模型

导入所有零件后，零件清单如图 4-94 所示。其中，丝杆步进电机为标准件，本章不再阐述其设计步骤。

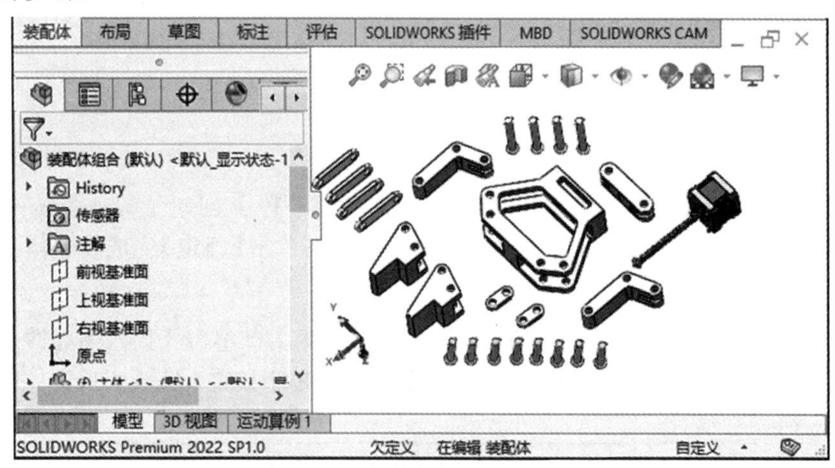

图 4-94 螺旋传动夹钳式夹爪导入零件清单一览

3) 定义装配关系

Step1 单击【配合 】→单击【标准】→选择【重合 】约束→根据各自的装配关系选择对象→单击【 ✓ 】，完成单个零件的装配约束，如图 4-95 所示。

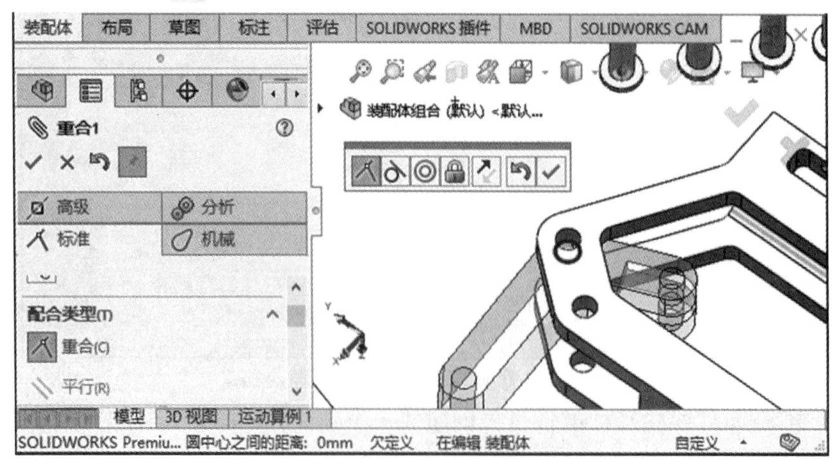

图 4-95 螺旋传动夹钳式夹爪零件装配

Step2　单击【配合 】→单击【机械 】→配合类型选择【螺纹 】→【配合选择 1】选择丝杆螺纹外径曲面→【配合选择 2】选择螺纹孔内径曲面→单击【 ✓ 】完成，如图 4-96 所示。

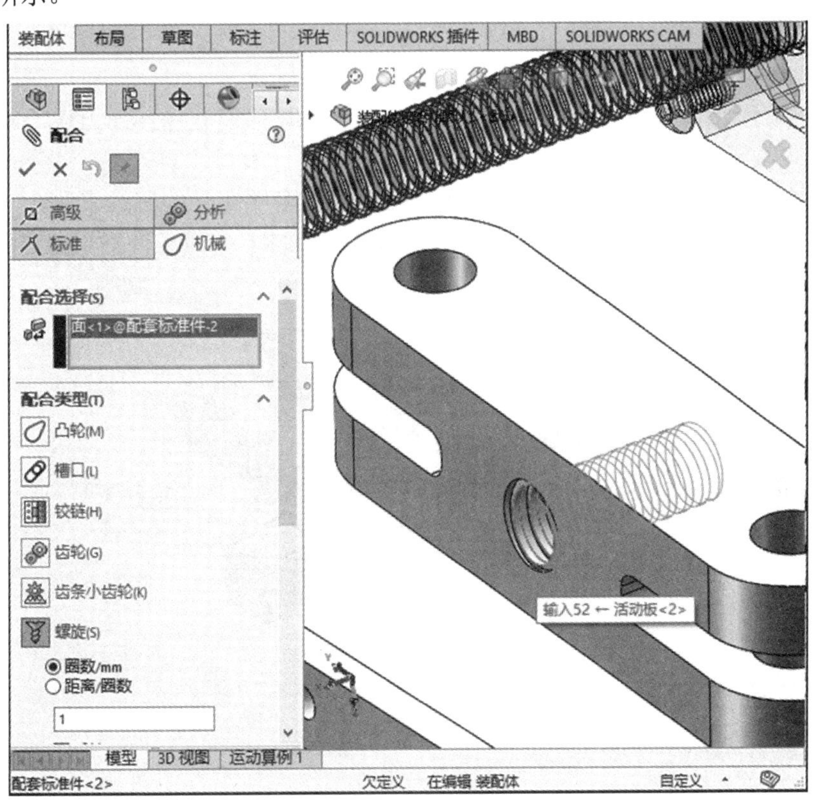

图 4-96　添加齿轮约束

至此，完成了零件装配，螺旋传动夹钳式夹爪效果图如图 4-97 所示。

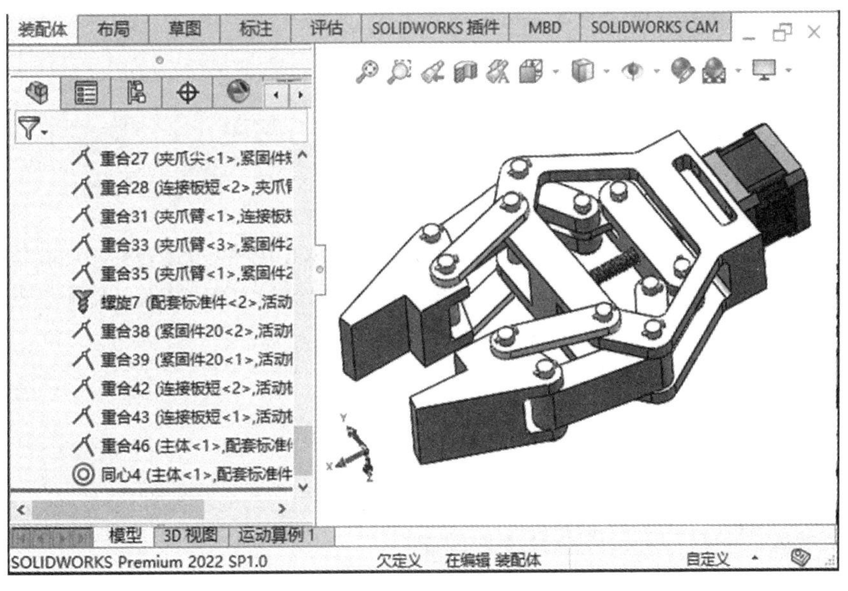

图 4-97　螺旋传动夹钳式夹爪效果图

4.3　机器人柔性夹爪设计

如图 4-98 所示，为柔性夹爪爆炸图，要求使用机械建模软件 SOLIDWORKS 进行绘制。具体要求如下：

(1) 根据提供的零件图，采用 SOLIDWORKS 完成各个零件的三维模型。

(2) 根据已完成的零件三维模型，采用 SOLIDWORKS 完成柔性夹爪的装配。

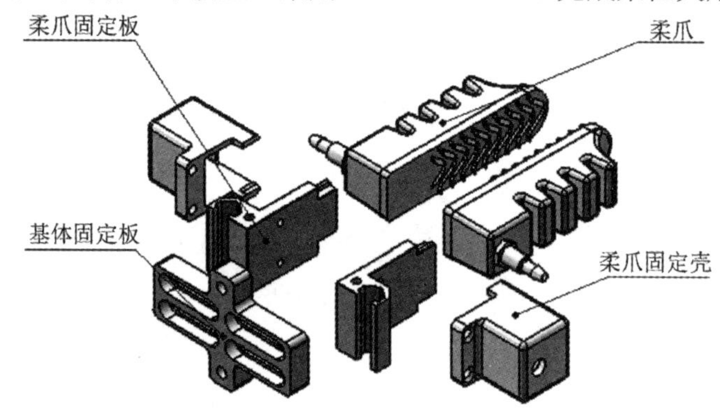

图 4-98　柔性夹爪爆炸图

专业能力素养

- 能够知道柔性夹爪组成
- 能够了解柔性夹爪工作原理
- 能够使用 SOLIDWORKS 完成柔性夹爪各个零件的建模
- 能够使用 SOLIDWORKS 完成柔性夹爪装配
- 能够了解夹爪构成、使用方法及优缺点

任务与工作流程

根据任务要求，需要先根据提供的零件图，使用 SOLIDWORKS 零件功能完成零件三维模型的造型，然后根据已完成的零件三维模型，使用 SOLIDWORKS 装配体功能完成整套夹爪的装配。因此，我们将本任务分为六个部分。

- 柔爪爪指零件设计
- 柔爪固定板零件设计
- 柔爪固定壳零件设计
- 柔爪基体零件设计
- 机器人法兰盘等其他组合件零件设计
- 柔性夹爪零件装配

4.3.1 柔爪爪指零件设计

1. 柔爪爪指零件工程图

根据图纸使用 SOLIDWORKS 造型的步骤为：拉伸零件主体→抽壳→扫描夹爪纹路→绘制气嘴→完成零件绘制。柔爪爪指工程图如图 4-99 所示。

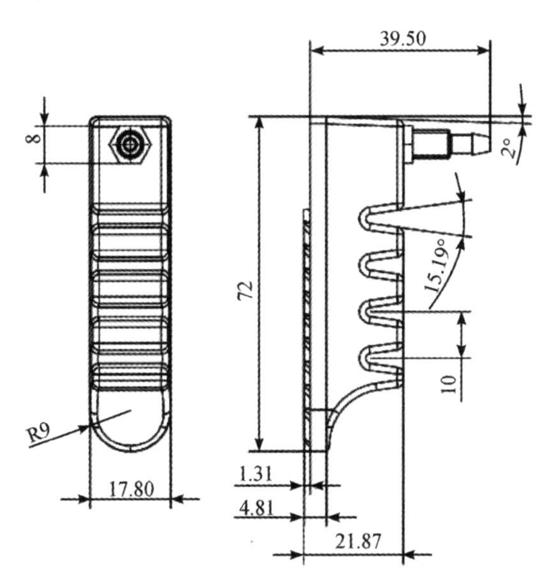

图 4-99　柔爪爪指工程图(尺寸单位：mm)

2. 绘制柔爪

1) 创建零件工程

打开软件【SOLIDWORKS 2022】→单击【新建 】创建工程→系统弹出【新建 SOLIDWORKS 文件】→鼠标单击【零件图标 】→单击【确定】完成零件工程创建。

2) 拉伸主体

Step1 单击【草图】→系统切换【草图选项卡】→单击【草图绘制 】→选择【上视基准面】为绘制平面→绘制草图→完成后单击【退出草图 】。柔爪主体轮廓草图如图 4-100 所示。

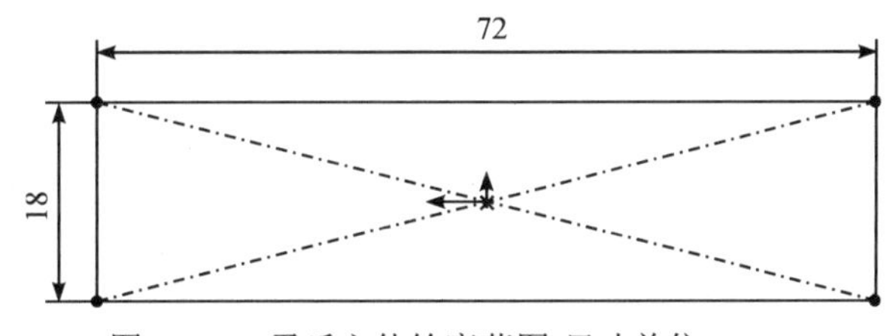

图 4-100　柔爪主体轮廓草图(尺寸单位：mm)

Step2 单击【特征】→系统切换【特征选项卡】→在导航栏内，选择 Step1 绘制的草图→单击【拉伸凸台 】→输入【给定深度】3.50 mm→单击【 】完成，如图 4-101 所示。

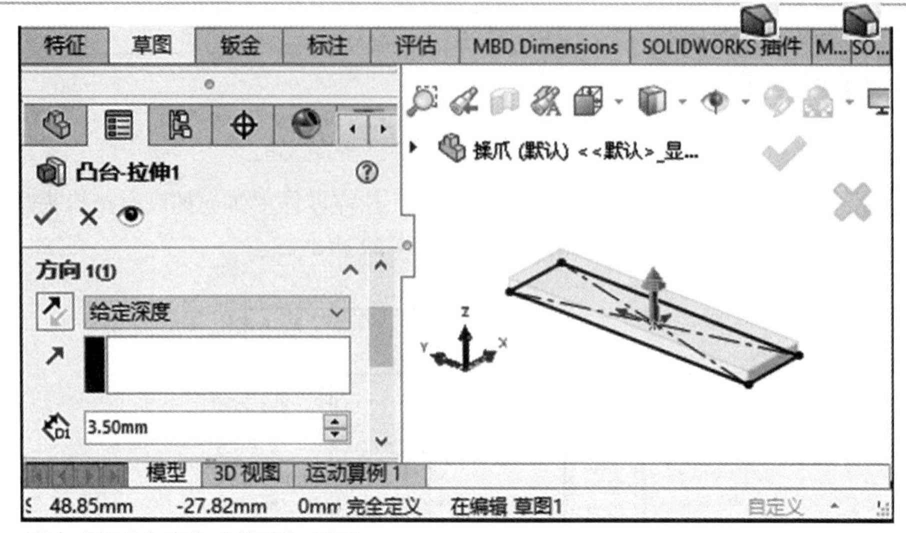

注：图中“揉爪”应为“柔爪”，下同。

图 4-101　柔爪主体拉伸操作

Step3　单击【圆角 】→选择倒圆边→输入【圆角参数】9.00 mm→单击【 】完成，如图 4-102 所示。图纸上其余圆角同样处理。

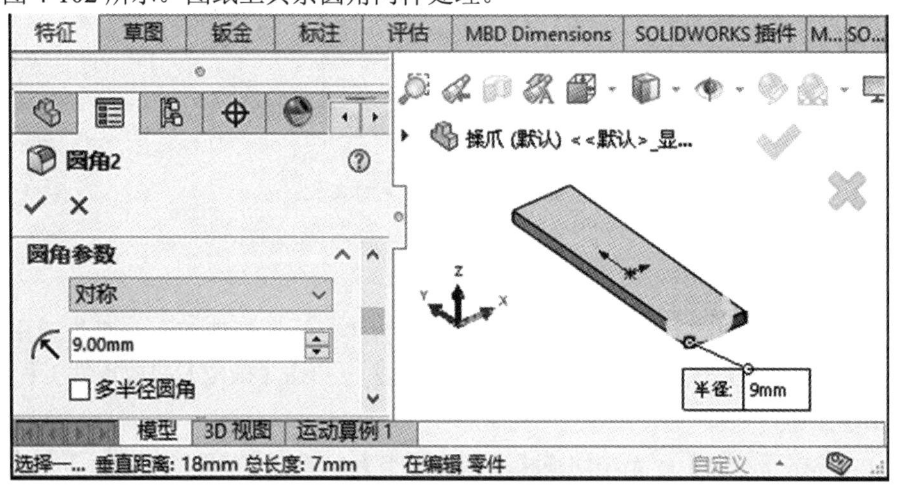

图 4-102　柔爪主体倒圆操作

Step4　单击【草图】→系统切换【草图选项卡】→单击【草图绘制 】→选择【零件顶面】为绘制平面→使用【草图工具】绘制拉伸轮廓→完成后单击【退出草图 】，所绘草图轮廓如图 4-103 所示。

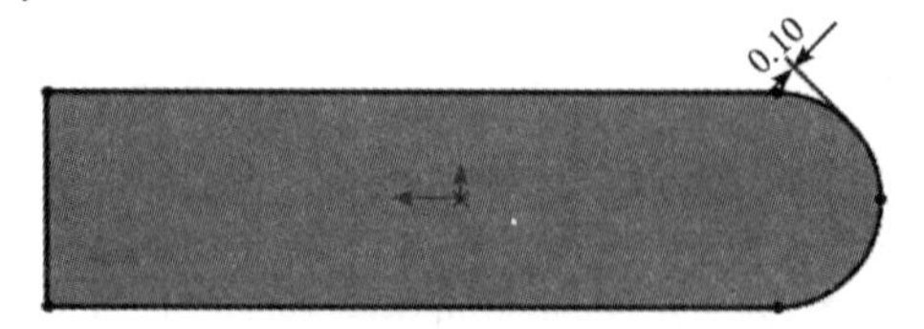

图 4-103　草图轮廓

Step5　单击【特征】→系统切换【特征选项卡】→在导航栏内，选择 Step4 绘制的草图→单击【拉伸凸台 】→输入【给定深度】17.00 mm→单击【拔模开关 】开启→输入【拔模角度】2.00 度→单击 】完成，如图 4-104 所示。

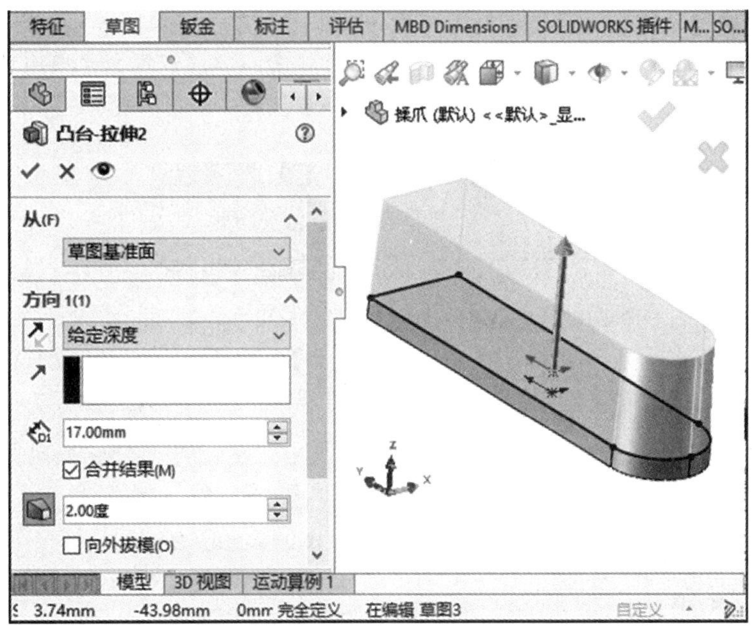

图 4-104　柔爪主体拉伸拔模操作

Step6　单击【草图】→系统切换【草图选项卡】→单击【草图绘制 】→选择【零件侧面】为绘制平面→使用【草图工具】绘制拉伸轮廓→完成后单击【退出草图 】。绘制爪指零件拉伸切除草图 1，如图 4-105 所示。

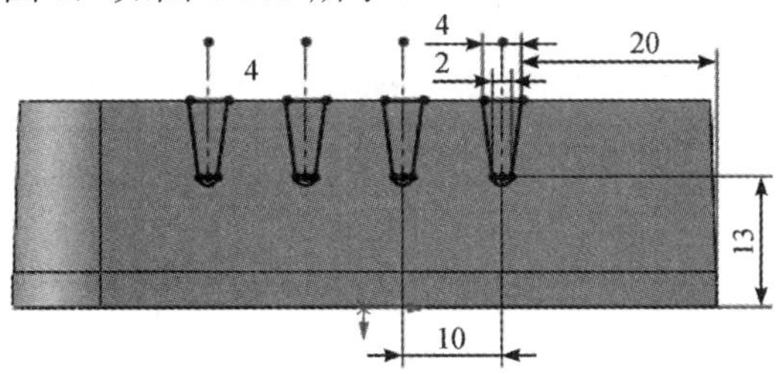

图 4-105　爪指零件拉伸切除草图 1(尺寸单位：mm)

Step7　单击【特征】→系统切换【特征选项卡】→选择 Step6 绘制的草图→单击【拉伸切除 】→选择【完全贯穿】→单击【 】完成，如图 4-106 所示。

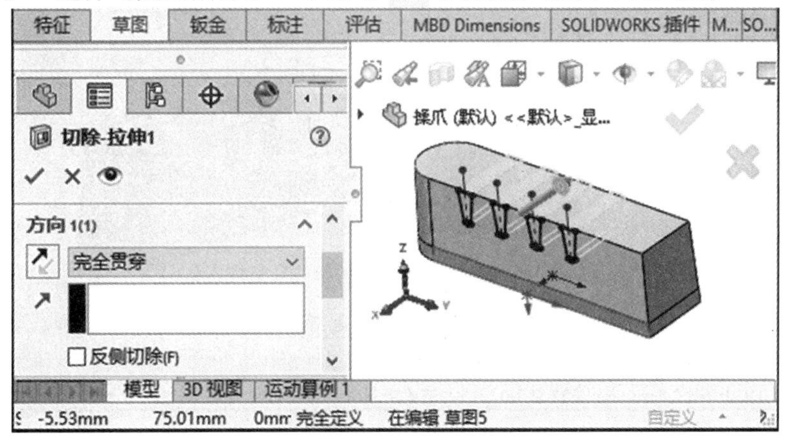

图 4-106　爪指零件拉伸切除操作 1

Step8　单击【草图】→系统切换【草图选项卡】→单击【草图绘制 】→选择【零件侧面】为绘制平面→使用【草图工具】绘制拉伸轮廓→完成后单击【退出草图 】。绘制爪指零件拉伸切除草图 2，如图 4-107 所示。

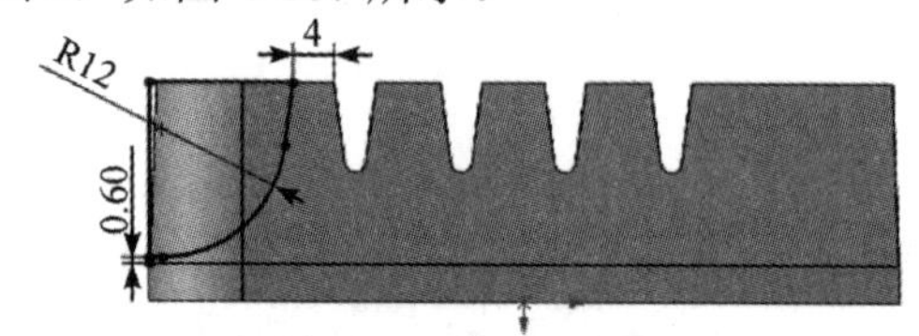

图 4-107　爪指零件拉伸切除草图 2(尺寸单位：mm)

Step9　单击【特征】→系统切换【特征选项卡】→选择 Step8 绘制的草图→单击【拉伸切除 】→选择【完全贯穿】→单击【 】完成，如图 4-108 所示。

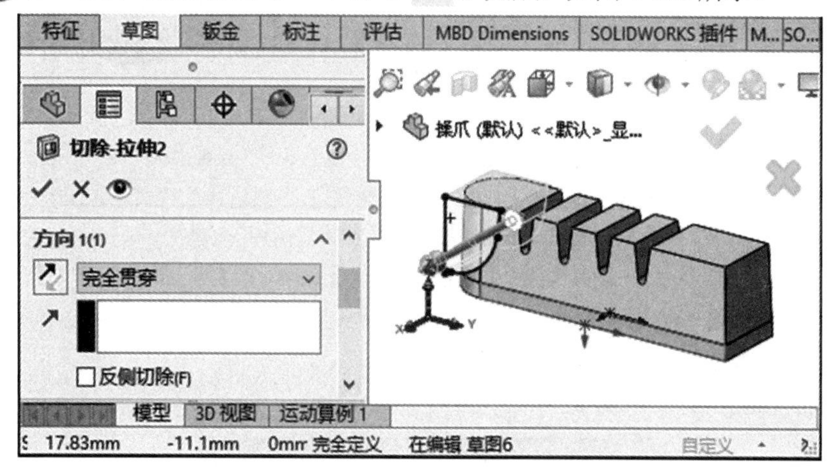

图 4-108　爪指零件拉伸切除操作 2

3) 零件抽壳

单击【抽壳 】→输入【抽壳厚度】1.50 mm→单击【 】完成，如图 4-109 所示。

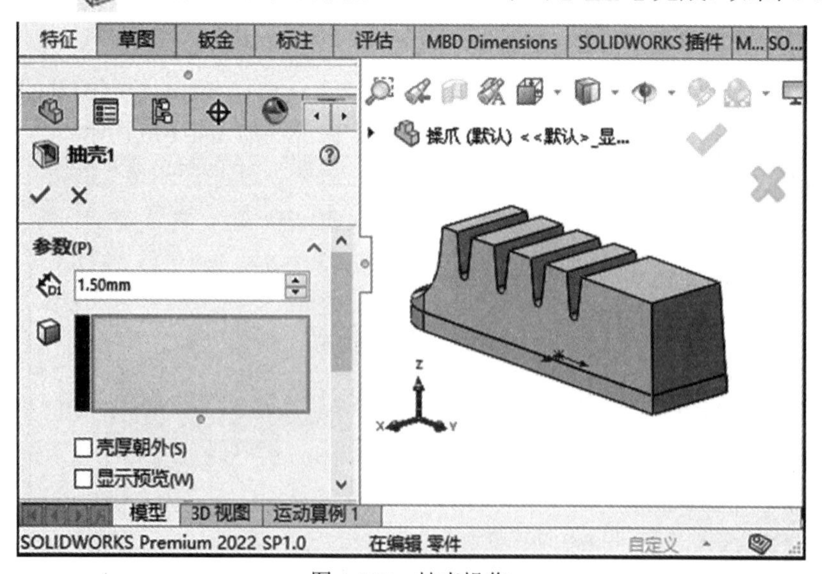

图 4-109　抽壳操作

4) 扫描轮廓

Step1 单击【草图】→系统切换【草图选项卡】→单击【草图绘制 】→选择【零件侧面】为绘制平面→使用【草图工具】绘制扫描轮廓→完成后单击【退出草图 】。扫描轮廓草图如图 4-110 所示。

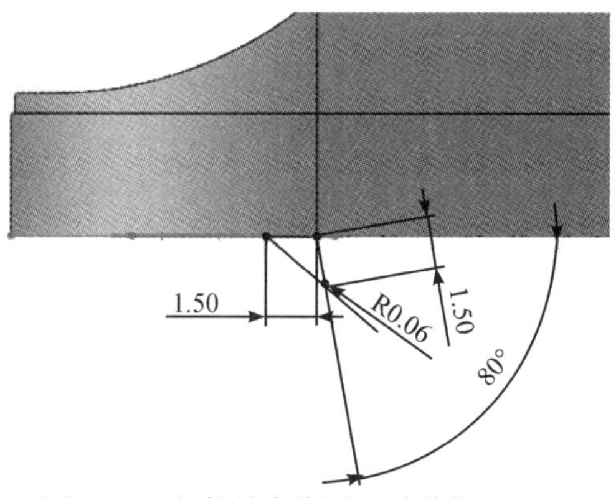

图 4-110　扫描轮廓草图(尺寸单位：mm)

Step2 单击【草图绘制 】→选择【零件侧面】为绘制平面→使用【草图工具】绘制扫描路径→完成后单击【退出草图 】。扫描路径草图如图 4-111 所示。

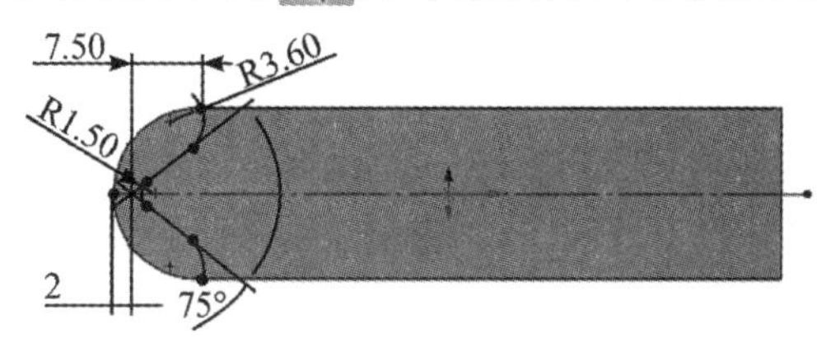

图 4-111　扫描路径草图(尺寸单位：mm)

Step3 单击【特征】→系统切换【特征选项卡】→单击【扫描 】→选择【轮廓】为 Step1 绘制的草图→选择【路径】为 Step2 创建的螺旋线→单击【 ✓ 】完成，如图 4-112 所示。

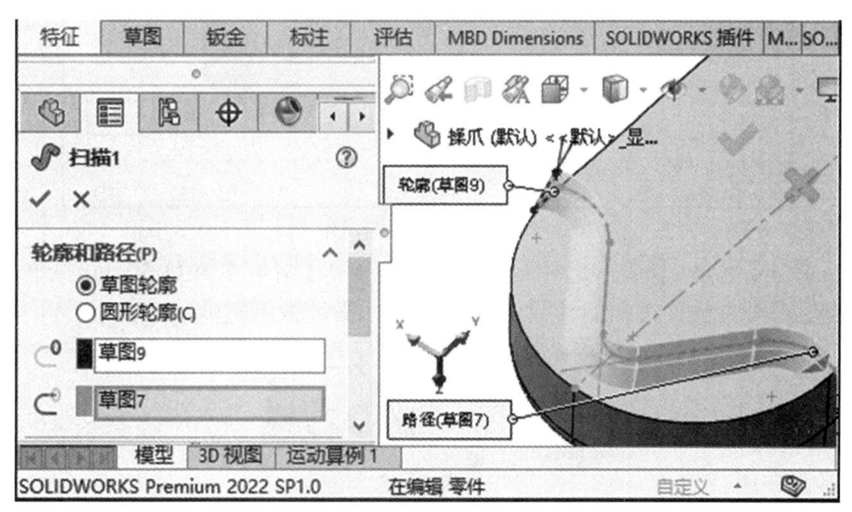

图 4-112　扫描操作

Step4　单击【阵列线性 】→选择【零件长边轮廓直线】为阵列方向→输入【间距 】5.00 mm→输入【实例数 】10→在【特征和面 】选择 Step3 创建的扫描操作→单击【 】完成，如图 4-113 所示。

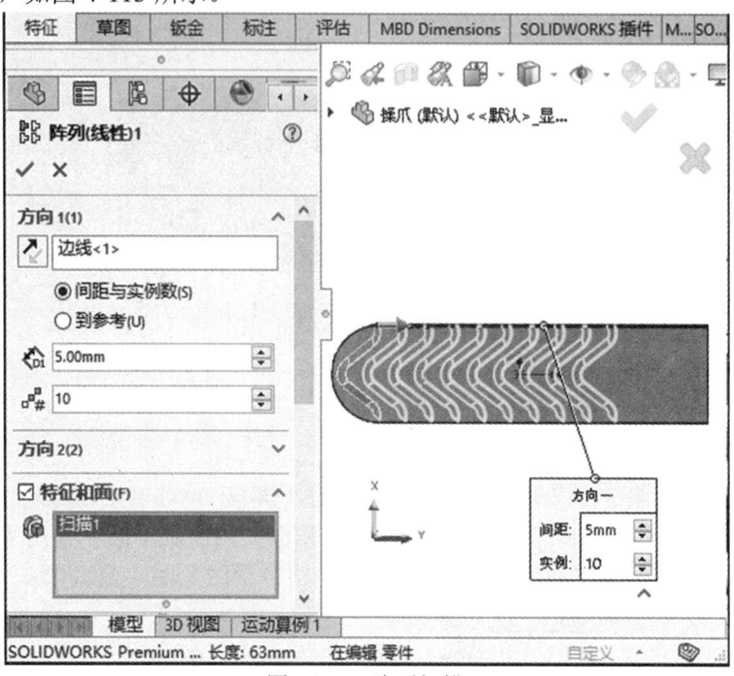

图 4-113　阵列扫描

Step5　单击【圆角 】→选择倒圆边→输入【圆角参数】1.50 mm→单击【 】完成，如图 4-114 所示。

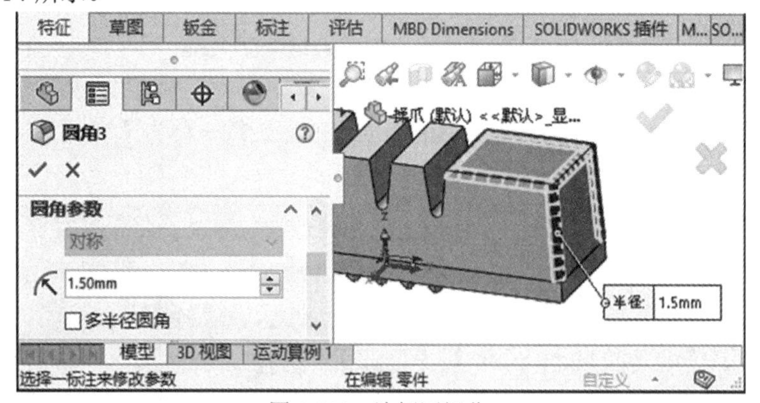

图 4-114　边倒圆操作

Step6　单击【圆角 】→选择剩余倒圆边→输入【圆角参数】1.50 mm→单击【 】完成，完成后，全部倒圆边如图 4-115 所示。(注：需注意倒圆的次序)

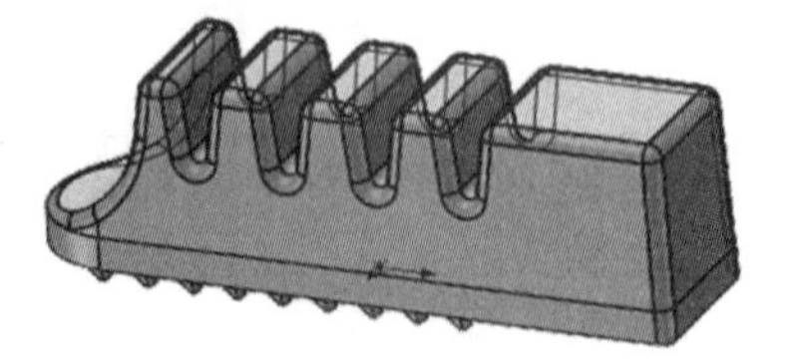

图 4-115　全部倒圆边

5) 绘制气嘴

Step1　单击【草图】→系统切换【草图选项卡】→单击【草图绘制 】→选择【零件顶面】为绘制平面→使用【草图工具】绘制拉伸轮廓→完成后单击【退出草图 】。气嘴底部草图如图 4-116 所示。

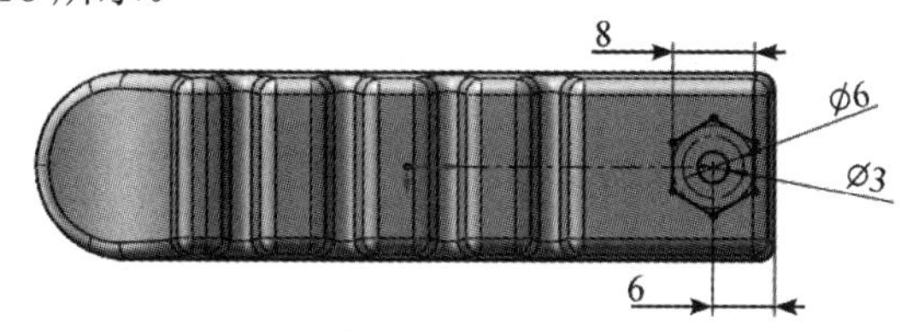

图 4-116　气嘴底部草图(尺寸单位：mm)

Step2　单击【特征】→系统切换【特征选项卡】→在导航栏内，选择 Step1 绘制的草图→单击【拉伸凸台 】→输入【给定深度】2.00 mm→单击【 】完成，如图 4-117 所示。

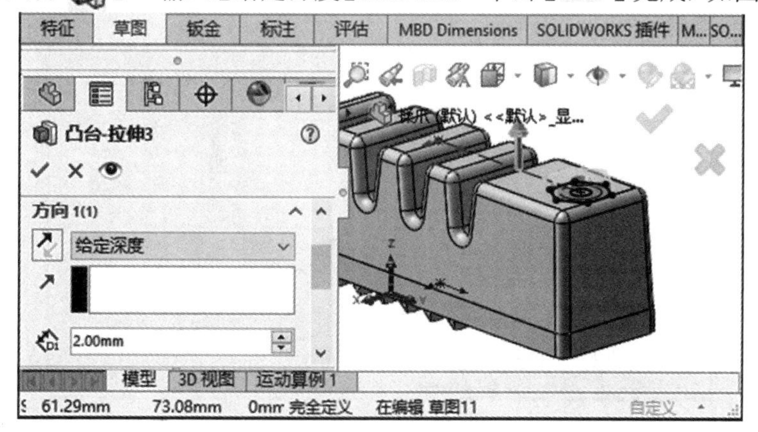

图 4-117　气嘴底部拉伸操作

Step3　在导航栏内，显示 Step1 绘制的草图→单击【拉伸切除 】→选择直径 3.00 mm 的圆→输入【给定深度】3.00 mm→单击【 】完成，如图 4-118 所示。

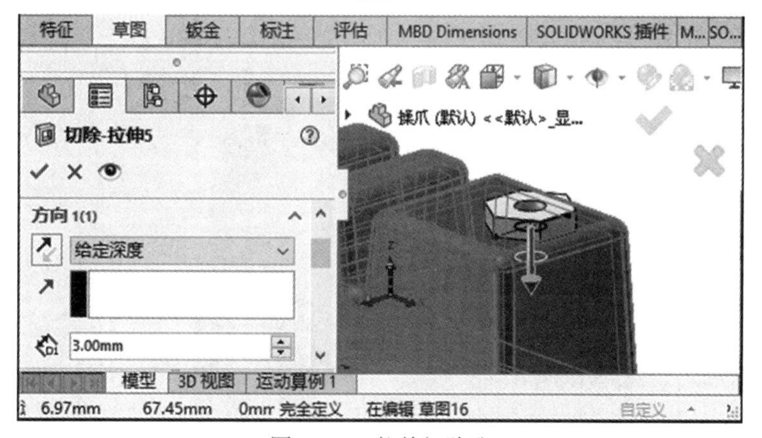

图 4-118　拉伸切除孔

Step4　单击【草图】→系统切换【草图选项卡】→单击【草图绘制 】→选择【前视基准面】为绘制平面→使用【草图工具】绘制拉伸轮廓→完成后单击【退出草图 】。气嘴顶部草图如图 4-119 所示。

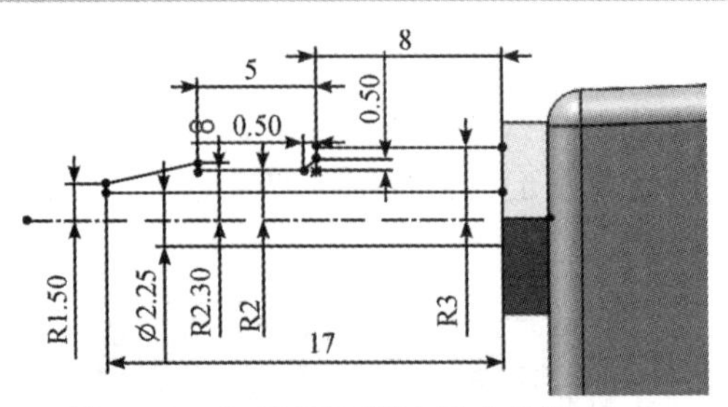

图 4-119　气嘴顶部草图(尺寸单位：mm)

Step5　单击【特征】→系统切换【特征选项卡】→在导航栏内，选择 Step4 绘制的草图→单击【旋转凸台 】→在草图中选择中心线为旋转轴→输入【给定深度】360.00 度→单击【 ✓ 】完成，如图 4-120 所示。

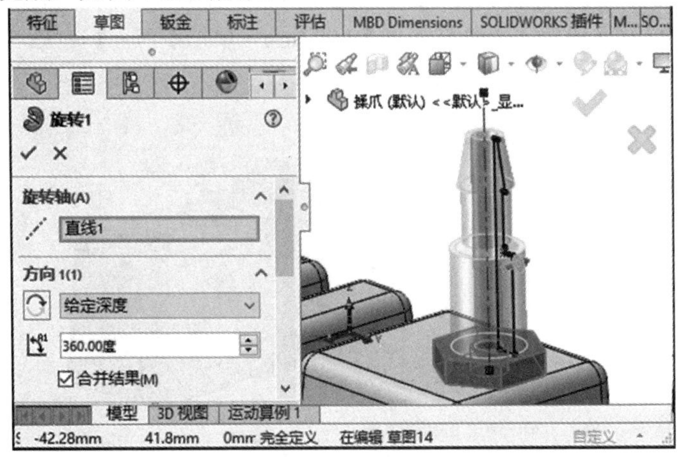

图 4-120　旋转操作

Step6　在【命令搜索栏 装饰螺纹线 】内输入【装饰螺纹线 】→单击【回车】搜索→单击【装饰螺纹线 】→选择【圆形边线 】，如图 4-121 所示→选择标准【GB】→选择类型【机械螺纹】→选择大小【M6】→单击【 ✓ 】完成。如不显示螺纹线，可进入系统选项对话框→文档属性→出详图→选择上色的装饰螺纹线。

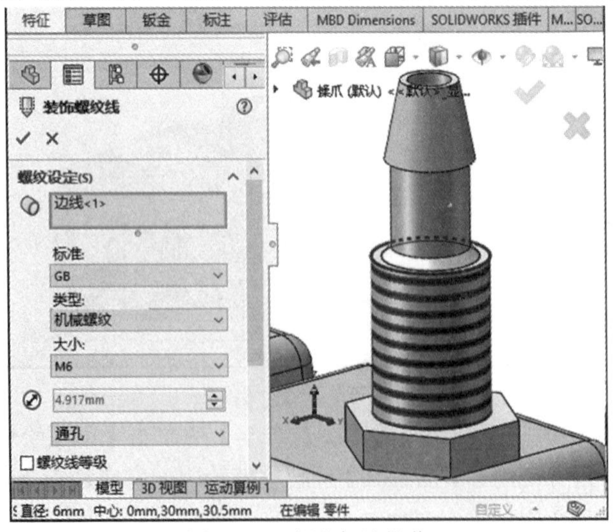

图 4-121　螺纹标注操作

Step7 单击【倒角 】→选择倒角边→输入【倒角参数】0.20 mm→单击【 】完成，如图 4-122 所示。

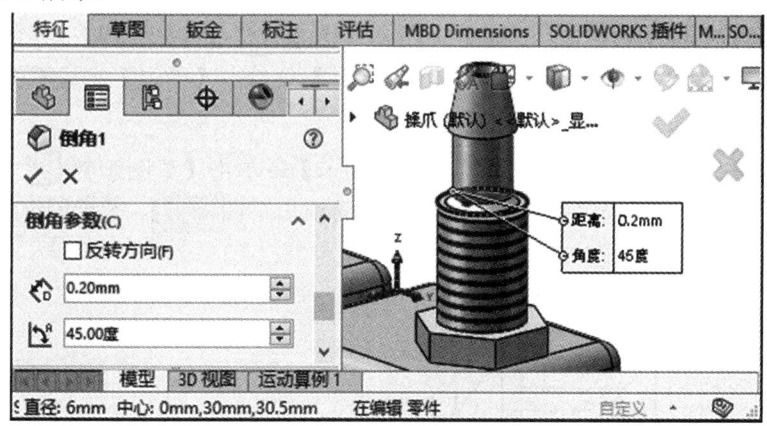

图 4-122　气嘴倒角操作

至此，完成了零件的柔爪创建，柔爪零件效果图如图 4-123 所示。

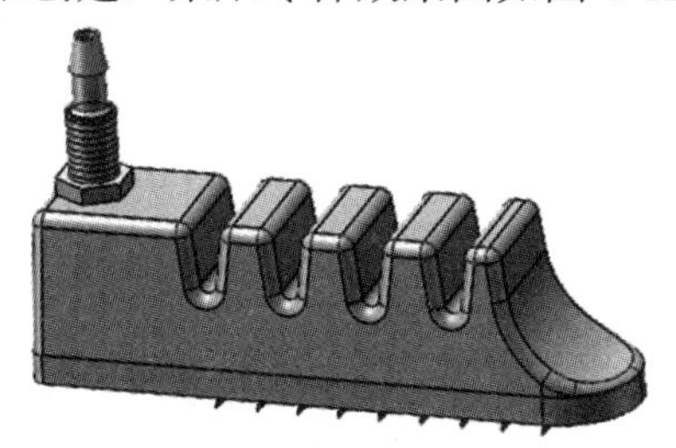

图 4-123　柔爪零件效果图

4.3.2　柔爪固定板零件设计

1. 柔爪固定板零件工程图

根据图纸，使用 SOLIDWORKS 造型步骤为：绘制主体轮廓→拉伸连杆主体→拉伸切除多余部分→绘制螺纹孔。柔爪固定板工程图如图 4-124 所示。

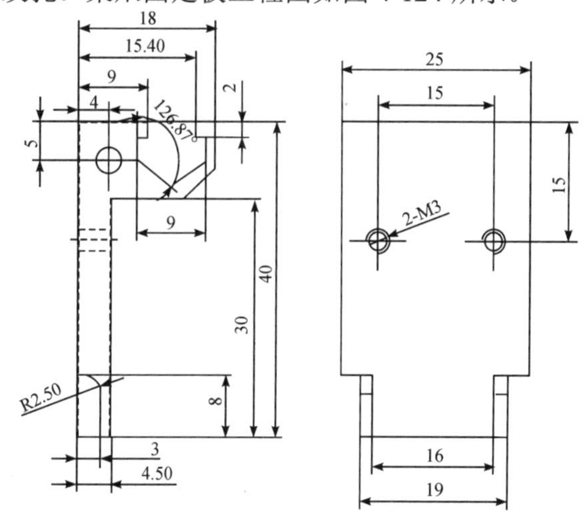

图 4-124　柔爪固定板工程图(尺寸单位：mm)

2. 绘制柔爪固定板

1) 创建零件工程

打开软件【SOLIDWORKS 2022】→单击【新建 】创建工程→系统弹出【新建SOLIDWORKS 文件】→鼠标单击【零件图标 】→单击【确定】完成零件工程创建。

2) 拉伸零件主体

Step1 单击【草图】→系统切换【草图选项卡】→单击【草图绘制 】→选择【前视基准面】为绘制平面→绘制草图→完成后单击【退出草图 】。柔爪固定板轮廓草图如图 4-125 所示。

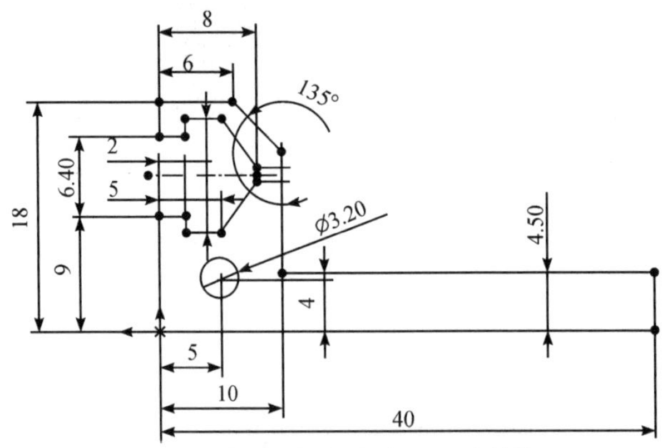

图 4-125　柔爪固定板轮廓草图(尺寸单位：mm)

Step2 单击【特征】→系统切换【特征选项卡】→在导航栏内，选择 Step1 绘制的草图→单击【凸台-拉伸 】→输入【两侧对称】距离 25.00 mm→单击【 】完成，如图 4-126 所示。

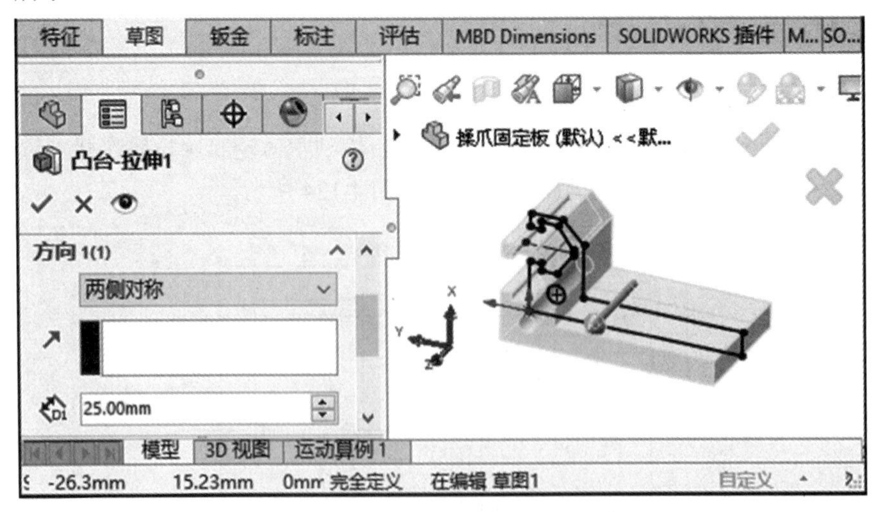

图 4-126　柔爪固定板主体拉伸操作

3) 拉伸切除多余部分

Step1 单击【草图】→系统切换【草图选项卡】→单击【草图绘制 】→选择【零件底面】为绘制平面→绘制切除轮廓→单击【退出草图】。柔爪固定板拉伸切除轮廓草图如图 4-127 所示。

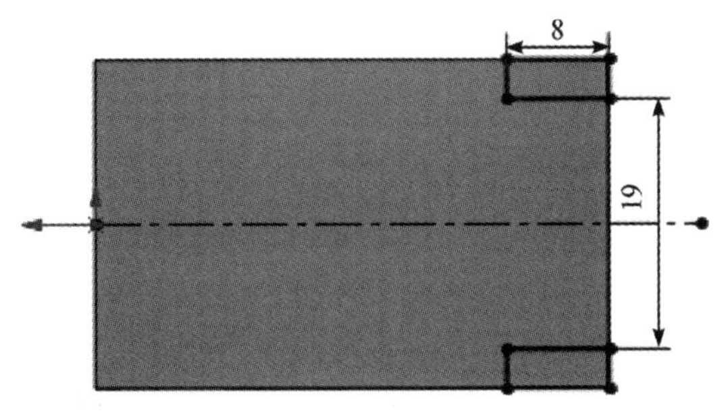

图 4-127　柔爪固定板拉伸切除轮廓草图(尺寸单位：mm)

Step2　单击【特征】→系统切换【特征选项卡】→选择 Step1 绘制的草图→单击【切除-拉伸 】→选择【完全贯穿】→单击【 】完成，如图 4-128 所示。

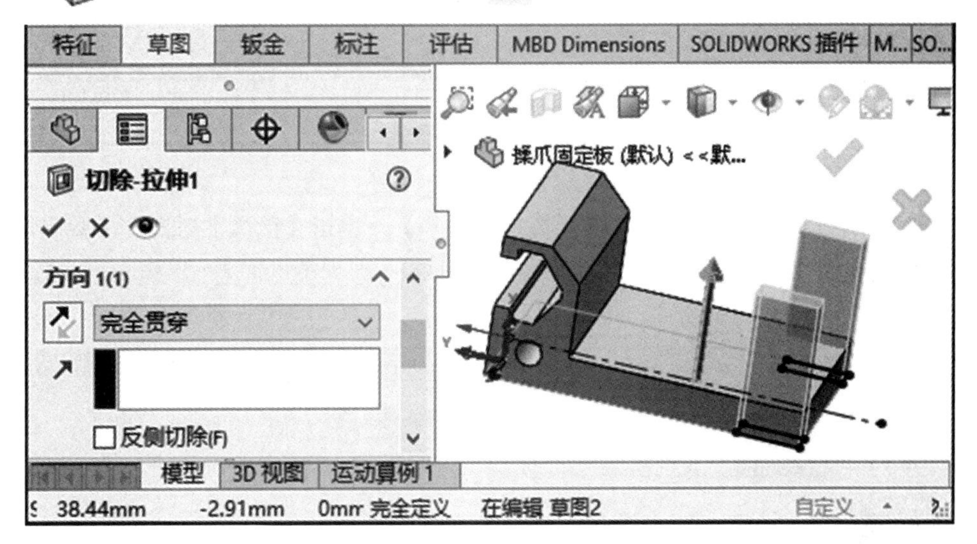

图 4-128　柔爪固定板拉伸切除操作 1

Step3　单击【草图】→系统切换【草图选项卡】→单击【草图绘制 】→选择【零件侧面】为绘制平面→绘制切除轮廓→单击【退出草图 】。拉伸切除操作草图如图 4-129 所示。

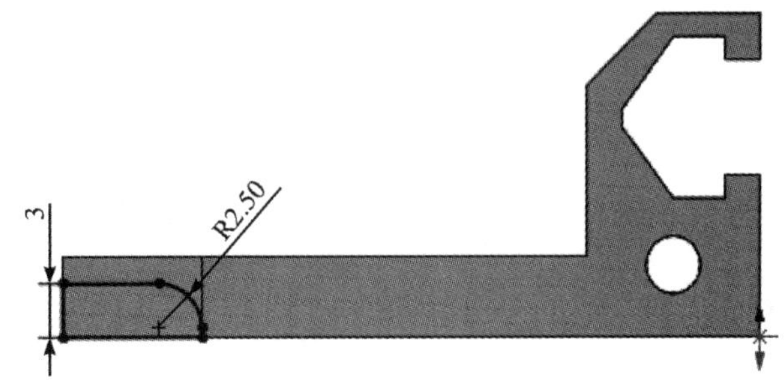

图 4-129　柔爪固定板拉伸切除操作草图(尺寸单位：mm)

Step4　单击【特征】→系统切换【特征选项卡】→选择 Step3 绘制的草图→单击【拉伸切除 】→选择【给定深度】1.50 mm→单击【 】完成，如图 4-130 所示。

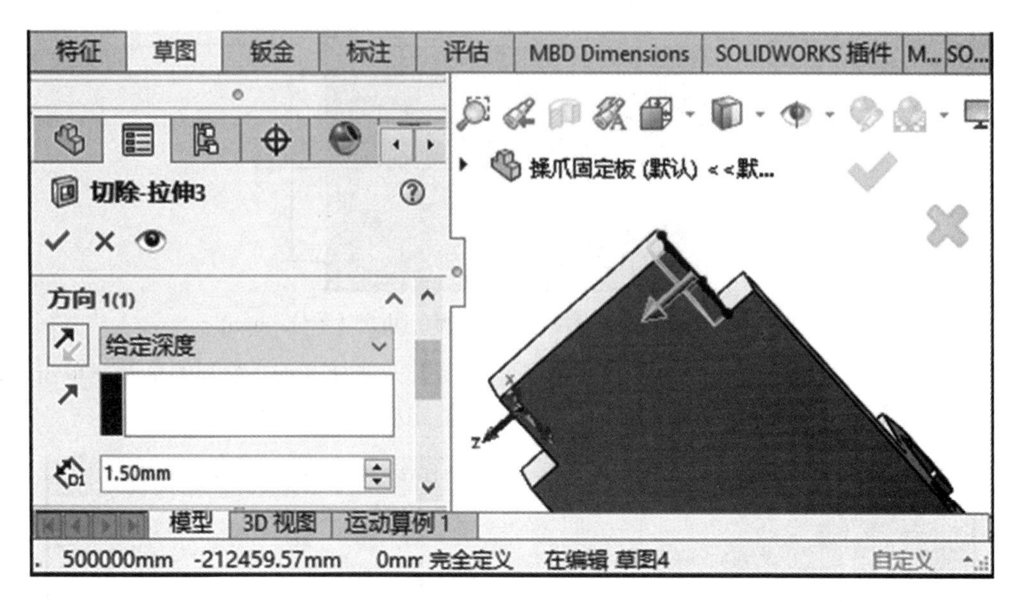

图 4-130 柔爪固定板拉伸切除操作 2

Step5 单击【特征】→系统切换【特征选项卡】→单击【镜像 】→【要镜像的特征】选择 Step4 创建的拉伸切除操作→【基准面】选择【前视基准面】→单击【 ✓ 】完成，如图 4-131 所示。

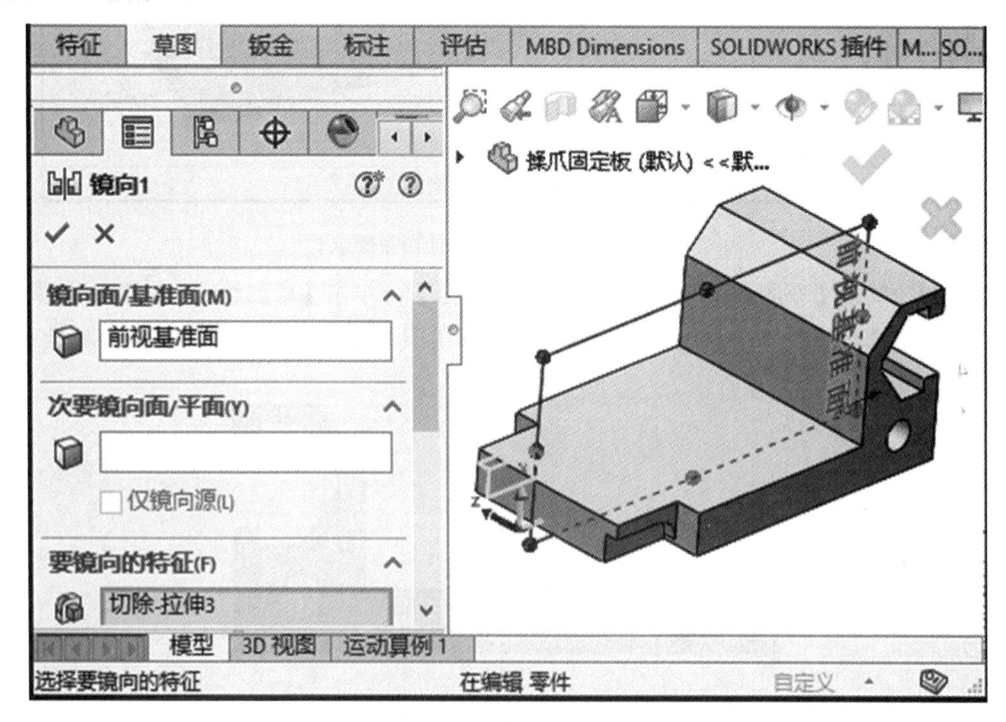

图 4-131 镜像拉伸切除操作

Step6 单击【圆角 】→选择倒圆边→输入【圆角参数】0.20 mm→单击【 ✓ 】完成，如图 4-132 所示。

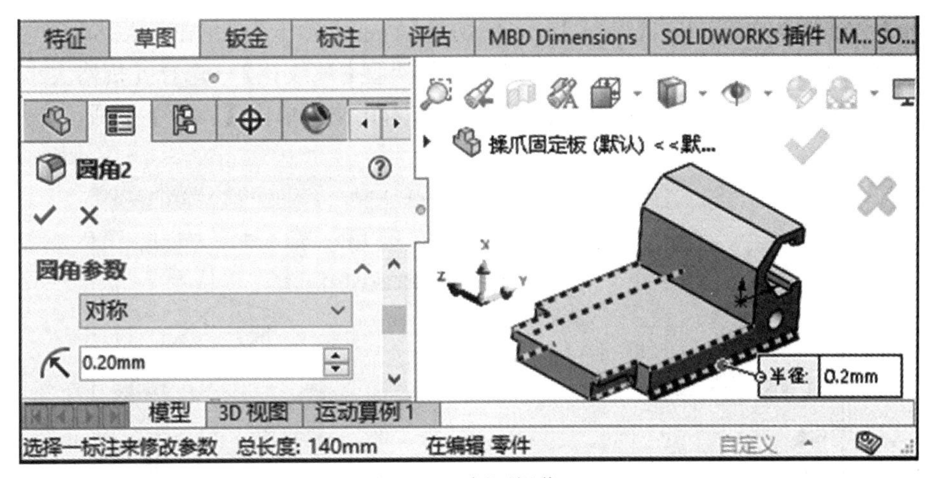

图 4-132　倒圆操作 1

Step7　单击【圆角 】→选择倒圆边→输入【圆角参数】0.20 mm→单击【 】完成，如图 4-133 所示。

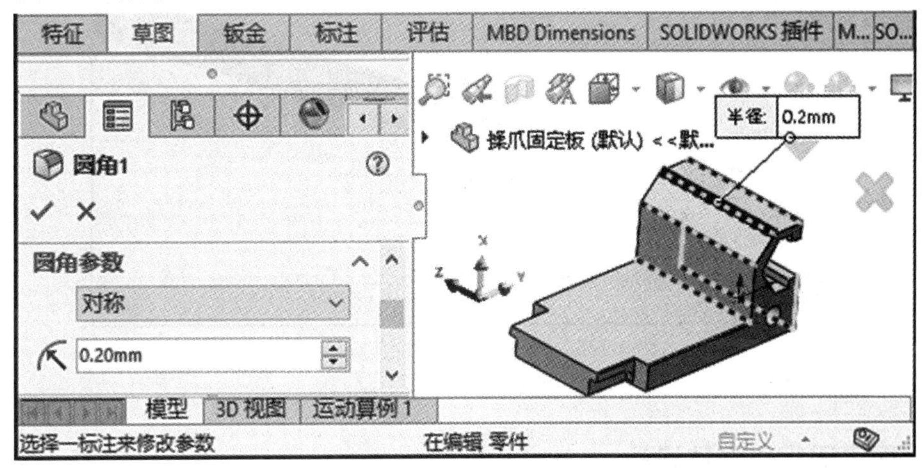

图 4-133　倒圆操作 2

4) 绘制螺纹孔

Step1　单击【草图】→系统切换【草图选项卡】→单击【草图绘制 】→选择【零件顶面】为绘制平面→绘制孔的点位→单击【退出草图 】。M3 螺纹孔位草图如图 4-134 所示。

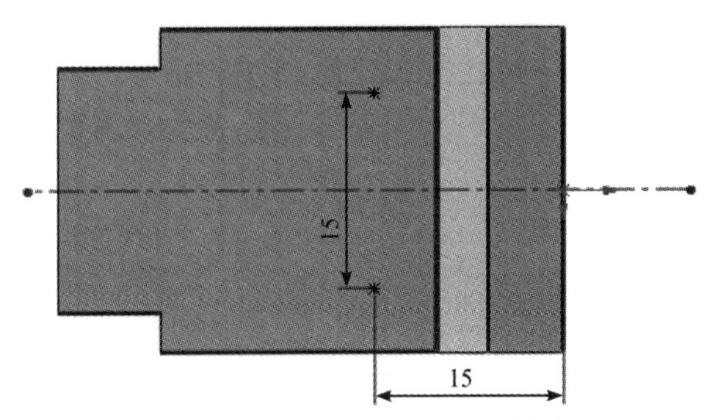

图 4-134　M3 螺纹孔位草图(尺寸单位：mm)

Step2 创建螺纹孔。单击【特征】→系统切换【特征选项卡】→单击【异型孔向导 】→单击【直螺纹孔 】→选择标准【ISO】→选择类型【螺纹孔】→选择孔规格大小【M3】→单击【位置 】→选择 Step1 绘制的草图点作为孔位→单击【 】完成，如图 4-135 所示。

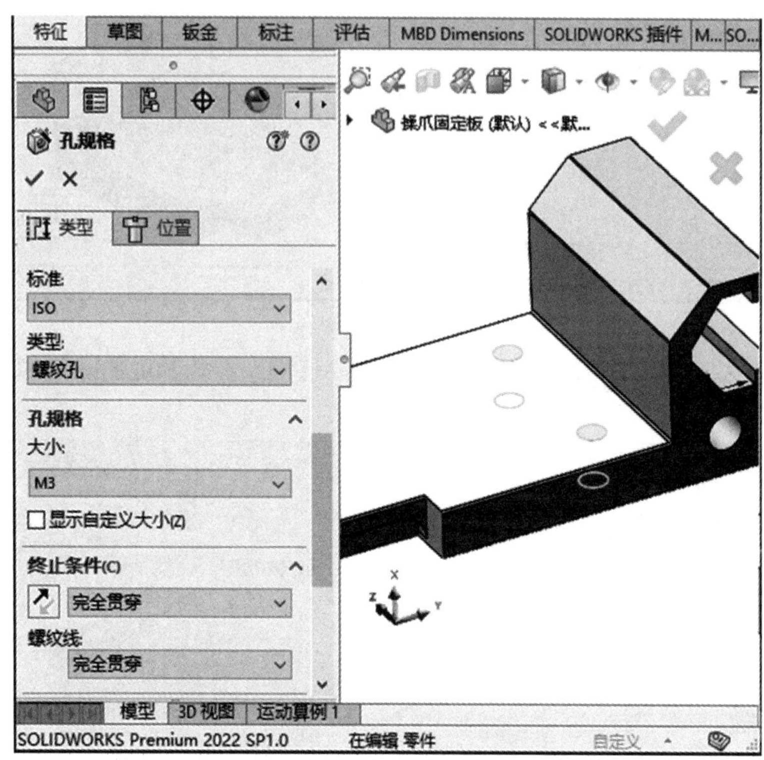

图 4-135 通过孔规格功能生成螺纹孔

至此，完成了零件柔爪固定板的创建。

4.3.3 柔爪固定壳零件设计

1. 柔爪固定壳零件工程图

根据图纸，用 SOLIDWORKS 造型的步骤为：拉伸零件主体→拉伸切除多余部分→创建孔→完成零件绘制。柔爪固定壳工程图如图 4-136 所示。

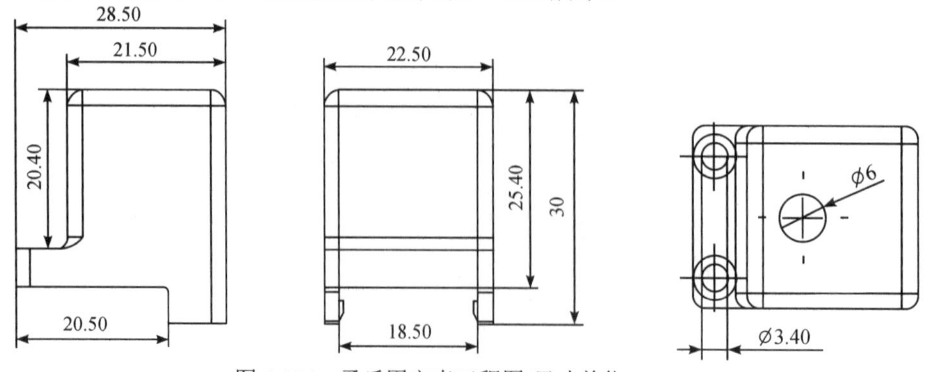

图 4-136 柔爪固定壳工程图(尺寸单位：mm)

2. 绘制柔爪固定壳

1) 创建零件工程

打开软件【SOLIDWORKS 2022】→单击【新建 】创建工程→系统弹出【新建 SOLIDWORKS 文件】→鼠标单击【零件图标 】→单击【确定】完成零件工程创建。

2) 拉伸零件主体

Step1 单击【草图】→系统切换【草图选项卡】→单击【草图绘制 】→选择【上视基准面】为绘制平面→使用【草图工具】绘制拉伸轮廓→完成后单击【退出草图 】。柔爪固定壳轮廓草图如图 4-137 所示。

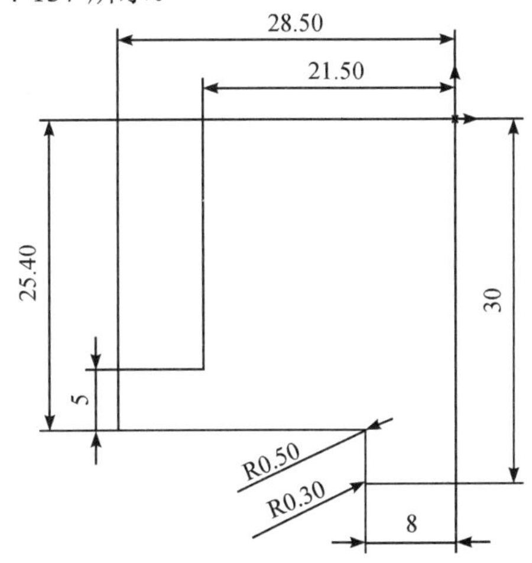

图 4-137　柔爪固定壳轮廓草图(尺寸单位：mm)

Step2 单击【特征】→系统切换【特征选项卡】→在导航栏内，选择 Step1 绘制的草图→单击【拉伸凸台 】→输入【两侧对称】22.50 mm→单击【 】完成，如图 4-138 所示。

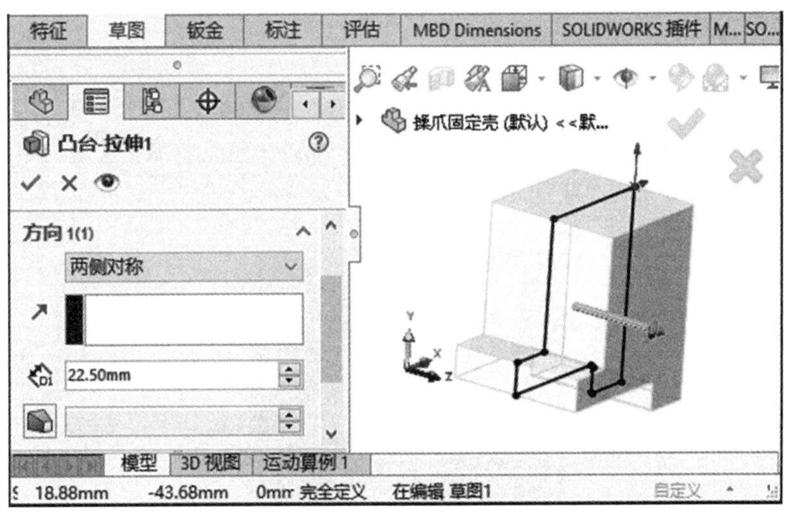

图 4-138　零件主体拉伸操作

Step3 单击【圆角 1 】→选择倒圆边→输入【圆角参数】2.00 mm→单击【 】完成，如图 4-139 所示。

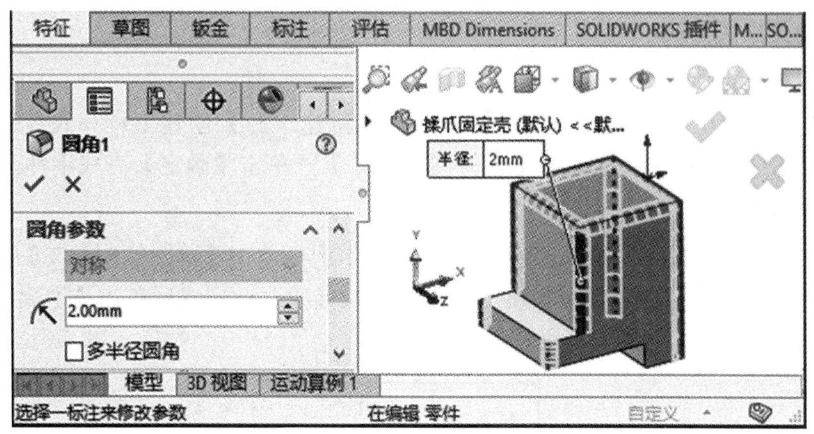

图 4-139　倒圆操作 1

Step4　单击【圆角 3 】→选择倒圆边→输入【圆角参数】1.50 mm→单击【 】完成，如图 4-140 所示。

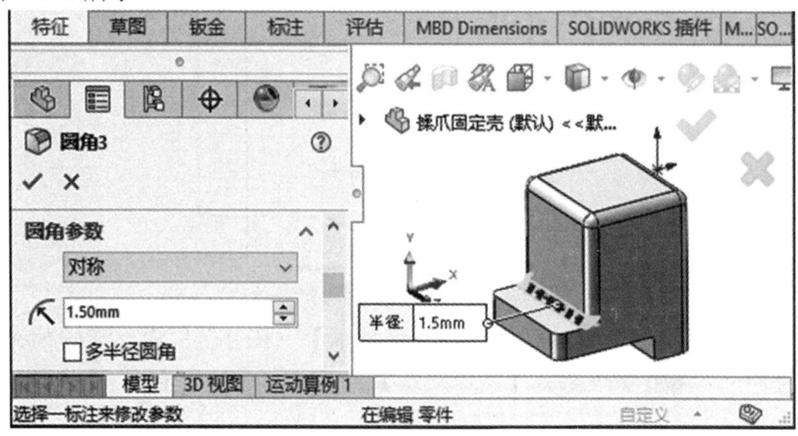

图 4-140　倒圆操作 2

3) 拉伸切除多余部分

Step1　单击【草图】→系统切换【草图选项卡】→单击【草图绘制 】→选择【零件底面】为绘制平面→使用【草图工具】绘制拉伸轮廓→完成后单击【退出草图 】。壳体底面拉伸切除草图如图 4-141 所示。

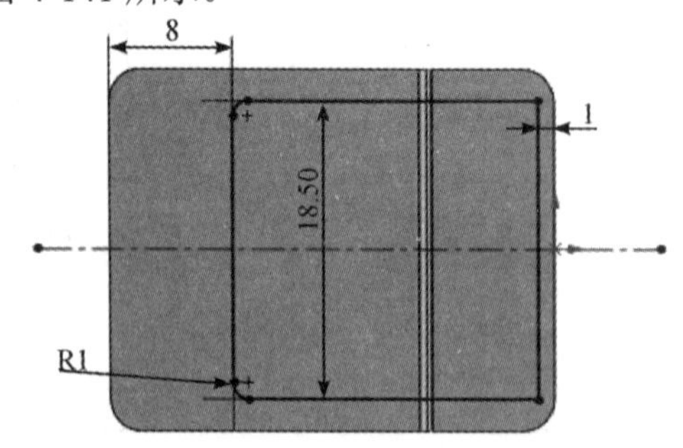

图 4-141　壳体底面拉伸切除草图(尺寸单位：mm)

Step2　单击【特征】→系统切换【特征选项卡】→选择 Step1 绘制的草图→单击【拉伸切除 】→输入【给定深度】25.50 mm→单击【 】完成，如图 4-142 所示。

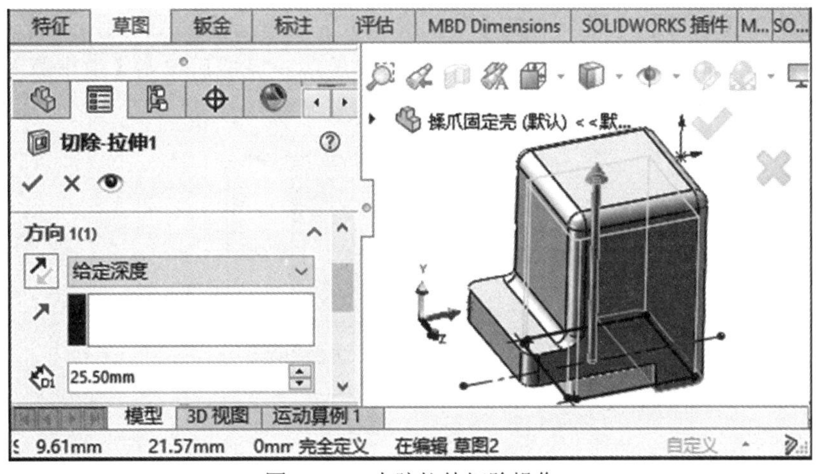

图 4-142　内腔拉伸切除操作

Step3　单击【草图】→系统切换【草图选项卡】→单击【草图绘制 】→选择【零件后面】为绘制平面→使用【草图工具】绘制拉伸轮廓→完成后单击【退出草图 】。壳体后面拉伸切除草图如图 4-143 所示。

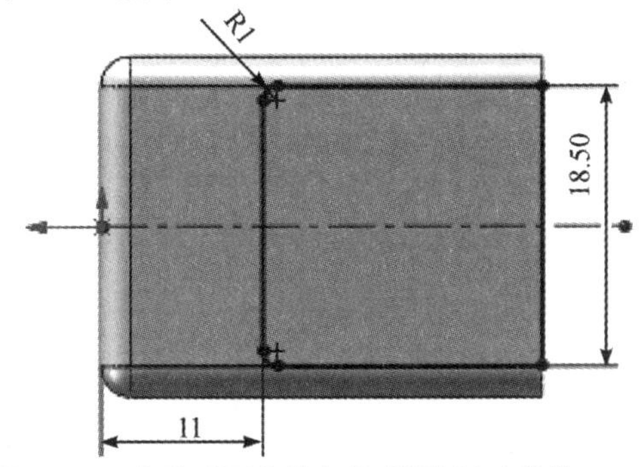

图 4-143　壳体后面拉伸切除草图(尺寸单位：mm)

Step4　单击【特征】→系统切换【特征选项卡】→选择 Step3 绘制的草图→单击【拉伸切除 】→输入【给定深度】2.00 mm→单击【 】完成，如图 4-144 所示。、

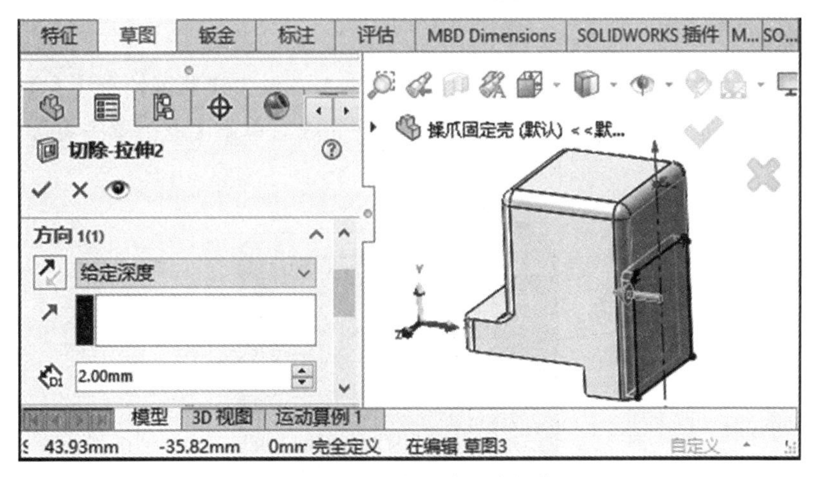

图 4-144　后壳拉伸切除操作

Step5 单击【草图】→系统切换【草图选项卡】→单击【草图绘制 】→选择【零件后面】为绘制平面→使用【草图工具】绘制拉伸轮廓→完成后单击【退出草图 】。滑扣草图如图 4-145 所示。

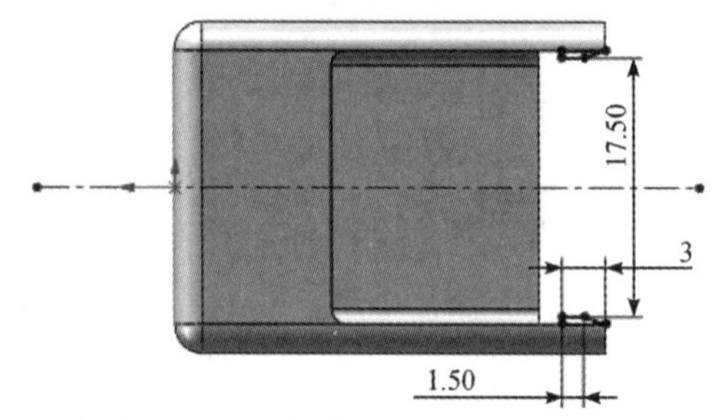

图 4-145　滑扣草图(尺寸单位：mm)

Step6 单击【特征】→系统切换【特征选项卡】→在导航栏内，选择 Step5 绘制的草图→单击【拉伸凸台 】→输入【给定深度】6.00 mm→单击【 】完成，如图 4-146 所示。

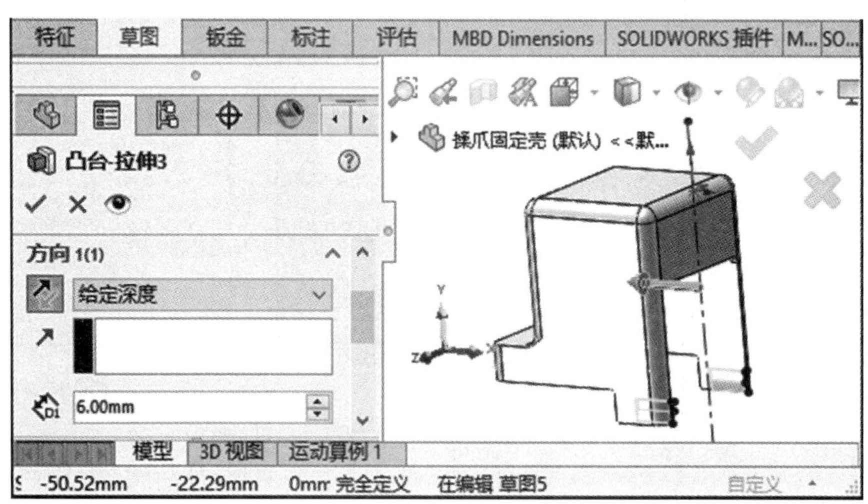

图 4-146　滑扣拉伸操作

4) 创建孔

Step1 单击【草图】→系统切换【草图选项卡】→单击【草图绘制 】→选择【零件顶面】为绘制平面→使用【草图工具】绘制圆→完成后单击【退出草图 】。过孔草图如图 4-147 所示。

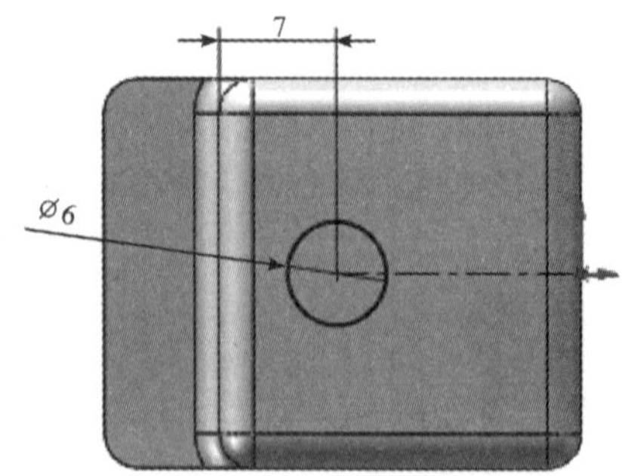

图 4-147　过孔草图(尺寸单位：mm)

Step2　单击【特征】→系统切换【特征选项卡】→选择 Step1 绘制的草图→单击【拉伸切除 】→选择【成形到一面】→选择边框颜色为粉色所在面→单击【 】完成，如图 4-148 所示。

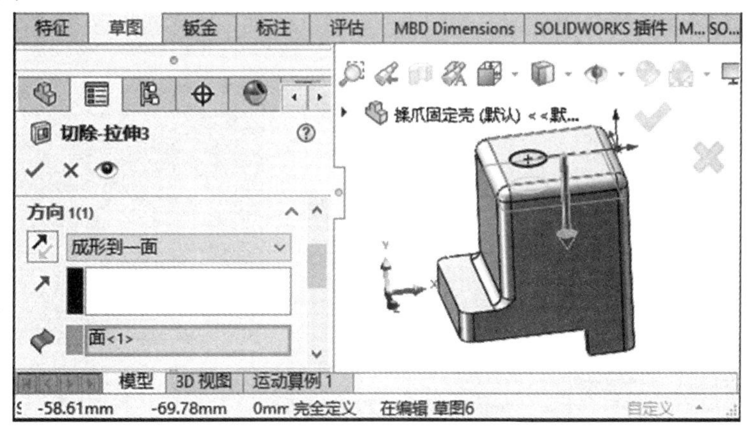

图 4-148　过孔拉伸切除操作

Step3　单击【草图】→系统切换【草图选项卡】→单击【草图绘制 】→选择【零件内部底面】为绘制平面→使用【草图工具】绘制草图轮廓→完成后单击【退出草图 】。气孔螺母沉孔草图如图 4-149 所示。

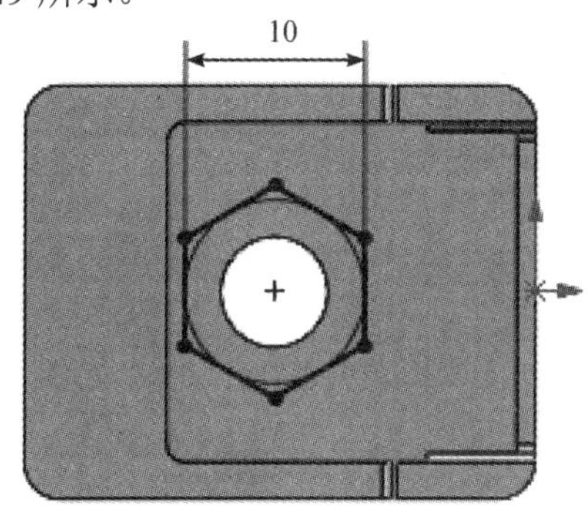

图 4-149　气孔螺母沉孔草图(尺寸单位：mm)

Step4　单击【特征】→系统切换【特征选项卡】→选择 Step3 绘制的草图→单击【切除拉伸 】→输入【给定深度】2.00 mm→单击【 】完成，如图 4-150 所示。

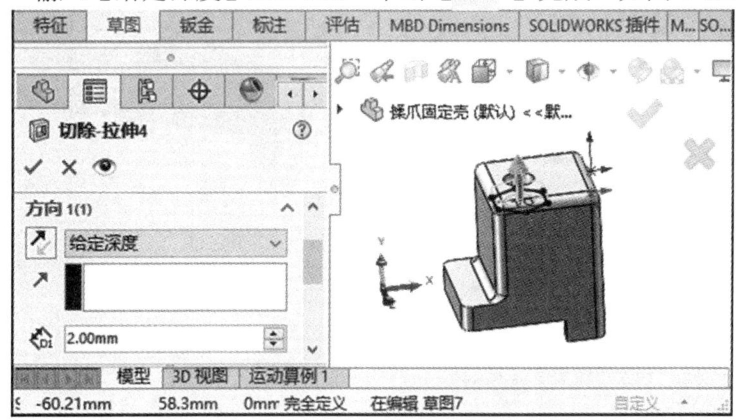

图 4-150　气孔螺母沉孔拉伸操作

Step5.1 单击【特征】→系统切换【特征选项卡】→单击【异型孔向导 】→单击【位置 】→使用【草图工具】在线绘制孔位，如图 4-151 所示。

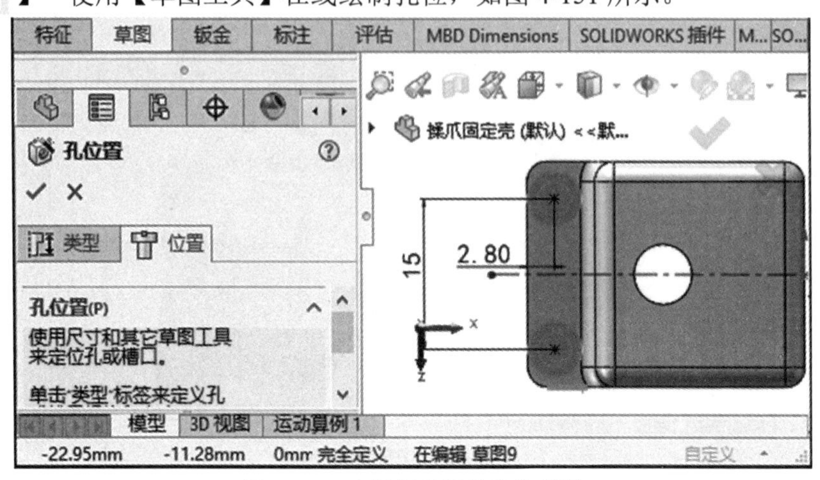

图 4-151　在线创建螺纹孔位草图

Step5.2 单击【异型孔向导 】→单击【直螺纹孔 】→选择标准【ISO】→选择类型【螺纹孔】→选择孔规格大小【M3】→单击【 】完成，如图 4-152 所示。

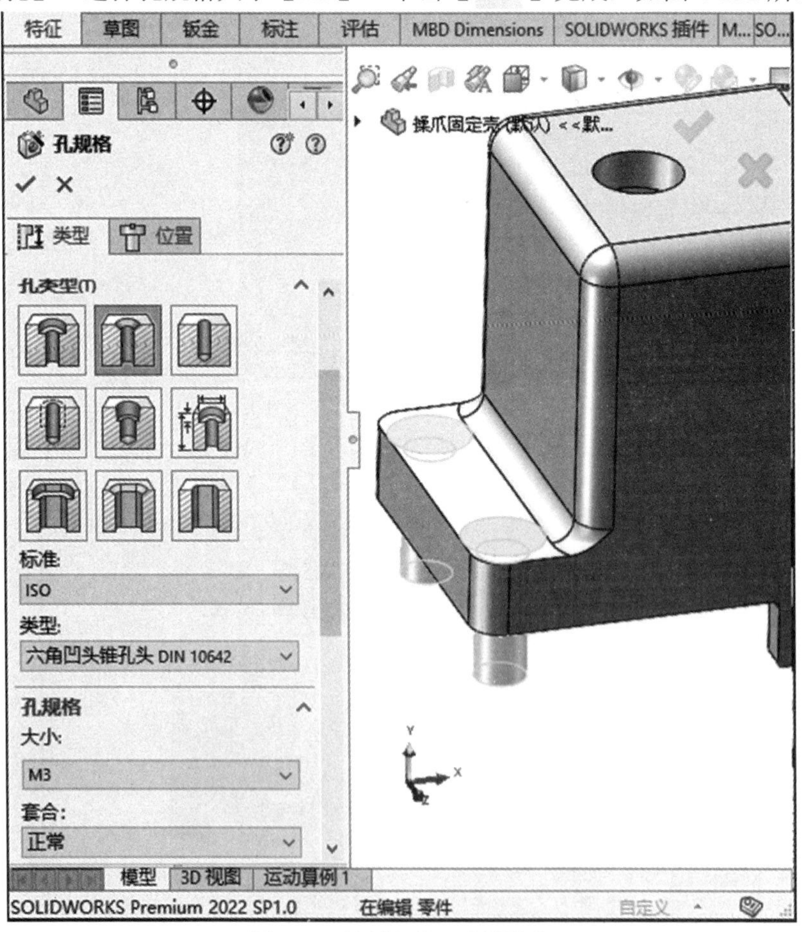

图 4-152 绘制六角凹头锥孔头

至此，完成了柔爪固定壳的绘制，柔爪固定壳效果图如图 4-153 所示。

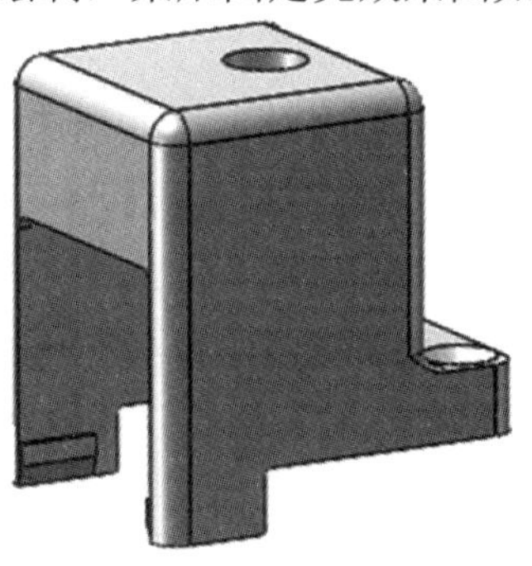

图 4-153　柔爪固定壳效果图

4.3.4　柔爪基体零件设计

1. 柔爪基体零件工程图

根据图纸，用 SOLIDWORKS 造型的步骤为：拉伸零件主体→拉伸切除多余部分→绘制螺纹孔→完成零件绘制。柔爪基体零件图如图 4-154 所示。

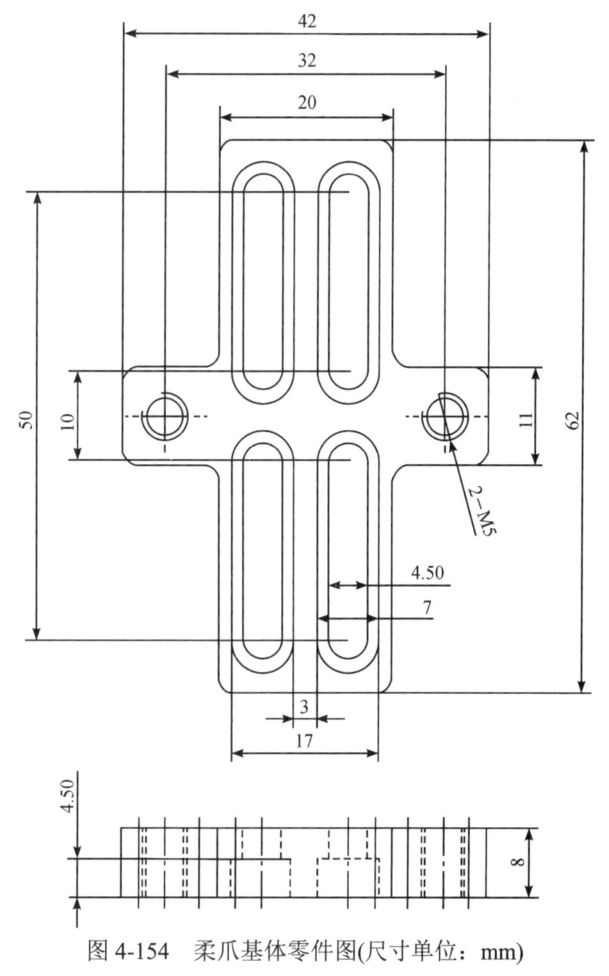

图 4-154　柔爪基体零件图(尺寸单位：mm)

2. 绘制柔爪基体

1) 创建零件工程

打开软件【SOLIDWORKS 2022】→单击【新建 】创建工程→系统弹出【新建SOLIDWORKS 文件】→鼠标单击【零件图标 】→单击【确定】完成零件工程创建。

2) 拉伸零件主体

Step1 单击【草图】→系统切换【草图选项卡】→单击【草图绘制 】→选择【上视基准面】为绘制平面→使用【草图工具】绘制拉伸轮廓→完成后单击【退出草图 】。柔爪基体轮廓草图如图 4-155 所示。

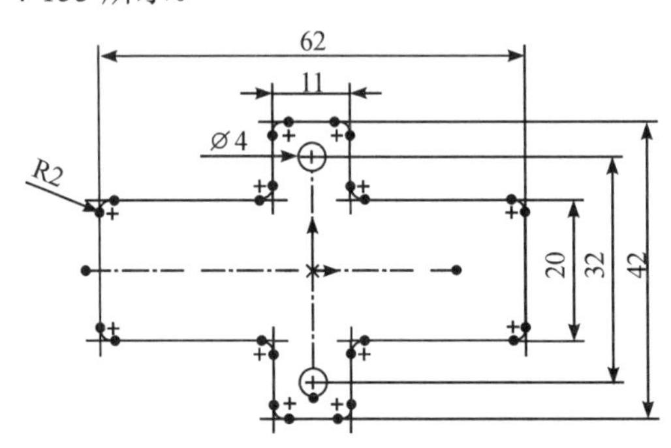

图 4-155　柔爪基体轮廓草图(尺寸单位：mm)

Step2 单击【特征】→系统切换【特征选项卡】→在导航栏内，选择 Sep1 绘制的草图→单击【拉伸凸台 】→输入【给定深度】8.00 mm→单击【 】完成，如图 4-156 所示。

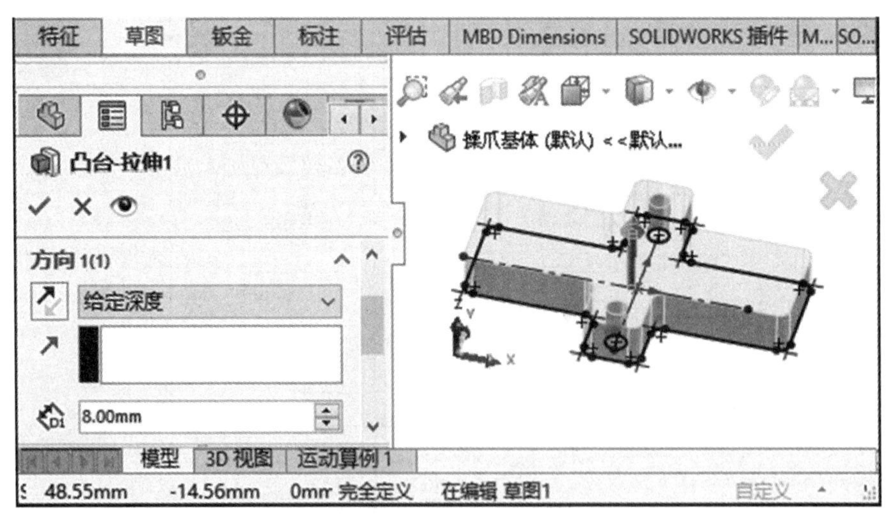

图 4-156　柔爪基体零件拉伸操作

3) 切除多余部分

Step1 单击【草图】→系统切换【草图选项卡】→单击【草图绘制 】→选择【零件顶面】为绘制平面→使用【草图工具】绘制拉伸轮廓→完成后单击【退出草图 】。柔爪基体零件拉伸切除轮廓草图如图 4-157 所示。

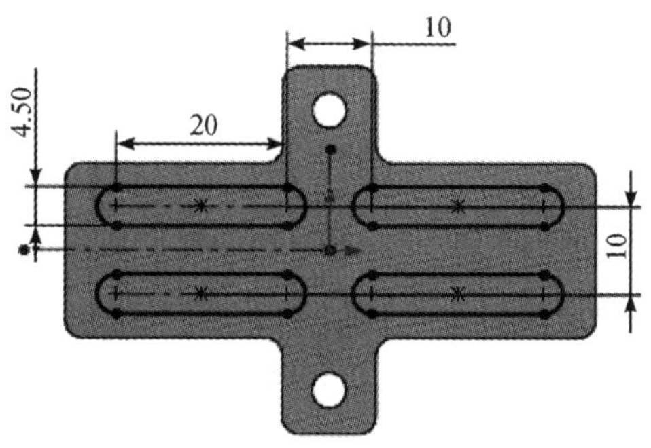

图 4-157　柔爪基体零件拉伸切除轮廓草图(尺寸单位：mm)

Step2　单击【特征】→系统切换【特征选项卡】→选择 Step1 绘制的草图→单击【拉伸切除 】→选择【完全贯穿】→单击【 】完成，如图 4-158 所示。

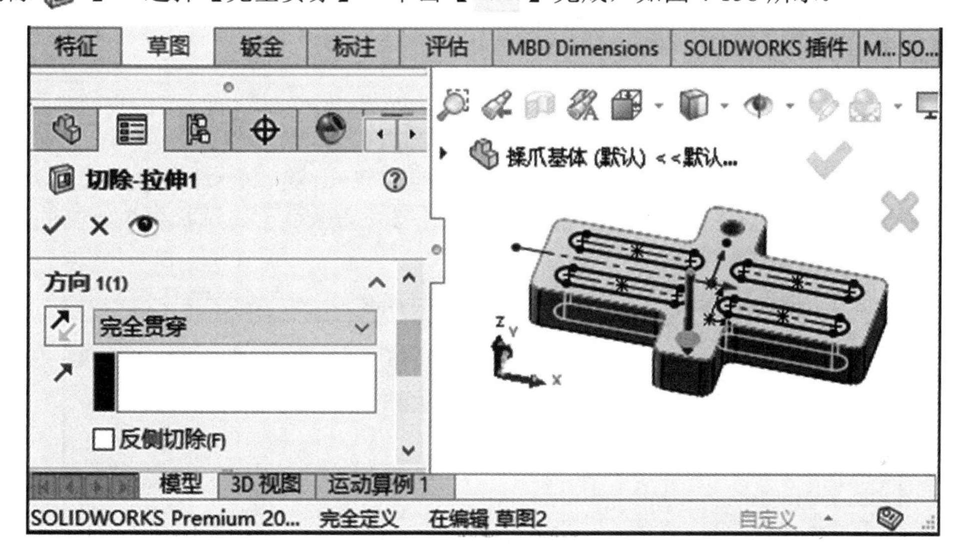

图 4-158　柔爪基体零件拉伸切除操作 1

Step3 单击【草图】→系统切换【草图选项卡】→单击【草图绘制 】→选择【零件顶面】为绘制平面→使用【草图工具】绘制拉伸轮廓→完成后单击【退出草图 】。拉伸切除草图如图 4-159 所示。

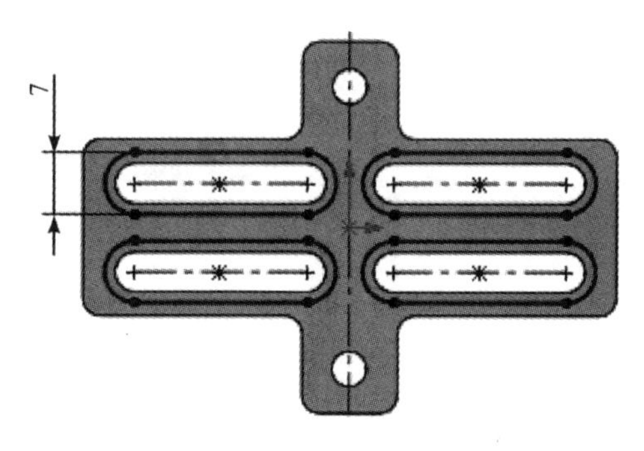

图 4-159　拉伸切除草图(尺寸单位：mm)

Step4　单击【特征】→系统切换【特征选项卡】→选择 Step3 绘制的草图→单击【拉伸切除 】→输入【给定深度】4.50 mm→单击【 】完成，如图 4-160 所示。

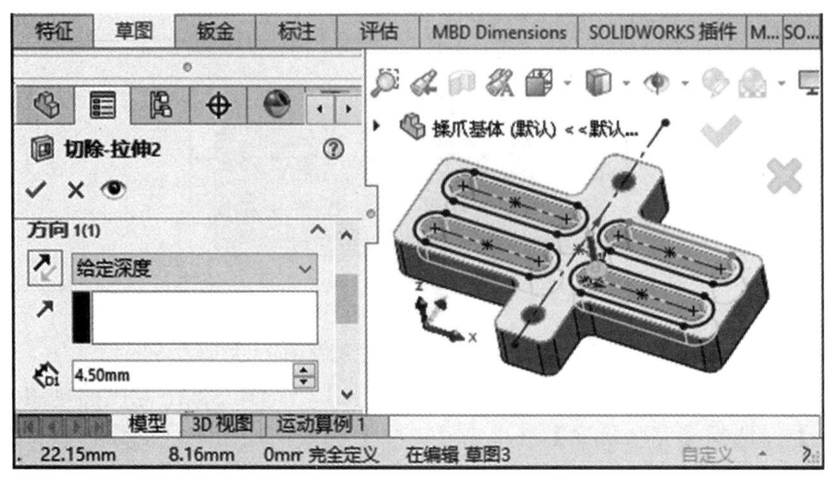

图 4-160　柔爪基体拉伸切除操作 2

4) 绘制螺纹孔

单击【特征】→系统切换【特征选项卡】→单击【异型孔向导】→单击【位置】→单击【3D 草图】→选择圆心作为孔位→单击【直螺纹孔】→选择标准【ISO】→选择类型【螺纹孔】→选择孔规格大小【M5】→单击【位置】→选择预先绘制的圆的边→单击【✓】完成，如图 4-161 所示。

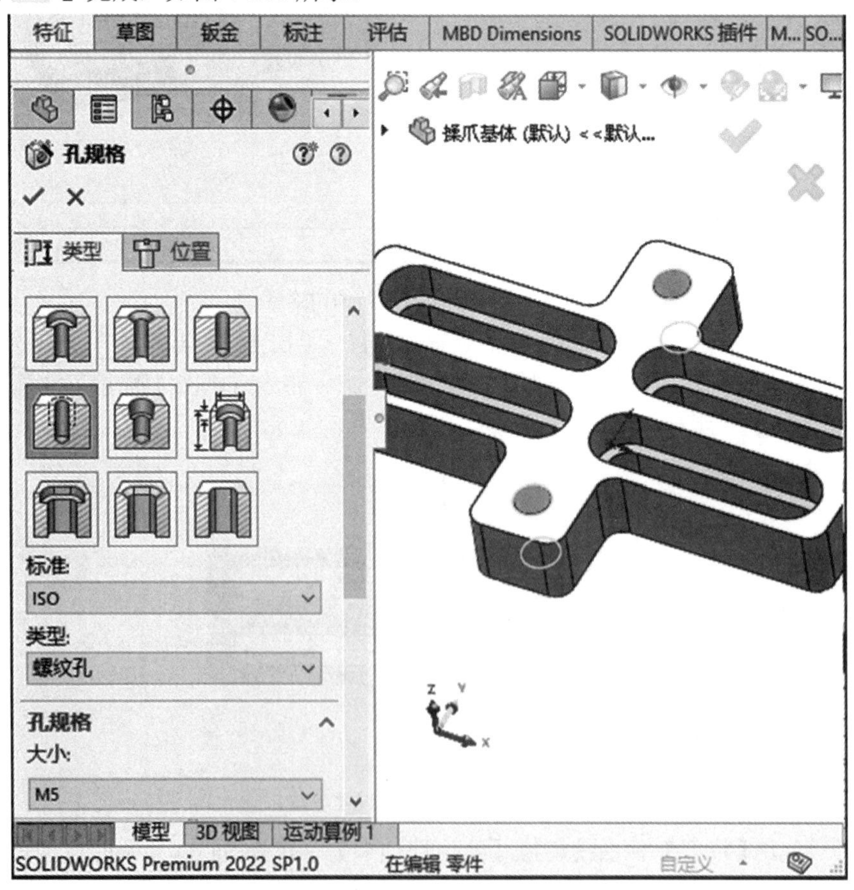

图 4-161　创建 M5 螺纹孔

至此，完成了柔爪基体的绘制，柔爪基体效果图如图4-162所示。

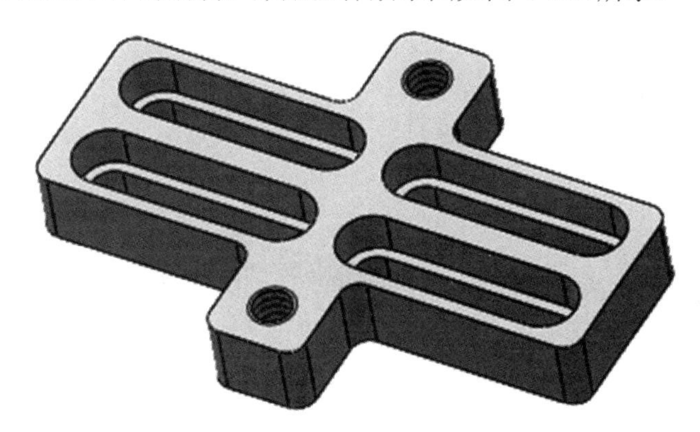

图4-162　柔爪基体效果图

4.3.5　机器人法兰盘等其他零件设计

1. 绘制机器人法兰盘1

1) 创建零件工程

打开软件【SOLIDWORKS 2022】→单击【新建】创建工程→系统弹出【新建SOLIDWORKS文件】→鼠标单击【零件图标】→单击【确定】完成零件工程创建。

2) 拉伸零件主体

Step1　单击【草图】→系统切换【草图选项卡】→单击【草图绘制】→选择【上视基准面】为绘制平面→绘制草图→单击【退出草图】完成。法兰盘1零件轮廓草图如图4-163所示。

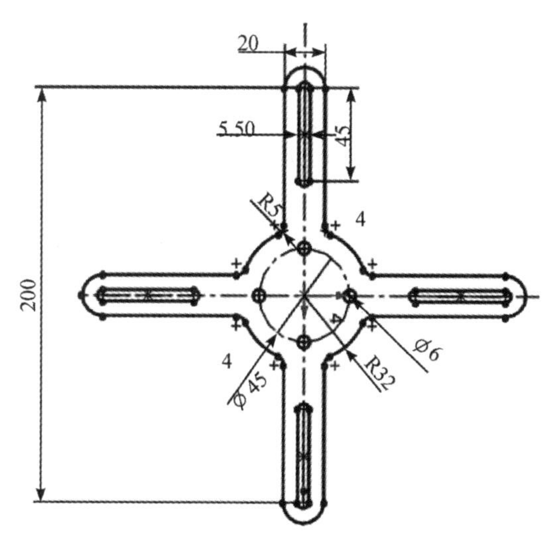

图4-163　法兰盘1零件轮廓草图(尺寸单位：mm)

Step2　单击【特征】→系统切换【特征选项卡】→选择Step1绘制的草图→单击【拉伸凸台】→输入【给定深度】4.00 mm→单击【 】完成，如图4-164所示。

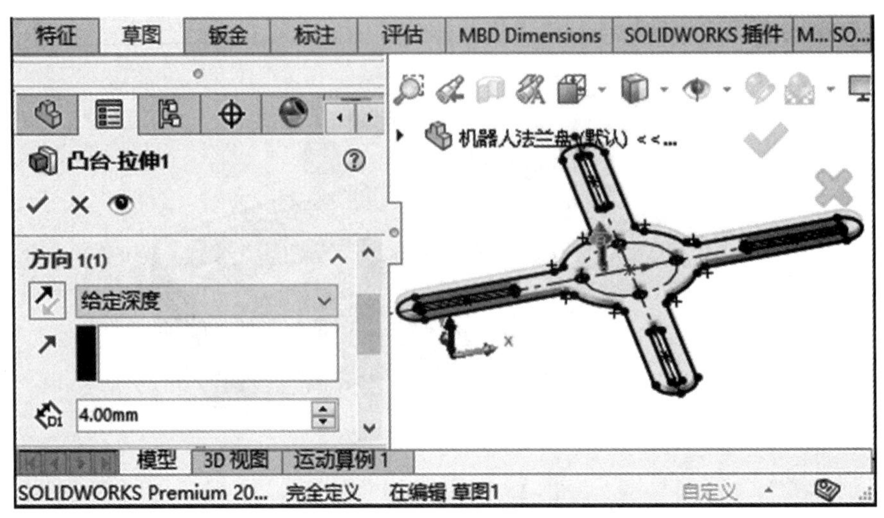

图 4-164 法兰盘 1 零件轮廓拉伸操作

至此，完成了机器人法兰盘 1 的绘制。

2. 绘制机器人法兰盘 2

1) 创建零件工程

打开软件【SOLIDWORKS 2022】→单击【新建 】创建工程→系统弹出【新建 SOLIDWORKS 文件】→鼠标单击【零件图标 】→单击【确定】完成零件工程创建。

2) 拉伸零件主体

Step1 单击【草图】→系统切换【草图选项卡】→单击【草图绘制 】→选择【上视基准面】为绘制平面→绘制草图→单击【退出草图 】完成。法兰盘 2 零件轮廓草图如图 4-165 所示。

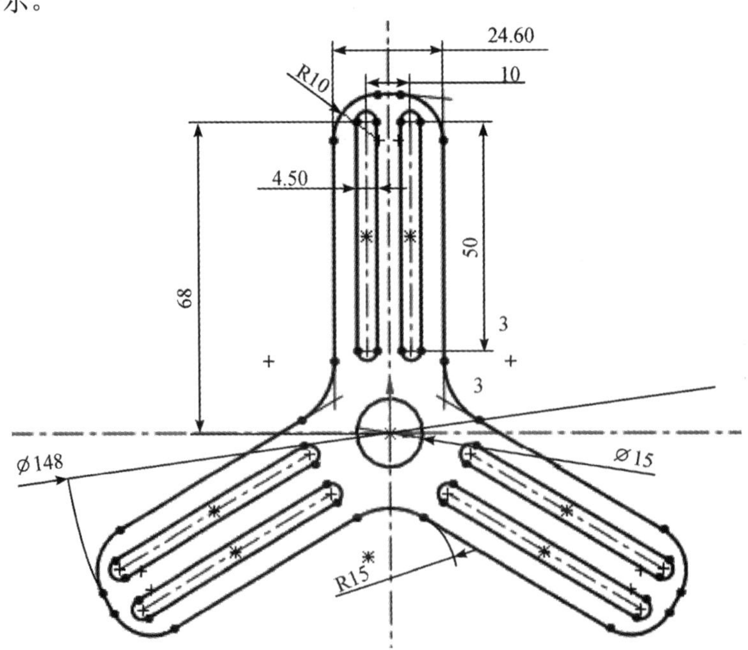

图 4-165 法兰盘 2 零件轮廓草图(尺寸单位：mm)

Step2　单击【特征】→系统切换【特征选项卡】→选择 Step1 绘制的草图→单击【拉伸凸台 】→输入【给定深度】10.00 mm→单击【 】完成，如图 4-166 所示。

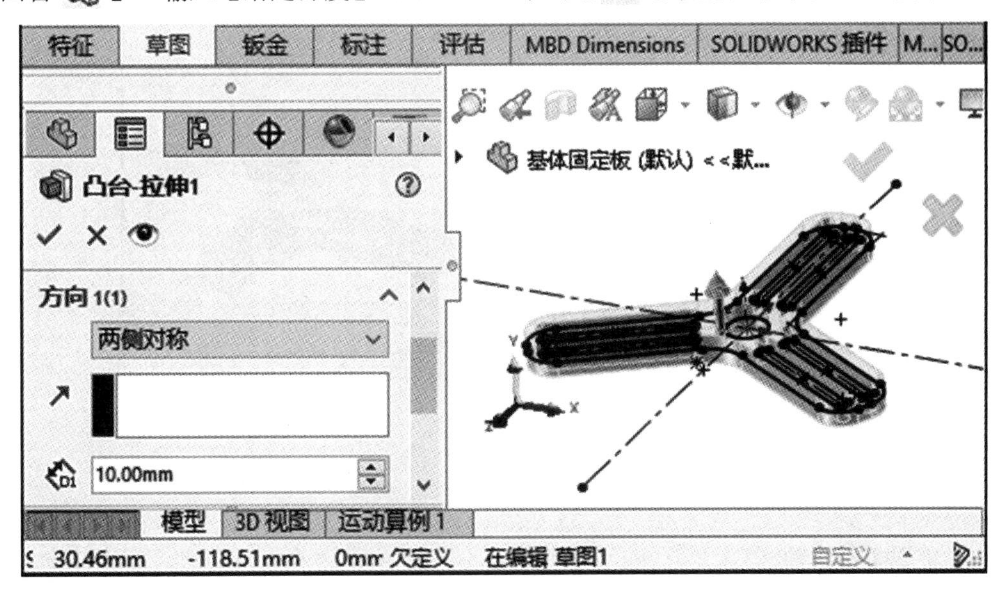

图 4-166　法兰盘 2 零件轮廓拉伸操作

3) 切除多余部分

Step1　单击【草图】→系统切换【草图选项卡】→单击【草图绘制 】→选择【零件顶面】为绘制平面→绘制草图→单击【退出草图 】完成。法兰盘 2 拉伸切除操作草图轮廓如图 4-167 所示。

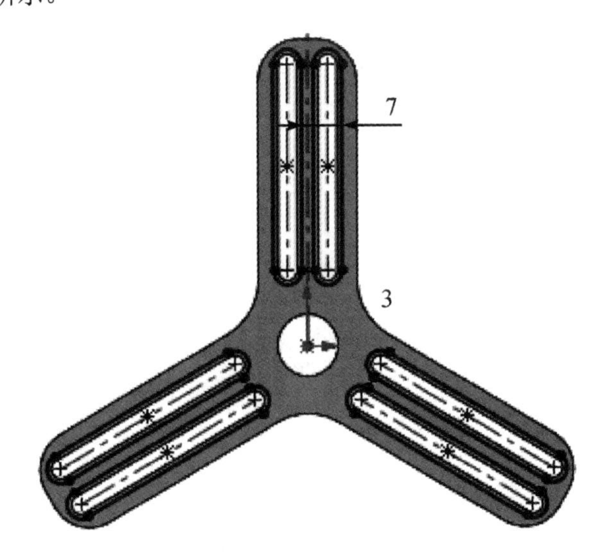

图 4-167　法兰盘 2 拉伸切除操作草图轮廓(尺寸单位：mm)

Step2　单击【特征】→系统切换【特征选项卡】→选择 Step1 绘制的草图→单击【拉伸切除 】→输入【给定深度】4.50 mm→单击【 】完成，如图 4-168 所示。

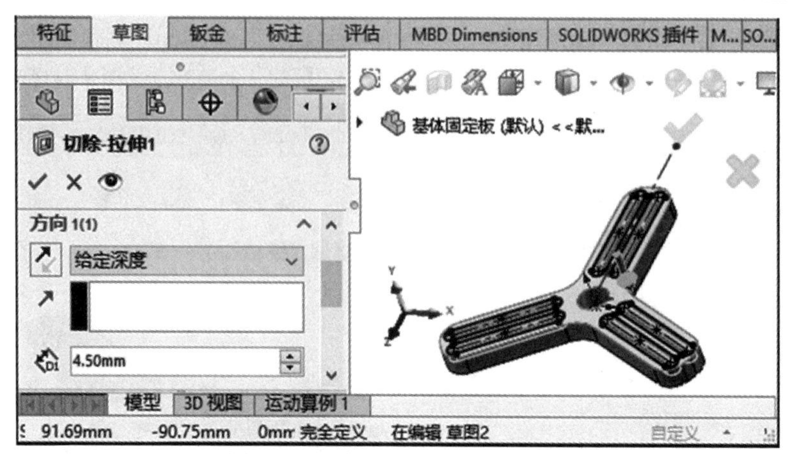

图 4-168 法兰盘 2 拉伸切除操作

至此，完成了机器人法兰盘 2 的绘制。

4.3.6 柔性夹爪零件装配

1. 装配柔爪组件

1) 创建装配图工程

打开软件【SOLIDWORKS 2022】→单击【新建 】创建工程→系统弹出【新建 SOLIDWORKS 文件】→鼠标单击【装配体图标 】→单击【确定】完成装配体工程创建。

2) 导入零件

单击【装配体】→系统切换【装配体选项卡】→单击【插入零部件 】→单击【浏览】→选择【柔爪基体】→单击【打开】→任意单击放置，完成柔爪基体的导入，同理，导入部分零件后，导入的所有零件一览如图 4-169 所示。

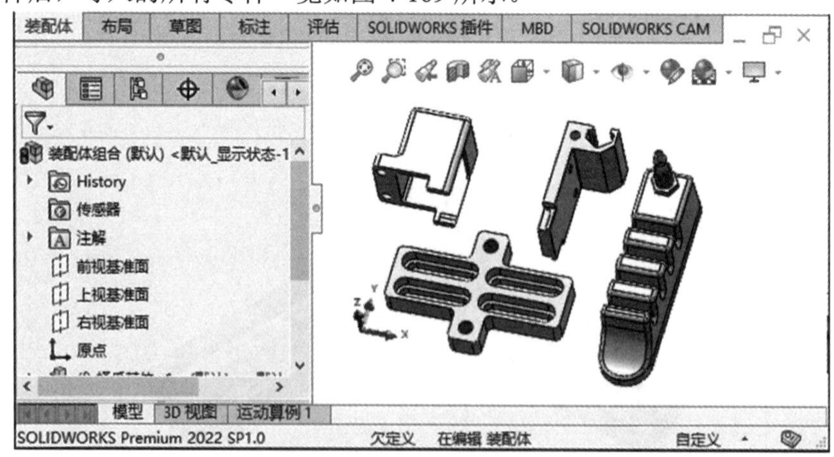

图 4-169 导入的所有零件一览

3) 定义装配关系

Step1 单击【配合 】→单击【标准】→选择【重合 】约束→根据各自的装配关系选择对象→单击【 】，完成单个柔爪组合体的装配约束→在导航栏内多选组合件，使用 Ctrl+C 进行复制，Ctrl+V 粘贴已组合好的组件。装配零件如图 4-170 所示。

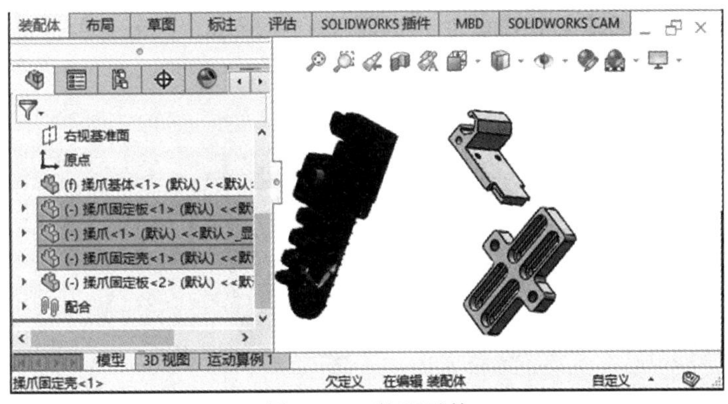

图 4-170　装配零件

Step2　单击【配合】→单击【高级】→配合类型选择【对称】→【对称基准面】选择【右视基准面】(注：此处根据自身情况进行更改) →配合面选择两个粉色高亮面→单击【 】完成，如图 4-171 所示。

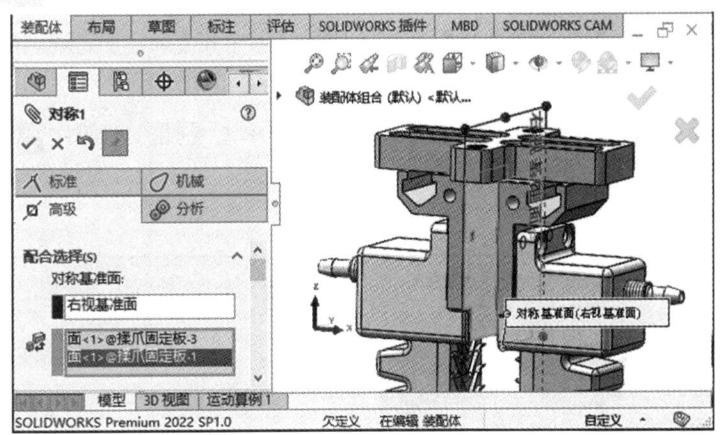

图 4-171　添加齿轮约束

Step3　单击【配合】→单击【高级】→配合类型选择【对称】→【对称基准面】选择【上视基准面】→配合面选择两个蓝色高亮面→单击【 】完成，配合后的夹爪成品如图 4-172 所示。

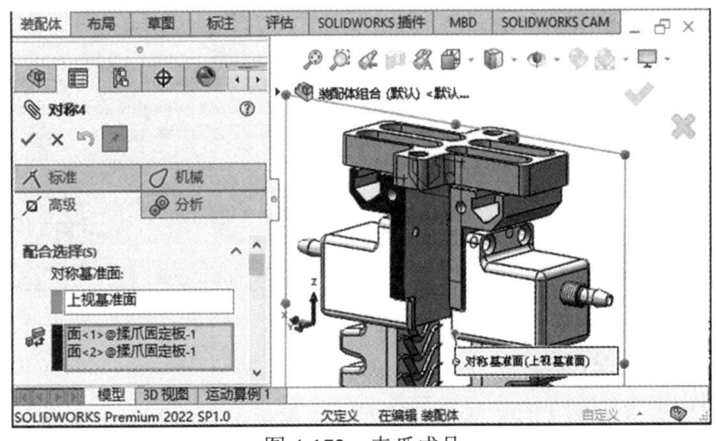

图 4-172　夹爪成品

至此，完成了单个柔爪组件的绘制，如图 4-173 所示。在配合中可灵活使用对称约束和宽度约束进行装配，使零件装配时居中对称。

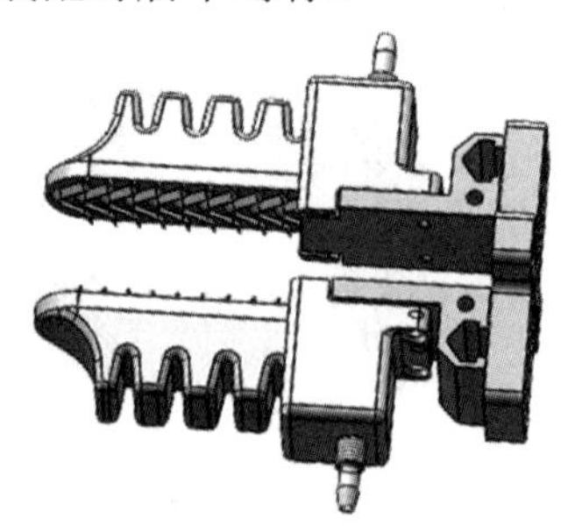

图 4-173　单个柔爪组件

2. 装配柔爪卡盘

1) 创建装配图工程

打开软件【SOLIDWORKS 2022】→单击【新建 】创建工程→系统弹出【新建 SOLIDWORKS 文件】→鼠标单击【装配体图标 】→单击【确定】完成装配体工程创建。

2) 导入零件

单击【装配体】→系统切换【装配体选项卡】→单击【插入零部件 】→单击【浏览】→选择【柔爪组件】→单击【打开】→任意单击放置，完成柔爪组件的导入，如图 4-174 所示。同理，导入所有需要的零件。

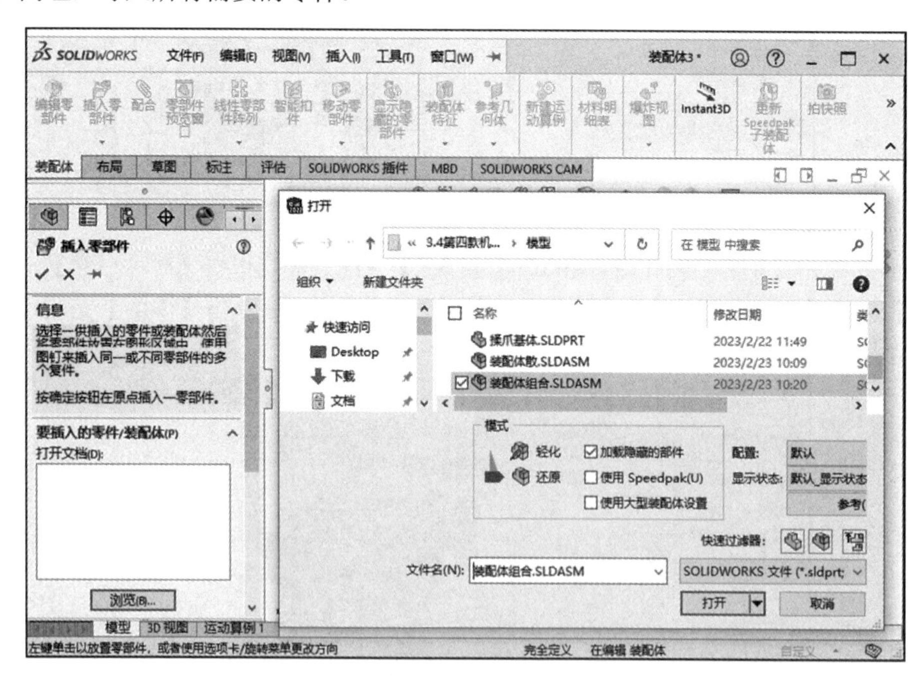

图 4-174　导入组件

3) 根据需求装配柔爪卡盘

三爪向心柔爪卡盘如图 4-175 所示、四爪离心柔爪卡盘如图 4-176 所示。注：可通过高级配合中的线性/线性耦合实现两个零部件之间的协调运动。

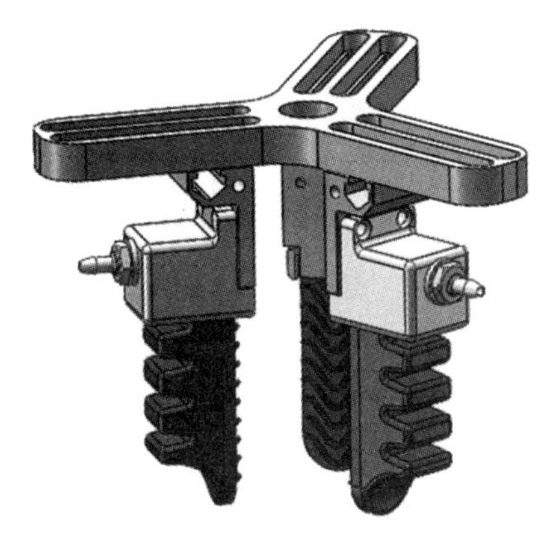

图 4-175　三爪向心柔爪卡盘

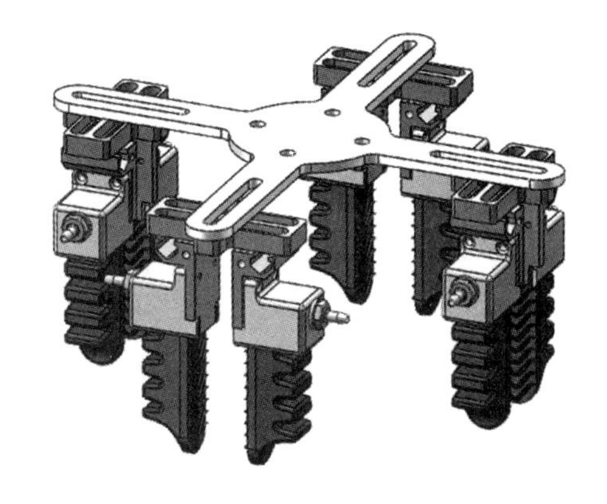

图 4-176　四爪离心柔爪卡盘

3. 柔爪夹指弯曲

为了实现柔爪的抓取和放置的动作姿态，需要进一步使用 SOLIDWORKS 弯曲命令来编辑。

Step1　找到插入选择【弯曲】命令，或在右上角搜索“弯曲”命令。

Step2　点击选择柔爪夹指，拖动“剪裁基准面 1”至弯曲开始端，并参考图 4-177 所示弯曲命令里的数据来修改三重轴参数，以确定弯曲面和弯曲方向。

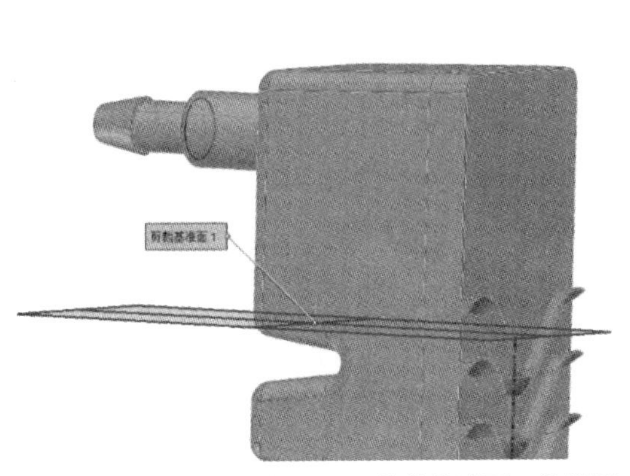

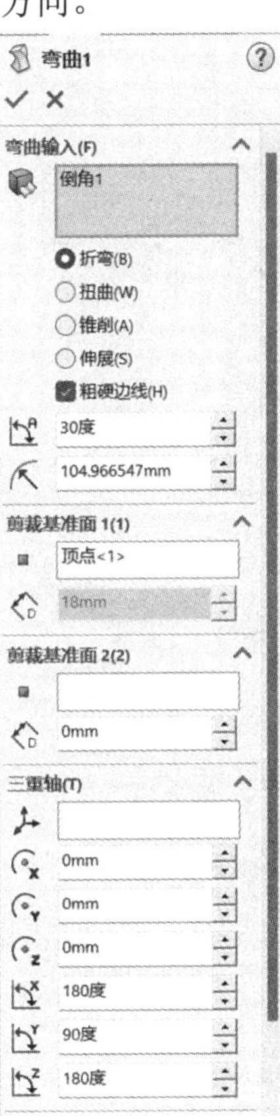

图 4-177　剪裁基准面 1 位置及三重轴数据

Step3 在弯曲命令里的修改角度 30° 或 -30° ，以实现夹指的抓取弯曲和放置弯曲，如图 4-178 所示。

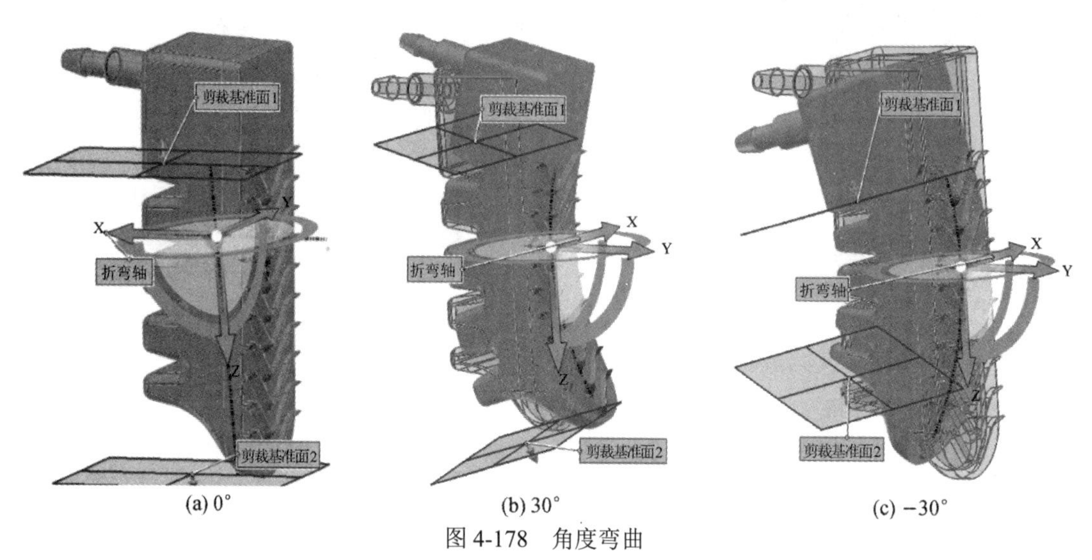

图 4-178　角度弯曲

Step4 完成装配，装配后二指柔爪、三指柔爪的抓取和放置动作姿态分别如图 4-179、图 4-180 所示。后期可把装配体另存为 *.IGS 文件。

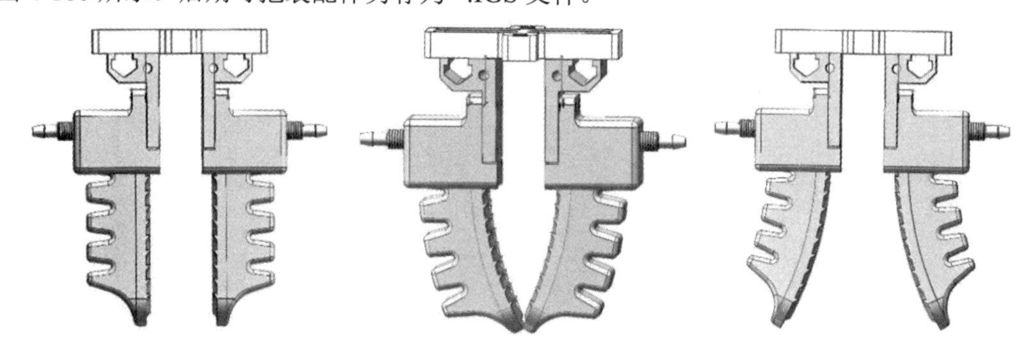

图 4-179　二指柔爪抓取和放置动作姿态

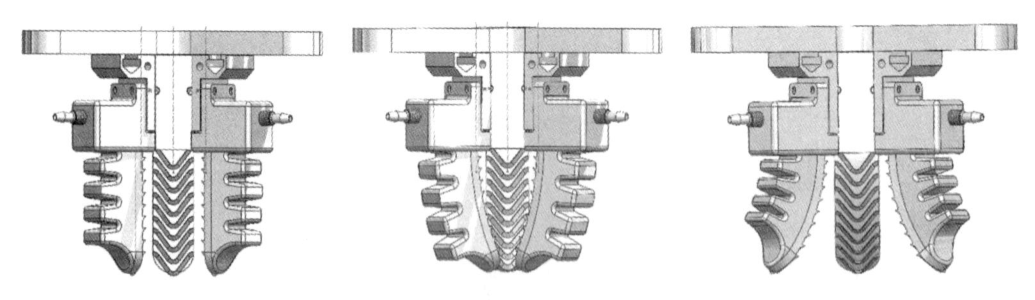

图 4-180　三指柔爪抓取和放置动作姿态

第5章　工业机器人工具应用设计

5.1　机械臂夹爪设计

如图 5-1 所示，为机械臂夹爪爆炸图，要求使用机械建模软件 SOLIDWORKS 进行绘制。具体要求如下：

(1) 根据提供的零件图，采用 SOLIDWORKS 完成各个零件的三维模型。

(2) 根据已完成的零件三维模型，采用 SOLIDWORKS 完成机械臂夹爪的装配。

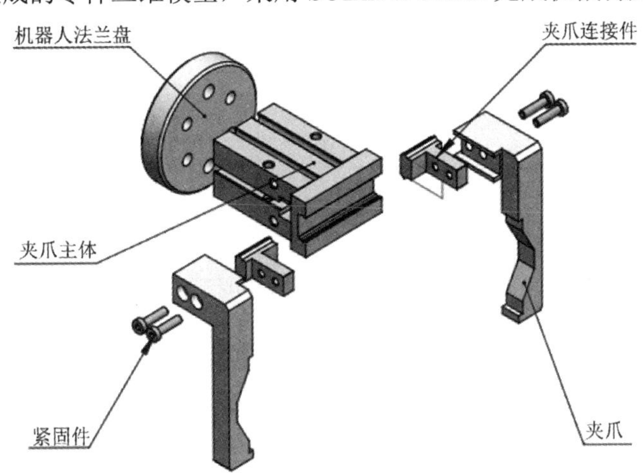

图 5-1　机械臂夹爪爆炸图

专业能力素养

- 能够知道机械臂夹爪的组成
- 能够了解机械臂夹爪的工作原理
- 能够使用 SOLIDWORKS 完成机械臂夹爪各个零件的建模
- 能够使用 SOLIDWORKS 完成机械臂夹爪的装配
- 能够了解夹爪的构成、使用方法及优缺点

任务与工作流程

首先根据任务要求及提供的零件图，使用 SOLIDWORKS 零件功能完成零件三维模型

的造型；然后根据已完成的零件三维模型，使用 SOLIDWORKS 装配体功能完成整套夹爪的装配。因此，我们可以将本任务分为五个部分进行。

- 夹爪主体零件设计
- 夹爪连接件设计
- 机器人法兰盘与夹爪零件设计
- 机械臂夹爪零件装配

5.1.1　夹爪主体零件设计

1. 夹爪主体零件工程图

根据图纸，使用 SOLIDWORKS 造型的步骤为：拉伸主体轮廓→拉伸切除侧面通孔及轮廓→绘制各种类型的孔→完成零件绘制。夹爪主体工程图如图 5-2 所示。

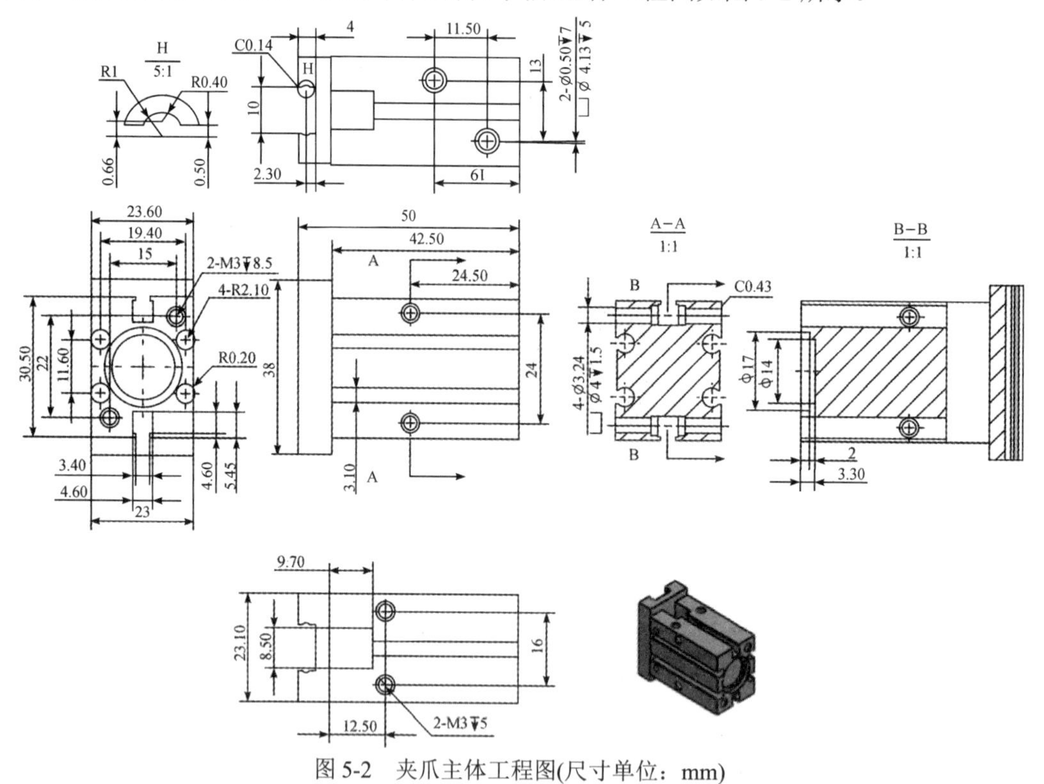

图 5-2　夹爪主体工程图(尺寸单位：mm)

2. 绘制夹爪主体

1) 创建零件工程

打开软件【SOLIDWORKS 2022】→单击【新建 】创建工程→系统弹出【新建 SOLIDWORKS 文件】→鼠标单击【零件图标 】→单击【确定】完成零件工程创建。

2) 拉伸主体

Step1　单击【草图】→系统切换【草图选项卡】→单击【草图绘制 】→选择【右视基准面】为绘制平面→绘制草图→完成后单击【退出草图 】。夹爪主体轮廓草图如图 5-3 所示。

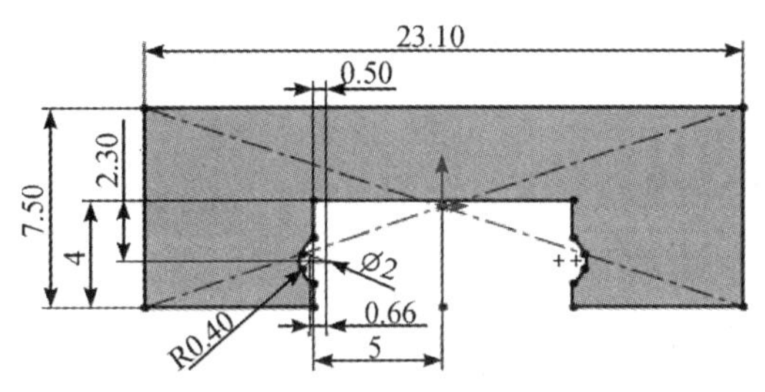

图 5-3　夹爪主体轮廓草图(尺寸单位：mm)

Step2　单击【特征】→系统切换【特征选项卡】→在导航栏内，选择 Step1 绘制的草图→单击【凸台-拉伸 】→输入【给定深度】38.00 mm→单击【 】完成，如图 5-4 所示。

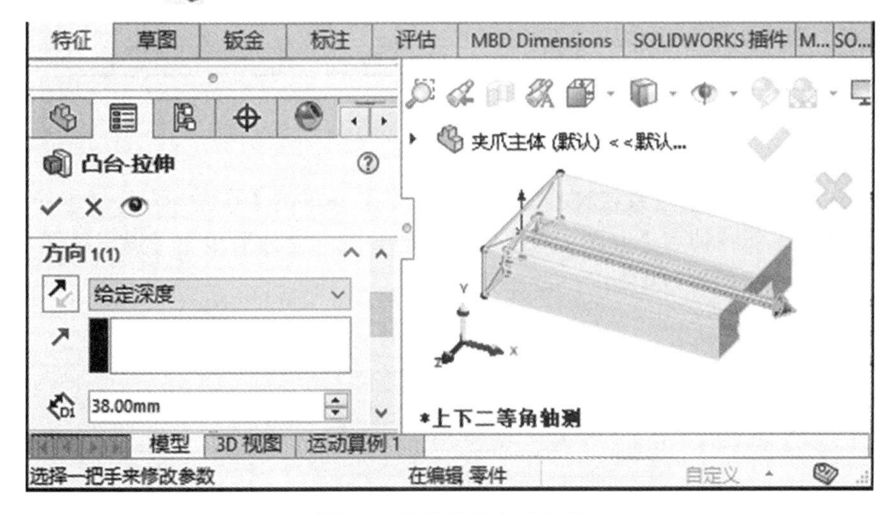

图 5-4　拉伸机械夹爪主体

Step3　单击【草图】→系统切换【草图选项卡】→单击【草图绘制 】→选择【零件顶面】为绘制平面→使用【草图工具】绘制拉伸轮廓→完成后单击【退出草图 】。拉伸轮廓草图如图 5-5 所示。

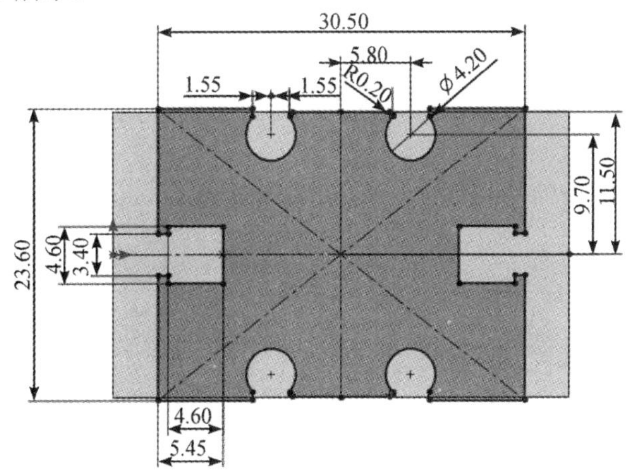

图 5-5　拉伸轮廓草图(尺寸单位：mm)

Step4 单击【特征】→系统切换【特征选项卡】→在导航栏内，选择 Step3 绘制的草图→单击【凸台-拉伸 】→输入【给定深度】42.50 mm→单击【 】完成，如图 5-6 所示。

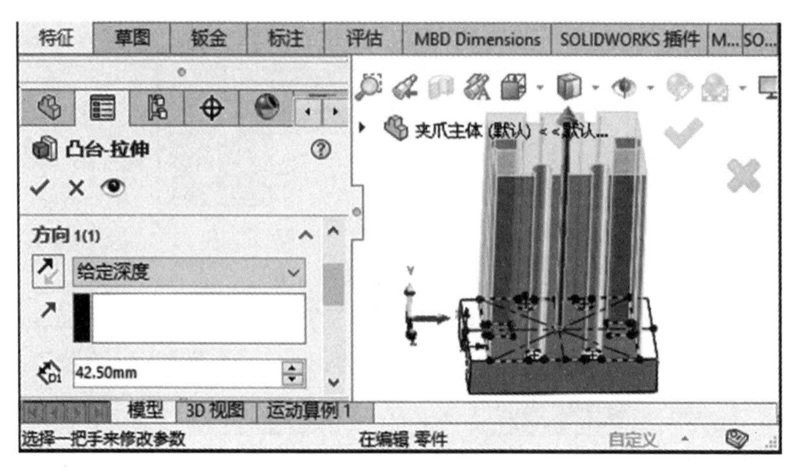

图 5-6　拉伸凸台操作

3) 拉伸切除侧面轮廓

Step1　单击【草图】→系统切换【草图选项卡】→单击【草图绘制 】→选择【零件侧面】为绘制平面→使用【草图工具】绘制拉伸轮廓→完成后单击【退出草图 】。夹爪主体拉伸切除侧面轮廓草图如图 5-7 所示。

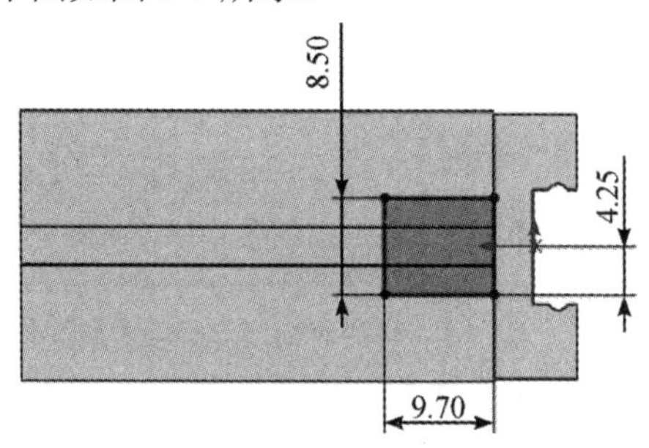

图 5-7　夹爪主体拉伸切除侧面轮廓草图(尺寸单位：mm)

Step2　单击【特征】→系统切换【特征选项卡】→选择 Step1 绘制的草图→单击【切除-拉伸 】→选择【完全贯穿】→单击【 】完成，如图 5-8 所示。

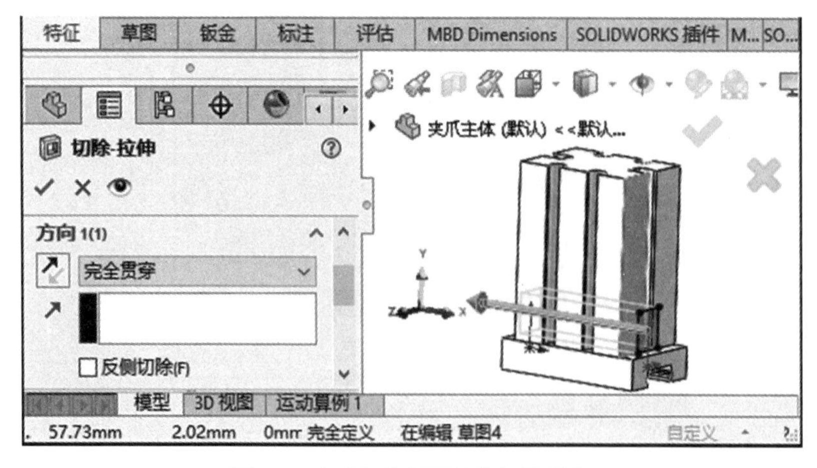

图 5-8　夹爪主体侧面拉伸切除操作

Step3　单击【特征】→系统切换【特征选项卡】→单击【异型孔向导 】→单击【位置 】→单击【3D 草图】→选择零件顶面中心的点作为孔位→单击【类型 】→单击【旧制孔 】→选择类型【Being Edited】→选择终止条件【给定深度】→输入【截面尺寸】各个参数→单击【 ✓ 】完成，如图 5-9 所示。

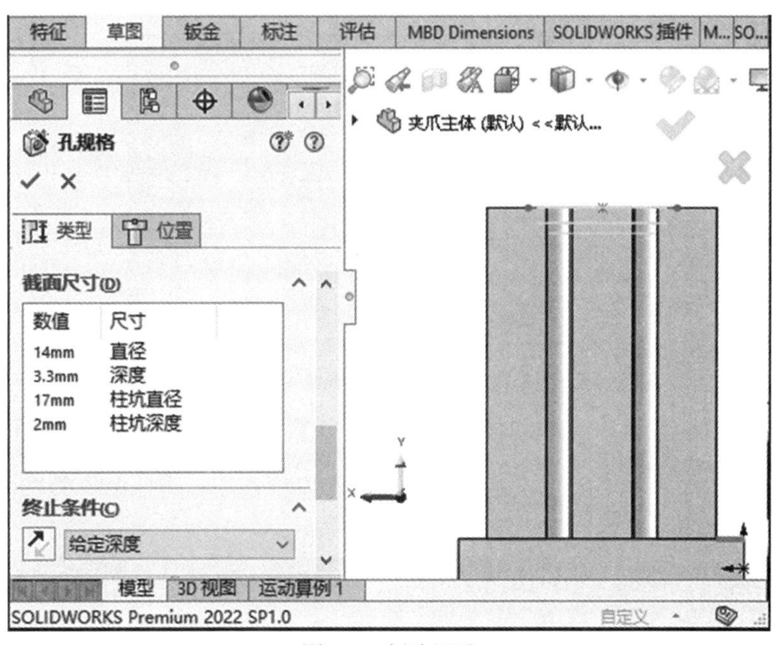

图 5-9　创建沉孔

Step4　单击【特征】→系统切换【特征选项卡】→单击【参考几何体 】→单击【基准面 】→选择【零件顶面】作为第一参考→输入【偏移距离】24.50 mm，系统生成新基准面的预览→单击 ✓　】完成，如图 5-10 所示。

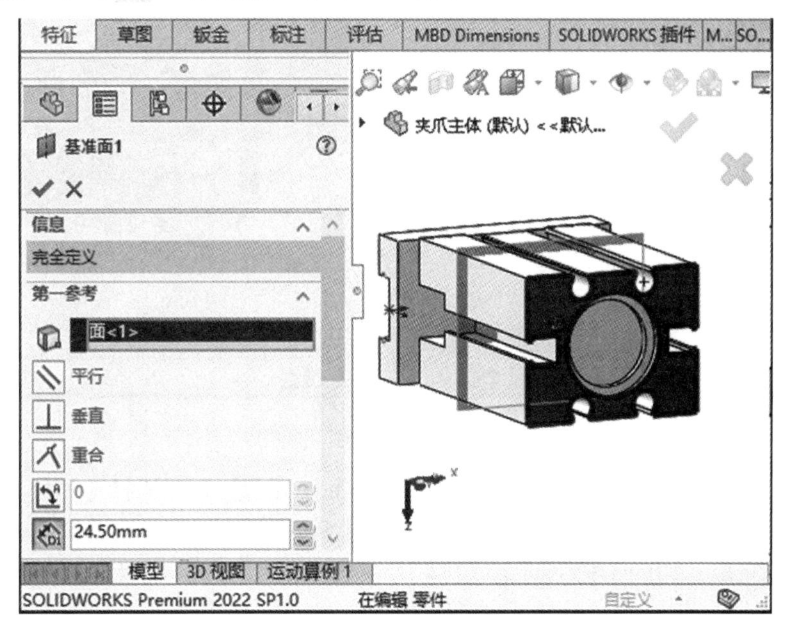

图 5-10　创建草图基准面

Step5　单击【草图】→系统切换【草图选项卡】→单击【草图绘制 】→选择 Step4 创建的基准面为绘制平面→使用【草图工具】绘制旋转轮廓→完成后单击【退出草图 】。旋转轮廓草图如图 5-11 所示。

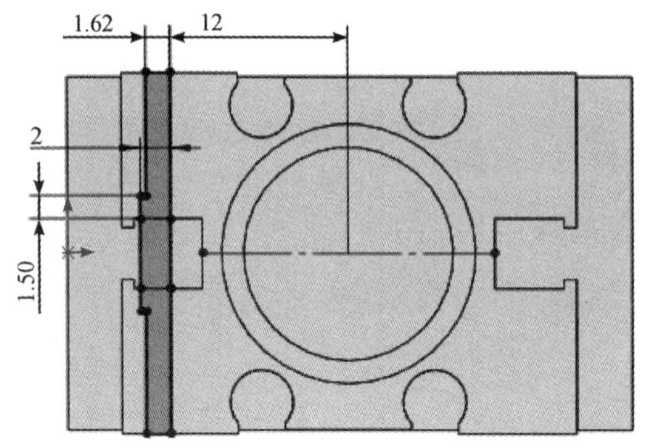

图 5-11　旋转轮廓草图(尺寸单位：mm)

Step6　单击【特征】→系统切换【特征选项卡】→在导航栏内，选择 Step5 绘制的草图→单击【切除-旋转 】→选择草图中心线为【旋转轴】→输入【给定深度】360.00 度→单击【 】完成，如图 5-12 所示。

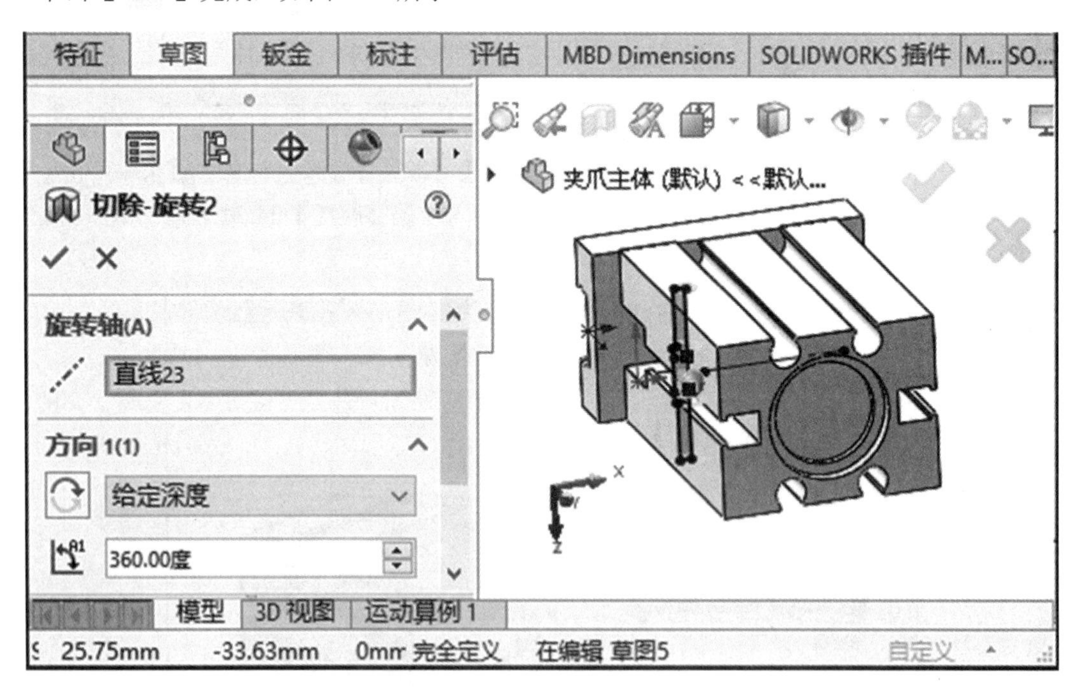

图 5-12　旋转切除螺栓避空孔

Step7　单击【参考几何体 】→单击【基准面 2 】→选择【零件左面】作为第一参考→选择【零件右面】作为第二参考→单击【两侧对称】，系统生成新基准面的预览→单击 】完成，如图 5-13 所示。

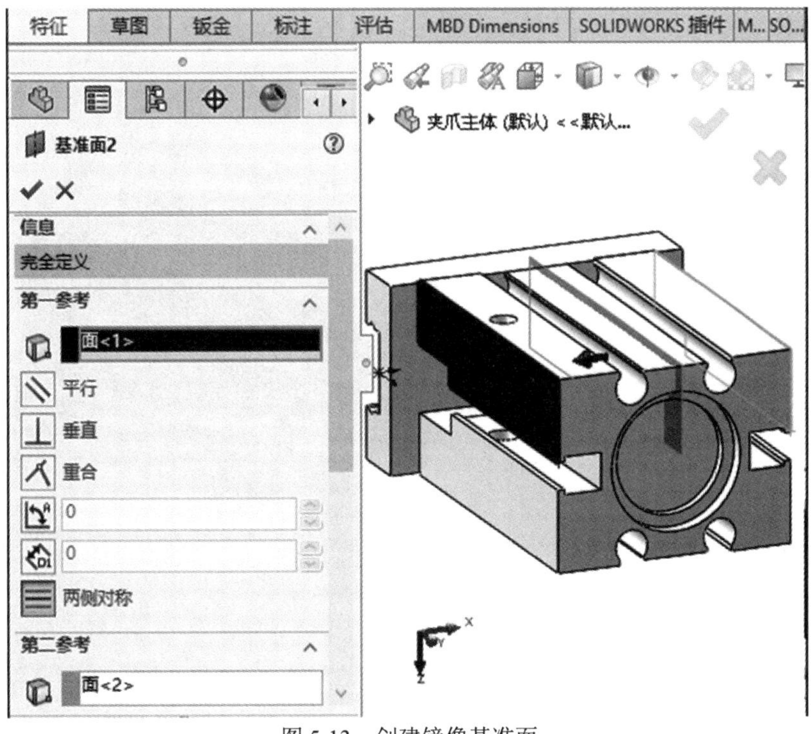

图 5-13　创建镜像基准面

Step8　单击【镜像】→【基准面】选择 Step7 创建的基准面→【要镜像的特征】选择 Step6 旋转切除操作→单击【 ✓ 】完成，如图 5-14 所示。

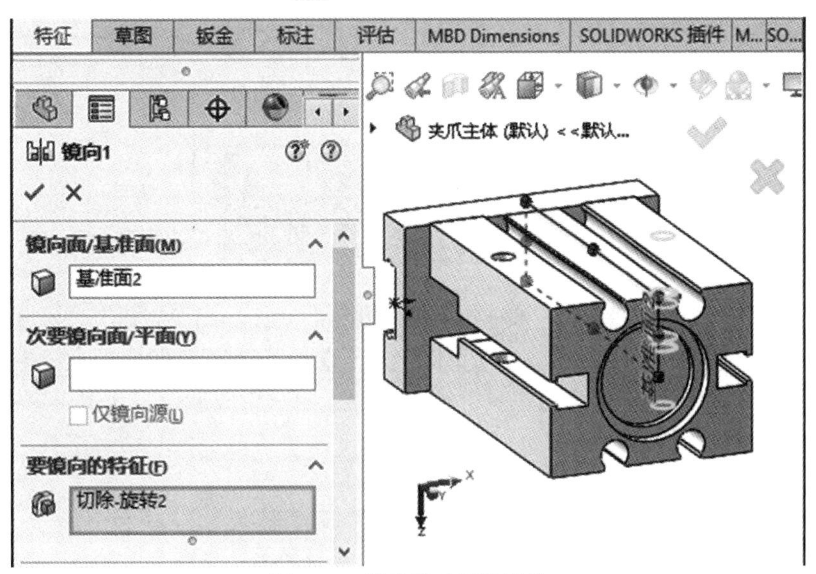

图 5-14　镜像旋转切除操作

4) 绘制各类孔

Step1　单击【异型孔向导】→单击【位置】→单击【3D 草图】→选择零件顶面中心的点作为孔位→单击【旧制孔】→选择类型【Being Edited】→选择终止条件【给定深度】→输入【截面尺寸】各个参数，孔截面尺寸参数如图 5-15 所示。

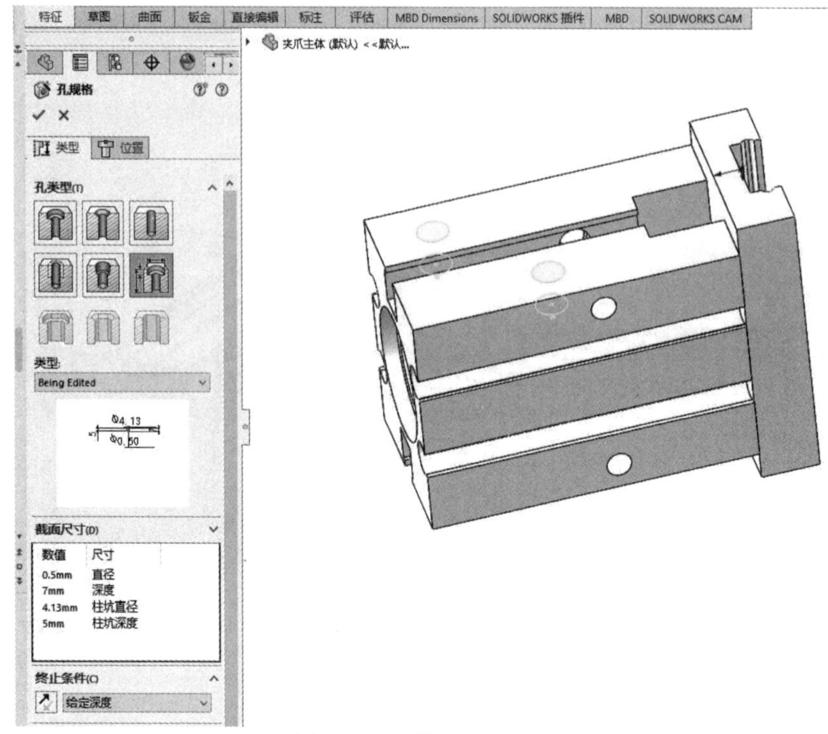

图 5-15 孔截面尺寸参数

Step2 单击【位置 】→单击【3D 草图】→使用【草图工具】绘制点作为孔位→单击【类型 】→单击【 】完成，如图 5-16 所示。

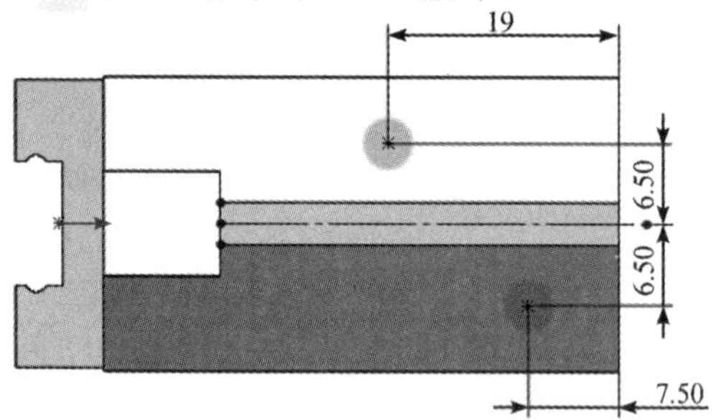

图 5-16 确定沉头孔位置(尺寸单位：mm)

Step3 单击【草图】→系统切换【草图选项卡】→单击【草图绘制 】→选择【零件侧面】为绘制平面→使用【草图工具】绘制孔位草图→完成后单击【退出草图 】。侧面 M3 螺纹孔草图如图 5-17 所示。

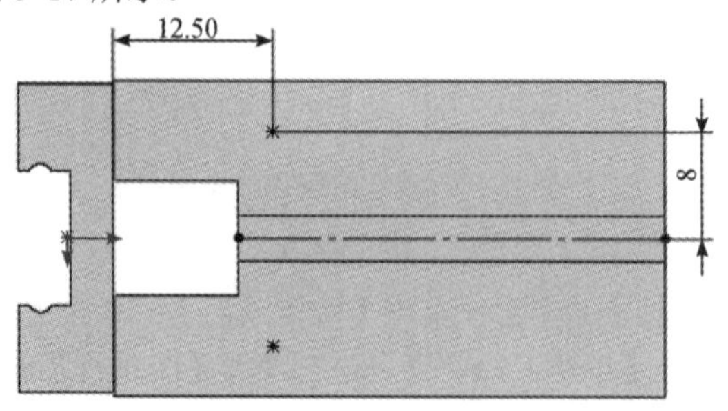

图 5-17 侧面 M3 螺纹孔草图(尺寸单位：mm)

Step4　单击【特征】→系统切换【特征选项卡】→单击【异型孔向导 】→单击【位置 】→单击【3D 草图】→选择 Step4 绘制的草图孔位→单击【类型 】→单击【直螺纹孔 】→选择标准【GB】→选择类型【底部螺纹孔】→选择孔规格大小【M3】→输入【给定深度】5.00 mm→单击【✓】完成，如图 5-18 所示。

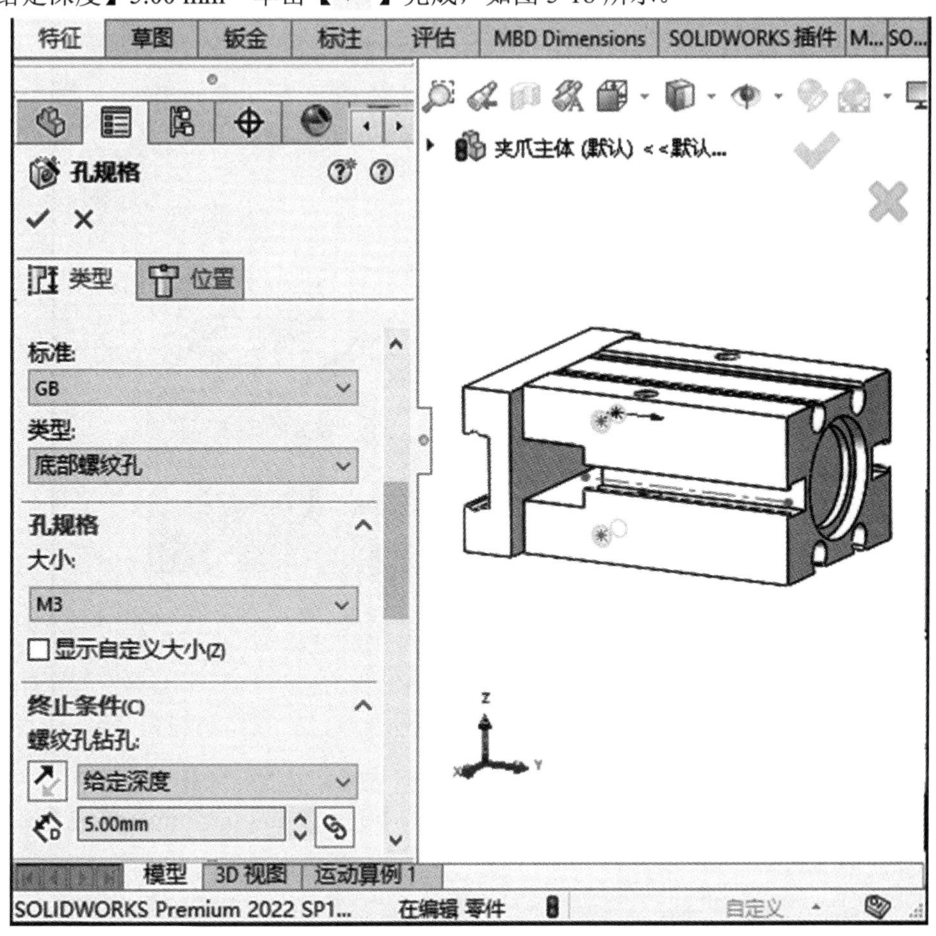

图 5-18　绘制侧面 M3 螺纹孔

Step5　单击【草图】→系统切换【草图选项卡】→单击【草图绘制 】→选择【零件顶面】为绘制平面→使用【草图工具】绘制孔位草图→完成后单击【退出草图 】。顶面 M3 螺纹孔草图如图 5-19 所示。

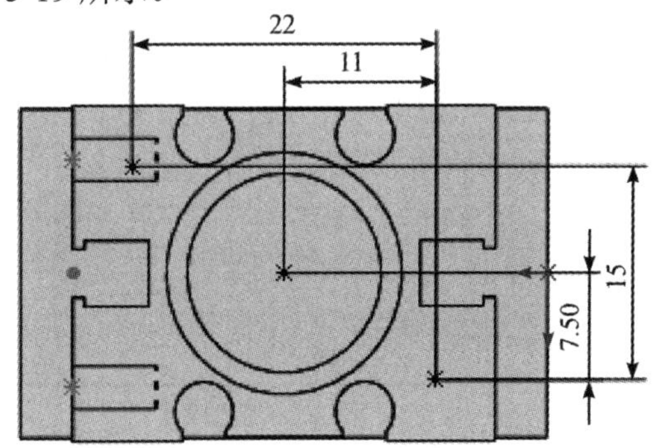

图 5-19　顶面 M3 螺纹孔草图(尺寸单位：mm)

Step6 单击【特征】→系统切换【特征选项卡】→单击【异型孔向导】→单击【位置】→单击【3D 草图】→选择 Step5 绘制的草图作为孔位→单击【类型】→单击【直螺纹孔】→选择标准【GB】→选择类型【底部螺纹孔】→选择孔规格大小【M3】→输入【给定深度】8.50 mm→单击【✓】完成，如图 5-20 所示。

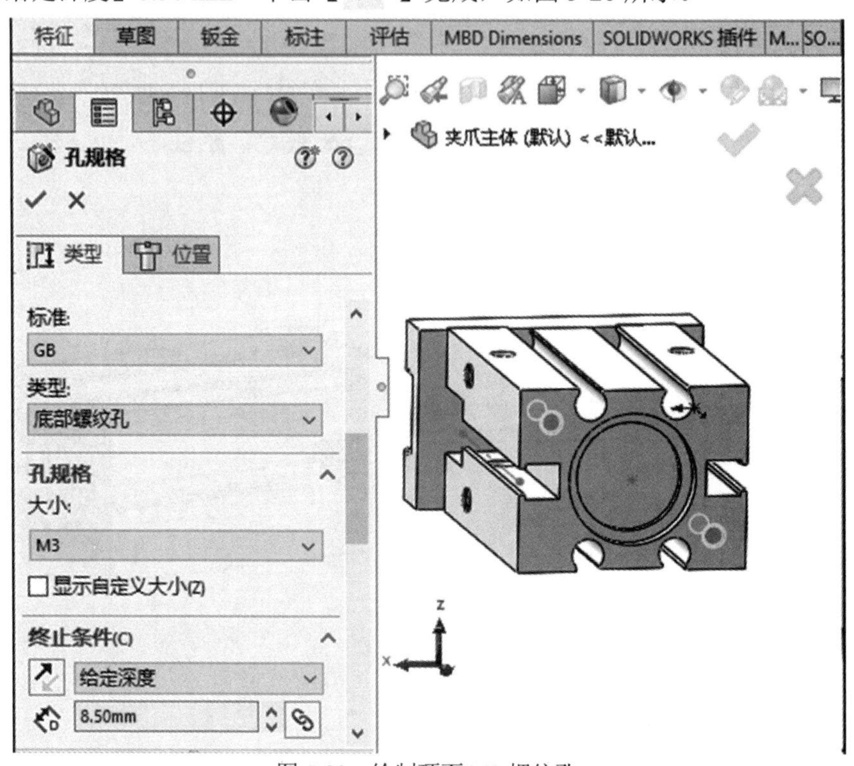

图 5-20　绘制顶面 M3 螺纹孔

Step7 单击【倒角】→选择倒角边→输入【倒角参数】0.43mm→单击【✓】完成，如图 5-21 所示。

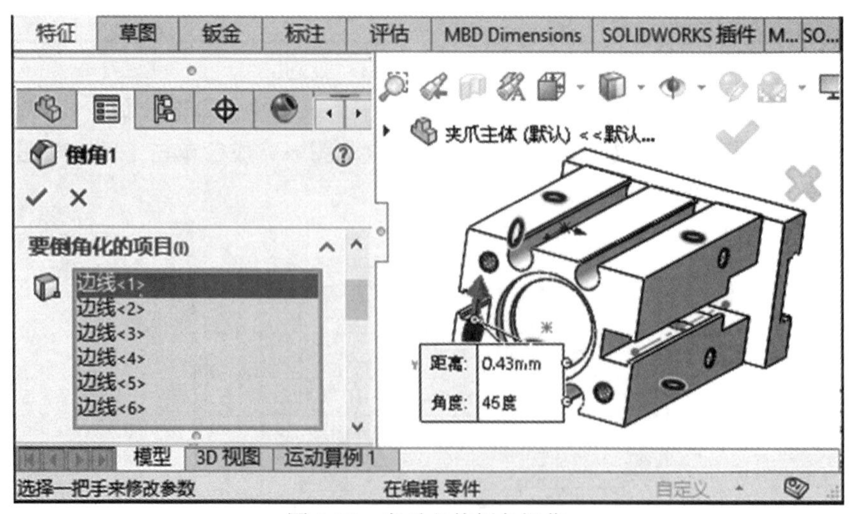

图 5-21　夹爪主体倒角操作

至此，完成了夹爪主体零件的绘制。

5.1.2　夹爪连接件设计

1. 夹爪连接件零件工程图

根据图纸，用 SOLIDWORKS 造型的步骤为：绘制主体轮廓→拉伸主体→拉伸切除多余部分。夹爪连接件工程图如图 5-22 所示。

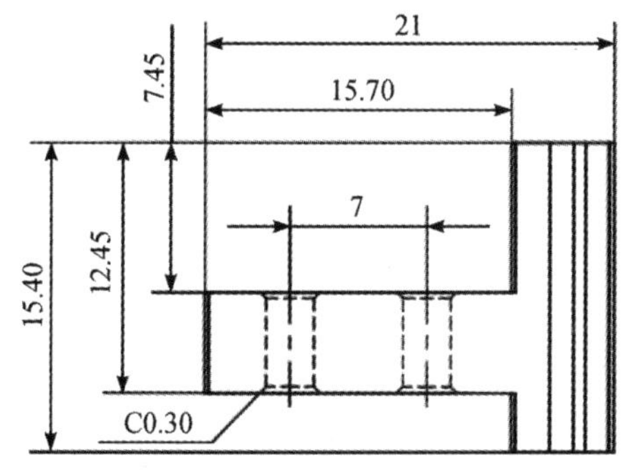

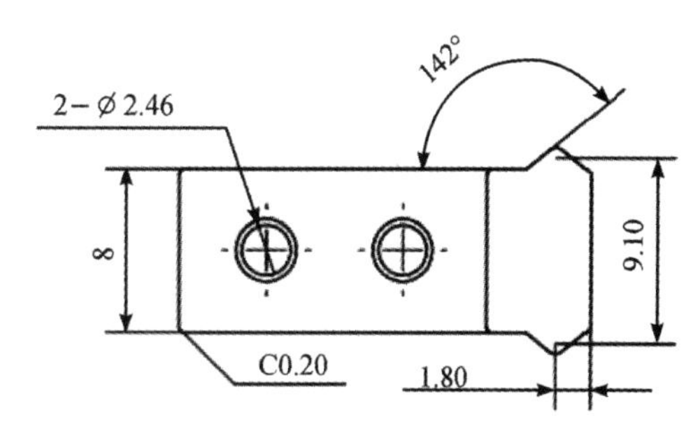

图 5-22　夹爪连接件工程图(尺寸单位：mm)

2. 绘制夹爪连接件

1) 创建零件工程

打开软件【SOLIDWORKS 2022】→单击【新建 】创建工程→系统弹出【新建 SOLIDWORKS 文件】→鼠标单击【零件图标 】→单击【确定】完成零件工程创建。

2) 拉伸零件

Step1　单击【草图】→系统切换【草图选项卡】→单击【草图绘制 】→选择【上视基准面】为绘制平面→绘制草图→完成后单击【退出草图 】。夹爪连接件轮廓草图如图 5-23 所示。

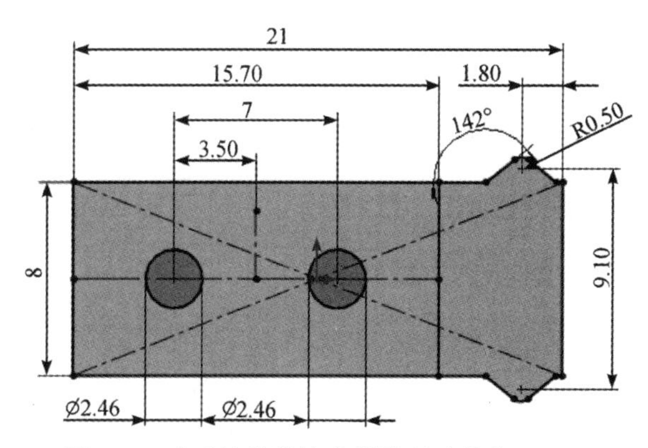

图 5-23　夹爪连接件轮廓草图(尺寸单位：mm)

Step2　单击【特征】→系统切换【特征选项卡】→在导航栏内，选择 Step1 绘制的草图→单击【凸台-拉伸 】→输入【给定深度】15.40mm→单击【 】完成，如图 5-24 所示。

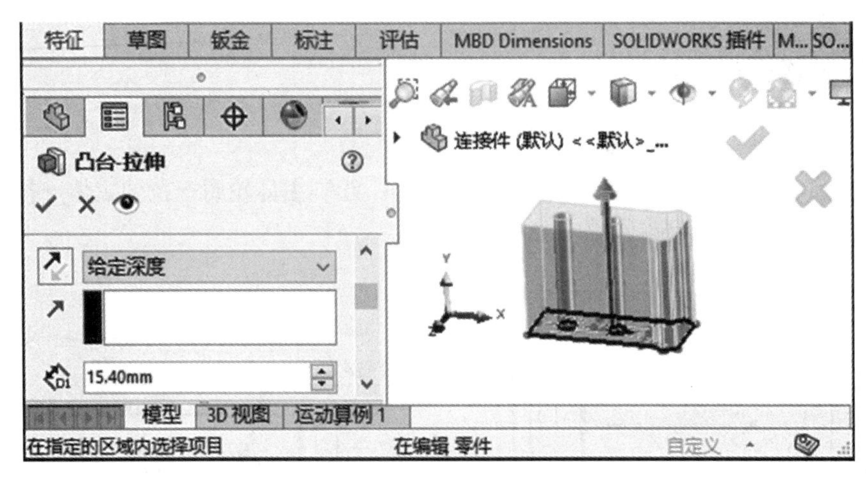

图 5-24　拉伸夹爪连接件主体

Step3　单击【草图】→系统切换【草图选项卡】→单击【草图绘制 】→选择【零件侧面】为绘制平面→绘制切除轮廓→单击【退出草图 】。夹爪连接件拉伸切除轮廓草图如图 5-25 所示。

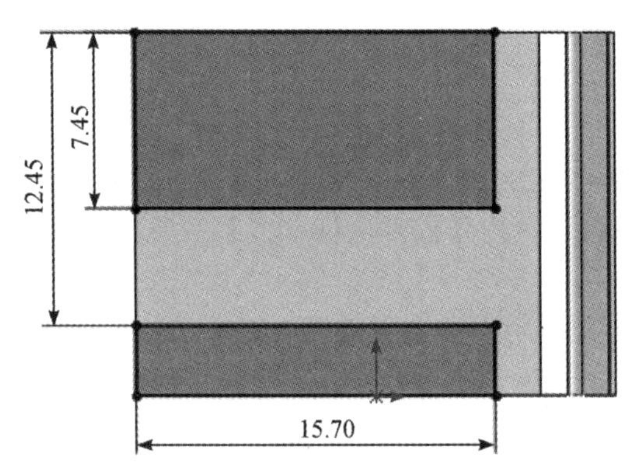

图 5-25　夹爪连接件拉伸切除轮廓草图(尺寸单位：mm)

Step4　单击【特征】→系统切换【特征选项卡】→选择 Step3 绘制的草图→单击【切除-拉伸 】→选择【完全贯穿】→单击【 】完成，如图 5-26 所示。

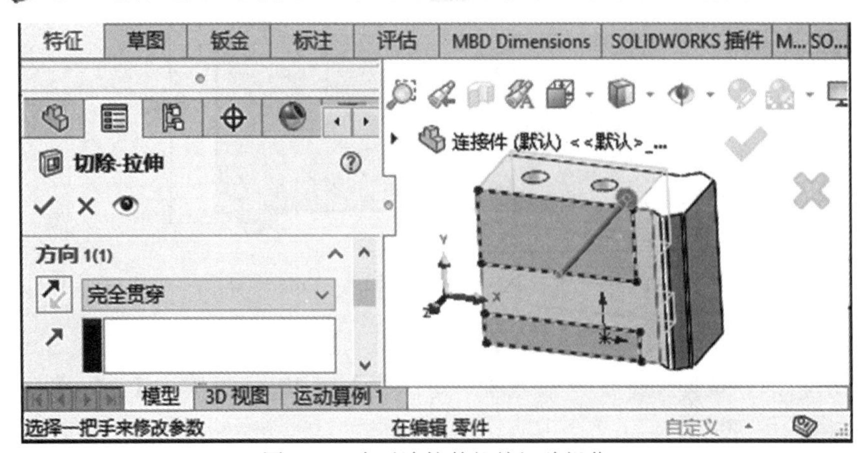

图 5-26　夹爪连接件拉伸切除操作

Step5　单击【倒角 1 】→选择倒角边→输入【倒角参数】0.30 mm→单击【 ✔ 】完成，如图 5-27 所示。

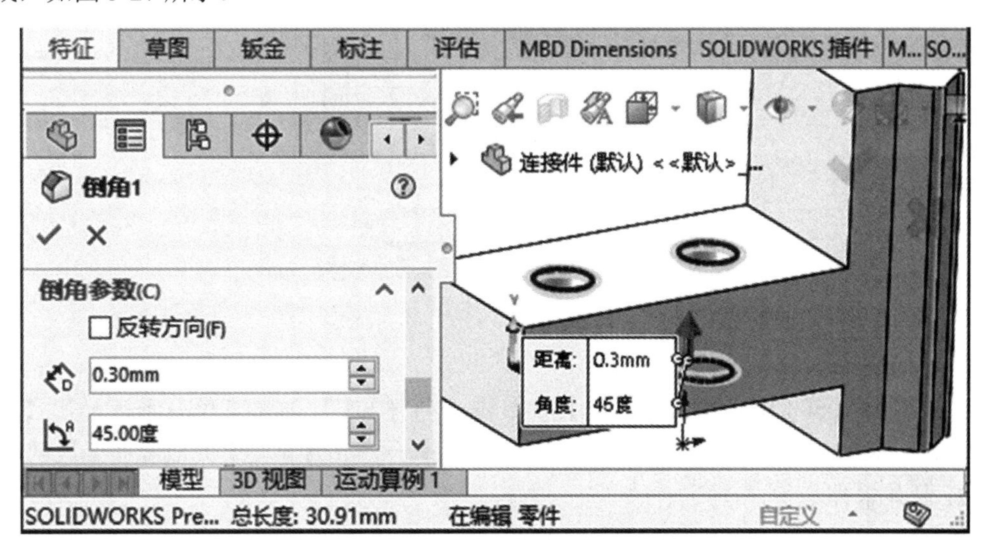

图 5-27　夹爪连接件倒角操作 1

Step6　单击【倒角 2 】→选择倒角边→输入【倒角参数】0.20 mm→单击【 ✔ 】完成，如图 5-28 所示。

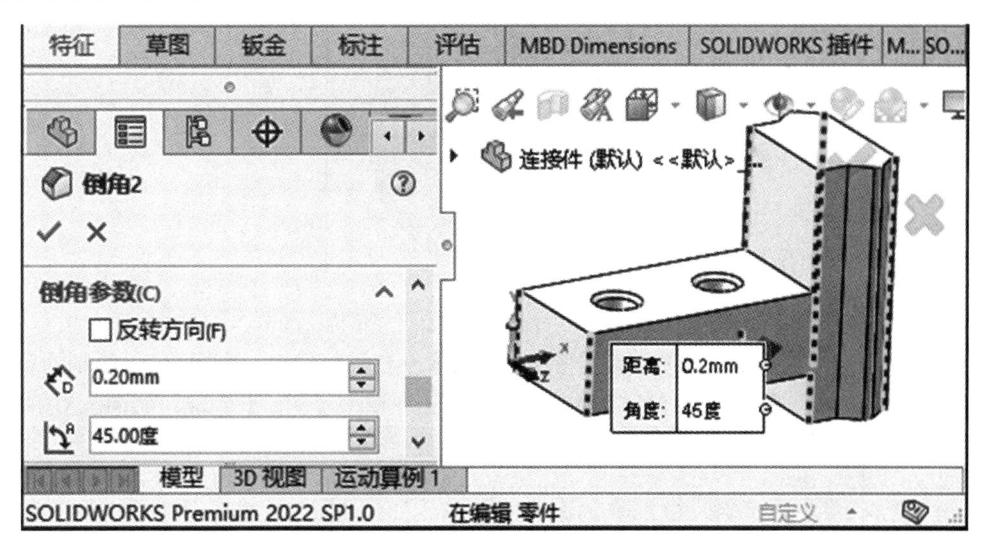

图 5-28　夹爪连接件倒角操作 2

至此，完成了夹爪连接件的绘制。

5.1.3　机器人法兰盘设计

1. 机器人法兰盘零件工程图

根据图纸，用 SOLIDWORKS 造型的步骤为：拉伸零件主体→绘制孔→完成零件绘制。机械人法兰盘工程图如图 5-29 所示。

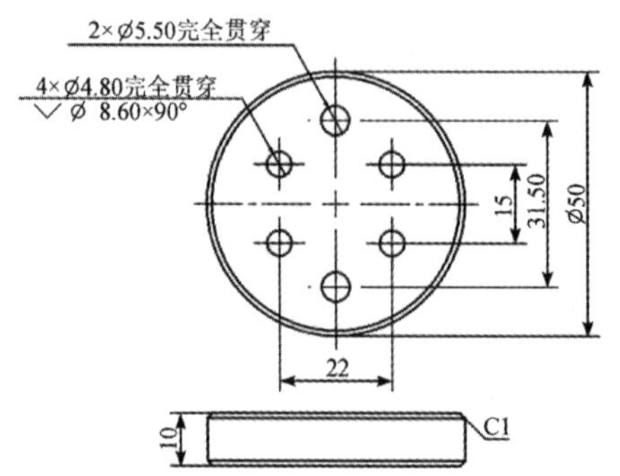

图 5-29 机器人法兰盘工程图(尺寸单位：mm)

2. 绘制机器人法兰盘

1) 创建零件工程

打开软件【SOLIDWORKS 2022】→单击【新建 】创建工程→系统弹出【新建 SOLIDWORKS 文件】→鼠标单击【零件图标 】→单击【确定】完成零件工程创建。

2) 拉伸零件

Step1 单击【草图】→系统切换【草图选项卡】→单击【草图绘制 】→选择【上视基准面】为绘制平面→使用【草图工具】绘制拉伸轮廓→完成后单击【退出草图 】。法兰盘主体轮廓草图如图 5-30 所示。

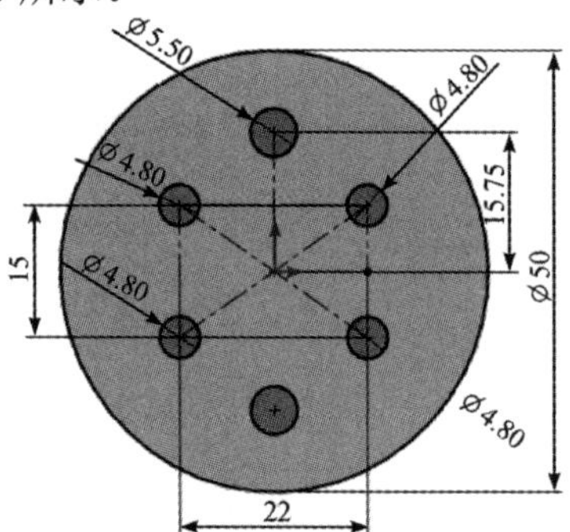

图 5-30 法兰盘主体轮廓草图(尺寸单位：mm)

Step2 单击【特征】→系统切换【特征选项卡】→在导航栏内，选择 Step1 绘制的草图→单击【凸台-拉伸 】→输入【给定深度】10.00 mm→单击【 】完成，如图 5-31 所示。

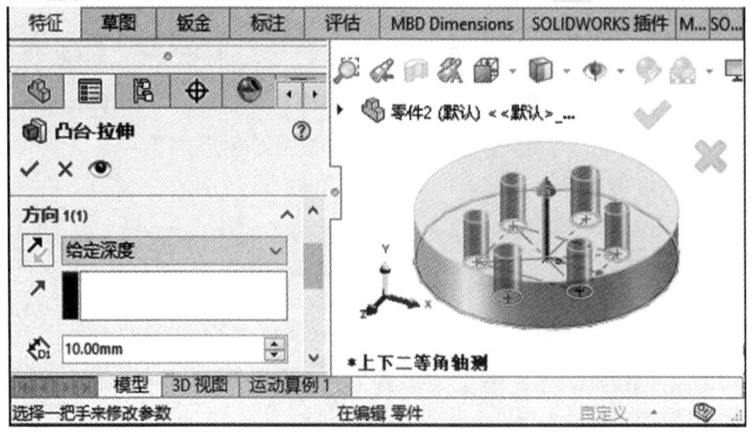

图 5-31 拉伸零件主体

Step3　单击【倒角 】→选择倒角边→输入【倒角参数】1.00 mm→单击【 】完成，如图 5-32 所示。

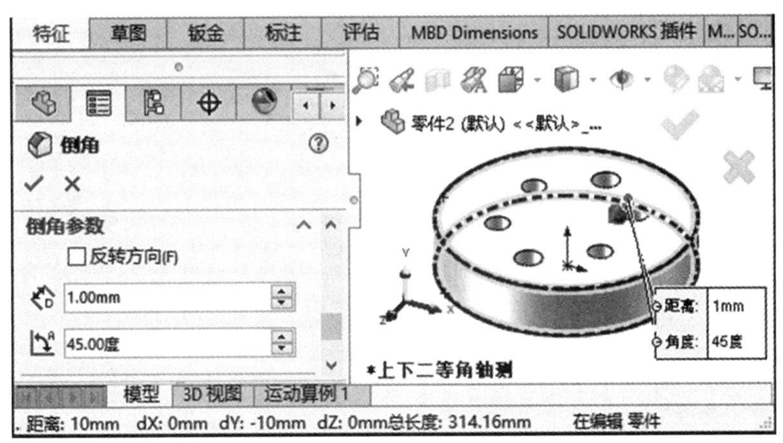

图 5-32　机械夹爪法兰盘倒角操作

Step4　单击【异型孔向导 】→单击【位置 】→单击【3D 草图】→选择 Step1 绘制的草图的点作为孔位→单击【类型 】→单击【锥形沉头孔 】→选择标准【GB】→选择类型【十字槽沉头木螺钉】→选择孔规格大小【M4】→单击【 】完成，如图 5-33 所示。

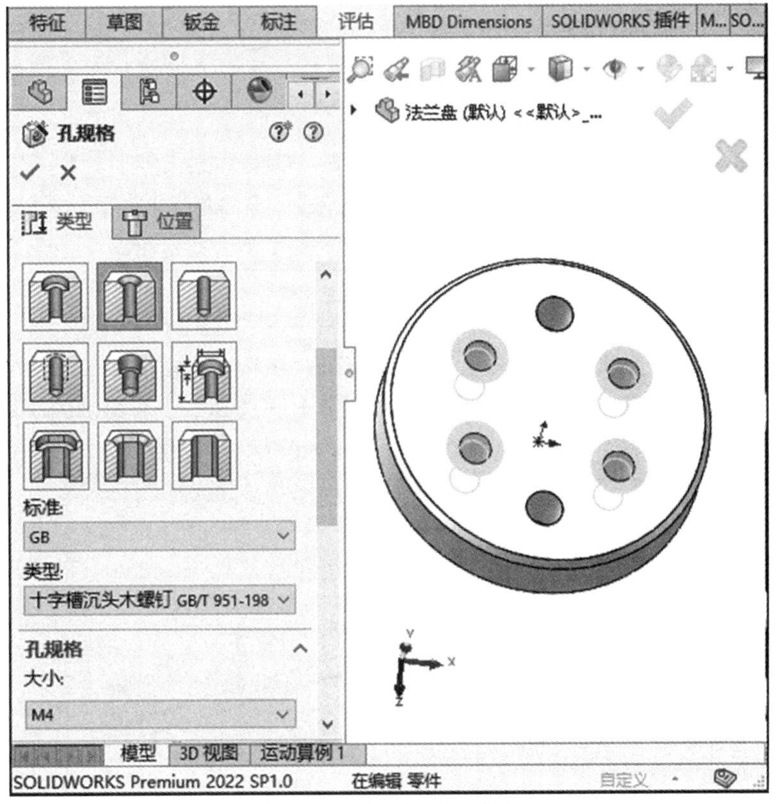

图 5-33　绘制锥形沉头孔

至此，完成了零件夹爪主体的绘制。

5.1.4　夹爪零件设计

1. 夹爪零件工程图

根据图纸，用 SOLIDWORKS 造型的步骤为：拉伸零件主体→拉伸切除多余部分→完成绘制。夹爪零件工程图如图 5-34 所示。

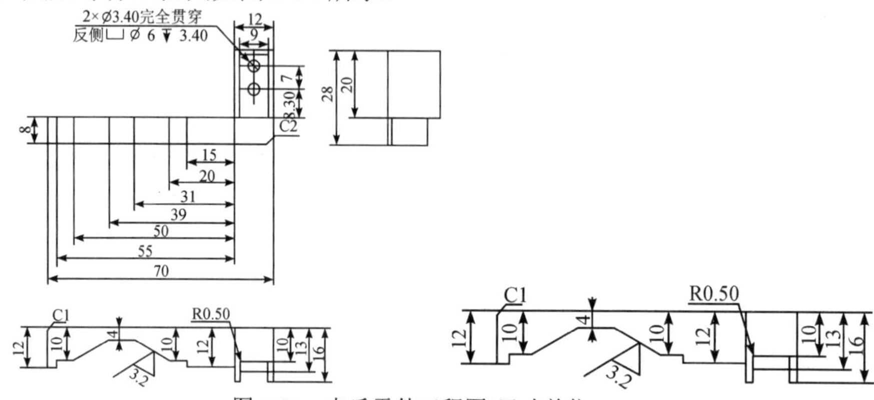

图 5-34　夹爪零件工程图(尺寸单位：mm)

2. 绘制夹爪

1) 创建零件工程

打开软件【SOLIDWORKS 2022】→单击【新建】创建工程→系统弹出【新建 SOLIDWORKS 文件】→鼠标单击【零件图标】→单击【确定】完成零件工程创建。

2) 拉伸右夹爪

Step1　单击【草图】→系统切换【草图选项卡】→单击【草图绘制】→选择【上视基准面】为绘制平面→绘制草图→单击【退出草图】完成。拉伸右夹爪轮廓草图如图 5-35 所示。

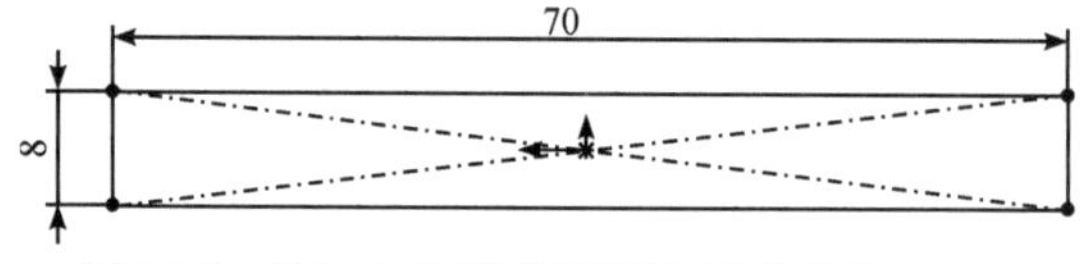

图 5-35　拉伸右夹爪轮廓草图(尺寸单位：mm)

Step2　单击【特征】→系统切换【特征选项卡】→选择 Step1 绘制的草图→单击【凸台-拉伸】→输入【给定深度】13.00 mm→单击【 ✓ 】完成，如图 5-36 所示。

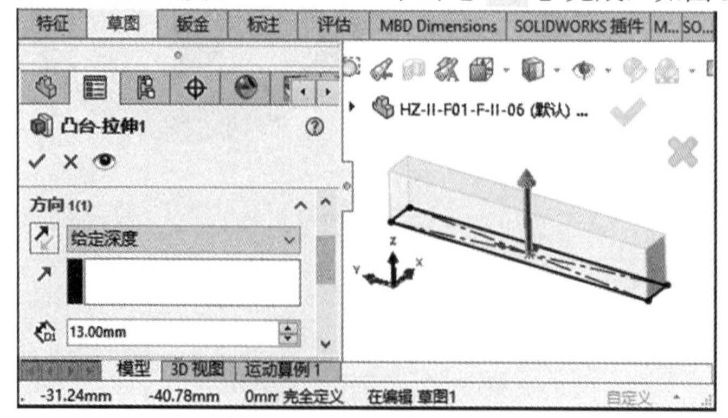

图 5-36　拉伸右夹爪主体

Step3　单击【倒角 】→选择倒角边→输入【倒角参数】1.00 mm→单击【 ✓ 】完成，如图 5-37 所示。

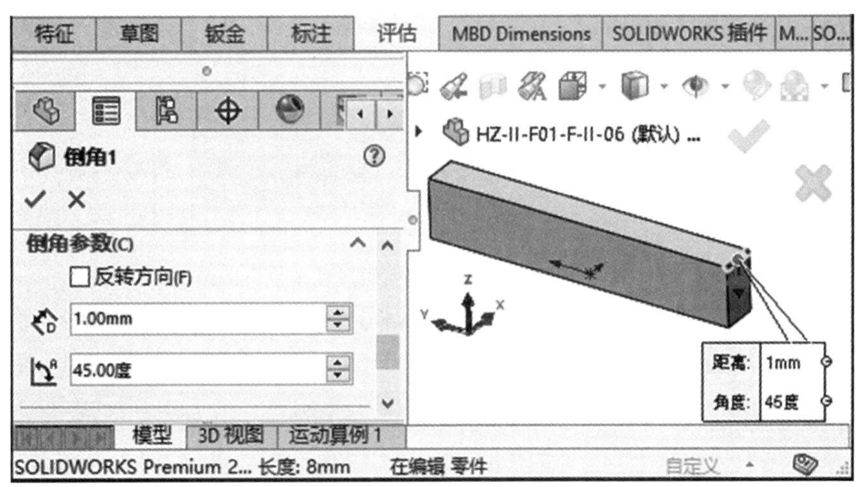

图 5-37　右夹爪倒角操作

Step4　单击【草图】→系统切换【草图选项卡】→单击【草图绘制 】→选择【零件侧面】为绘制平面→使用【草图工具】绘制拉伸轮廓→完成后单击【退出草图 】。右夹爪拉伸切除轮廓草图如图 5-38 所示。

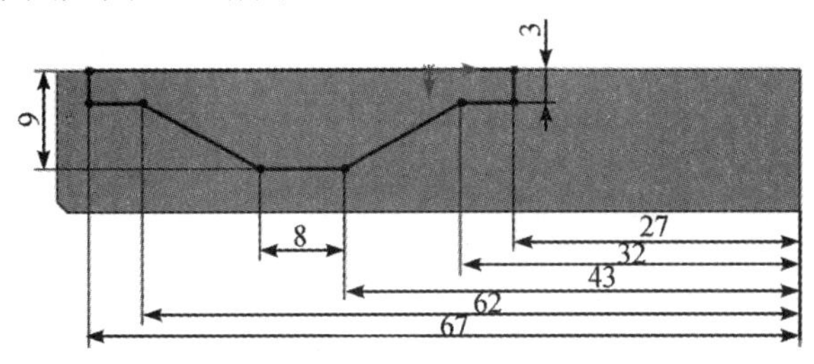

图 5-38　右夹爪拉伸切除轮廓草图(尺寸单位：mm)

Step5　单击【特征】→系统切换【特征选项卡】→选择 Step4 绘制的草图→单击【切除-拉伸 】→选择【完全贯穿】→单击【 ✓ 】完成，如图 5-39 所示。

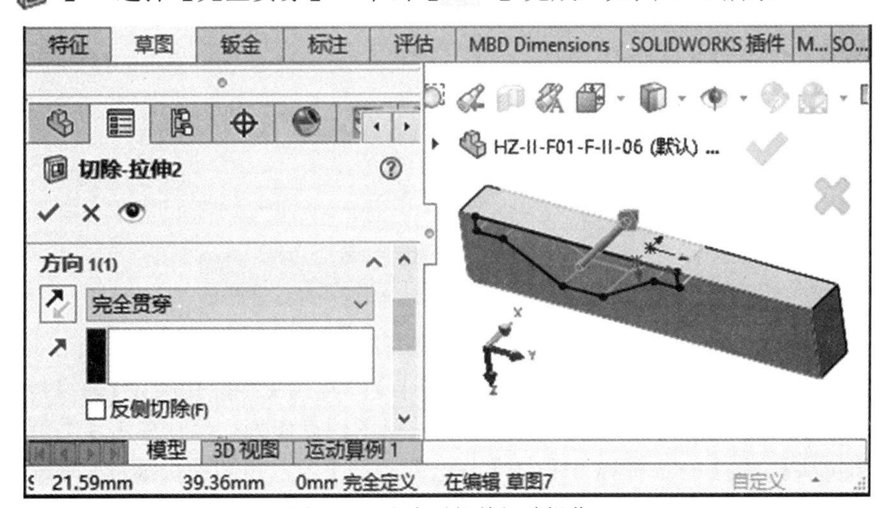

图 5-39　右夹爪拉伸切除操作 1

Step6 单击【草图】→系统切换【草图选项卡】→单击【草图绘制 】→选择【零件侧面】为绘制平面→使用【草图工具】绘制拉伸轮廓→完成后单击【退出草图 】。右夹爪拉伸草图轮廓如图 5-40 所示。

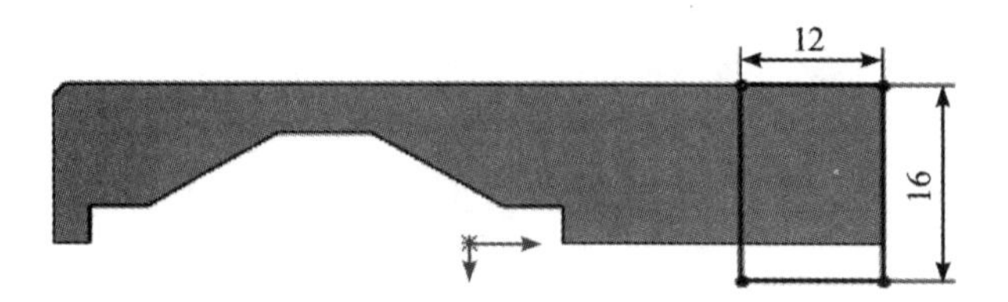

图 5-40 右夹爪拉伸草图轮廓(尺寸单位：mm)

Step7 单击【特征】→系统切换【特征选项卡】→在导航栏内，选择 Step6 绘制的草图→单击【凸台-拉伸 】→输入【给定深度】20.00 mm→单击【 】完成，如图 5-41 所示。

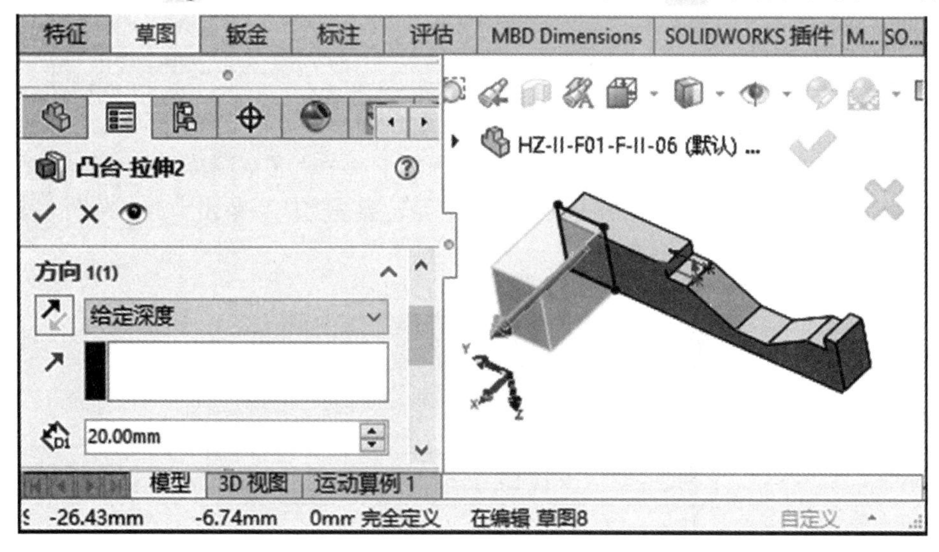

图 5-41 右夹爪拉伸凸台操作

Step8 单击【草图】→系统切换【草图选项卡】→单击【草图绘制 】→选择【零件侧面】为绘制平面→使用【草图工具】绘制孔位草图→完成后单击【退出草图 】。右夹爪螺钉避空孔位草图如图 5-42 所示。

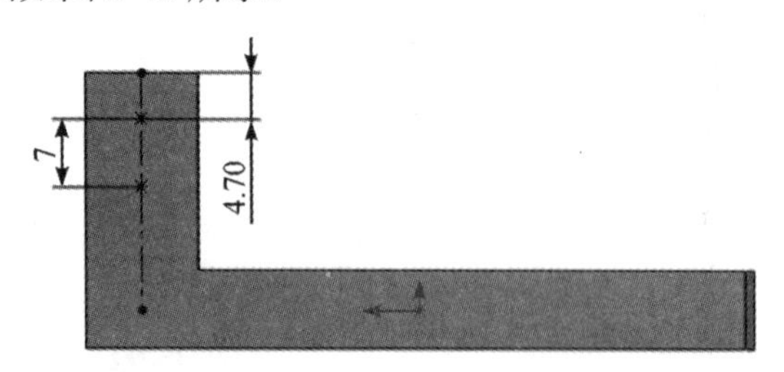

图 5-42 右夹爪螺钉避空孔位草图(尺寸单位：mm)

Step9 单击【特征】→系统切换【特征选项卡】→单击【异型孔向导 】→单击【位置 】→单击【3D 草图】→选择 Step8 绘制的草图的点作为孔位→单击【类型 】→单击【柱形沉头孔 】→选择标准【GB】→选择类型【内六角圆柱头螺钉】→选择孔规格大小【M3】→单击【 】完成，如图 5-43 所示。

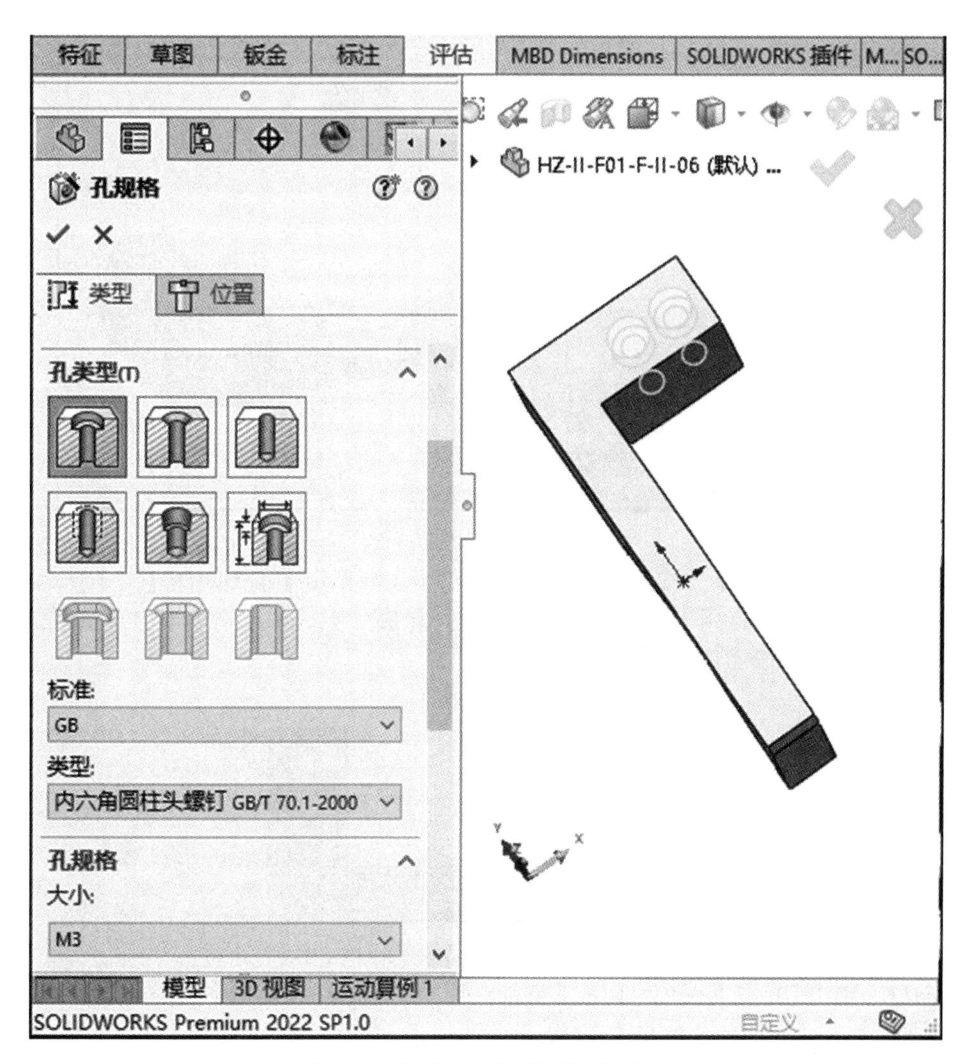

图 5-43　生成内六角圆柱螺钉避空孔

Step10　单击【草图】→系统切换【草图选项卡】→单击【草图绘制 】→选择【零件侧面】为绘制平面→使用【草图工具】绘制拉伸轮廓→完成后单击【退出草图 】。右夹爪凸台侧面拉伸切除草图如图 5-44 所示。

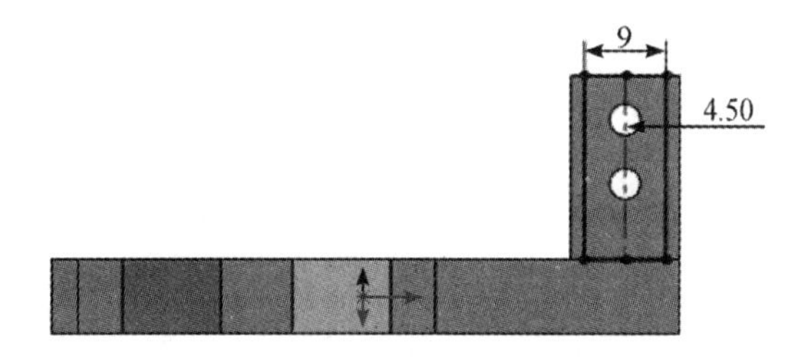

图 5-44　右夹爪凸台侧面拉伸切除草图(尺寸单位：mm)

Step11　单击【特征】→系统切换【特征选项卡】→选择 Step10 绘制的草图→单击【切除-拉伸 】→输入【给定深度】3.00mm→单击【 】完成，如图 5-45 所示。

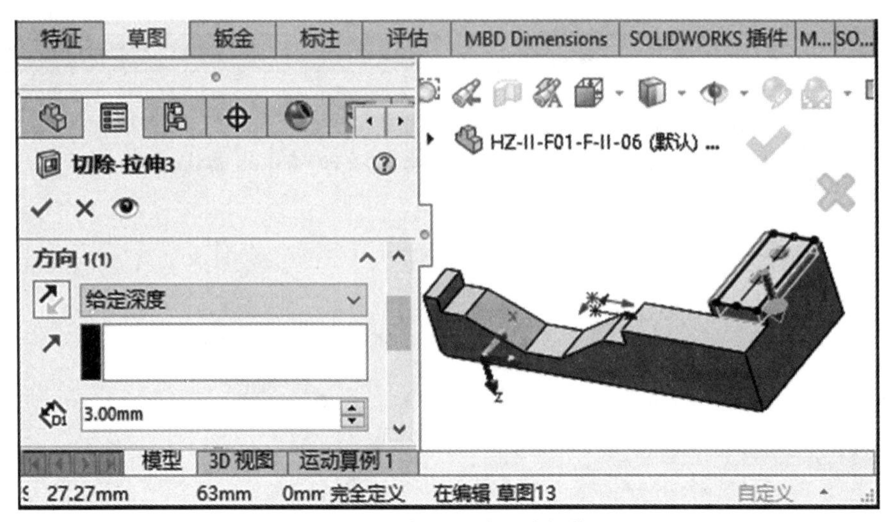

图 5-45　右夹爪拉伸切除操作 2

Step12　单击【草图】→系统切换【草图选项卡】→单击【草图绘制 】→选择【零件侧面】为绘制平面→使用【草图工具】绘制拉伸轮廓→完成后单击【退出草图 】。右夹爪凸台顶面拉伸切除草图如图 5-46 所示。

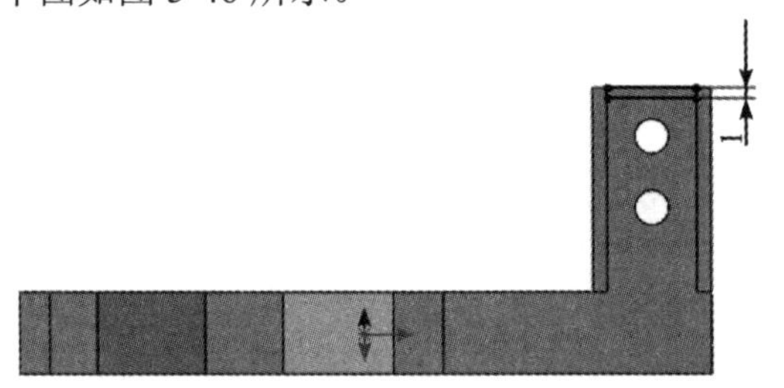

图 5-46　右夹爪凸台顶面拉伸切除草图(尺寸单位：mm)

Step13　单击【特征】→系统切换【特征选项卡】→选择 Step12 绘制的草图→单击【切除-拉伸 】→输入【给定深度】3.00mm→单击【 】完成，如图 5-47 所示。

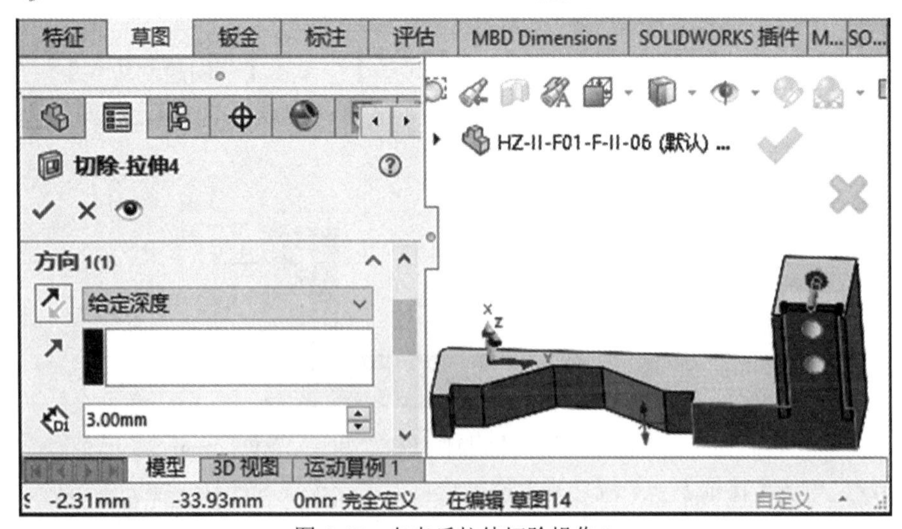

图 5-47　右夹爪拉伸切除操作 3

Step14　单击【草图】→系统切换【草图选项卡】→单击【草图绘制 】→选择【零件后面】为绘制平面→使用【草图工具】绘制拉伸轮廓→完成后单击【退出草图 】。右夹爪侧面拉伸切除轮廓草图如图 5-48 所示。

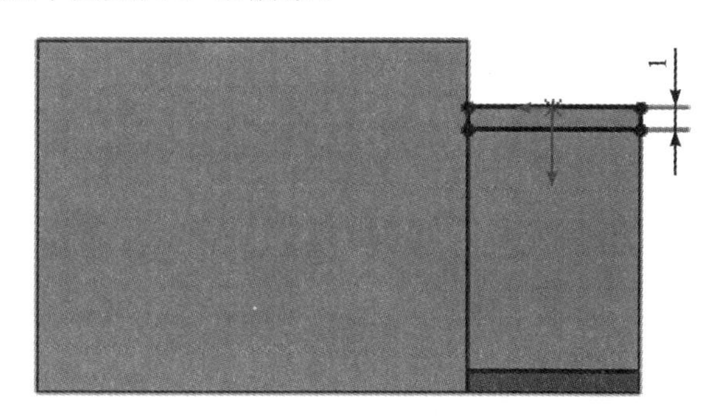

图 5-48　右夹爪侧面拉伸切除轮廓草图(尺寸单位：mm)

Step15　单击【特征】→系统切换【特征选项卡】→选择 Step14 绘制的草图→单击【拉伸切除 】→选择【完全贯穿】→单击【 】完成，如图 5-49 所示。

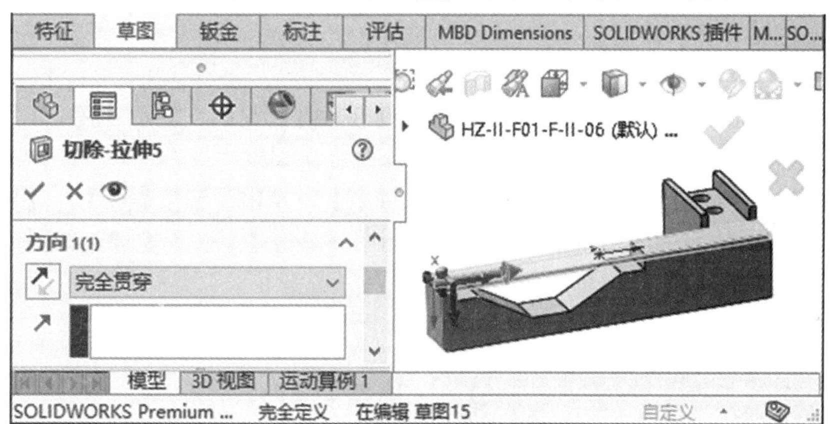

图 5-49　右夹爪拉伸切除操作 4

Step16　单击【倒角 】→选择倒角边→输入【倒角参数】2.00 mm→单击【 】完成，如图 5-50 所示。

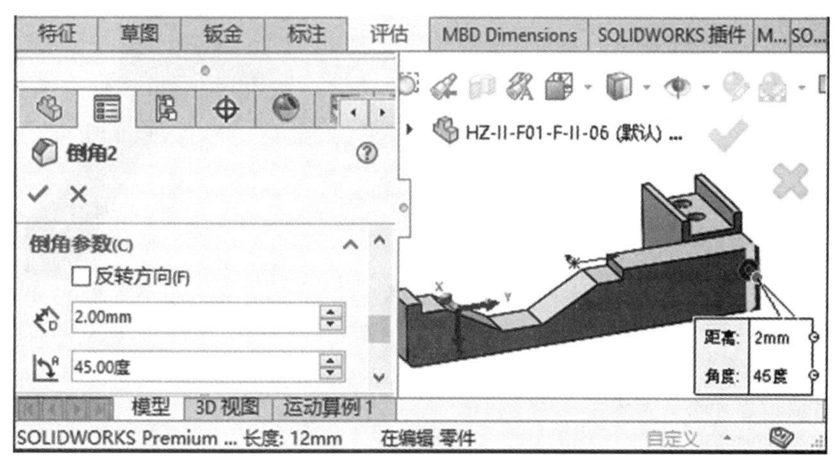

图 5-50　右夹爪倒角操作

Step17　单击【圆角 】→选择倒圆边→输入【圆角参数】0.50 mm→单击【 ✓ 】完成，如图 5-51 所示。

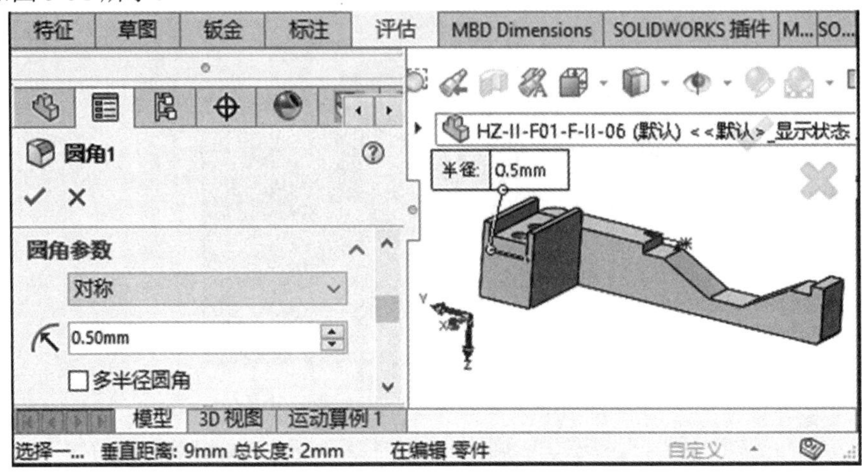

图 5-51　右夹爪倒圆操作

至此，右夹爪创建完成。

3) 创建左夹爪

Step1　创建完右夹爪后，退出 SOLIDWORKS 软件。复制、粘贴右夹爪工程文件，作为左夹爪工程文件并打开。

Step2　单击【特征】→系统切换【特征选项卡】→单击【镜像 】→【要镜像的实体】选择已绘制的零件→【基准面】选择零件侧面→单击【 ✓ 】完成，如图 5-52 所示。

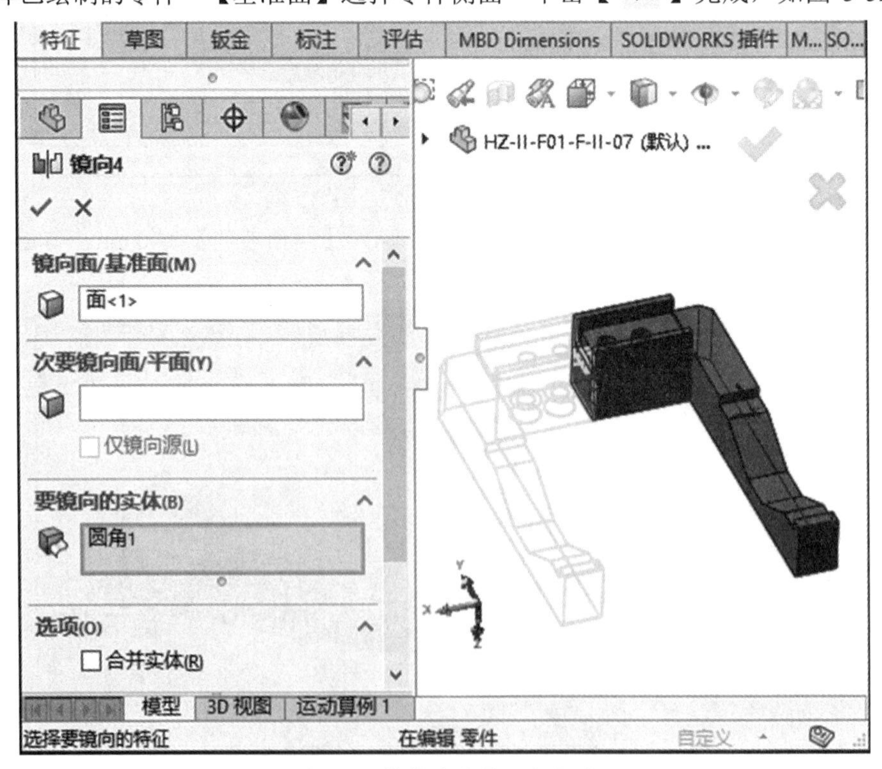

图 5-52　镜像生成另一个夹爪

Step3　单击【命令搜索栏 搜索命令 】→搜索【删除】→单击【删除/保留实体 】→【要删除的实体】选择镜像的原体→单击【 ✓ 】完成，如图 5-53 所示。

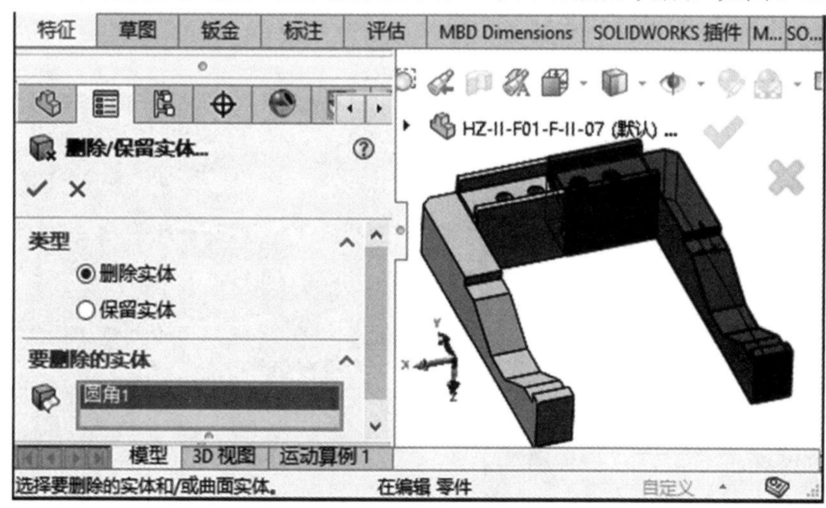

图 5-53　删除原先夹爪

至此，左夹爪创建完成。

5.1.5　机械臂夹爪零件装配

1) 创建装配图工程

打开软件【SOLIDWORKS 2022】→单击【新建 】创建工程→系统弹出【新建 SOLIDWORKS 文件】→鼠标单击【装配体图标 】→单击【确定】完成装配体工程创建。

2) 导入零件

单击【装配体】→系统切换【装配体选项卡】→单击【插入零部件 】→单击【浏览】→选择【夹爪主体】→单击【打开】→任意单击放置，完成夹爪主体的导入，导入所有零件后，如图 5-54 所示。

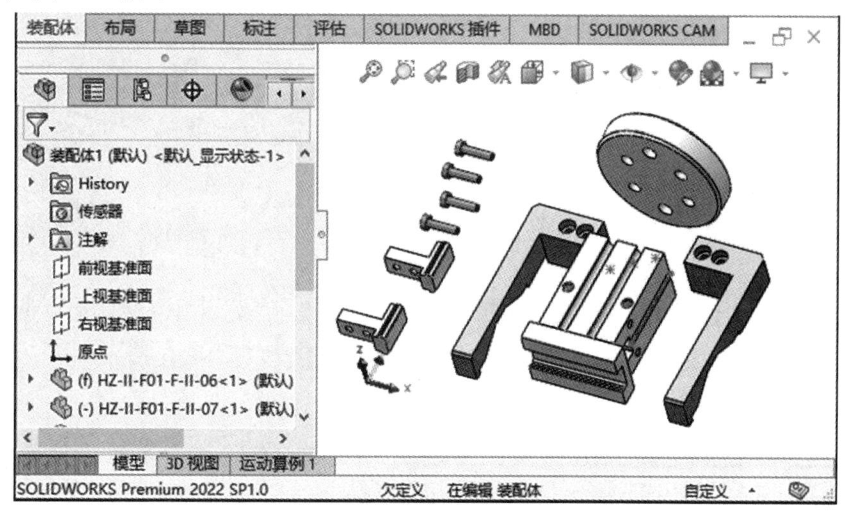

图 5-54　导入所有零件

3) 定义装配关系

Step1 单击【配合】→单击【高级】→配合类型选择【对称】→【对称基准面】选择【基准面 1】(注：此处根据自身情况进行更改)→配合面选择两个粉色高亮面→单击【 ✓ 】完成，零件装配情况如图 5-55 所示。

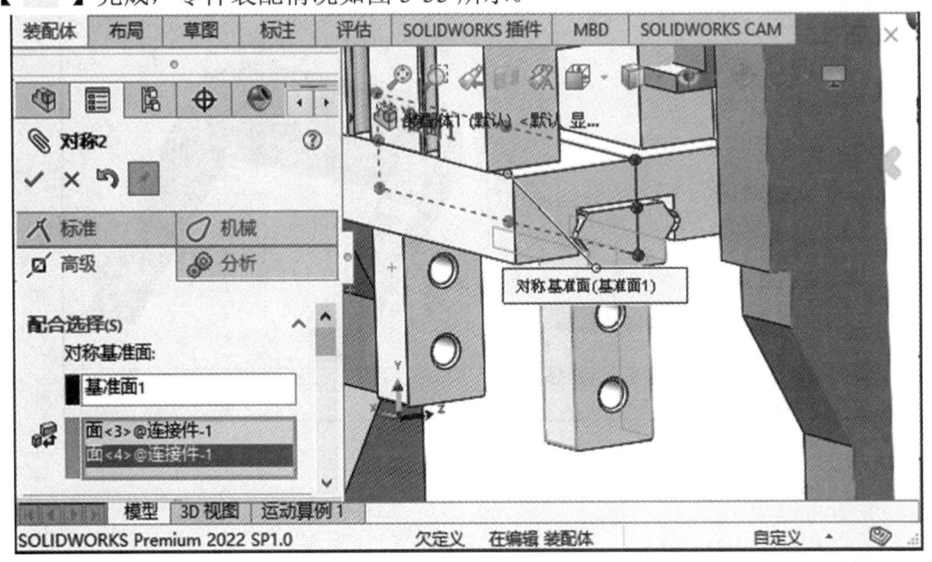

图 5-55 对称装配零件

Step2 由于此处配合为间隙配合，因此需要使用距离约束组件，单击【配合】→单击【高级】→配合类型选择【距离】0.50 mm→配合面选择两个蓝色高亮线所在面→单击【 ✓ 】完成，如图 5-56 所示。

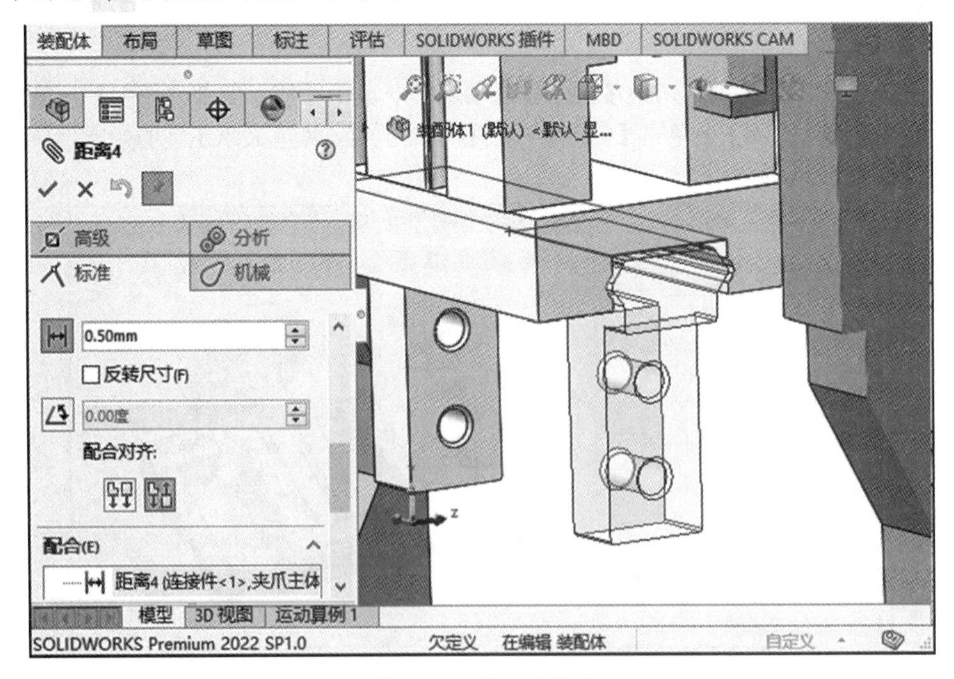

图 5-56 添加距离约束

至此，完成了零件装配，完整的机械夹爪装配成品如图 5-57 所示。

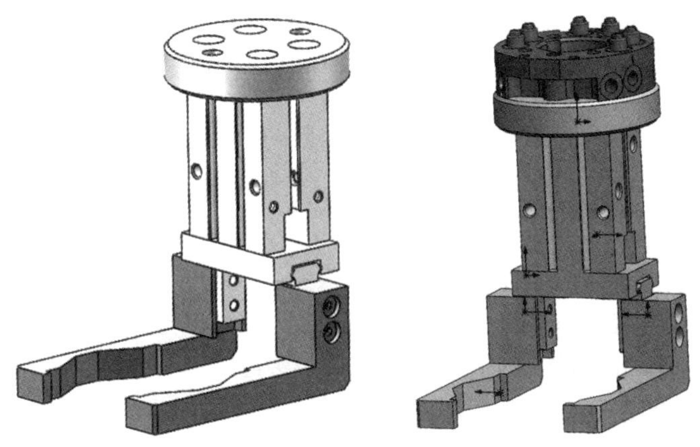
图 5-57　机械夹爪成品

为了方便后期使用 ROBOGUIDE 软件并能仿真夹爪的运动，可额外再分开装配夹爪的三部分，如图 5-58 所示，并另存为 *.IGS 文件。

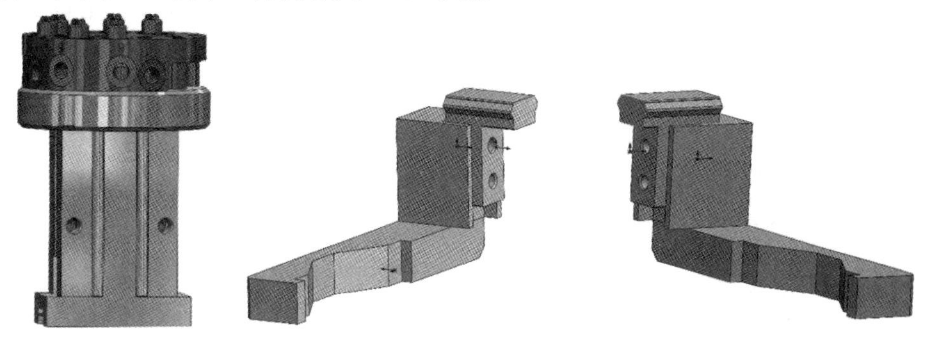
图 5-58　夹爪的三部分装配体

5.2　吸盘工具设计

如图 5-59 所示，为吸盘夹爪爆炸图，要求使用机械建模软件 SOLIDWORKS 进行绘制。具体要求如下：

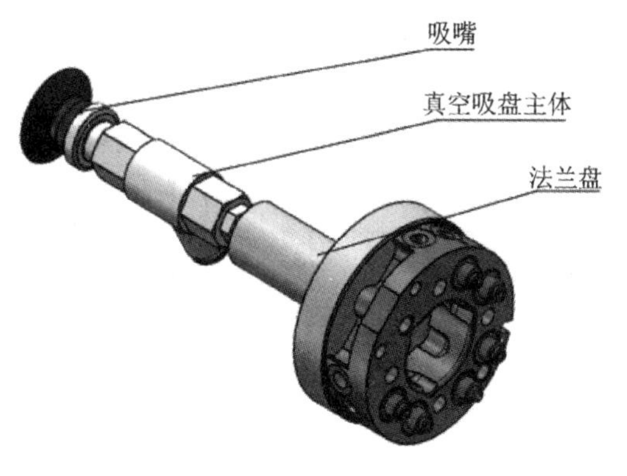

图 5-59　吸盘夹爪爆炸图

(1) 根据提供的零件图，采用 SOLIDWORKS 完成各个零件的三维模型。

(2) 根据已完成的零件三维模型，采用 SOLIDWORKS 完成吸盘夹爪的装配。

专业能力素养

- 能够知道吸盘夹爪的组成
- 能够了解吸盘夹爪的工作原理
- 能够使用 SOLIDWORKS 完成吸盘夹爪各个零件的建模
- 能够使用 SOLIDWORKS 完成吸盘夹爪的装配
- 能够了解夹爪的构成、使用方法及优缺点

任务与工作流程

根据任务要求，需要先根据提供的零件图，使用 SOLIDWORKS 零件功能完成零件三维模型的造型，然后根据已完成的零件三维模型，使用 SOLIDWORKS 装配体功能完成整套夹爪的装配。因此我们将本任务分为五个部分进行。

- 吸嘴零件设计
- 吸盘主体设计
- 紧固零件设计
- 法兰盘零件设计
- 吸盘工具零件装配

5.2.1 吸嘴零件设计

1. 吸嘴零件工程图

根据图纸使用 SOLIDWORKS 造型的步骤为：旋转拉伸主体轮廓→倒角→完成零件绘制。吸嘴工程图如图 5-60 所示。

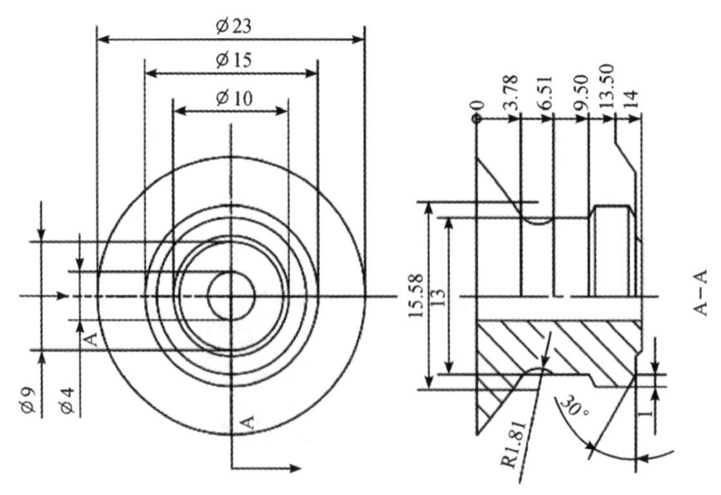

图 5-60 吸嘴工程图(尺寸单位：mm)

2. 绘制吸嘴

1) 创建零件工程

打开软件【SOLIDWORKS 2022】→单击【新建 】创建工程→系统弹出【新建SOLIDWORKS 文件】→鼠标单击【零件图标 】→单击【确定】完成零件工程创建。

2) 旋转拉伸主体

Step1 单击【草图】→系统切换【草图选项卡】→单击【草图绘制 】→选择【上视基准面】为绘制平面→绘制草图→完成后单击【退出草图 】。吸嘴轮廓草图如图 5-61 所示。

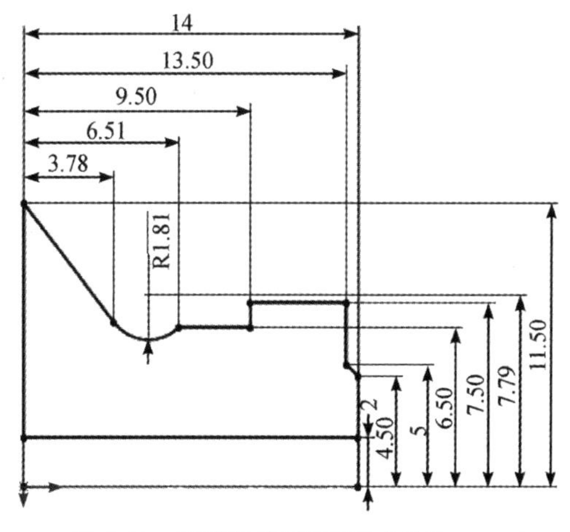

图 5-61　吸嘴轮廓草图(尺寸单位：mm)

Step2 单击【特征】→系统切换【特征选项卡】→在导航栏内，选择 Step1 绘制的草图→单击【旋转 】→选择草图中心线为【旋转轴】→输入【给定深度】360.00 度→单击【 】完成，如图 5-62 所示。

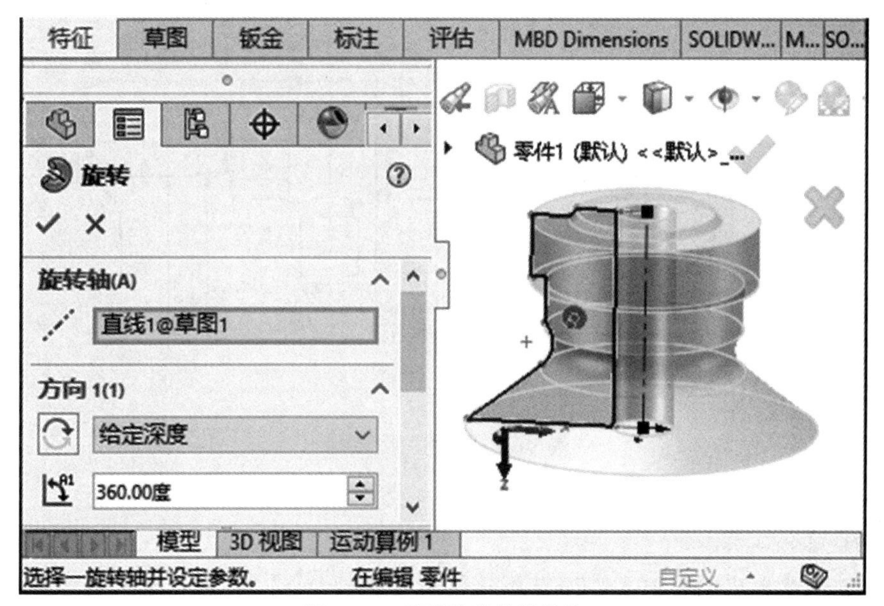

图 5-62　吸嘴轮廓旋转操作

Step3　单击【倒角 】→选择倒角边→输入【倒角参数】1.00mm→输入【倒角角度】30.00 度→单击【 】完成，如图 5-63 所示。

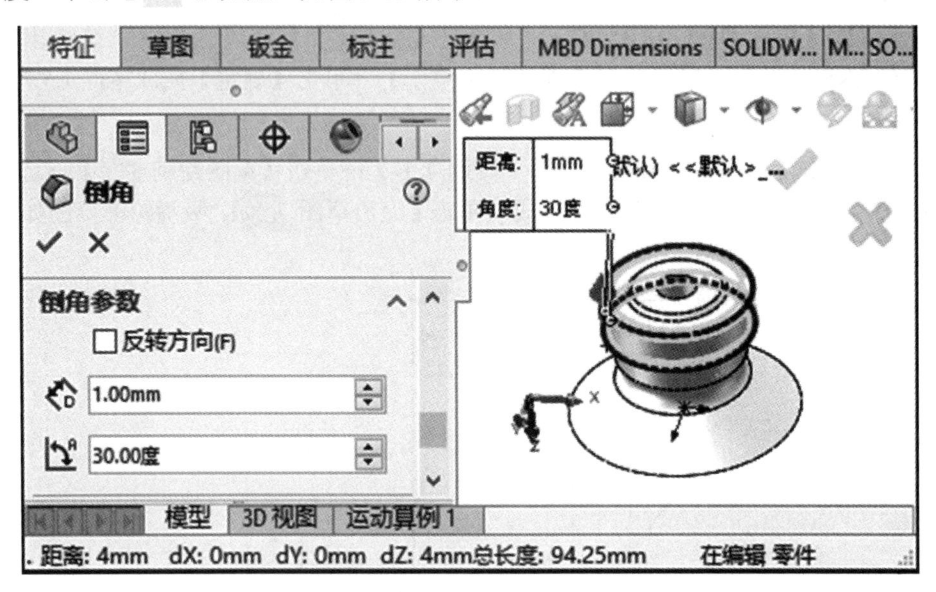

图 5-63　吸嘴倒角操作

至此，完成了零件吸嘴的绘制。

5.2.2　吸盘主体设计

1. 吸盘主体零件工程图

根据图纸，用 SOLIDWORKS 造型的步骤为：旋转拉伸主体轮廓→倒角→拉伸切除多余部分→绘制快插接口→完成零件绘制。吸盘主体工程图如图 5-64 所示。

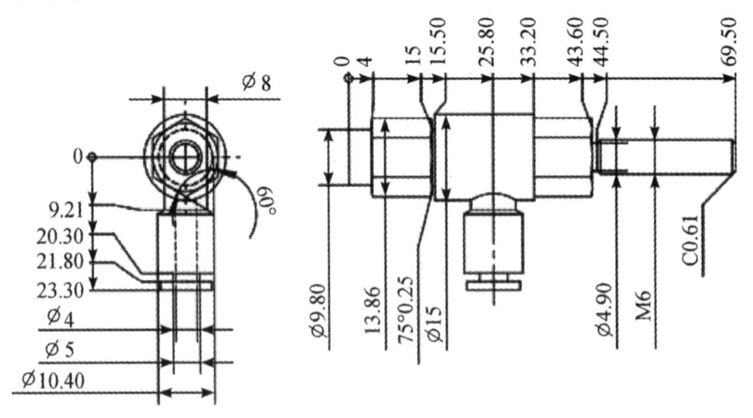

图 5-64　吸盘主体工程图

2. 绘制吸盘主体

1) 创建零件工程

打开软件【SOLIDWORKS 2022】→单击【新建 】创建工程→系统弹出【新建 SOLIDWORKS 文件】→鼠标单击【零件图标 】→单击【确定】完成零件工程创建。

2) 拉伸零件

Step1 单击【草图】→系统切换【草图选项卡】→单击【草图绘制 】→选择【上视基准面】为绘制平面→绘制草图→完成后单击【退出草图 】。吸盘主体轮廓草图如图 5-65 所示。

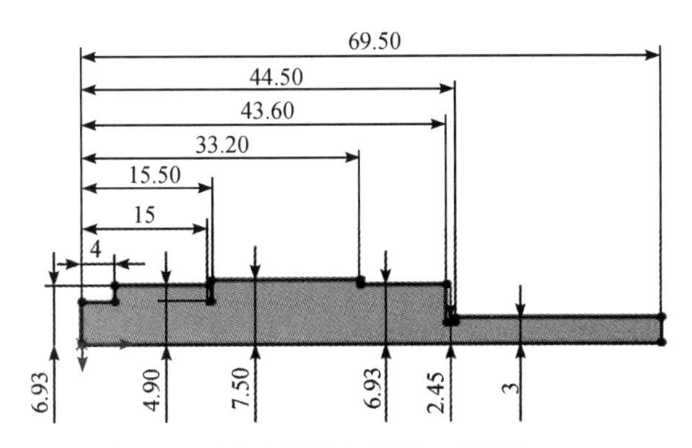

图 5-65　吸盘主体轮廓草图(尺寸单位：mm)

Step2 单击【特征】→系统切换【特征选项卡】→在导航栏内，选择 Step1 绘制的草图→单击【旋转 】→选择草图中心线为【旋转轴】→输入【给定深度】360.00 度→单击【 】完成，如图 5-66 所示。

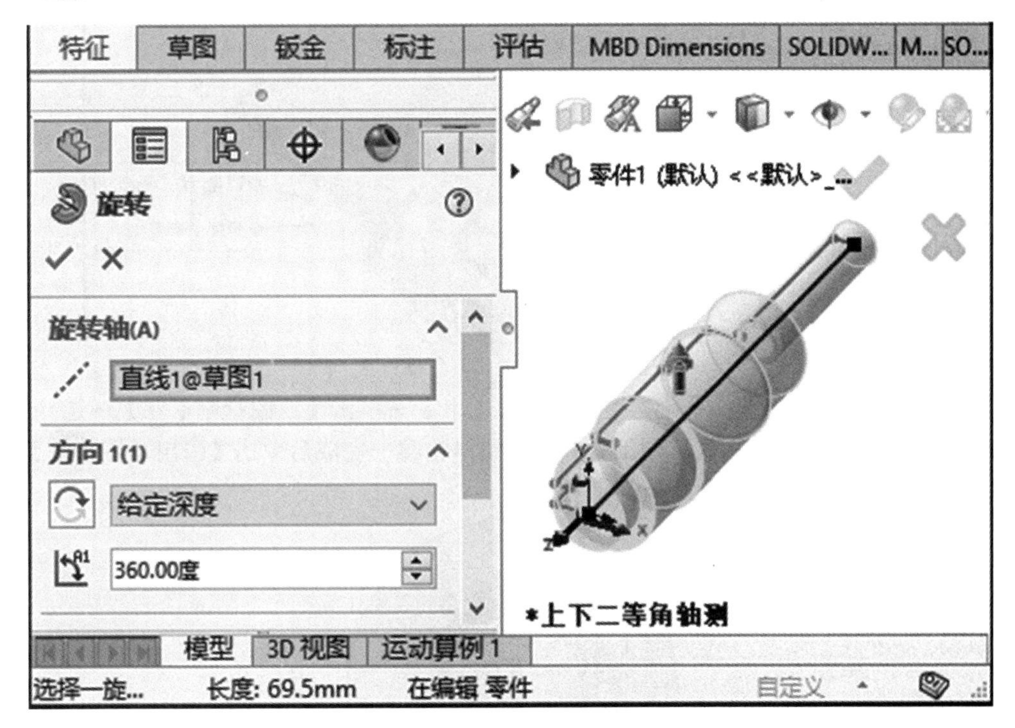

图 5-66　吸盘主体旋转操作

Step3 单击【倒角 】→选择倒角边→输入【倒角参数】0.25mm→输入【倒角角度】75.00 度→单击【 】完成，如图 5-67 所示。

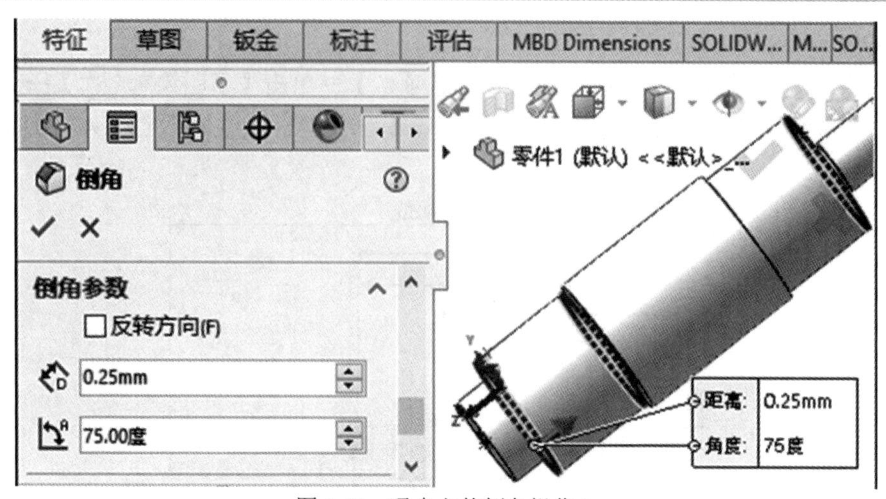

图 5-67　吸盘主体倒角操作 1

Step4　单击【倒角 】→选择倒角边→输入【倒角参数】0.61 mm→单击【 】完成，如图 5-68 所示。

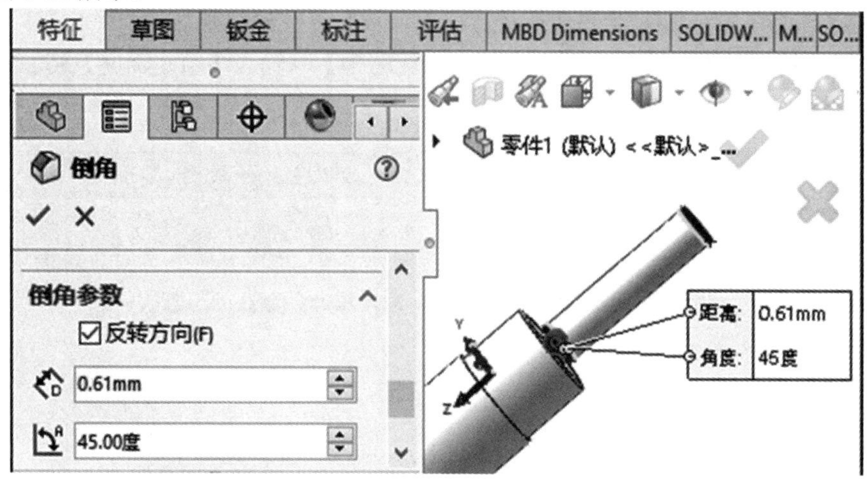

图 5-68　吸盘主体倒角操作 2

Step5　单击【草图】→系统切换【草图选项卡】→单击【草图绘制 】→选择【零件底面】为绘制平面→使用【草图工具】绘制拉伸轮廓→完成后单击【退出草图 】。吸盘主体拉伸切除草图如图 5-69 所示。

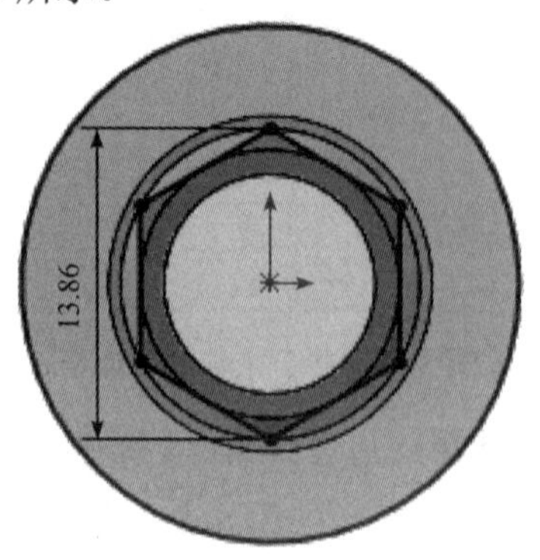

图 5-69　吸盘主体拉伸切除草图(尺寸单位：mm)

Step6　单击【特征】→系统切换【特征选项卡】→选择 Step5 绘制的草图→单击【拉伸切除 】→输入【给定深度】11.00 mm→单击【 】完成，如图 5-70 所示。

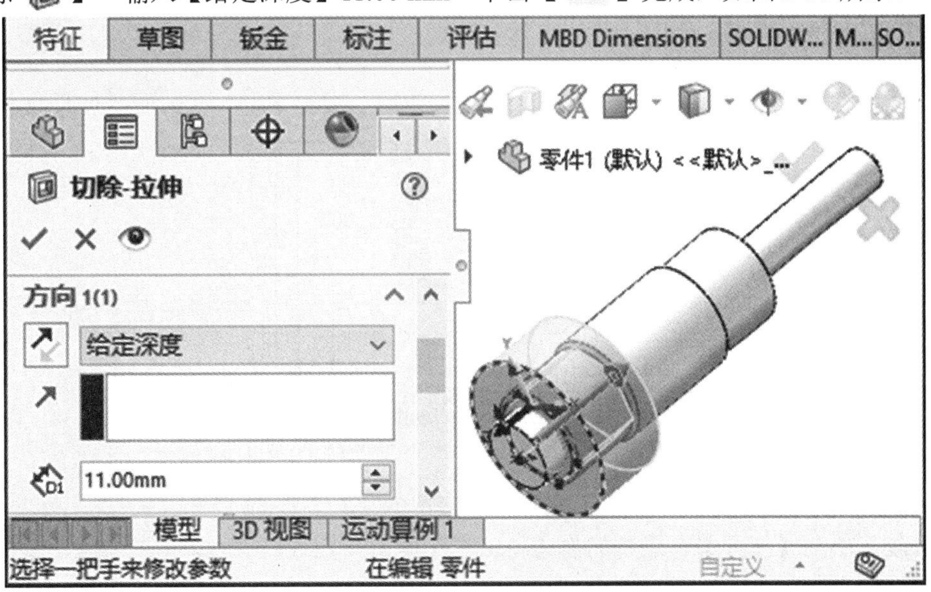

图 5-70　吸盘主体拉伸切除操作 1

Step7　再次选择 Step5 绘制的草图→单击【切除-拉伸 】→选择【曲面/面/基准面】→输入【给定深度】11.00 mm→单击【 】完成，如图 5-71 所示。

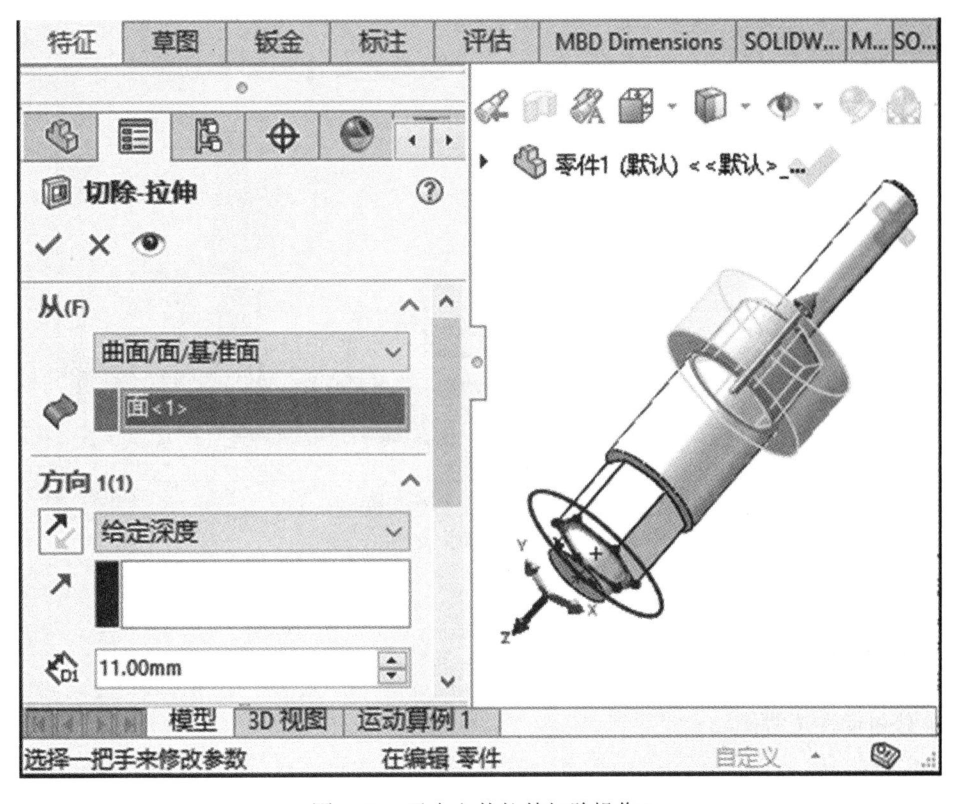

图 5-71　吸盘主体拉伸切除操作 2

3) 拉伸快插接口

Step1　单击【草图】→系统切换【草图选项卡】→单击【草图绘制 】→选择【上视基准面】为绘制平面→使用【草图工具】绘制拉伸轮廓→完成后单击【退出草图 】。快插接头轮廓草图如图 5-72 所示。

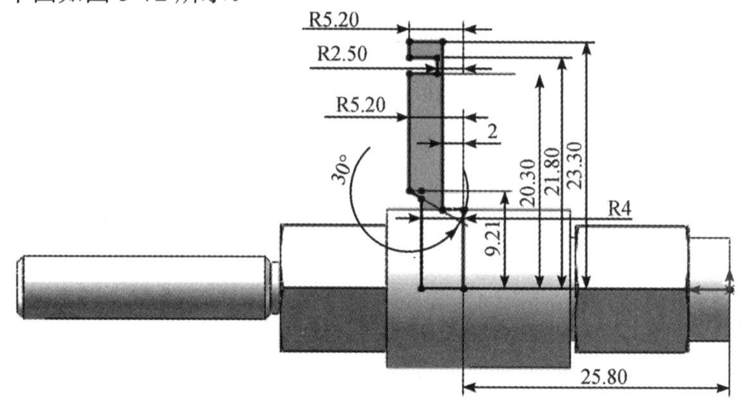

图 5-72　快插接头轮廓草图(尺寸单位：mm)

Step2　单击【特征】→系统切换【特征选项卡】→在导航栏内，选择 Step2 绘制的草图→单击【旋转 3 】→选择草图中心线为【旋转轴】→输入【给定深度】360.00 度→单击【 ✓ 】完成，如图 5-73 所示。

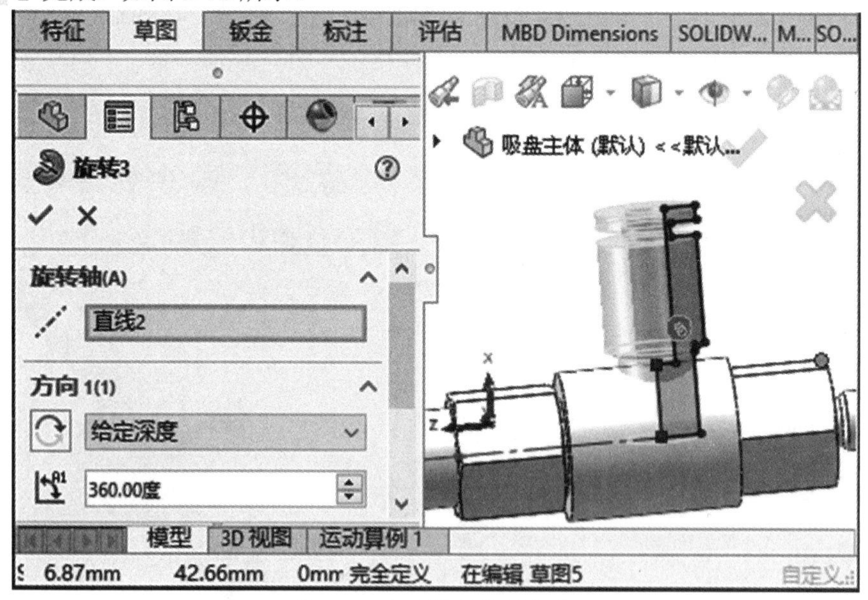

图 5-73　快插接头旋转操作

至此，完成了吸盘主体的绘制。

5.2.3　紧固零件设计

1. 紧固零件工程图

根据图纸，用 SOLIDWORKS 造型的步骤为：拉伸零件主体→拉伸切除(切除多余部分)→倒角→完成绘制。螺母工程图如图 5-74 所示。

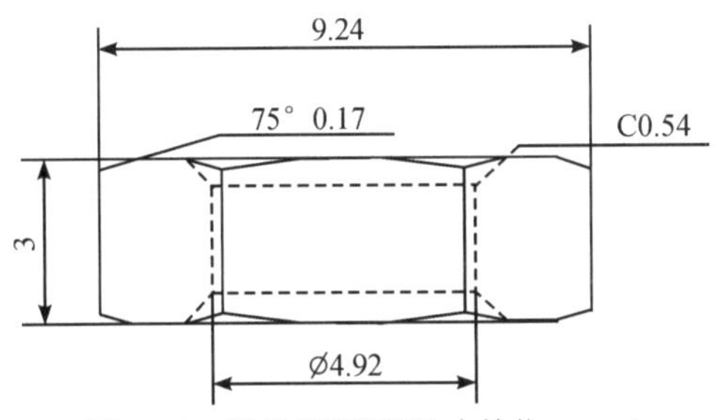

图 5-74　螺母工程图(尺寸单位：mm)

2. 绘制螺母

1) 创建零件工程

打开软件【SOLIDWORKS 2022】→单击【新建 】创建工程→系统弹出【新建 SOLIDWORKS 文件】→鼠标单击【零件图标 】→单击【确定】完成零件工程创建。

2) 拉伸零件

Step1　单击【草图】→系统切换【草图选项卡】→单击【草图绘制 】→选择【上视基准面】为绘制平面→绘制草图→单击【退出草图 】完成。螺母拉伸轮廓草图如图 5-75 所示。

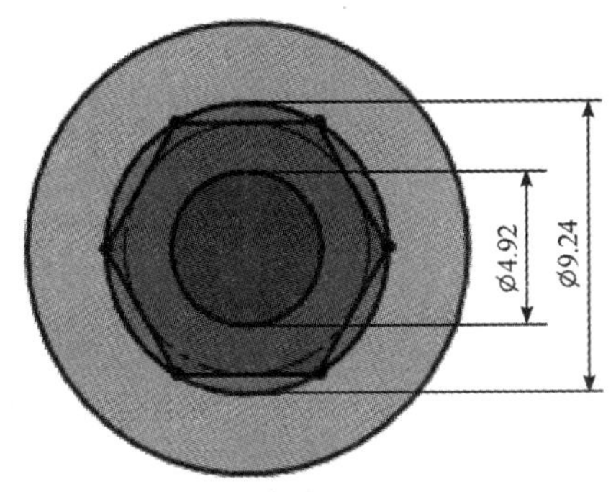

图 5-75　螺母拉伸轮廓草图(尺寸单位：mm)

Step2　单击【特征】→系统切换【特征选项卡】→单击【凸台-拉伸 】→输入【给定深度】3.00 mm→选择 Step1 绘制的部分草图→单击【 】完成，如图 5-76 所示。

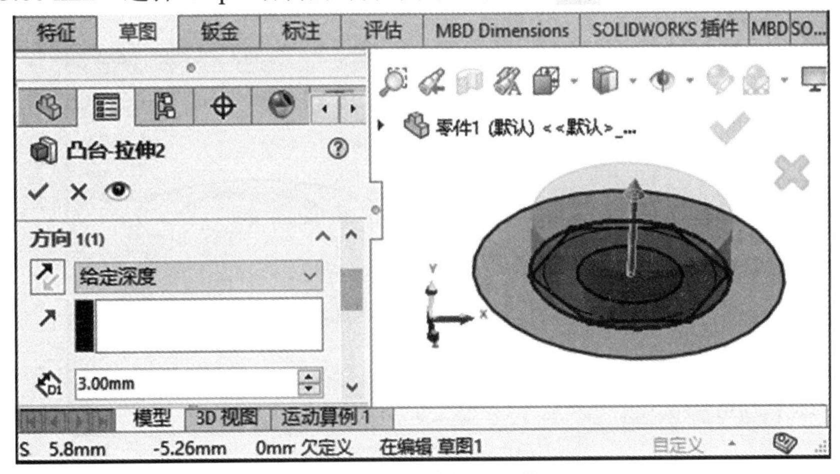

图 5-76　拉伸螺母主体

Step3 单击【倒角 】→选择倒角边→输入【倒角参数】0.17 mm→输入【倒角角度】75.00 度→单击【 ✓ 】完成，如图 5-77 所示。

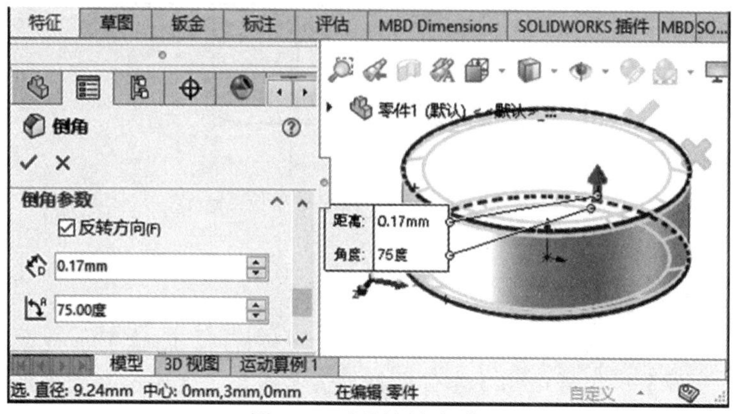

图 5-77　螺母倒角操作

Step4 单击【拉伸切除 】→选择【给定深度】3.00 mm→选择 Step1 绘制的部分草图→单击【 ✓ 】完成，如图 5-78 所示。

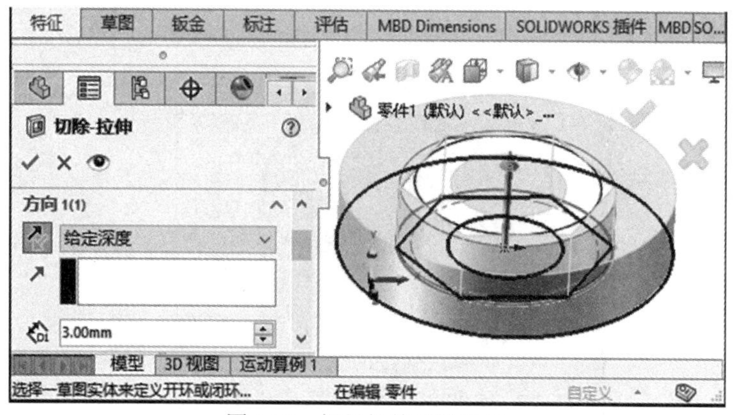

图 5-78　螺母拉伸切除操作

Step5 单击【倒角 】→选择倒角边→输入【倒角参数】0.54 mm→单击【 ✓ 】完成，如图 5-79 所示。

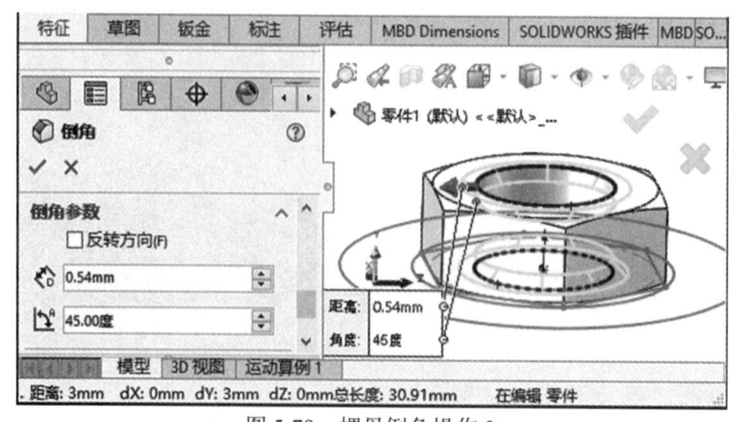

图 5-79　螺母倒角操作 2

至此，完成了紧固零件的绘制。

5.2.4　工具端适应盘设计

1. 工具端适应盘零件工程图

根据图纸，用 SOLIDWORKS 造型的步骤为：旋转拉伸零件主体→绘制孔→完成零件绘制。工具端适应盘工程图如图 5-80 所示。

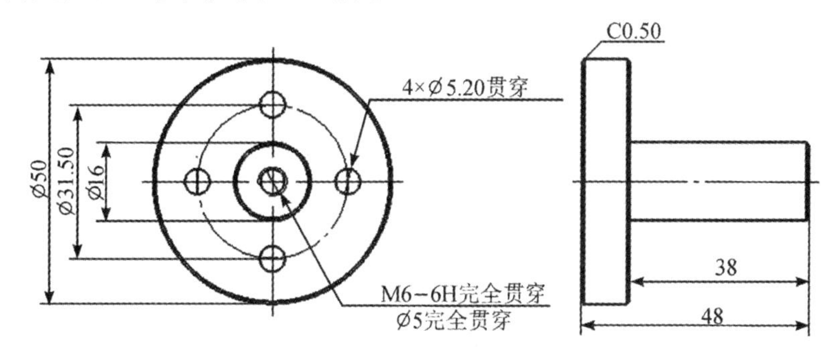

图 5-80　工具端适应盘工程图(尺寸单位：mm)

2. 绘制工具端适应盘

1) 创建零件工程

打开软件【SOLIDWORKS 2022】→单击【新建 】创建工程→系统弹出【新建 SOLIDWORKS 文件】→鼠标单击【零件图标 】→单击【确定】完成零件工程创建。

2) 拉伸零件主体

Step1　单击【草图】→系统切换【草图选项卡】→单击【草图绘制 】→选择【上视基准面】为绘制平面→使用【草图工具】绘制拉伸轮廓→完成后单击【退出草图 】。适应盘主体轮廓草图如图 5-81 所示。

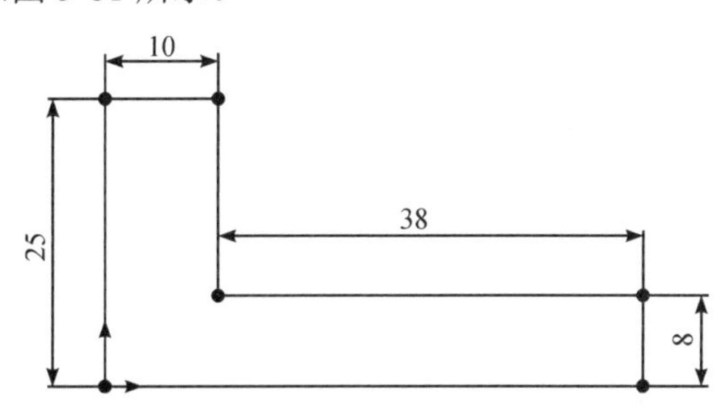

图 5-81　适应盘主体轮廓草图(尺寸单位：mm)

Step2　单击【特征】→系统切换【特征选项卡】→在导航栏内，选择 Step1 绘制的草图→单击【旋转 1 】→选择草图中心线为【旋转轴】→输入【给定深度】360.00 度→单击【 】完成，如图 5-82 所示。

Step3　单击【草图】→系统切换【草图选项卡】→单击【草图绘制 】→选择【零件底面】为绘制平面→使用【草图工具】绘制孔位草图→完成后单击【退出草图 】。适应盘孔定位轮廓草图如图 5-83 所示。

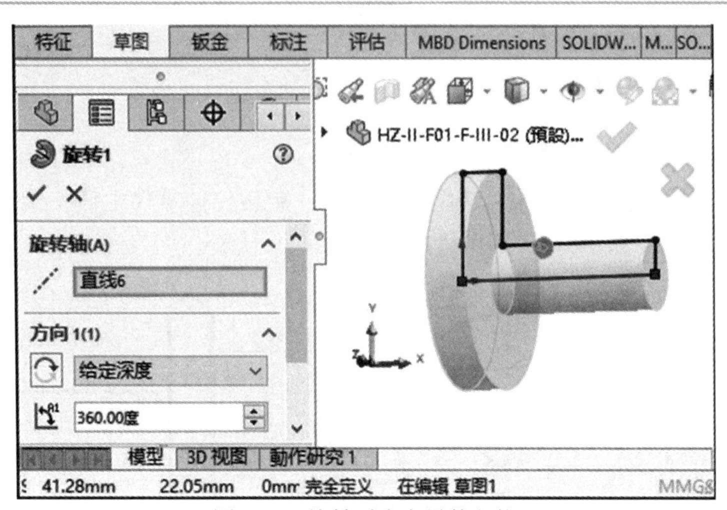

图 5-82　旋转适应盘零件主体

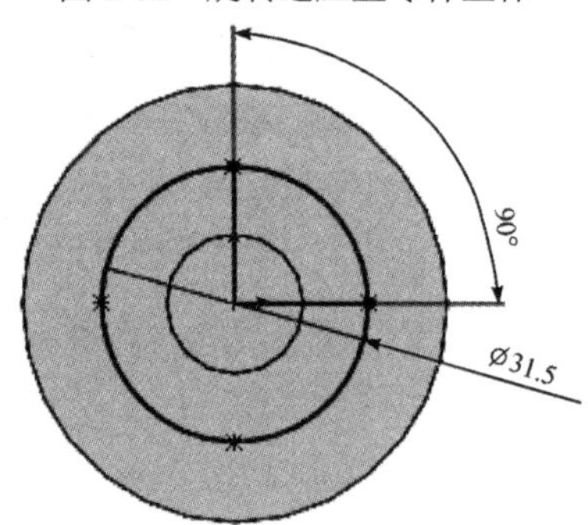

图 5-83　适应盘孔定位轮廓草图(尺寸单位：mm)

Step4　单击【特征】→系统切换【特征选项卡】→单击【异型孔向导 】→单击【位置 】→单击【3D 草图】→选择 Step3 绘制的草图的点作为孔位→单击【类型 】→单击【孔 】→选择标准【ISO】→选择类型【钻孔大小】→选择孔规格大小【直径 5.2 mm】→选择【终止条件】完全贯穿→单击【 ✓ 】完成，如图 5-84 所示。

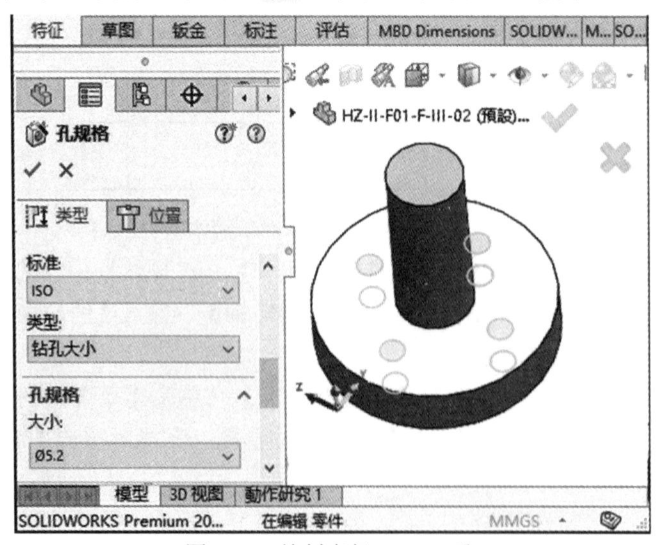

图 5-84　绘制直径 5.2 mm 孔

Step5　单击【异型孔向导】→单击【位置】→单击【3D 草图】→选择中心点作为孔位→单击【类型】→单击【直螺纹孔】→选择标准【GB】→选择类型【螺纹孔】→选择孔规格大小【M6】→选择【终止条件】完全贯穿→单击【 ✓ 】完成，如图 5-85 所示。

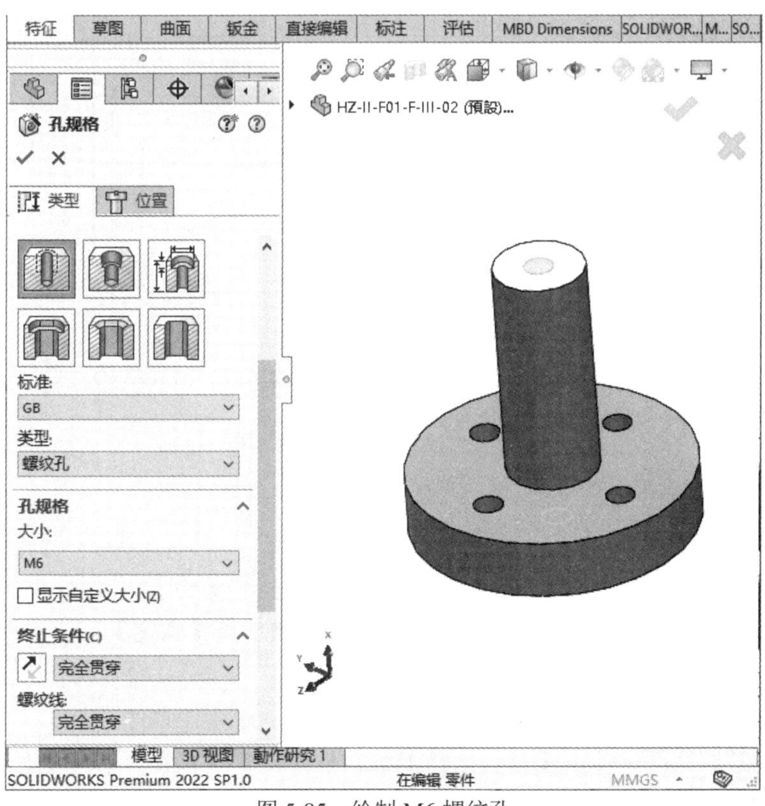

图 5-85　绘制 M6 螺纹孔

Step6　单击【倒角】→选择倒角边→输入【倒角参数】0.50 mm→单击【 ✓ 】完成，如图 5-86 所示。

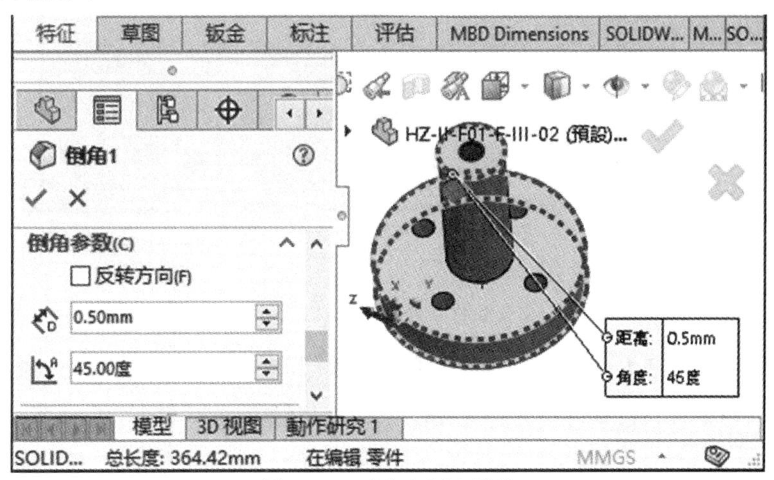

图 5-86　适应盘倒角操作

至此，完成了工具端适应盘的绘制。

3. 吸盘安装板零件工程图

根据图纸，用 SOLIDWORKS 造型的步骤为：拉伸零件主体→倒角→完成零件绘制。吸嘴安装板工程图如图 5-87 所示。

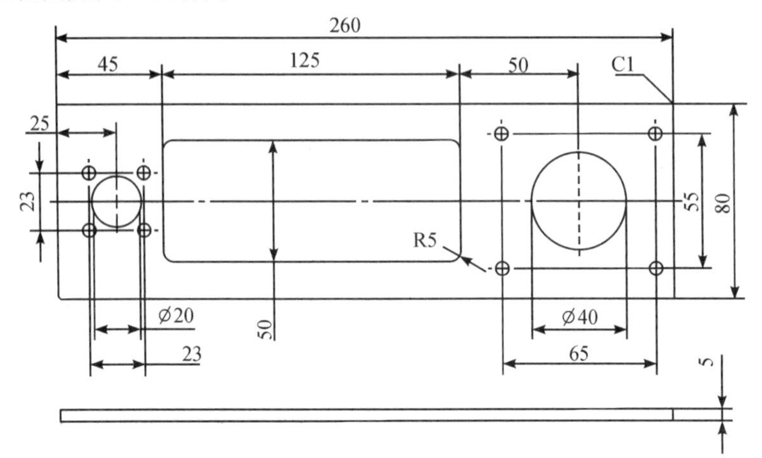

图 5-87　吸盘安装板工程图(尺寸单位：mm)

4. 绘制吸盘安装板

1) 创建零件工程

打开软件【SOLIDWORKS 2022】→单击【新建 】创建工程→系统弹出【新建 SOLIDWORKS 文件】→鼠标单击【零件图标 】→单击【确定】完成零件工程创建。

2) 拉伸零件

Step1　单击【草图】→系统切换【草图选项卡】→单击【草图绘制 】→选择【上视基准面】为绘制平面→使用【草图工具】绘制拉伸轮廓→完成后单击【退出草图 】。吸盘安装主体轮廓草图如图 5-88 所示。

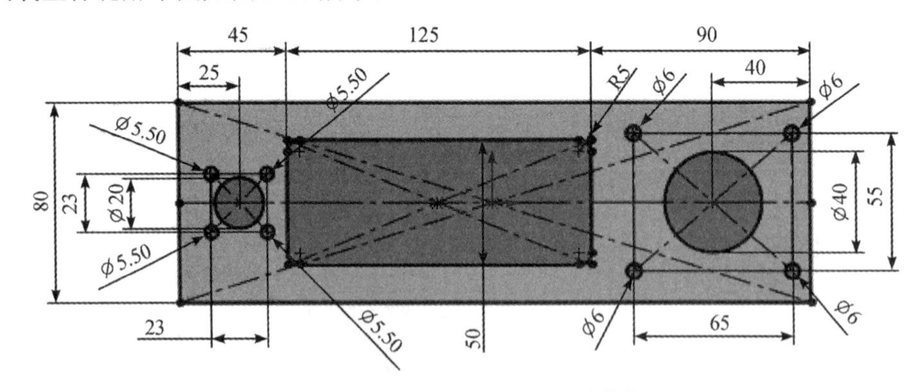

图 5-88　吸盘安装主体轮廓草图(尺寸单位：mm)

Step2　单击【特征】→系统切换【特征选项卡】→在导航栏内，选择 Step1 绘制的草图→单击【凸台-拉伸 】→输入【给定深度】5.00 mm→单击【 】完成，如图 5-89 所示。

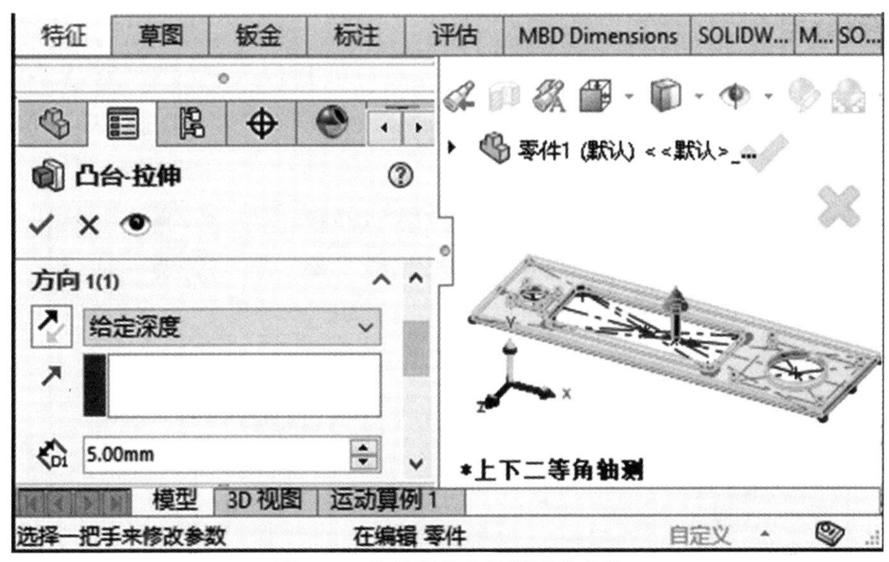

图 5-89　拉伸吸盘安装板零件主体

Step3　单击【倒角 1 】→选择倒角边→输入【倒角参数】1.00 mm→单击【 ✓ 】完成，如图 5-90 所示。

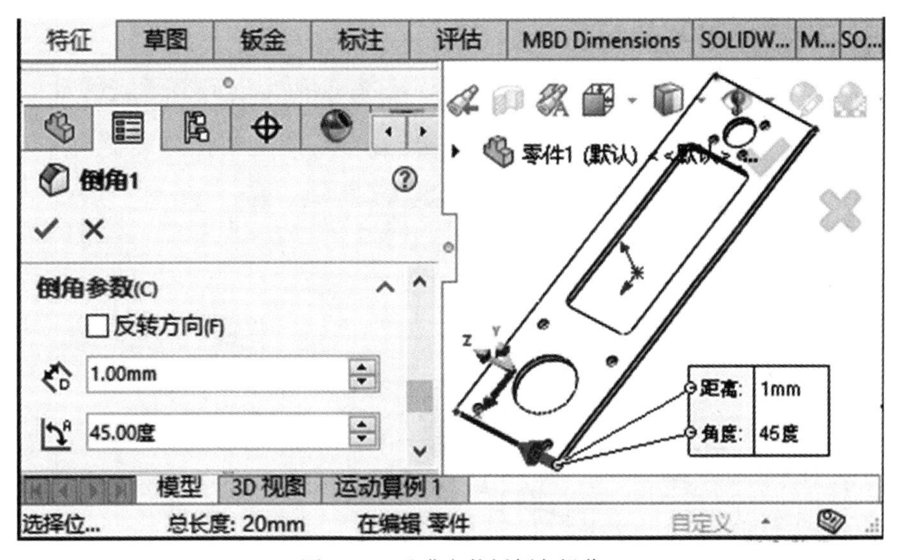

图 5-90　吸嘴安装板倒角操作

至此，完成了吸嘴安装板的绘制。

5.2.5　吸盘工具零件装配

1. 装配吸盘

1) 创建装配图工程

打开软件【SOLIDWORKS 2022】→单击【新建 】创建工程→系统弹出【新建 SOLIDWORKS 文件】→鼠标单击【装配体图标 】→单击【确定】完成装配体工程创建。

2) 导入零件

单击【装配体】→系统切换【装配体选项卡】→单击【插入零部件 】→单击【浏览】→选择【吸嘴】→单击【打开】→任意单击放置，完成吸嘴的导入，同理，导入吸盘主体，如图 5-91 所示。

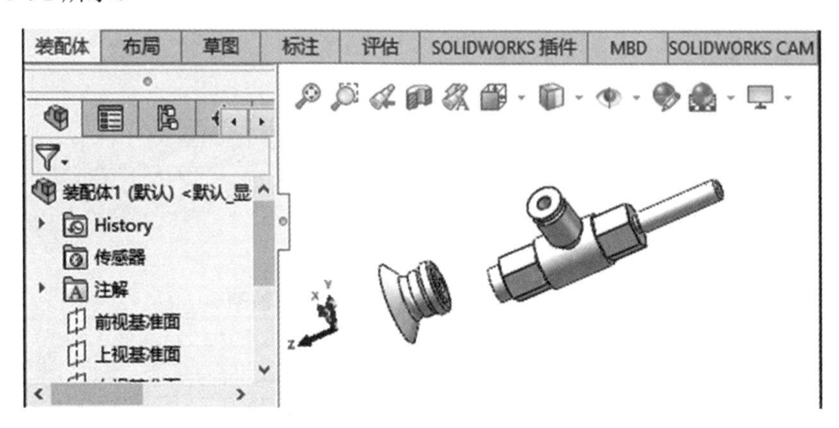

图 5-91　导入吸嘴零件和吸盘主体

3) 定义装配关系

单击【重合 】→单击【标准】→选择【重合 】约束→根据各自的装配关系选择对象→单击【 】，完成单个零件的装配约束，如图 5-92 所示。

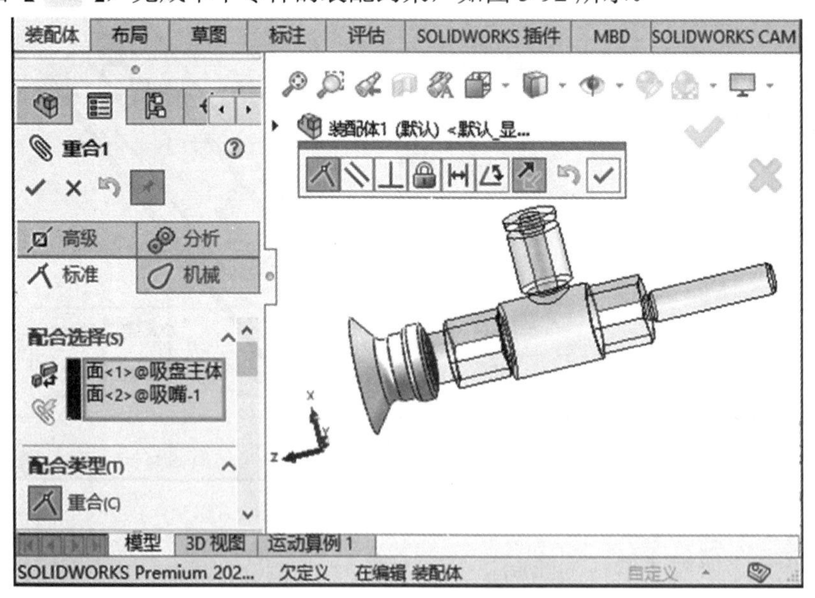

图 5-92　重合装配吸盘零件

至此，完成了单个吸盘的装配，完成后请保存。

2. 吸盘工装 1

1) 创建装配图工程

打开软件【SOLIDWORKS 2022】→单击【新建 】创建工程→系统弹出【新建 SOLIDWORKS 文件】→鼠标单击【装配体图标 】→单击【确定】完成装配体工程创建。

2) 导入零件

单击【装配体】→系统切换【装配体选项卡】→单击【插入零部件 】→单击【浏览】→选择【吸盘】→单击【打开】→任意单击放置，完成吸盘的导入，同理，导入法兰盘，如图 5-93 所示。

图 5-93　导入吸嘴零件和法兰盘

3) 定义装配关系

单击【配合 】→单击【标准】→选择【重合 】约束→根据各自的装配关系选择对象→单击【 】，完成单个零件的装配约束，如图 5-94 所示。

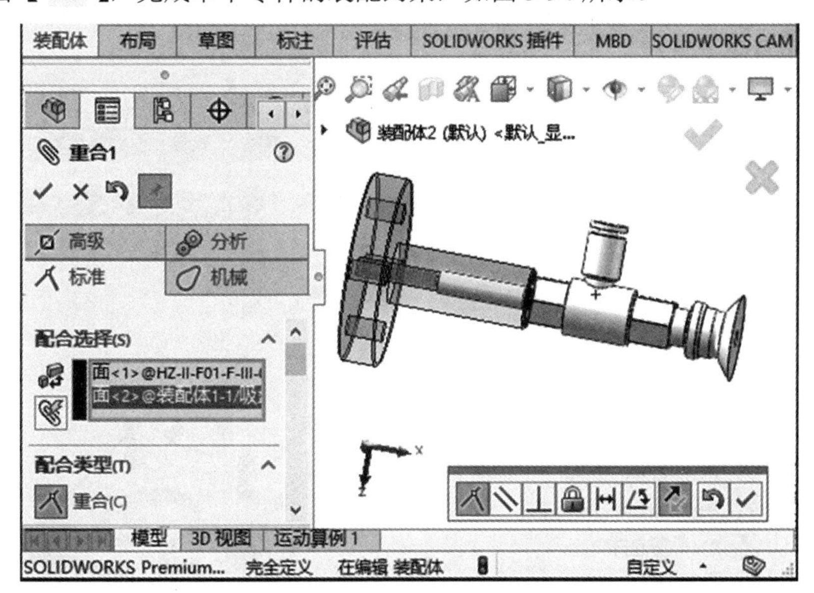

图 5-94　吸盘工装 1 装配

至此，完成了吸盘工装 1 的装配。

3. 吸盘工装 2

1) 创建装配图工程

打开软件【SOLIDWORKS2022】→单击【新建 】创建工程→系统弹出【新建 SOLIDWORKS 文件】→鼠标单击【装配体图标 】→单击【确定】完成装配体工程创建。

2) 导入零件

单击【装配体】→系统切换【装配体选项卡】→单击【插入零部件 】→单击【浏览】→选择【吸盘】→单击【打开】→任意单击放置，完成吸盘的导入，导入所有零件后如图 5-95 所示。

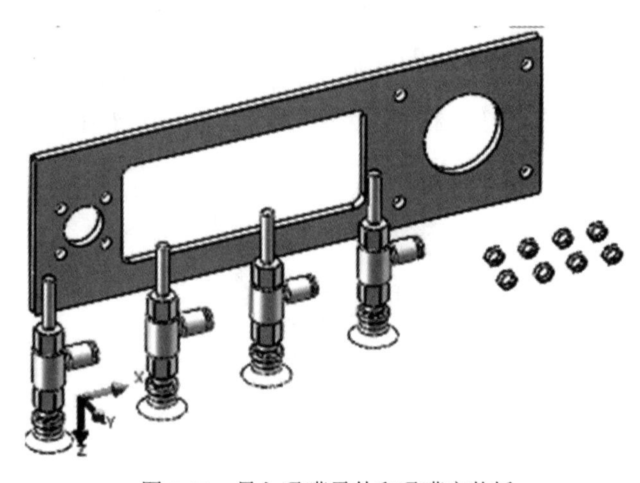

图 5-95　导入吸嘴零件和吸嘴安装板

3) 定义装配关系

单击【配合 】→单击【标准】→选择【重合 】约束→根据各自的装配关系选择对象→单击【 】，完成单个零件的装配约束，如图 5-96 所示。

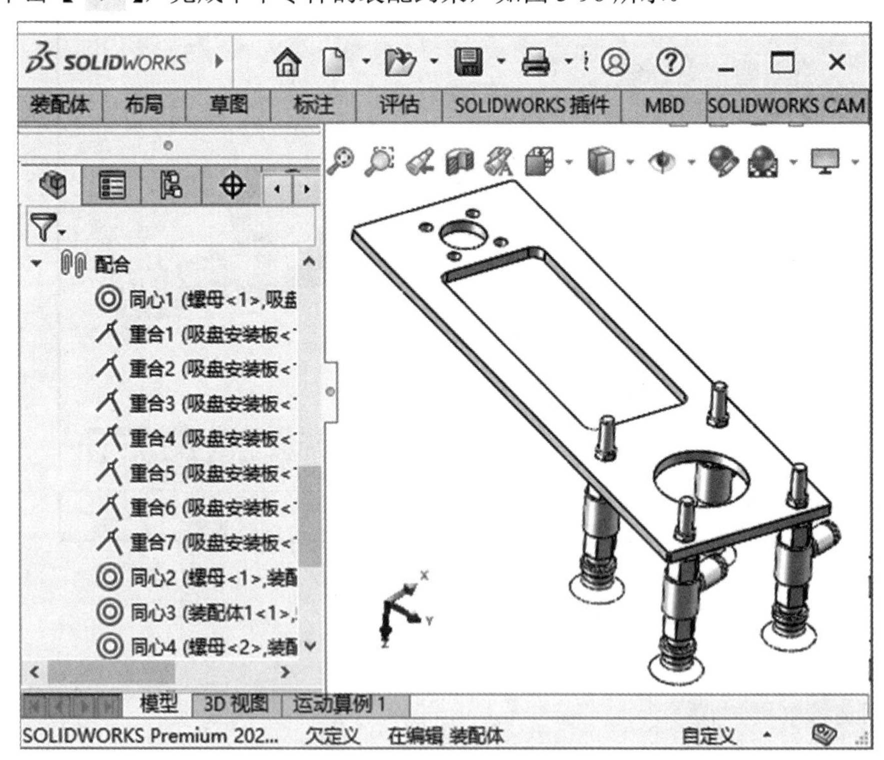

图 5-96　吸盘工装 2 装配

至此，完成了吸盘工装 2 的装配。

仿真应用篇

——学以致用，用学相长

第 6 章　工业机器人工作站工具快换仿真应用

工业机器人工作站是现代工业生产中不可或缺的一部分，它由多个组成部分构成，包括机器人、控制系统、传感器、工具库和工作台等。这些组成部分协同工作，使得机器人能够完成各种复杂的工业任务，从而提高生产效率和质量。

在工业生产中，一台工业机器人往往需要在同一工段完成多种工艺。由于工业机器人末端执行器通用性较差，因此机器人在完成一种工艺后需要快速更换末端执行器。工业机器人每次只使用一个末端执行器，暂时未用到的末端执行器需要放置在工业机器人工具库里。工具库的使用大大提高了工业机器人的工作效率。

ROBOGUIDE 是发那科(FANUC)机器人公司提供的一款仿真软件，它围绕一个离线的三维世界进行模拟，在这个三维世界中可以模拟真实的工业机器人工作站的布局，进一步模拟机器人的运动轨迹，通过模拟可以验证方案的可行性。

本章以笔形、吸盘、夹爪工具为机器人的末端解决方案，通过快换装置实现工业机器人快速更换工具，完成特定任务的仿真应用设计。

专业能力素养

- 能够了解工具快换装置在制造业中的典型应用案例
- 能够使用 SOLIDWORKS 软件完成机器人工作站的建模
- 能够使用 ROBOGUIDE 软件完成笔形、吸盘、夹爪工具的快换模拟仿真
- 能够掌握工具快换装置的工作原理，了解不同工具使用时的优缺点

任务与工作流程

在工业机器人工程项目实施前，常常需要在仿真软件中虚拟设计机器人工作站布局结构并验证其是否合理可行。首先，需要搭建机器人的仿真环境；其次，编写程序仿真验证方案的可行性；最后，在确认方案合理后才能在现实环境搭建实物进行测试。

本章主要讲述如何在 ROBOGUIDE 仿真软件里构建机器人工作站应用场景的三维虚拟环境，再根据加工工艺、生产节拍等相关要求进行一系列的自动快速工具更换操作，在软件中仿真调试轨迹，最后生成机器人执行程序传输给机器人控制系统。根据任务要求，需要熟悉 ROBOGUIDE 软件的操作界面；学习使用 ROBOGUIDE 软件创建工作单元；熟悉 ROBOGUIDE 软件的环境搭建与示教编程等。因此，本章可分为四个部分进行：

- 搭建工业机器人工作站环境
- 机器人工作站笔形工具绘图仿真
- 机器人工作站吸盘工具搬运仿真
- 机器人工作站夹爪工具搬运仿真

6.1　搭建工业机器人工作站环境

工作任务：使用 ROBOGUIDE 软件搭建工业机器人工作站环境。

6.1.1　机器人工作站介绍

机器人工作站是指使用一台或多台机器人，配以相应的周边设备，用于完成某一特定工序作业的独立生产系统，也可称为机器人工作单元。

在设计工作单元时，机器人及其控制系统应尽量选用标准装置，对于个别特殊的场合，需要设计专用机器人。而末端执行器等辅助设备以及其他周边设备则随应用场合和工件特点的不同存在着较大差异。

本章讲述的机器人工作站是以 FANUC 工业机器人为载体，通过配套多种末端执行器，实现工件的加工、检测和搬运等功能。本节主要阐述机器人工作站的环境构成和工具(末端执行器)的应用，便于读者深入了解工具在机器人工作站中的快换方法。机器人工作站环境基本情况如图 6-1 所示。

1—机器人工作站主体；2—机器人末端执行器；3—安全报警装置；4—机器人工具架；5—工作对象工件；6—工作加工台；7—机器人工作站。

图 6-1　FANUC 机器人工作站

该机器人工作站配备了笔形、吸盘、夹爪三种末端执行器，可以实现不同夹持工件的方式，以模拟不同类型的生产作业。接下来开始配置工作站环境。

6.1.2 新建工作单元

项目设计采用 ROBOGUIDE V9.10 版本软件，具体步骤如下。

Step1 打开软件【ROBOGUIDE】→单击【新建工作单元 】，打开工作单元创建向导，如图 6-2 所示。

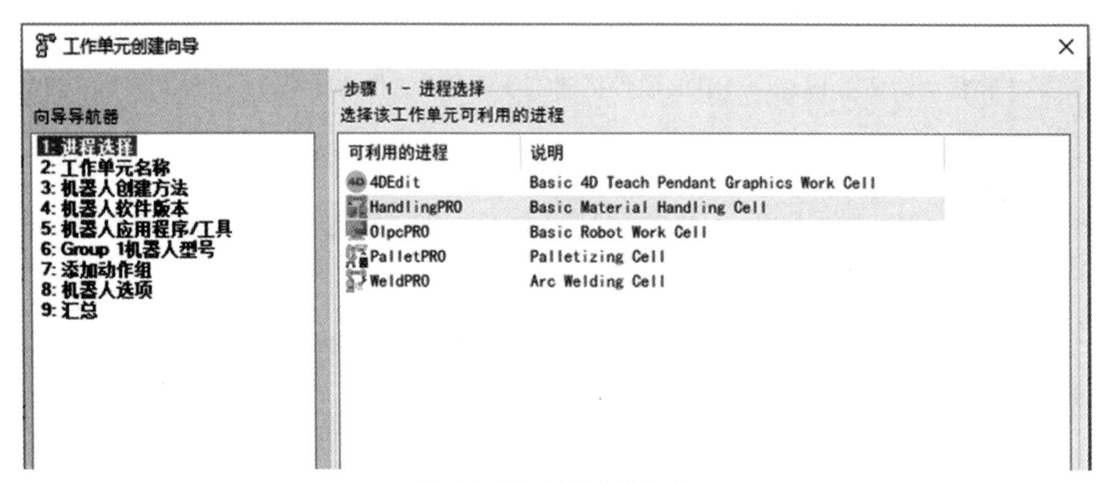

图 6-2 工作单元创建向导

Step2 选择【HandlingPRO 】→单击【下一步】，如图 6-3 所示。其中，HandlingPRO 为机器人标准工作单元。

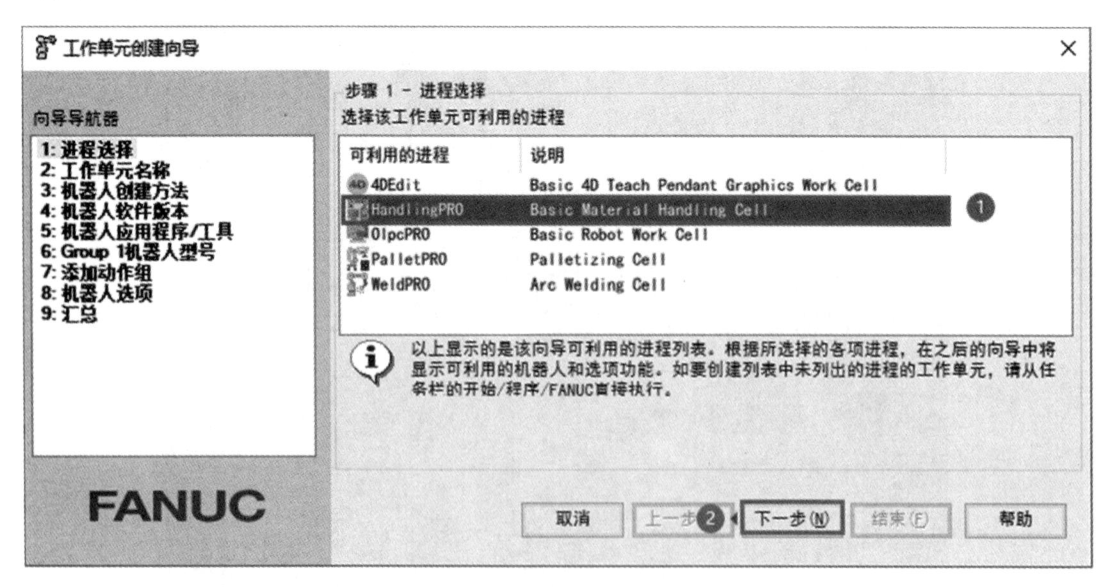

图 6-3 选择搬运编程模块

Step3 输入工作单元【名称】→单击【下一步】，如图 6-4 所示。

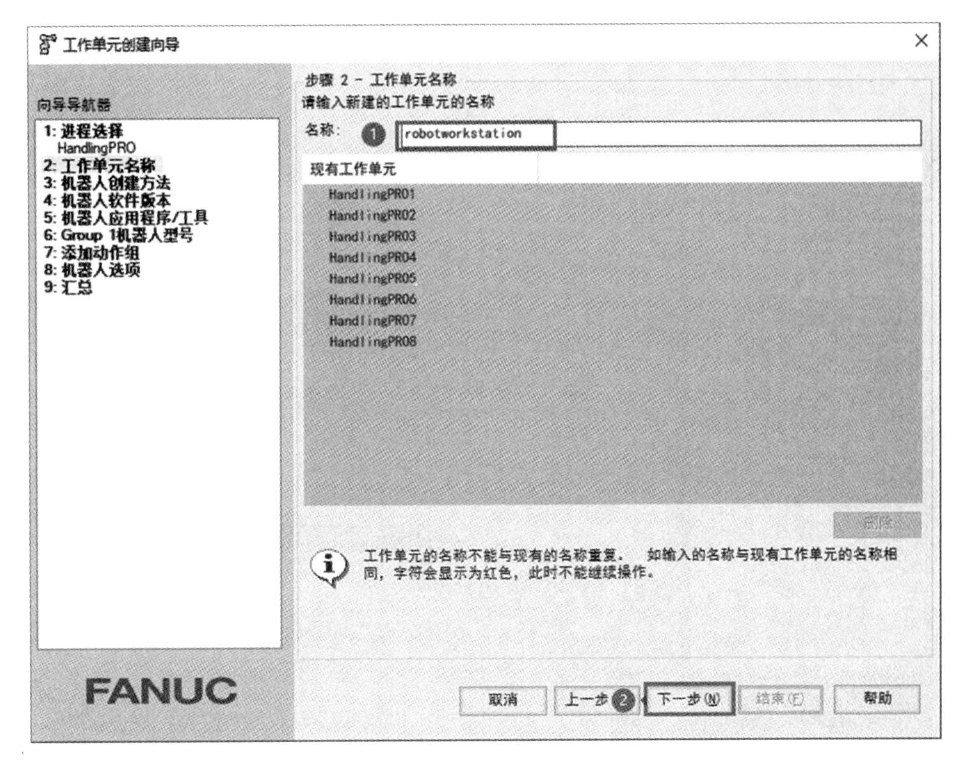

图 6-4　工作单元命名

Step4　选择创建的方法【新建】→单击【下一步】，如图 6-5 所示。

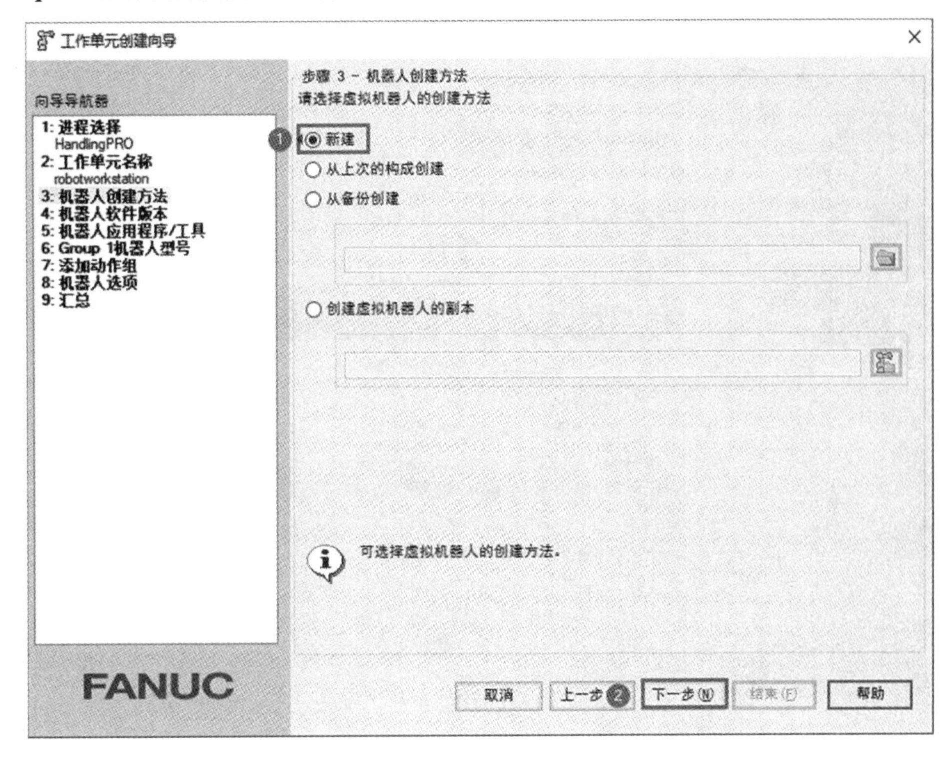

图 6-5　新建虚拟机器人

Step5　单击【稍后进行手爪的设置】→单击【下一步】，如图 6-6 所示。

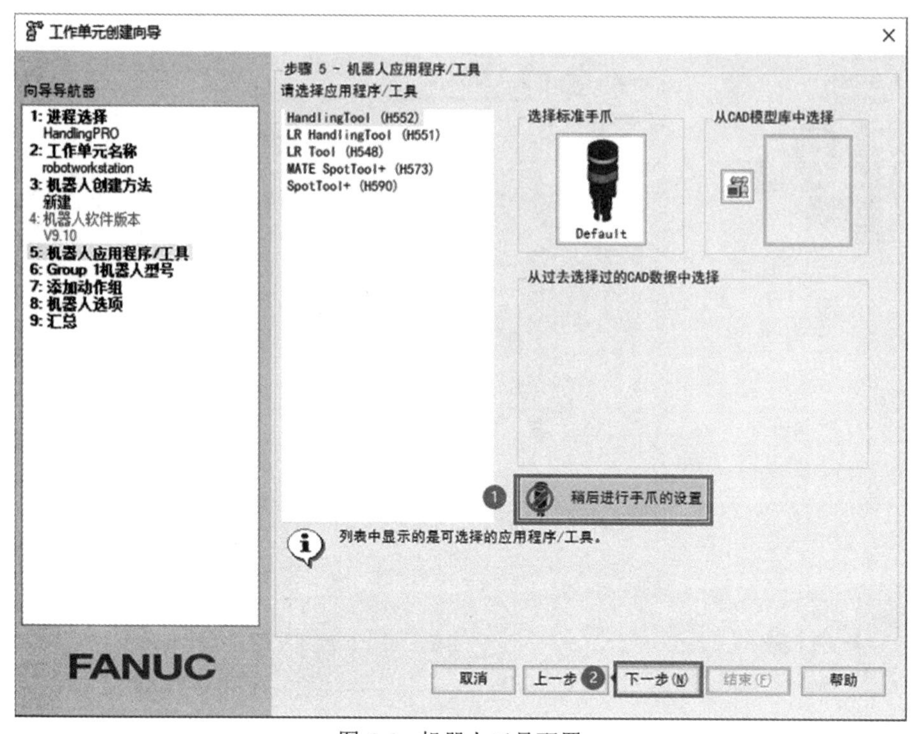

图 6-6　机器人工具配置

Step6　选择【LR Mate 200 ID】机器人→单击【下一步】，如图 6-7 所示。

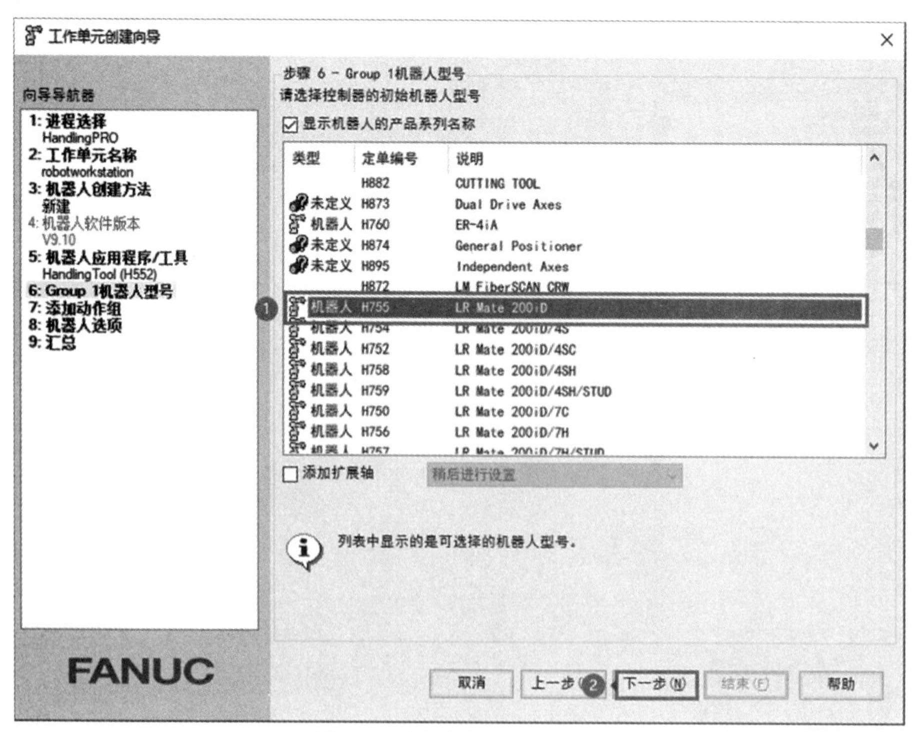

图 6-7　选择虚拟机器人型号

Step7　此处不添加动作组，直接单击【下一步】即可，如图 6-8 所示。

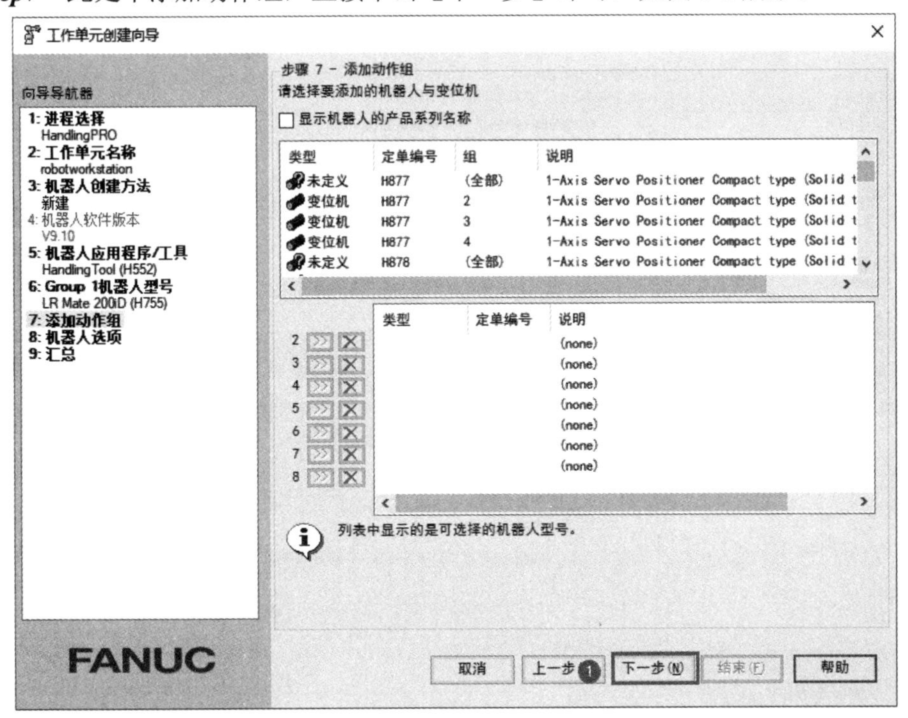

图 6-8　添加动作组

Step8　单击【语言】→基础词典选择【简体中文词典】→选项词典选择【简体中文】→单击【下一步】，如图 6-9 所示。

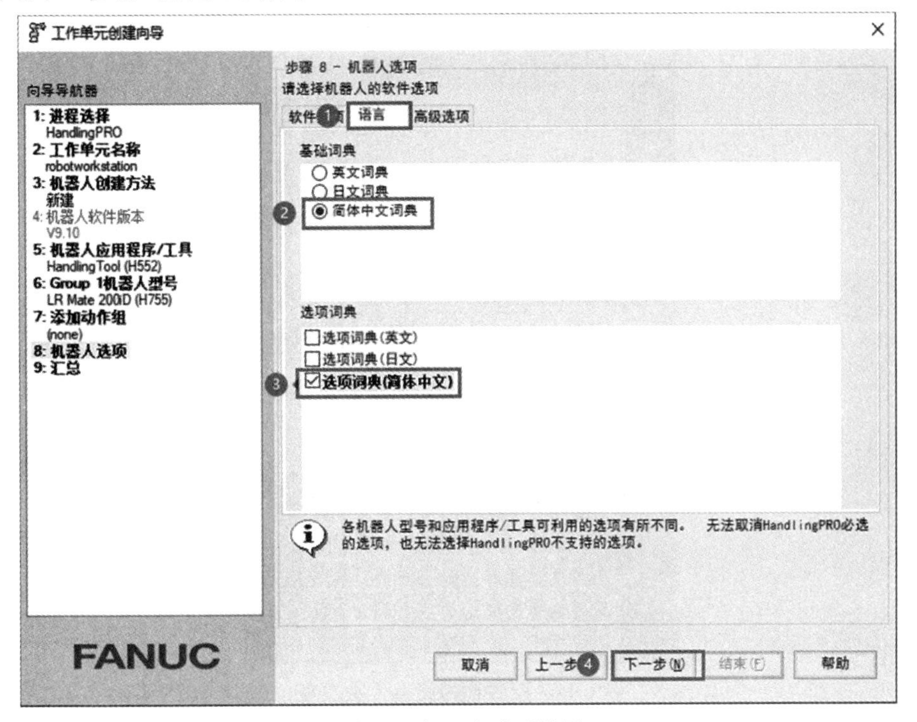

图 6-9　机器人选项设置

Step9　确认无误后，单击【结束】，如图 6-10 所示。

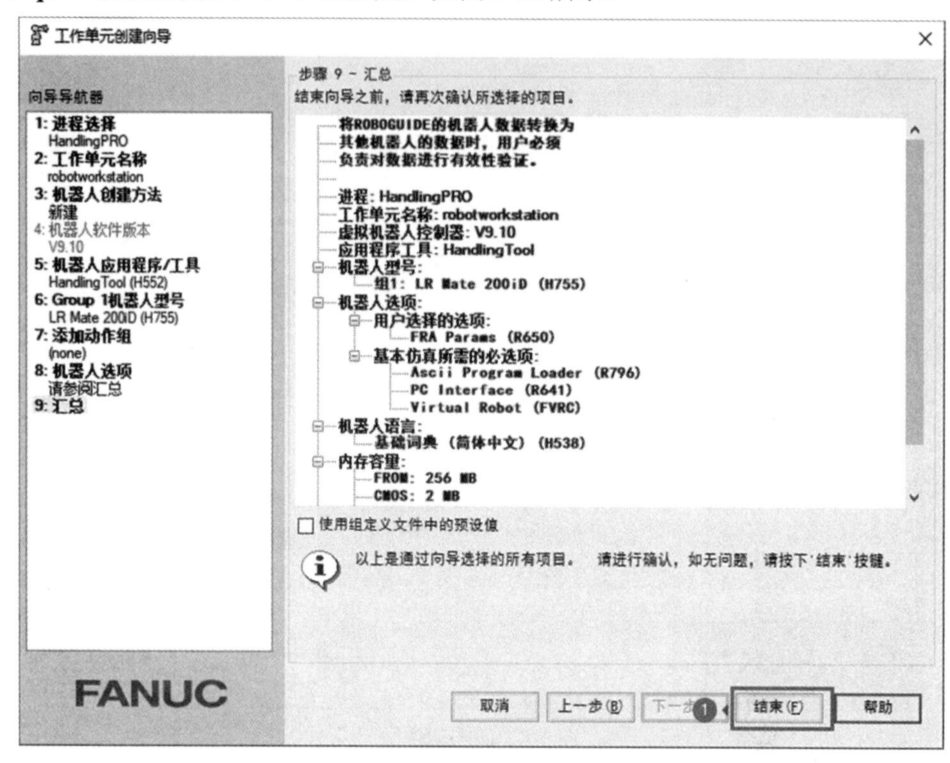

图 6-10　汇总界面

Step10　工作单元配置结束后，在启动过程中需要对机器人进行初始设置。单击虚拟示教器键盘【1】→单击【ENTER】选择标准法兰盘，如图 6-11 所示。

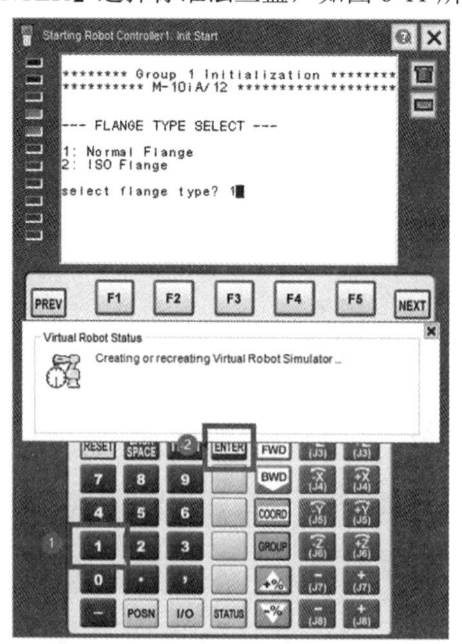

图 6-11　配置虚拟机器人法兰盘

至此，完成了工作单元的创建，界面如图 6-12 所示。

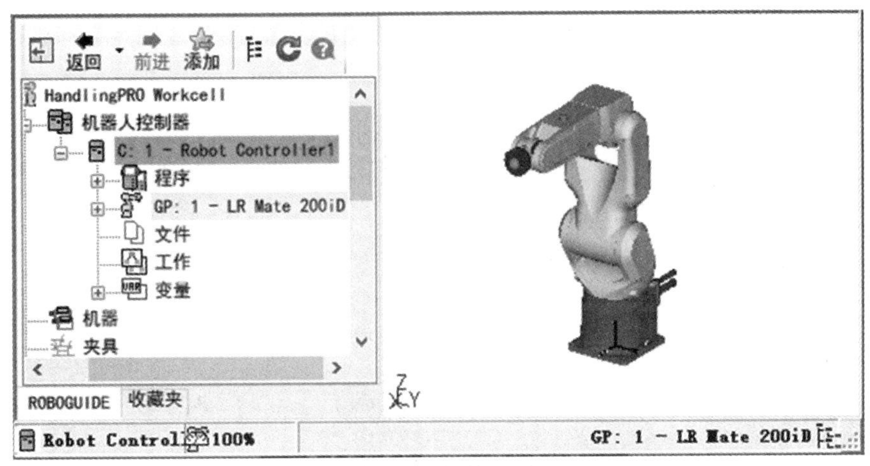

图 6-12 软件界面

6.1.3 添加工件 Parts

在 ROBOGUIDE 仿真软件中，为了模拟工具架上的工具能够通过快换接头被工业机器人自动装载，需要在工件 Parts 属性中添加笔形工具、吸盘工具和夹爪工具模型，使其作为工件的身份被工业机器人抓取或放置。

机器人工作站中属于工件 Parts 属性的模型，主要包括以下几部分：

(1) HZ-Ⅱ-F01-F-Ⅳ-00 文件：笔形工具模型。

(2) HZ-Ⅱ-F01-F-Ⅲ-00 文件：吸盘工具模型。

(3) HZ-Ⅱ-F01-F-Ⅱ-00 文件：夹爪工具模型。

(4) 长方体工件(Part1) 。

1. 添加笔形、吸盘和夹爪工具工件

在 Cell Browser 菜单中，在 Part【工件】处鼠标右击选择【添加工件】→选择【CAD 文件】，工件添加路径如图 6-13 所示。

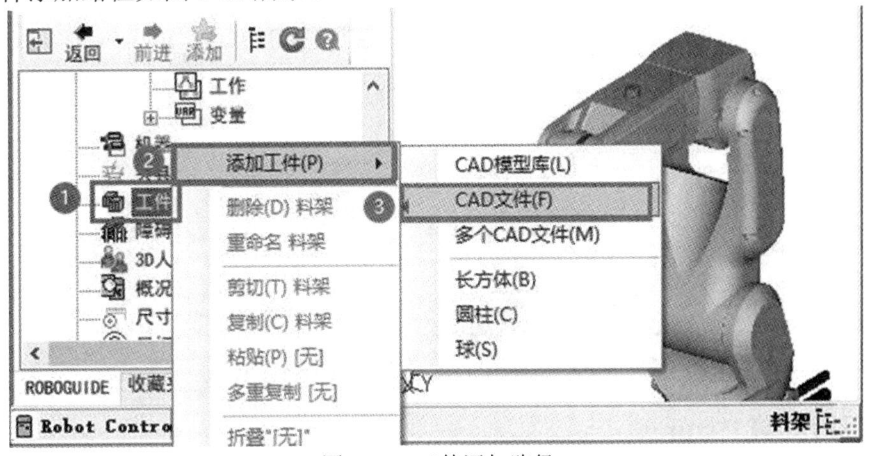

图 6-13 工件添加路径

选择 HZ-Ⅱ-F01-F-Ⅳ-00 文件(笔形工件)导入模型→单击【打开】导入文件。完成笔形工件模型导入后，同样方法再次导入 HZ-Ⅱ-F01-F-Ⅲ-00 文件(吸盘工件模型)和 HZ-Ⅱ-F01-

F-Ⅱ-00 文件(夹爪工件模型)。导入时选择【标准质量读入】，单击【确定】即可。

2. 添加长方体工件(Part1)

长方体工件(Part1)是工作站为模拟现实中搬运工件的工艺流程而设置的一块长方体物块，在前期三个工具模型导入后，鼠标继续在【工件】处右击→单击【添加工件】→选择【长方体】，长方体工件添加路径如图 6-14 所示。

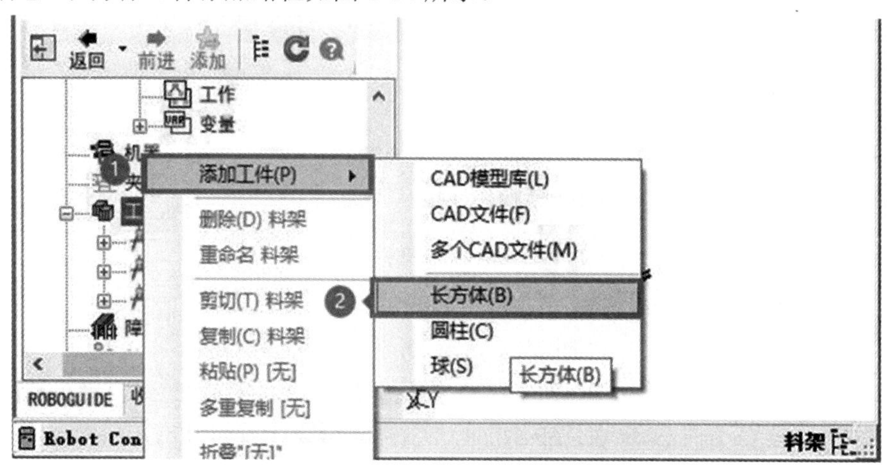

图 6-14　长方体工件添加路径

修改长方体【尺寸】参数→单击【确定】，具体参数如图 6-15 所示。

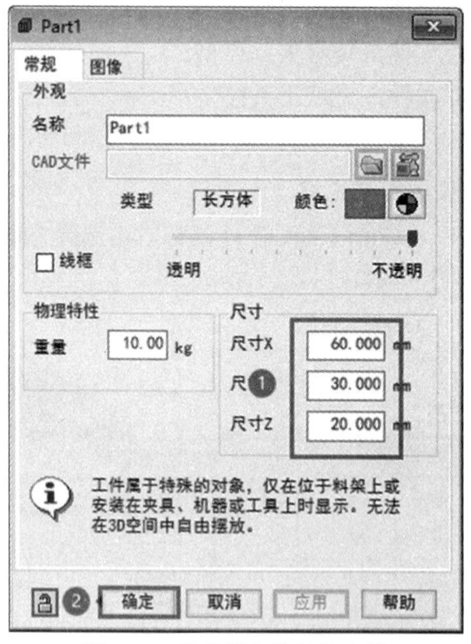

图 6-15　修改长方体物块参数

6.1.4　配置夹具 Fixtures

在 ROBOGUIDE 仿真软件中，需要设计工作站的工作环境。通过【夹具】Fixtures 属性添加相关环境模型，机器人工作站环境主要包括以下几部分模型：

① HZ-Ⅱ-F01-A-00 工作站主体模型 A；

② HZ-Ⅱ-F01-B-00 成品库模型 B；

③ HZ-Ⅱ-F01-D-00 检测分拣单元模型 D；

④ HZ-Ⅱ-F01-H-00 工作加工台模型 H；

⑤ HZ-Ⅱ-F01-I -00 原料库架模型 I；

⑥ HZ-Ⅱ-F01-F-00 工具架模型 F。

1. ABDH 模型布局

对于 ABDH 模型，通过鼠标在【夹具 Fixtures】处单击右键→单击【添加夹具】→单击【CAD 文件】，选择【HZ-Ⅱ-F01-A-00】工作站主体模型，路径如图 6-16 所示。

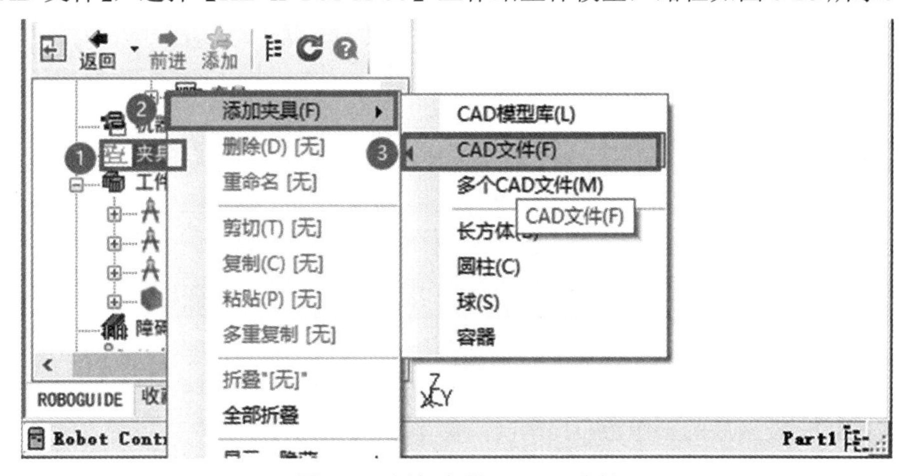

图 6-16　添加夹具 Fixtures 路径

修改工作台主体模型【位置】参数→勾选【固定位置】→单击【确定】，参数如图 6-17 所示。HZ-II-F01-A-00 坐标：Z = −50、W = 90，其余为 0。

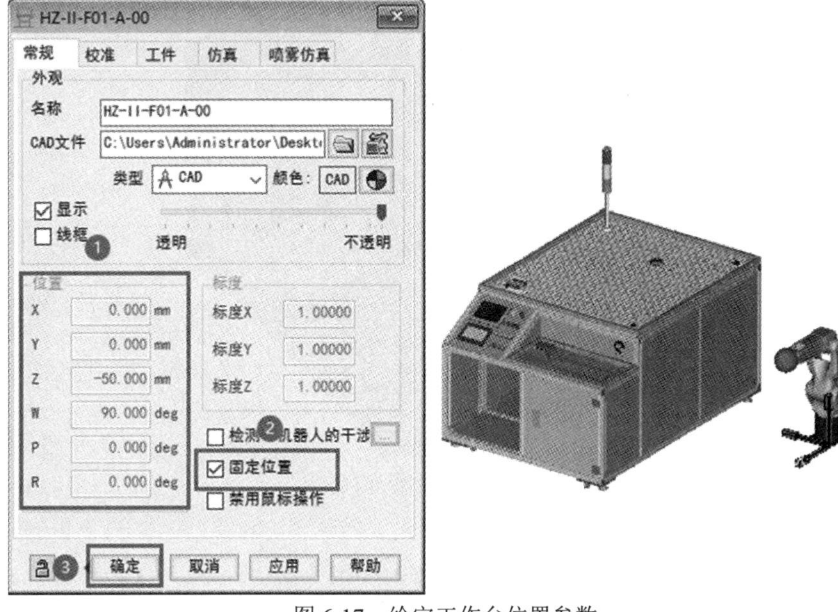

图 6-17　给定工作台位置参数

依次导入以下 HZ-Ⅱ-F01-B-00 成品库模型、HZ-Ⅱ-F01-D-00 检测分拣单元模型和 HZ-Ⅱ-F01-H-00 工作加工台模型，参数如图 6-18 所示。

(1) HZ-Ⅱ-F01-B-00 坐标：X = 559、Y = −1700、Z = 885，其余为 0。

(2) HZ-Ⅱ-F01-D-00 坐标：X = 425、Y =.−1550、Z = 1370、W = 180、R = 180，其余为 0。

(3) HZ-Ⅱ-F01-H-00 坐标：X = 945、Y = −1230、Z = 650、R = −90，其余为 0。

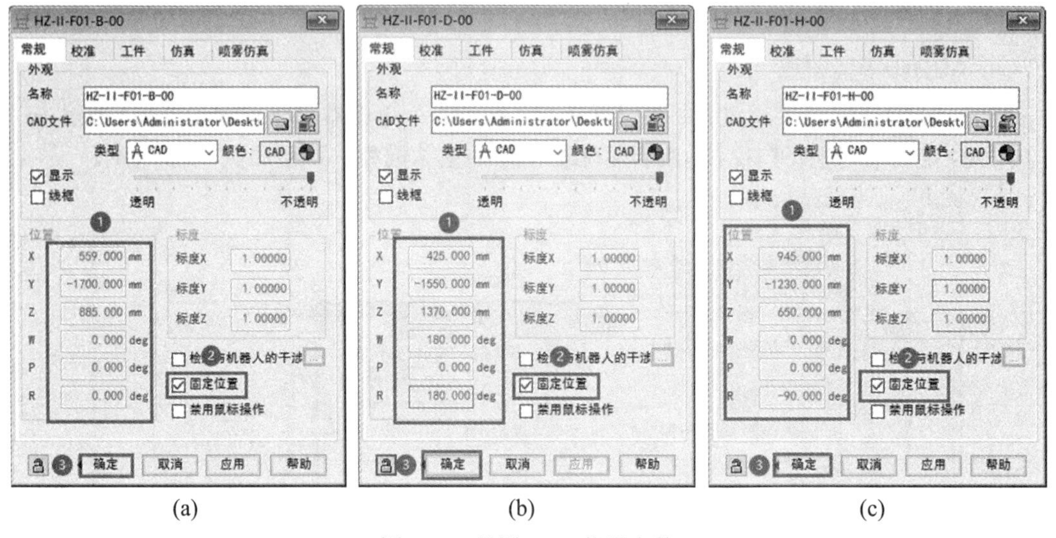

(a)　(b)　(c)

图 6-18　设置 BDH 位置参数

导入 ABDH 模型后的工作台布局情况，如图 6-19 所示。

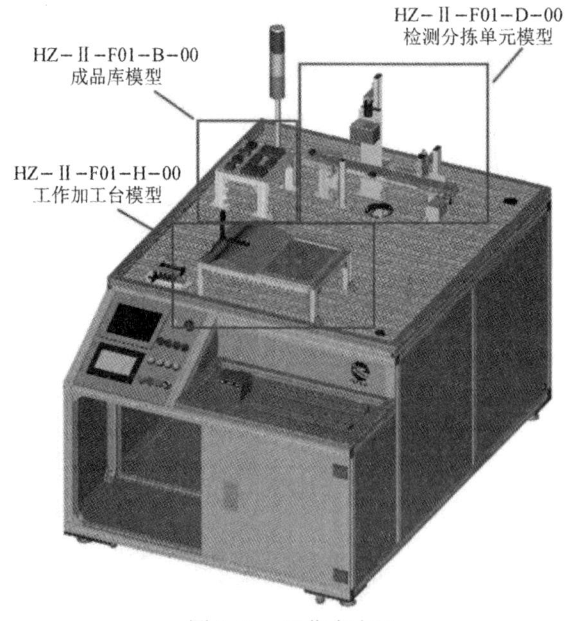

图 6-19　工作台布局

2. I 模型布局

对于 I 模型，继续导入【HZ-Ⅱ-F01-Ⅰ-00】原料库架模型→修改【位置】参数→勾选【固定位置】→单击【应用】；同时为了后期吸盘工具的使用，需要进一步在原料库架上添加长方体工件 Part1，单击【工件】→勾选【Part1】→单击【应用】→单击【Part1】→勾选【编辑工件偏移】→输入【工件偏移】参数→单击【确定】完成，各详细参数如图 6-20 所示。

(1) HZ-Ⅱ-F01-Ⅰ-00 原料库架模型位置坐标：X = 358、Y = −772、Z = 949、W = 90、R = −180，其余为 0。

(2) Part1 工件在 HZ-Ⅱ-F01-Ⅰ-00 原料库架模型中的工件偏移：X = −280、Y = 300、Z = −60、W = 90、P = 90，其余为 0。

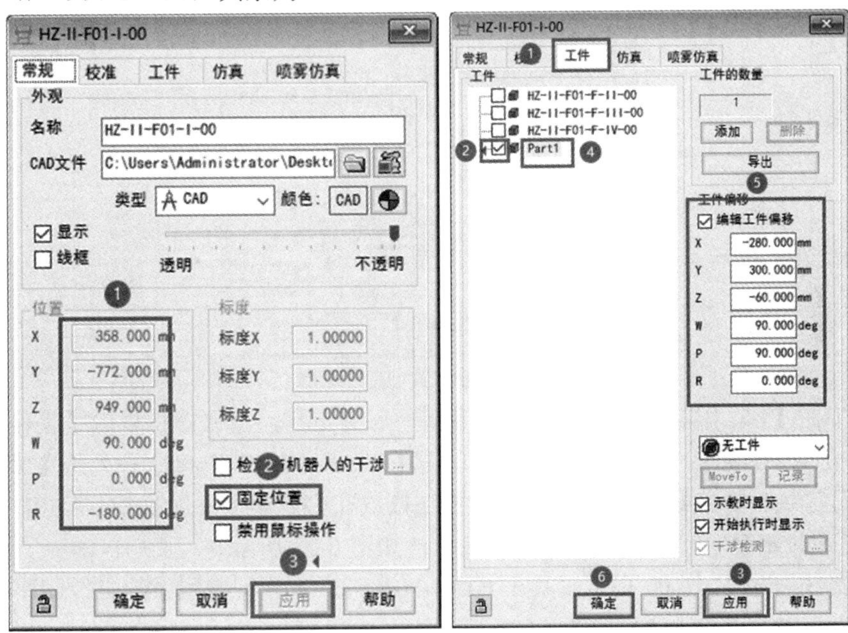

图 6-20　原料库架模型参数设置

导入【HZ-Ⅱ-F01-Ⅰ-00】原料库架模型后的工作台布局情况，如图 6-21 所示。

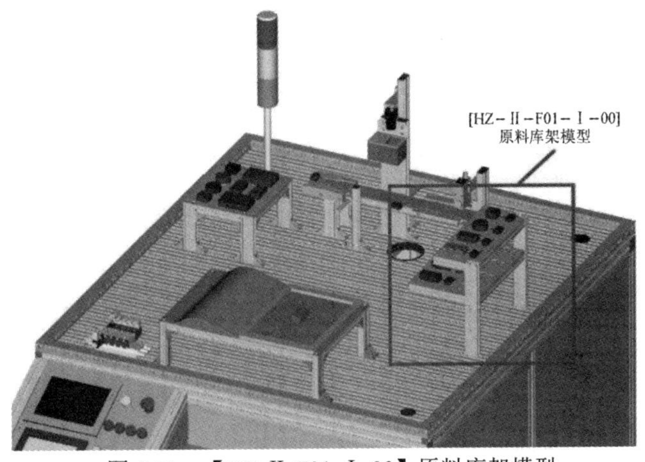

图 6-21　【HZ-Ⅱ-F01-Ⅰ-00】原料库架模型

3. F 模型布局

对于 F 模型，继续在【夹具 Fixtures】处导入【HZ-Ⅱ-F01-F-00】工具架模型，修改【位置】参数→勾选【固定位置】→单击【应用】，参数如图 6-22 所示。

HZ-Ⅱ-F01-F-00 位置坐标：X = 595、Y = −1450、Z = 1050、W = 90，其余为 0。

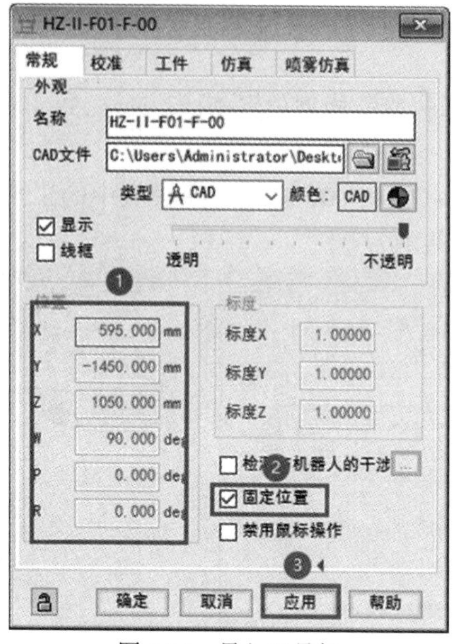

图 6-22　导入工具架

进一步在【HZ-Ⅱ-F01-F-00】工具架模型上添置工具，单击对话框的【工件】→勾选【HZ-Ⅱ-F01-F-Ⅱ-00】→单击【应用】→单击【HZ-Ⅱ-F01-F-Ⅱ-00】→勾选【编辑工件偏移】→输入参数→单击【应用】完成，相同操作依次在刀具架上添加【HZ-Ⅱ-F01-F-Ⅲ-00】与【HZ-Ⅱ-F01-F-Ⅳ-00】，其中工件偏移参数，如图 6-23 所示。

(1) HZ-Ⅱ-F01-F-Ⅱ-00 夹爪工具在 HZ-II-F01-F-00 工具架模型中的工件偏移：X = 20、Y = 64、Z = 179，其余为 0，如图 6-23(a)所示。

(2) HZ-Ⅱ-F01-F-Ⅳ-00 笔形工具在 HZ-II-F01-F-00 工具架模型中的工件偏移：X = 161、Y = 13.5、Z = 236，其余为 0，如图 6-23(b)所示。

(3) HZ-Ⅱ-F01-F-Ⅲ-00 吸盘工具在 HZ-II-F01-F-00 工具架模型中的工件偏移：X = 84、Y = 135、Z = 158.5、R = 90，其余为 0，如图 6-23(c)所示。

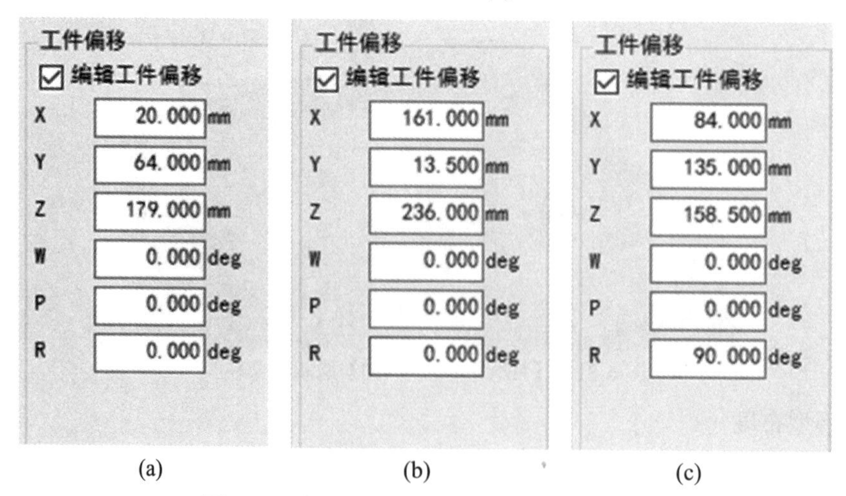

图 6-23　夹爪、笔形、吸盘工具的位置参数

导入【HZ-Ⅱ-F01-F-00】工具架模型后的工作台布局情况，如图 6-24 所示。

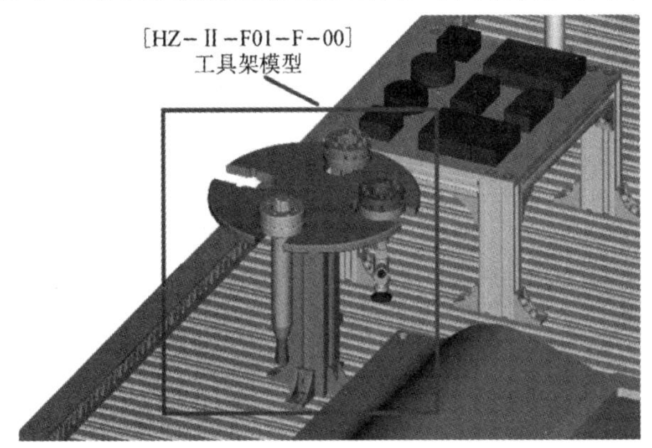

图 6-24 【HZ-Ⅱ-F01-F-00】工具架模型

4. 整体布局

最终，调整工业机器人的位置，鼠标双击仿真软件中的机器人→修改机械臂的【位置】参数→勾选【固定位置】→单击【确定】，工作站整体布局及机械臂位置如图 6-25 所示。机器人位置：X＝510、Y＝−1300、Z＝950，其余为 0。

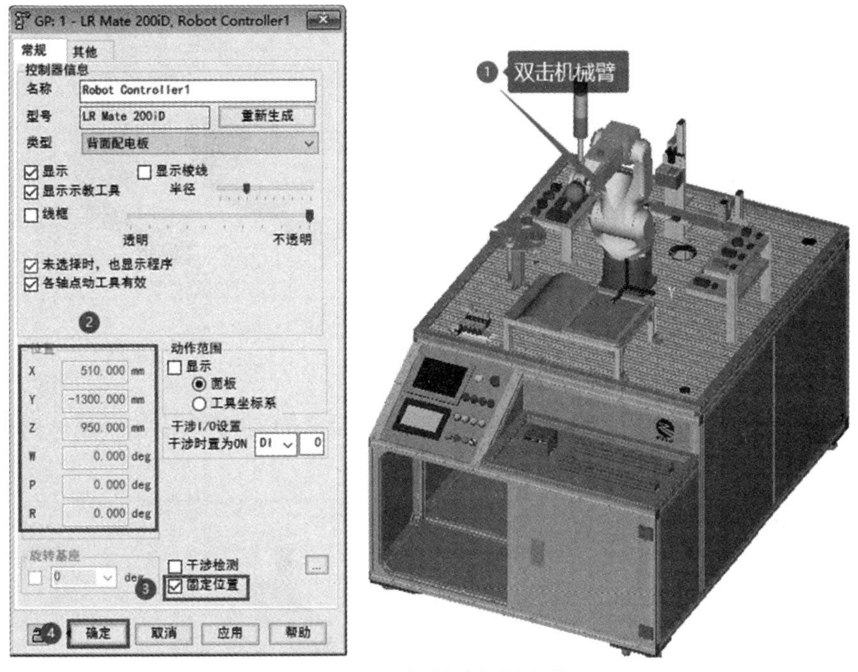

图 6-25　机械臂位置参数

6.1.5　添加末端工具

在 ROBOGUIDE 软件中建立工业机器人工具坐标系，分别对 Eoat1、Eoat2、Eoat3、Eoat4 工具坐标系添加相关工具。涉及的工具有快换接头、笔形工具、吸盘工具、夹爪工具，具体模型如图 6-26、图 6-27 所示。为了实现工具的快换效果，快换接头需要作为工具属性安装在 Eoat1 工具坐标系上。

机器人工作站末端工具主要包括以下几种：

(1) Eoat1 对应快换接头工具(140235 文件)；

(2) Eoat2 对应笔形工具(HZ-Ⅱ-F01-F-Ⅳ-00 文件)；

(3) Eoat3 对应吸盘工具(HZ-Ⅱ-F01-F-Ⅲ-00 文件)；

(4) Eoat4 对应夹爪主体(HZ-Ⅱ-F01-F-Ⅱ-00 文件)。

图 6-26 快换接头模型

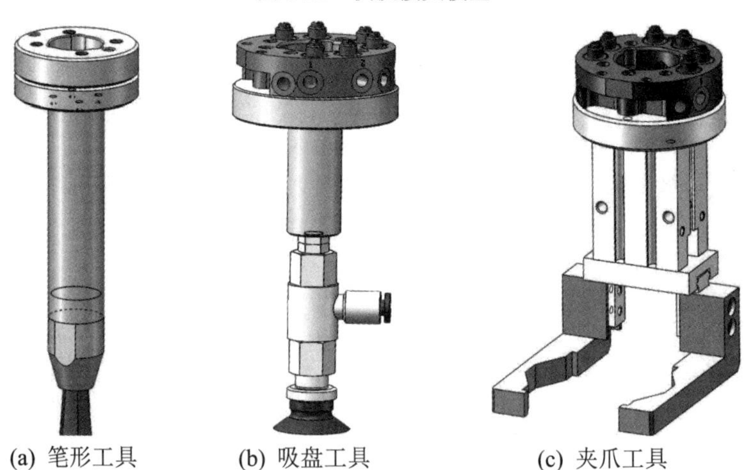

(a) 笔形工具　(b) 吸盘工具　(c) 夹爪工具

图 6-27 笔形工具、吸盘工具和夹爪工具模型

1. 工具(Eoat1、2、3、4)添加快换接头

在 Cell Browser 菜单中，鼠标左键双击工具 1 号(Eoat1)随后弹出工具属性对话框，操作路径如图 6-28 所示。

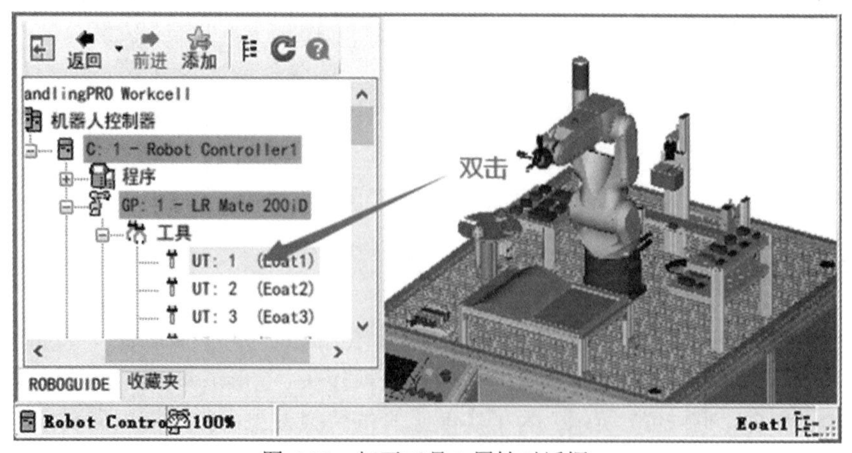

图 6-28 打开工具 1 属性对话框

在 Eoat1 工具属性对话框，通过 CAD 文件一栏中的文件夹选择【140235 文件(快换接头工具)】→单击【应用】→修改【位置】参数→勾选【固定位置】→最后单击【确定】，参数如图 6-29 所示。140235 位置：Z = 10，其余为 0。

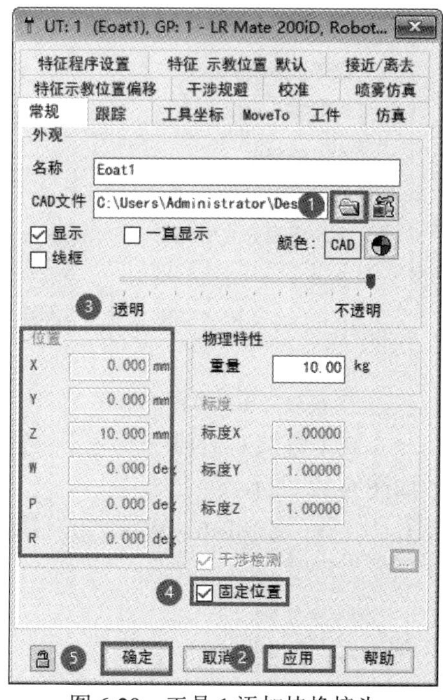

图 6-29　工具 1 添加快换接头

同样方法依次为以下三个工具坐标系(Eoat2、Eoat3、Eoat4)也添加快换接头，操作路径如图 6-30 所示。

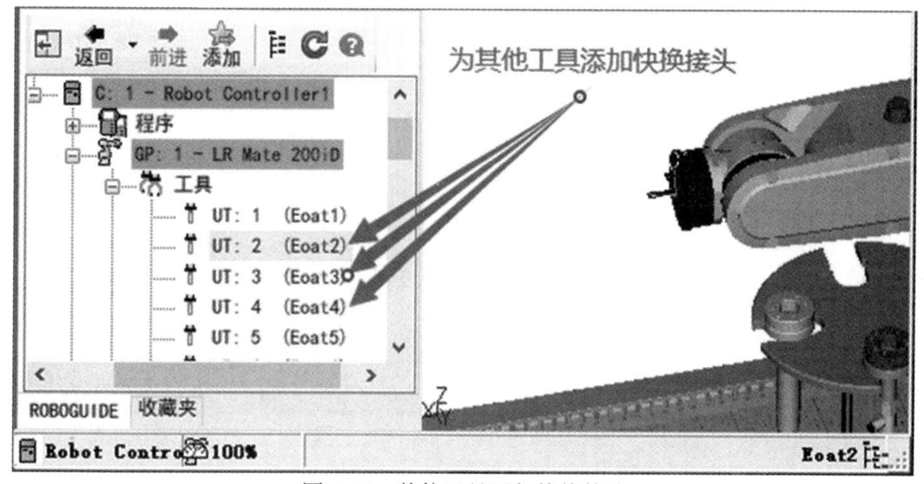

图 6-30　其他工具添加快换接头

2. 工具 2(Eoat2) 添加笔形工具

在 Eoat1、2、3、4 添加快换接头的基础上，通过 Link 链接进一步添加对应工具。在 Cell Browser 菜单中，在第二个工具(Eoat2)处鼠标右击→单击【添加链接】→单击【CAD 文件】，添加 HZ-Ⅱ-F01-F-Ⅳ-00 文件(笔形工具)。添加路径如图 6-31 所示。

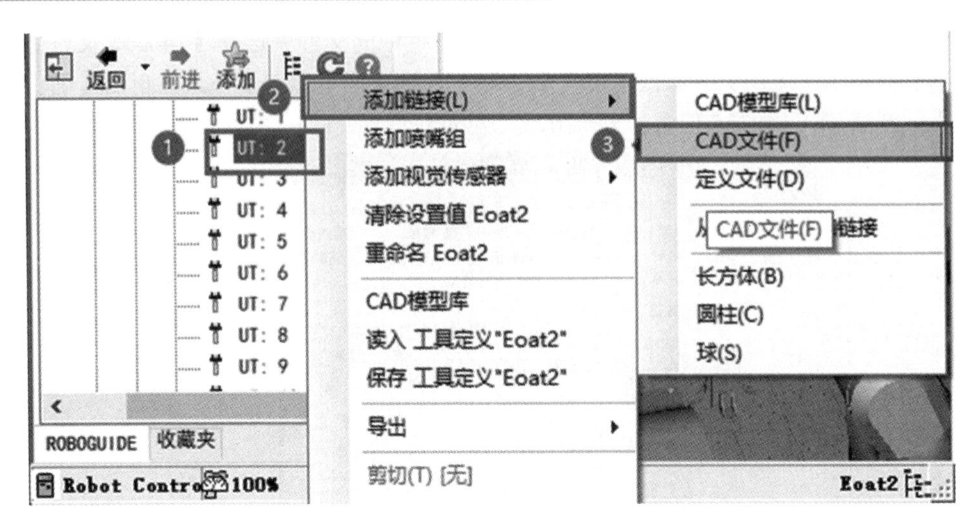

图 6-31　工具 2 添加部件

双击打开(Eoat2)的 Link1→单击【链接 CAD】→输入【位置】参数→勾选【固定位置】→最后，单击【确定】，参数如图 6-32 所示。

HZ-Ⅱ-F01-F-Ⅳ-00 笔形工具位置：Z＝146、W＝−90，其余为 0。

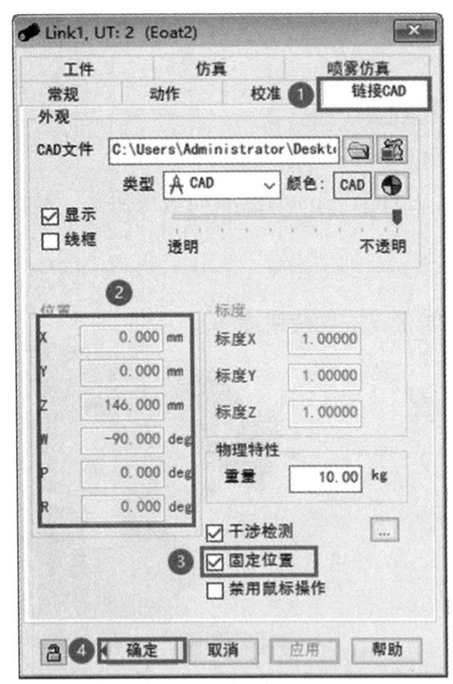

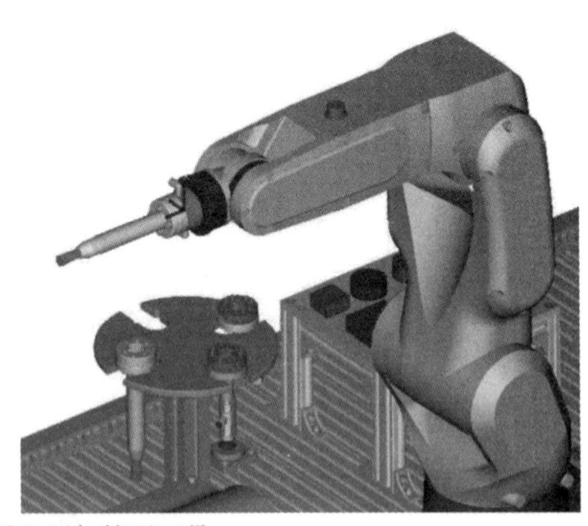

图 6-32　工具 2 添加笔形工具

3. 工具 3(Eoat3) 添加吸盘工具

在 Cell Browser 菜单中，在第三个工具(Eoat3)处鼠标右击→单击【添加链接】→单击【CAD 文件】，添加 HZ-Ⅱ-F01-F-Ⅲ-00 文件(吸盘工具)。双击打开(Eoat3)的 Link1→单击【链接 CAD】→输入【位置】参数→勾选【固定位置】→单击【确定】，如图 6-33 所示。HZ-Ⅱ-F01-F-Ⅲ-00 吸盘工具位置：Z＝25、P＝90、R＝45，其余为 0。

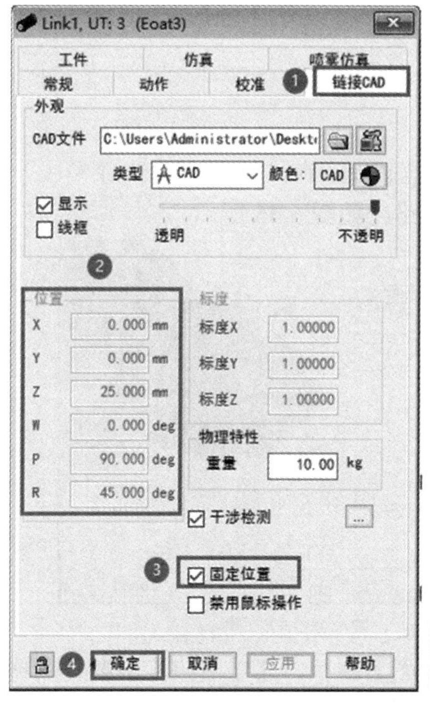

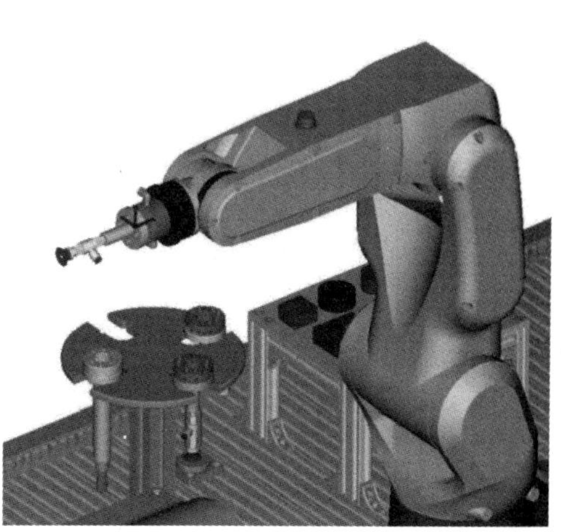

图 6-33　工具 3 添加吸盘工具

注：此处要注意快换接头与吸盘工具两者的凹槽缺口是否对齐。

4. 工具 4(Eoat4)添加夹爪工具

在 Cell Browser 菜单中，继续添加第四个工具(Eoat4)，具体步骤参见 6.4 节，效果如图 6-34 所示。至此，完成了工作站的所有配置。

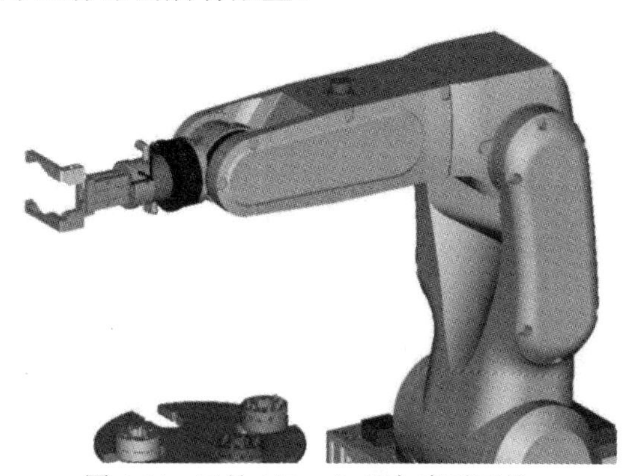

图 6-34　工具 4(Eoat4) 添加夹爪工具

6.2　机器人工作站笔形工具绘图仿真

工作任务：利用快换接头，实现工业机器人自动装配笔形工具，并绘制图形。

6.2.1　设置笔形工具坐标系

1. Eoat1 工具坐标系参数设置

在 6.1 节新建工作单元，配置工作站环境的基础上。在 Cell Browser 菜单中，鼠标双击工具 1 号(Eoat1)，弹出工具属性对话框，操作路径如图 6-35 所示。

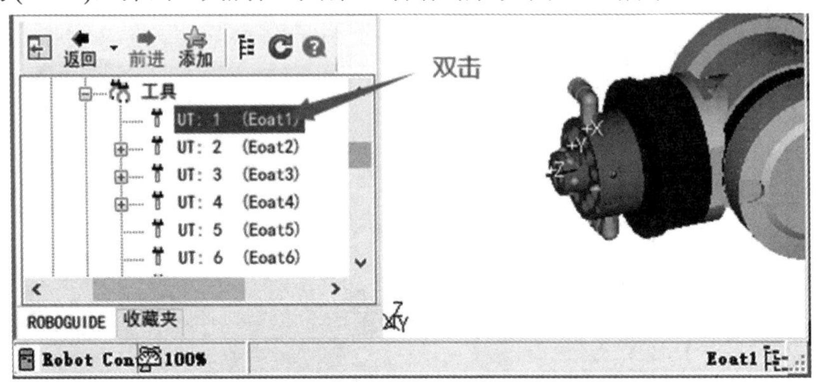

图 6-35　打开工具 1(Eoat1) 属性对话框

单击【工具坐标】→勾选【编辑工具坐标系置】→修改【工具坐标】参数→单击【确定】，参数如图 6-36 所示。快换工具坐标：Z＝22，其余为 0。

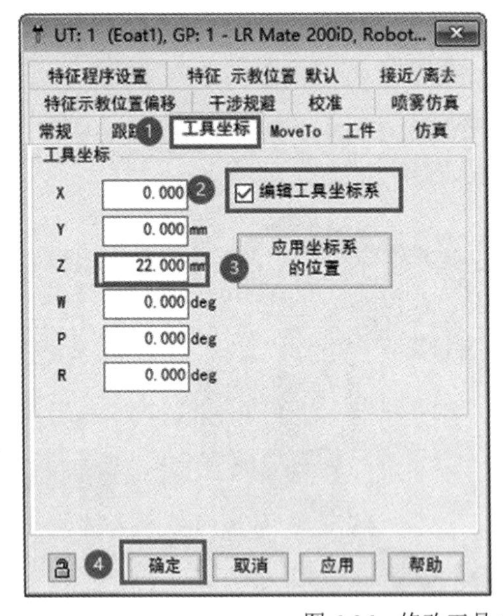

图 6-36　修改工具 1 工具坐标

单击【工件】→勾选【HZ-Ⅱ-F01-F-Ⅳ-00】→单击【应用】→单击【HZ-Ⅱ-F01-F-Ⅳ-00】→勾选【编辑偏移参数】→修改【工件偏移参数】→单击【确定】，参数如图 6-37 所示。HZ-Ⅱ-F01-F-Ⅲ-00 工件偏移：Z＝146、W＝−90，其余为 0。

注： 此处是为了在使用(Eoat1) 工具时，能够通过仿真程序抓取或放置相关工具，而把相关工具作为工件(Part)属性添加进来。一般情况下不需要显示，可取消勾选【示教时显示】和【开始执行时显示】。

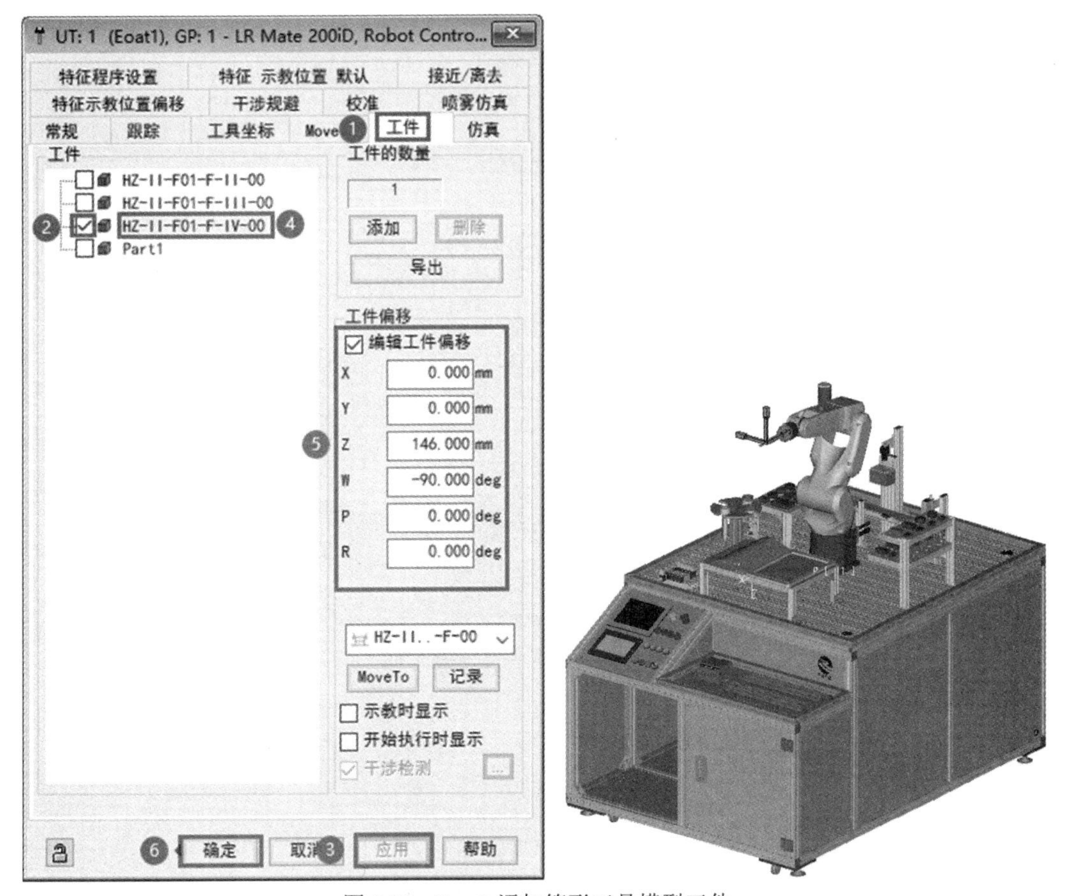

图 6-37　Eoat1 添加笔形工具模型工件

2. Eoat2 工具坐标系参数设置

在 Cell Browser 菜单中，鼠标双击工具 2 号(Eoat2)，弹出工具属性对话框，操作路径如图 6-38 所示。

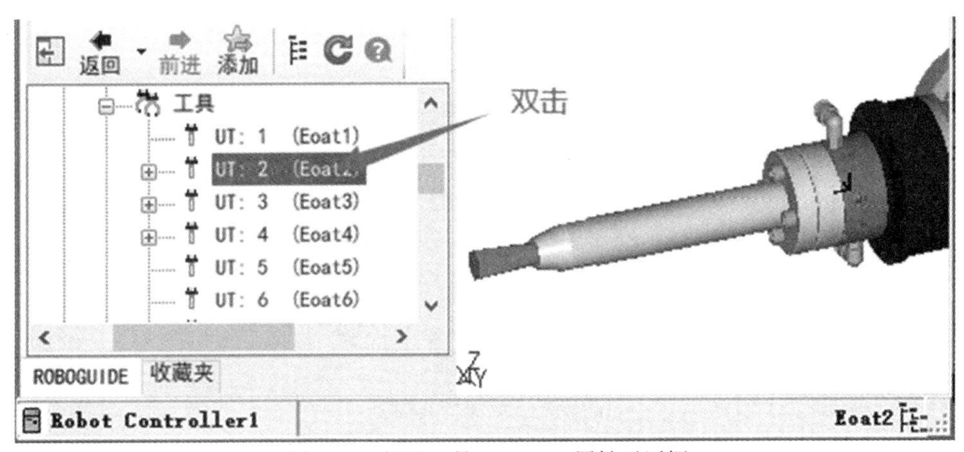

图 6-38　打开工具 2(Eoat2) 属性对话框

单击【工具坐标】→勾选【编辑工具坐标系置】→修改【工具坐标】参数→单击【确定】，参数如图 6-39 所示。笔形工具坐标：Z = 200，其余为 0。

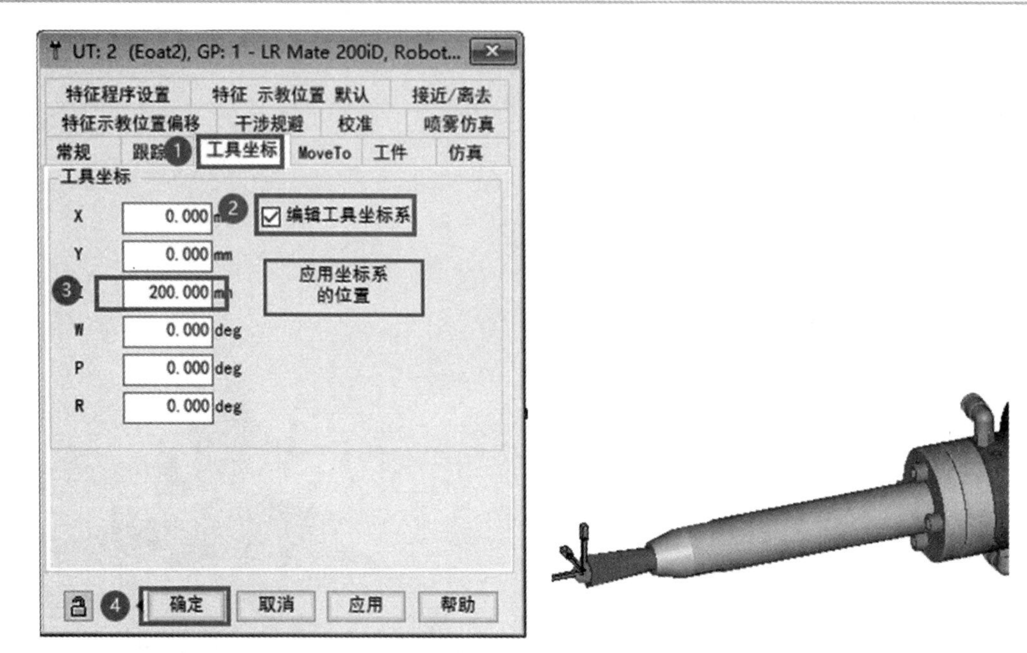

图 6-39　修改工具 2 工具坐标

至此，完成了笔形工具坐标系设定。

6.2.2　编写笔形工具程序

1. 拾取笔形工具仿真程序 Pick1

单击示教【Teach】→单击【Add Simulation Program】，操作路径如图 6-40 所示。仿真程序命名为：Pick1。

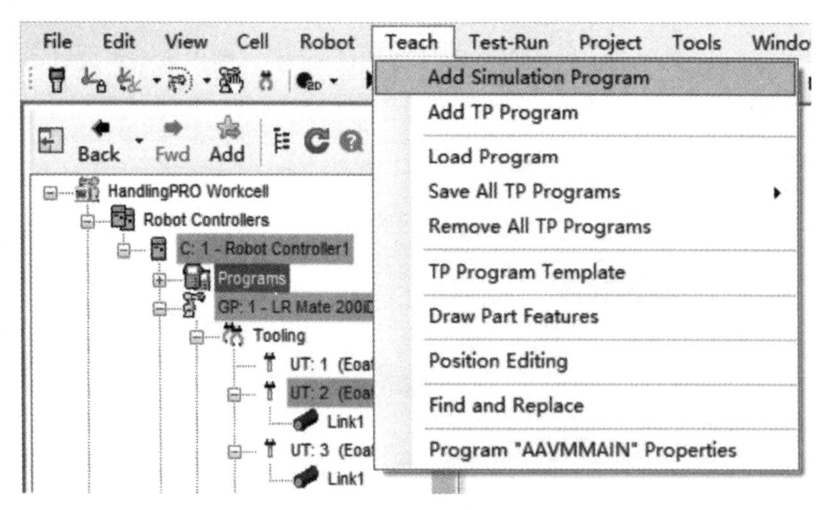

图 6-40　添加仿真程序

单击指令【Inst】→选择【Pickup】创建抓取指令，指令参数如下：Pickup 抓取笔形工具(HZ-Ⅱ-F01-F-Ⅳ-00)，From 从 HZ-Ⅱ-F01-F-00 工具架模型上抓，With 用机器人的 Eoat1 工具抓。程序如图 6-41 所示。

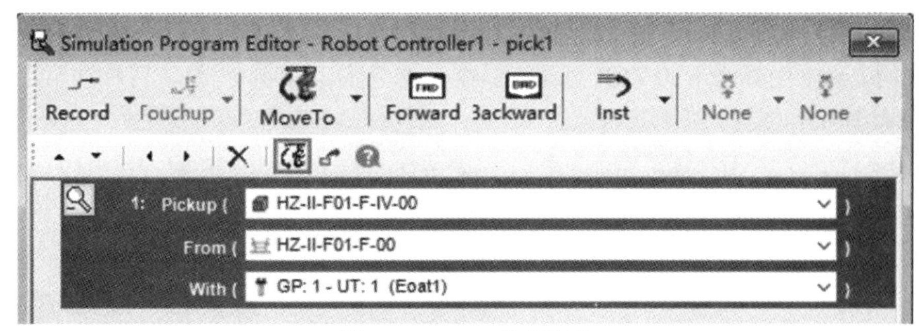

图 6-41　Pick1 仿真程序

2. 放置笔形工具仿真程序 Drop1

同样再次单击示教【Teach】→单击【Add Simulation Program】，仿真程序命名为 Drop1。

单击指令【Inst】→选择【Drop】创建放置指令，指令参数如下：Drop 放置笔形工具(HZ-Ⅱ-F01-F-Ⅳ-00)，From 从机器人的 Eoat1 工具上放置，On 放置在 HZ-Ⅱ-F01-F-00 工具架模型上。程序如图 6-42 所示。

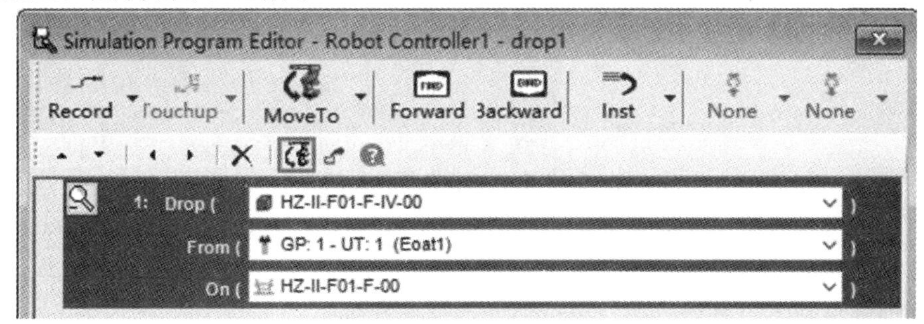

图 6-42　Drop1 仿真程序

3. 编写笔形工具快换程序

单击【示教器 】，打开示教器界面→单击示教器面板的【select】切换至程序界面。单击【创建】创建一个新的程序，输入【TEST01】为程序名称→单击【Enter】两次完成程序创建。操作路径如图 6-43 所示。

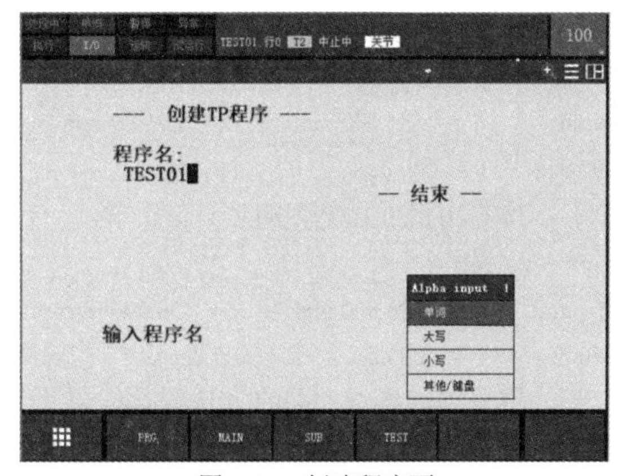

图 6-43　创建程序面

为了使工业机器人工具 TCP 点快速到达目标位置，可使用【MOVE TO】快捷功能，操作步骤如图 6-44 所示。在 Cell Browser 菜单中，鼠标双击选择 Fixtures 中的 HZ-Ⅱ-F01-

F-00 工具架模型→选择【Parts】中的笔形工具(HZ-Ⅱ-F01-F-Ⅳ-00) →点击 MOVE TO 按钮，使机器人的 Eaot1 坐标系下的 TCP 点与工具架上的笔形工具吻合，机械臂移动至工作点位。

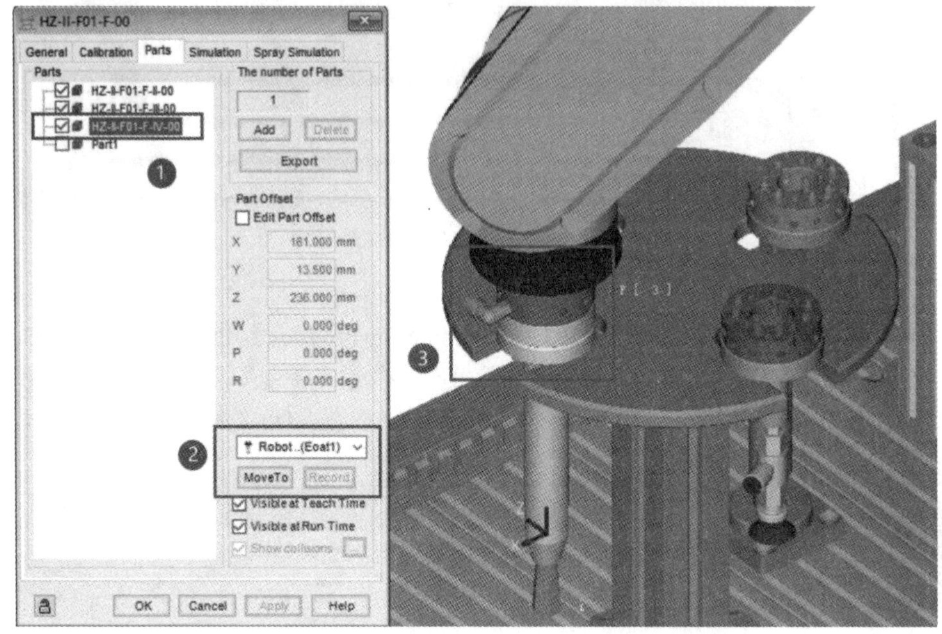

图 6-44　【MOVE To】快捷功能

在程序编写过程中，灵活掌握位置点的获取，可以通过直接输入法设置 home 点位置数据；通过【MOVE TO】快捷功能，获取吻合点的位置数据；依托吻合点的数据，推算出接近点和逃离点的 Z 方向的大概位置数据并直接输入。

注：笔形工具的长度 Z=200。

(1) 直接输入 home 点 P[1]位置数据。

{UF ：0，UT ：1，

J1 = 0.000 deg，J2 = 0.000 deg，J3 = 0.000 deg，

J4 = 0.000 deg，J5 = −90.000 deg，J6 = 0.000 deg}；

(2) 通过【MOVE TO】快捷功能，获取吻合点 P[3]的位置数据。

{UF ：0，UT ：1，

X = 246.000 mm，　Y = −386.000 mm，　Z = −82.500 mm，

W = −180.000 deg，　P = .000 deg，　R = .000 deg}；

(3) 依托吻合点(UT1) ，推算出接近点 P[2]的 Z 位置数据。

{UF ：0，UT ：1，

X = 246.000　mm，　Y = −386.000 mm，　Z = −50.000 mm，

W = −180.000 deg，　P = .000 deg，　R = .000 deg}；

(4) 依托吻合点(UT2) ，推算出逃离点 P[4]的 Z 位置数据。

{UF ：0，UT ：2，

X = 246.000　mm，　Y = −386.000 mm，　Z = 30.000 mm，

W = −180.000 deg，　P = .000 deg，　R = .000 deg}；

(5) 手动牵引 Eoat2 工具坐标系下的 TCP 坐标系，到达绘图面的吻合点。效果如图 6-45 所示。

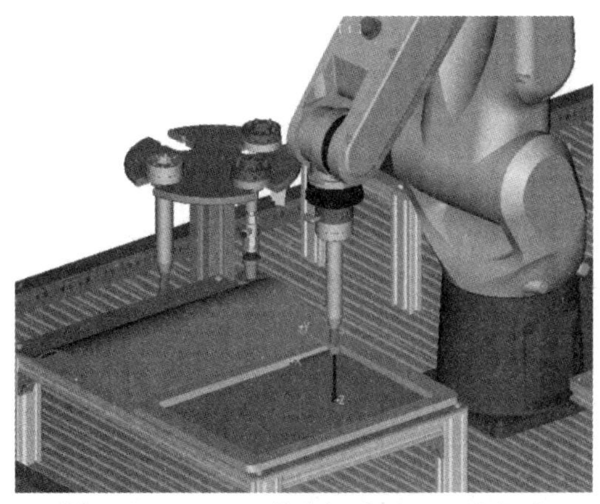

图 6-45　Eoat2 工具坐标系下 TCP 坐标系

在程序编写过程中，重点关注工具坐标系的激活，用不同的工具坐标系编写对应的 P[…] 点位置指令。程序开始以工具坐标系 1(Eoat1)去拾取笔形工具；当拾取到笔形工具后，激活工具坐标系 2(Eoat2)，在坐标系(Eoat2)下回 home 点以执行绘图命令；当执行完绘图程序后，继续以工具坐标系 2(Eoat2)去放置笔形工具；当放置完笔形工具后，激活工具坐标系 1(Eoat1)，在坐标系(Eoat1)下机器人回 home 点。

工具坐标系的激活方法：

(1) 直接鼠标点击 Cell Browser 菜单中【Tooling】→Eoat1 或 Eoat2。

(2) 通过执行 UTOOL_NUM =…语句来激活工具坐标系。

程序如下：

```
 1:  UTOOL_NUM=1               ; 激活工具坐标系 1(Eoat1 快换接头)
 2: J P[1] 100% FINE           ; Eoat1 工具坐标系下的 home 点
 3: J P[2] 100% FINE           ; Eoat1 工具坐标系下的接近点
 4: L P[3] 100mm/sec FINE      ; Eoat1 工具坐标系下的吻合点
 5:  CALL PICK1                ; 调用拾取笔形工具仿真程序
 6:  WAIT     1.00(sec)
 7:  UTOOL_NUM=2               ; 激活工具坐标系 2(Eoat2 笔形工具)
 8: L P[4] 100mm/sec FINE      ; Eoat2 工具坐标系下的逃离点
 9: J P[5] 100% FINE           ; Eoat2 工具坐标系下的 home 点
10: J P[6] 100% FINE           ; 绘图的接近点
11: L P[7] 100mm/sec FINE      ; 绘图的第一个点(吻合点)
12: L P[8] 100mm/sec FINE      ; 绘图的第二个点
13: L P[9] 100mm/sec FINE      ; 绘图的第三个点
14: L P[10] 100mm/sec FINE     ; 绘图的第四个点
15: L P[7] 100mm/sec FINE      ; 绘图的第一个点
16: L P[6] 100mm/sec FINE      ; 绘图的逃离点(接近点)
17: J P[5] 100% FINE           ; Eoat2 工具坐标系下的 home 点
18: J P[4] 100% FINE           ; Eoat2 工具坐标系下的接近点
19: L P[11] 100mm/sec FINE     ; Eoat2 工具坐标系下的吻合点
```

```
20:  CALL DROP1                ; 调用放置笔形工具仿真程序
21:  WAIT    1.00(sec)         ;
22:  UTOOL_NUM=1               ; 激活工具坐标系 1(Eoat1 快换接头)
23: L P[2] 100mm/sec FINE      ; Eoat1 工具坐标系下的逃离点
24: J P[1] 100% FINE           ; Eoat1 工具坐标系下的 home 点
```

至此，完成了机器人工作站笔形工具快换和绘图仿真任务。工作站笔形工具仿真运动轨迹如图 6-46 所示。

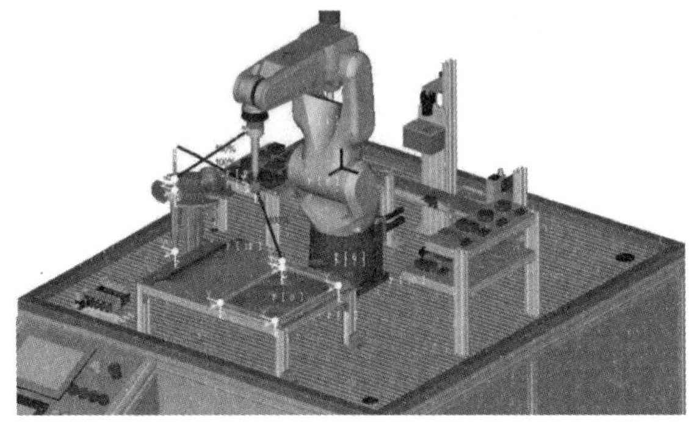

图 6-46　机器人工作站笔形工具仿真

6.3　机器人工作站吸盘工具搬运仿真

工作任务：利用快换接头，实现工业机器人自动装配吸盘工具，并搬运工件。

6.3.1　设置吸盘工具坐标系

1. Eoat1 工具坐标系参数设置

在 Cell Browser 菜单中，找到工具 1 号，双击鼠标左键，弹出工具属性对话框，操作路径如图 6-47 所示。

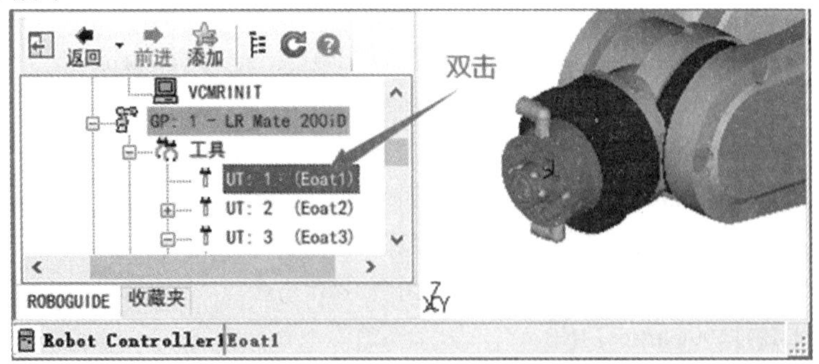

图 6-47　打开工具 1 属性对话框

在属性对话框中单击【工件】→勾选【HZ-II-F01-F-III-00】→单击【应用】→单击【HZ-Ⅱ-F01-F-III-00】→勾选【编辑偏移参数】→修改【工件偏移参数】→单击【确定】，参数如图 6-48 所示。快换工具坐标：Z = 25、P = 90、R = 45，其余为 0。

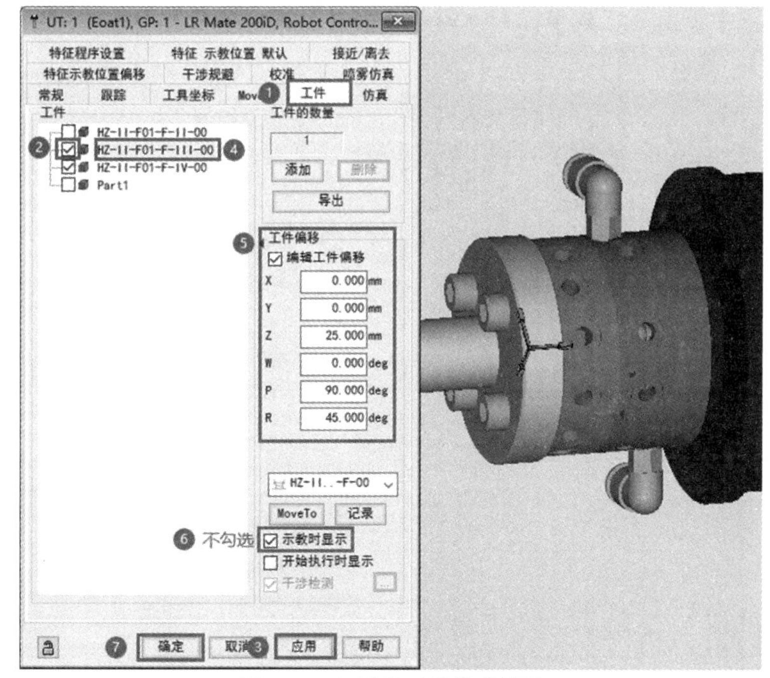

图 6-48　加吸盘工具仿真模型

注：此处要注意快换接头与吸盘工具两者的凹槽缺口是否对齐，因为文件导入情况不一致，所以需要读者根据实际情况自行调整，正确对齐后，对齐状态如图 6-49 所示。

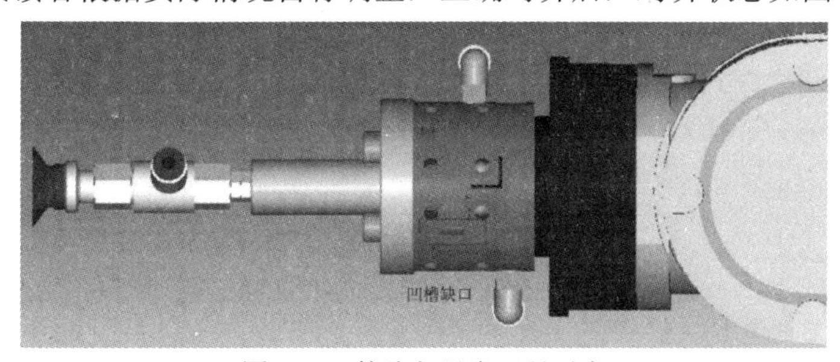

图 6-49　接头与吸盘工具对齐

2. Eoat3 工具坐标系参数设置

在 Cell Browser 菜单中，找到工具 3 号，双击鼠标左键，弹出工具属性对话框，操作路径如图 6-50 所示。

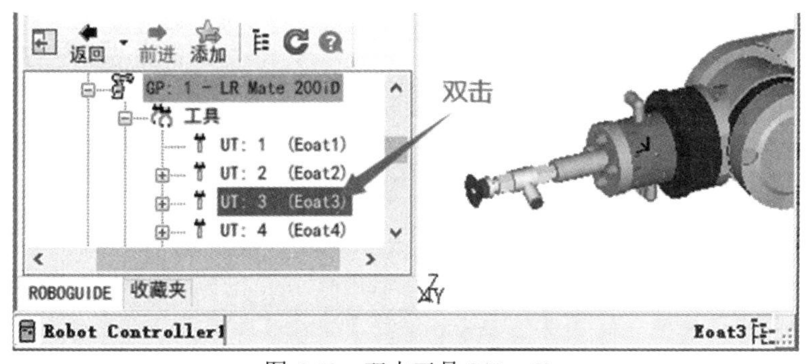

图 6-50　双击工具 3(Eoat3)

在属性对框中单击【工具坐标】→勾选【编辑工具坐标系】→修改【工具坐标】参数→单击【应用】，参数如图 6-51 所示。快换工具坐标：Z=150，其余为 0。

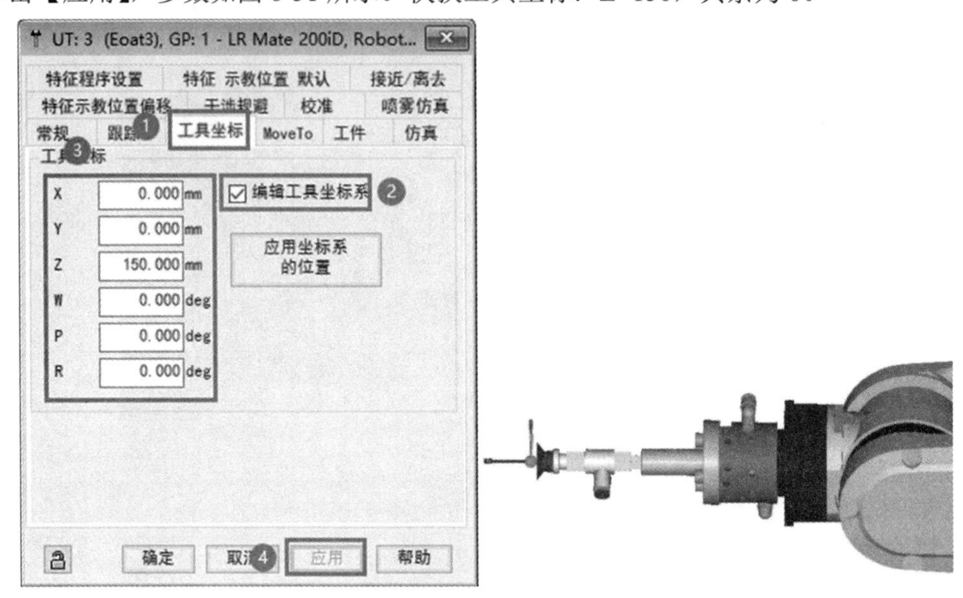

图 6-51　修改工具 3 工具坐标

在属性对框中单击【工件】→勾选【Part1】→单击【应用】→单击【Part1】→勾选【编辑偏移参数】→修改【工件偏移参数】→取消勾选【示教时显示】→单击【确定】，参数如图 6-52 所示。工件偏移坐标：Z = 157，其余为 0。

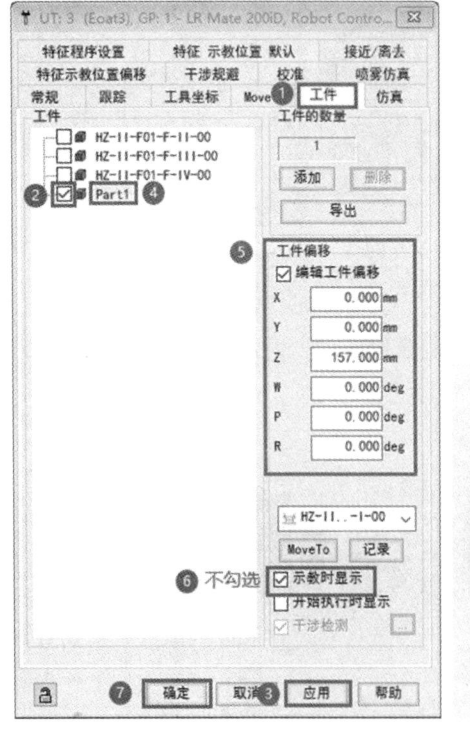

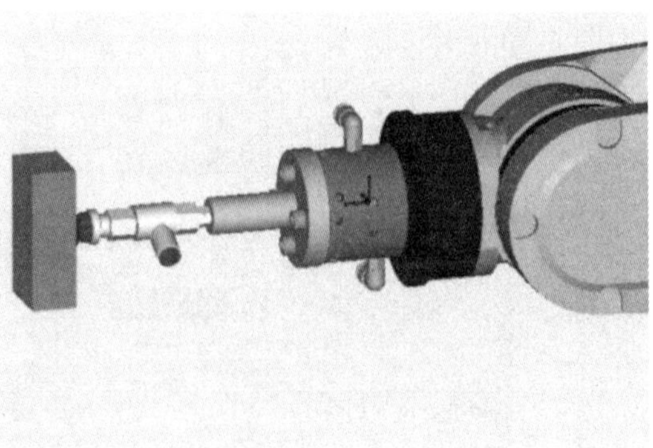

图 6-52　吸盘工具添加工件仿真模型

6.3.2　定义 Fixtures 上的工件参数

1. 工作加工台模型上的工件

在 Cell Browser 菜单中，在 Fixtures 一栏中找到【HZ-Ⅱ-F01-H-00】工作加工台模型，双击鼠标左键，弹出工具属性对话框，操作路径如图 6-53 所示。

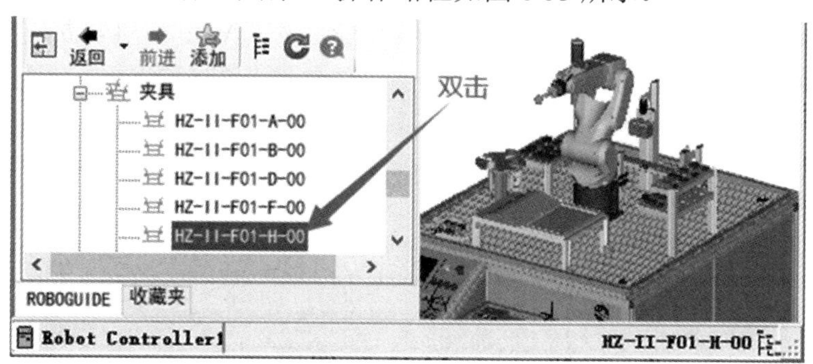

图 6-53　打开 HZ-Ⅱ-F01-H-00 属性对话框

在属性对话框中单击【工件】→勾选【Part1】→单击【应用】→单击【Part1】→勾选【编辑偏移参数】→修改【工件偏移参数】→勾选【示教时显示】→取消勾选【开始执行时显示】→单击【确定】，参数如图 6-54 所示。工件 Part1 偏移坐标：X = −50、Z = 478、R = 90，其余为 0。

注：为了便于获取工作点位，此处请勾选【示教时显示】。

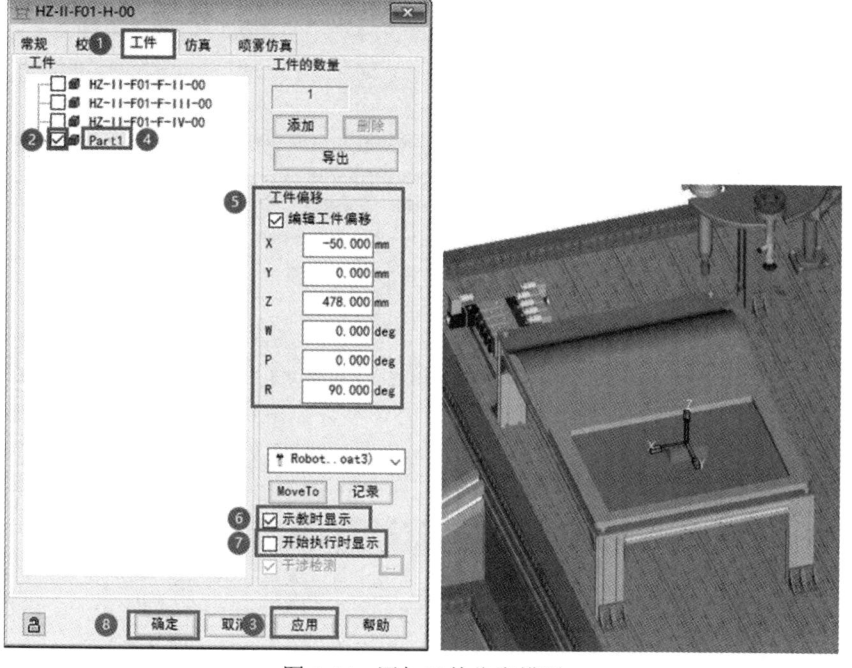

图 6-54　添加工件仿真模型

2. 原料库架模型上的工件

原料库架模型上的工件参数设置可参考 6.1.4 小节配置夹具 Fixtures 中的 I 模型布局。

6.3.3　编写吸盘工具程序

1. 拾取吸盘工具仿真程序 Pick2

单击示教【Teach】→单击【Add Simulation Program】，仿真程序命名为 Pick2。单击指令【Inst】→选择【Pickup】创建抓取指令，指令参数如下：Pickup 抓取吸盘工具(HZ-Ⅱ-F01-F-Ⅲ-00)，From 从 HZ-Ⅱ-F01-F-00 工具架模型 F 上抓取，With 用机器人的 Eoat1 工具抓。添加 Pick2 仿真程序如图 6-55 所示。

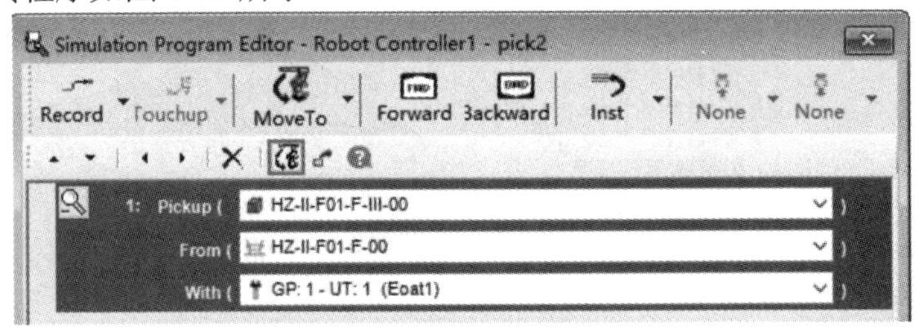

图 6-55　添加 Pick2 仿真程序

2. 放置吸盘工具仿真程序 Drop2

单击示教【Teach】→单击【Add Simulation Program】，仿真程序命名为 Drop2。单击指令【Inst】→选择【Drop】创建放置指令，指令参数如下：Drop 放置吸盘工具(HZ-II-F01-F-III-00)，From 从机器人的 Eoat1 工具上放置，On 放置在 HZ-Ⅱ-F01-F-00 工具架模型上。添加 Drop2 仿真程序如图 6-56 所示。

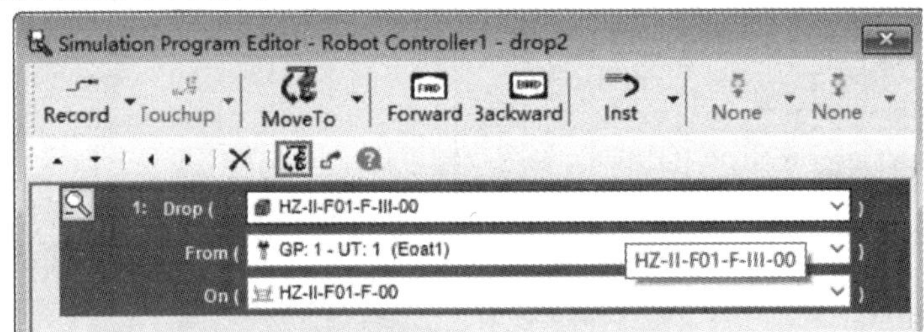

图 6-56　添加 Drop2 仿真程序

3. 吸取工件 Part1 仿真程序 Pick21

单击示教【Teach】→单击【Add Simulation Program】，仿真程序命名为 Pick21。单击指令【Inst】→选择【Pickup】创建抓取指令，指令参数如下：Pickup 抓取工件(Part1)，From 从 HZ-Ⅱ-F01-Ⅰ-00 原料库架模型 I 上抓取，With 用机器人的 Eoat3 工具抓。添加 Pick21 仿真程序如图 6-57 所示。

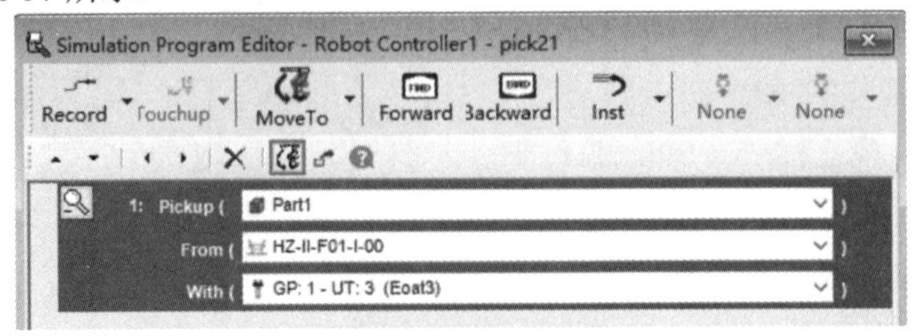

图 6-57　添加 Pick21 仿真程序

4. 放置工件 Part1 仿真程序 Drop21

单击示教【Teach】→单击【Add Simulation Program】，仿真程序命名为 Drop21。单击指令【Inst】→选择【Drop】创建放置指令，指令参数如下：Drop 放置工件(Part1)，From 从机器人的 Eoat3 工具上放置，On 放置在 HZ-Ⅱ-F01-H-00 工作加工台模型 H 上。添加 Drop21 仿真程序如图 6-58 所示。

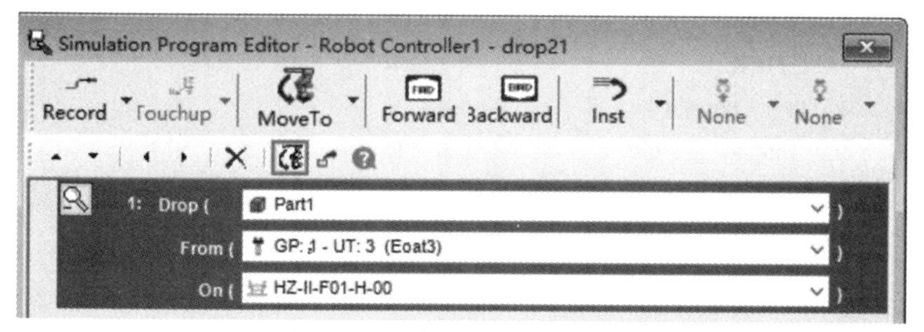

图 6-58　添加 Drop21 仿真程序

5. 编写吸盘工具快换程序

单击【示教器】，打开示教器界面→单击示教器面板的【select】切换至程序界面。单击【创建】功能键创建程序名为【TEST02】的吸盘工具快换及搬运工件的程序。

在编程过程中，为快速寻找过渡点、接近点、吻合点，一般先通过使用【MOVE TO】快捷功能的方法找到吻合点，再通过拖动工具坐标系 TCP 的坐标轴或通过示教器 SHIFT+运动键的方法找到过渡点和接近点。

为了规范设计项目，在进行吸盘工具快换过程中(抓取、放置)，需要注意快换接头与吸盘工具接头是否上下对齐(上下凹槽一致)。对齐姿态如图 6-59 所示。如果不一致，则需核对在设置 Eoat1 和 Eoat3 时，快换接头与吸盘工具的对齐情况。

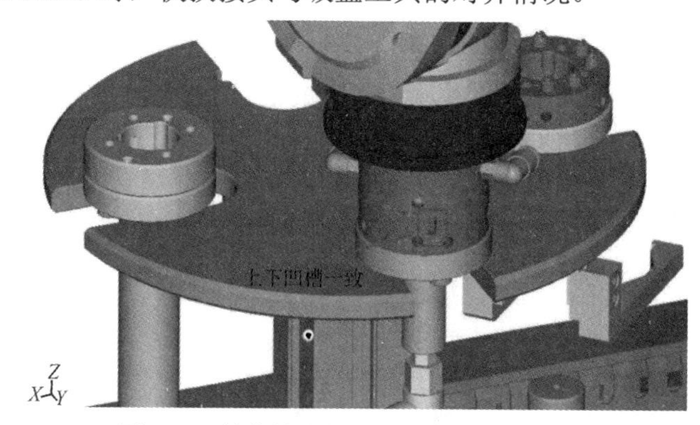

图 6-59　快换接头与吸盘工具接头上下对齐

程序如下：

```
1：UTOOL_NUM=1            ；激活工具坐标系 1(Eoat1 快换接头)
2：J P[1] 100% FINE       ；Eoat1 工具坐标系下的 home 点
3：J P[2] 100% CNT100     ；Eoat1 工具坐标系下的接近点
4：L P[3] 100mm/sec FINE  ；Eoat1 工具坐标系下的吻合点
5：  CALL PICK2           ；调用吸盘工具仿真程序
```

```
6:  WAIT   1.00(sec)
7:  UTOOL_NUM=3                   ; 激活工具坐标系 3(Eoat3 吸盘工具)
8: L P[4] 4000mm/sec FINE         ; Eoat3 工具坐标系下的逃离点
9: J P[5] 25% FINE                ; Eoat3 工具坐标系下的 home 点
10: J P[6] 100% FINE              ; 吸取工件 Part1 的接近点
11: L P[7] 100mm/sec FINE         ; 吸取工件 Part1 的吻合点
12:  CALL PICK21                  ; 调用吸取工件 Part1 仿真程序
13:  WAIT   1.00(sec)
14: L P[8] 100mm/sec FINE         ; 吸取工件 Part1 的逃离点
15: J P[5] 100% FINE              ; Eoat3 工具坐标系下的 home 点
16: J P[9] 100% FINE              ; 放置工件 Part1 的接近点
17: L P[10] 100mm/sec FINE        ; 放置工件 Part1 的吻合点
18:  CALL DROP21                  ; 调用放置工件 Part1 仿真程序
19:  WAIT   1.00(sec)
20: L P[9] 100mm/sec FINE         ; 放置工件 Part1 的逃离点
21: J P[5] 100% FINE              ; Eoat3 工具坐标系下的 home 点
22: J P[11] 100% FINE             ; Eoat3 工具坐标系下的接近点
23: L P[12] 100mm/sec FINE        ; Eoat3 工具坐标系下的吻合点
24:  CALL DROP2                   ; 调用放置吸盘工具仿真程序
25:  WAIT   1.00(sec)
26:  UTOOL_NUM=1                  ; 激活工具坐标系 1(Eoat1 快换接头)
27: L P[13] 100mm/sec FINE        ; Eoat1 工具坐标系下的逃离点
28: J P[2] 100% FINE              ; Eoat1 工具坐标系下的过渡点
29: J P[1] 100% FINE              ; Eoat1 工具坐标系下的 home 点
```

在现实编程中，工具的快换需要工业机器人的信号控制，如 RO1、RO2 信号。通过信号控制电控阀的运动，改变气路以实现快换盘中钢珠的运动。详见第三章内容。

至此，完成了机器人工作站吸盘工具搬运工件的仿真任务。工作站吸盘工具仿真轨迹如图 6-60 所示。

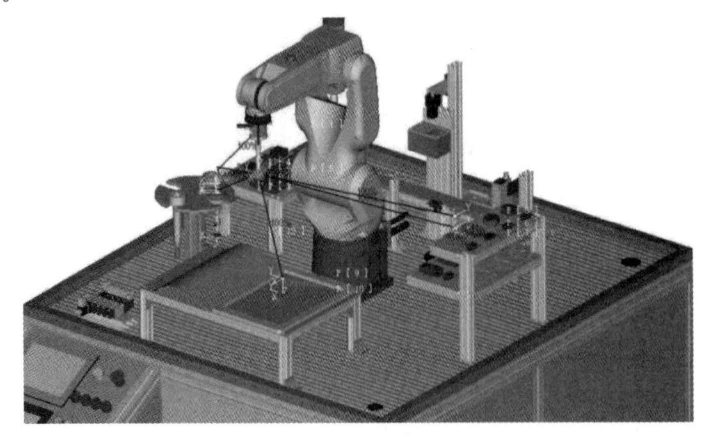

图 6-60 机器人工作站吸盘搬运任务仿真

6.4　机器人工作站夹爪工具搬运仿真

工作任务：利用快换接头，实现工业机器人自动装配夹爪工具，并搬运工件。

6.4.1　设置夹爪工具坐标系

1. Eoat1 工具坐标系参数设置

在 Cell Browser 菜单中，在 Eoat1 上鼠标双击左键，弹出 Eoat1 工具属性对话框，在属性对话框中单击【Parts】→勾选【HZ-Ⅱ-F01-F-Ⅱ-00】夹爪工具模型→单击【应用】→单击【HZ-Ⅱ-F01-F-Ⅱ-00】→勾选【Edit Part Offset】→修改【工件偏移参数】→单击【确定】，操作路径如图 6-61 所示。夹爪工具坐标：X = 14、Y = −57、Z = 96、W = −90，其余为 0。【Visible at Teach Time】和【Visible at Run Time】不勾选。

注：此处需核对快换接头与夹爪工具的对齐情况(上下凹槽是否对齐) 。

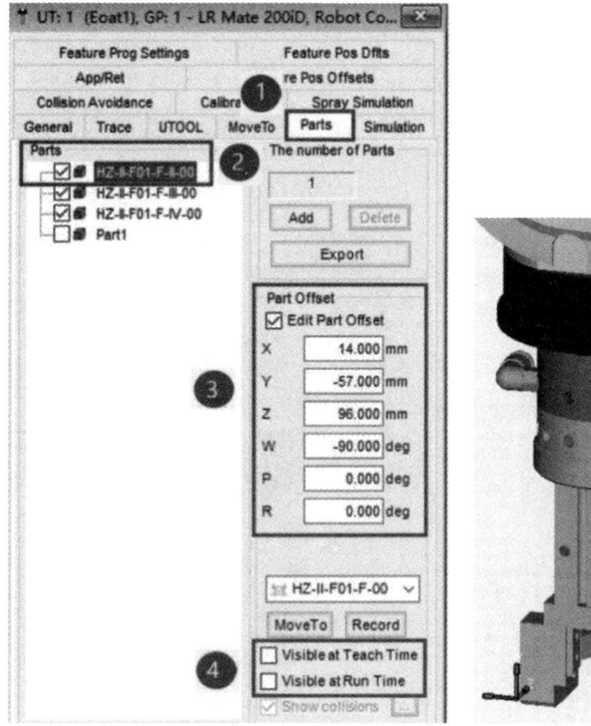

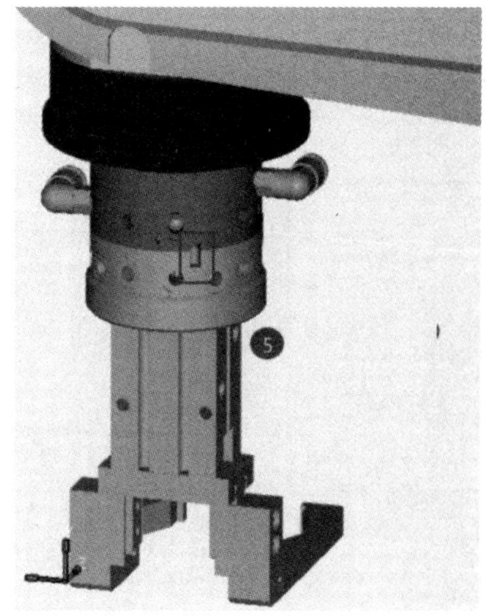

图 6-61　加吸盘工具仿真模型

2. Eoat4 工具坐标系参数设置

为工具 4(Eoat4) 添加【快换接头】，参考 6.1.5 小节。

在 Cell Browser 菜单中，鼠标在工具 4 号(Eoat4) 处鼠标右击→添加链接 Link→单击【CAD 文件】添加【工具包】内的夹爪【主体】模型，添加路径如图 6-62 所示。

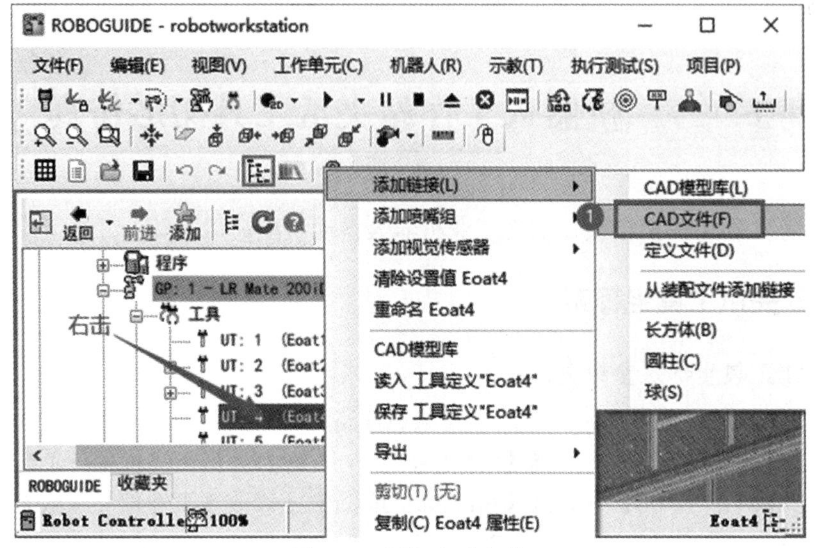

图 6-62　添加夹爪主体

双击打开(Eoat4) 的 Link1，在弹出属性对话框中单击【链接 CAD】→修改【位置】参数→勾选【固定位置】→单击【应用】，参数如图 6-63 所示。

主体位置：X = 14、Y = −57、Z = 96、W = −90，其余为 0。

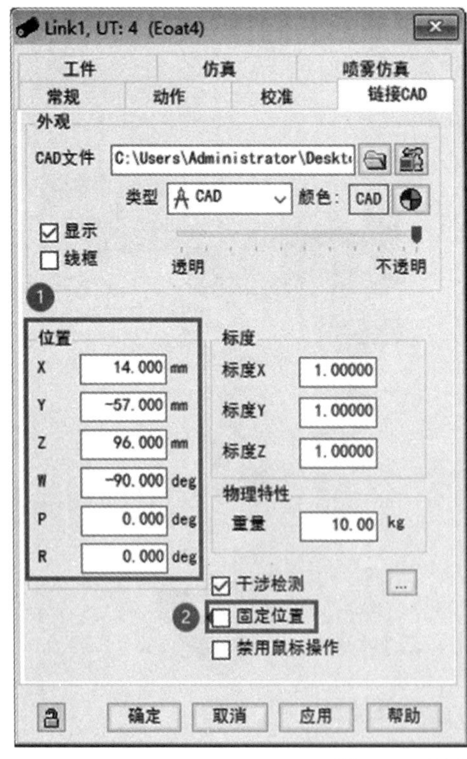

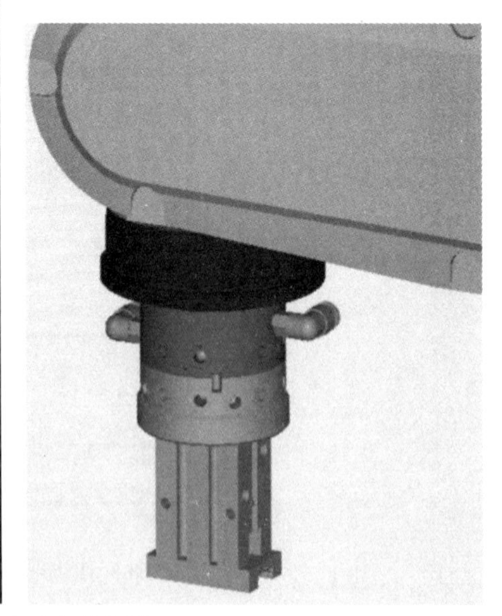

图 6-63　调整夹爪主体位置

在 Cell Browser 菜单中，鼠标在工具 4 号(Eoat4)的一级链接(Link1)处右击→再次添加链接 Link→单击【CAD 文件】添加【工具包】内的【左】模型，添加路径如图 6-64 所示。

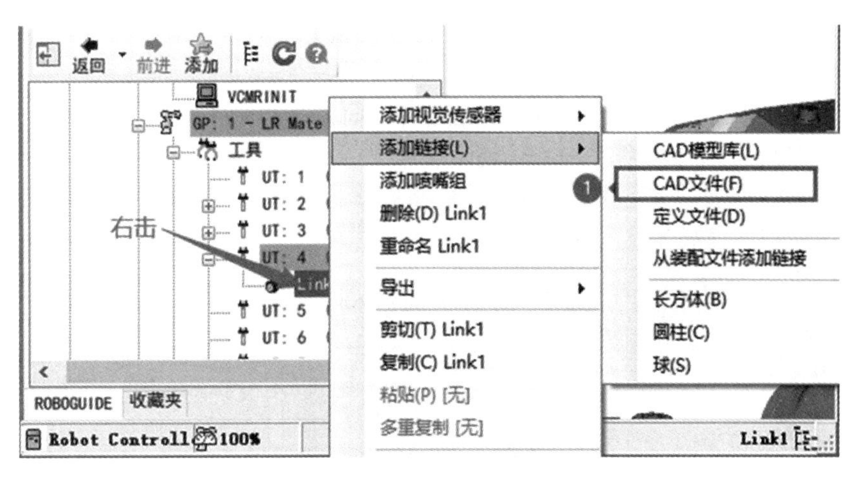

图 6-64 添加左夹爪

双击工具 4 号(Eoat4) 的一级链接(Link1)下的二级(Link1)，打开属性框设置如下：

(1) 单击【链接 CAD】→修改【位置】参数→勾选【固定位置】→单击【应用】。参数如图 6-65(a)所示。位置：X = 4，其余为 0。

(2) 单击【动作】→工作控制类型选择【I/O 控制】→单击【应用】。参数如图 6-65(b)所示。动作 IO 标签为 R0[1]，位置为 7。

(3) 单击【常规】→选择【X 轴】→勾选【负方向】→取消勾选【显示电机】→单击【确定】完成所有设置。参数如图 6-65(c)所示。

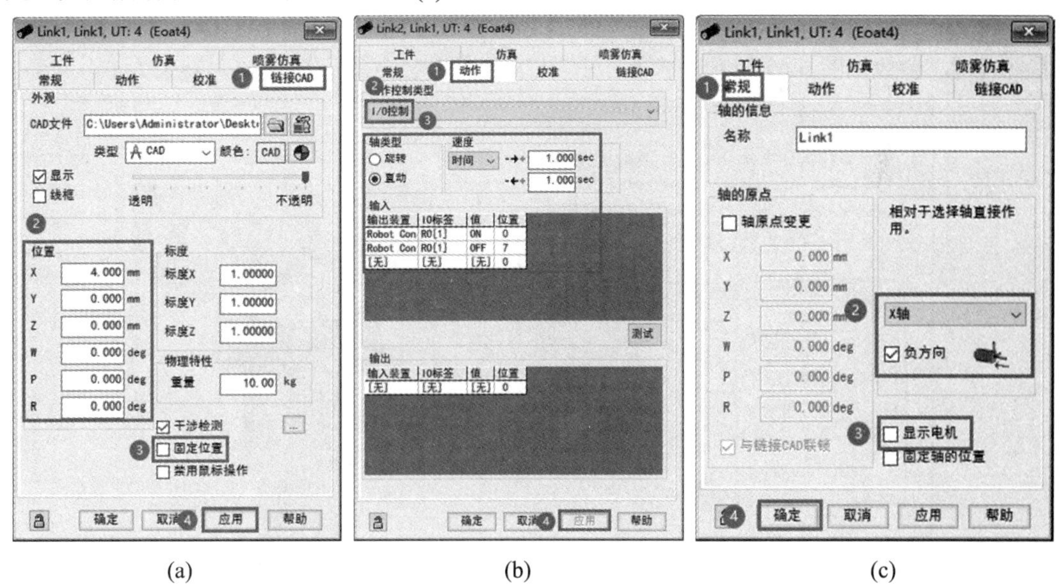

(a) (b) (c)

图 6-65 设置左夹爪属性

在 Cell Browser 菜单中，鼠标在工具 4 号(Eoat4)的一级链接(Link1)处右击→再次添加链接 Link→单击【CAD 文件】添加【工具包】内的【右】模型。

双击工具 4 号(Eoat4) 的一级链接(Link1)下的二级(Link2)，打开属性框设置如下：

(1) 单击【链接 CAD】→修改【位置】参数→勾选【固定位置】→单击【应用】。参数如图 6-66(a)所示。位置：X = -4，其余为 0。

(2) 单击【动作】→工作控制类型选择【I/O 控制】→单击【应用】。参数如图 6-66(b)所示。动作 IO 标签为 R0[1]，位置为 7。

(3) 单击【常规】→选择【X 轴】→勾选【负方向】→取消勾选【显示电机】→单击【确定】完成所有设置。参数如图 6-66(c)所示。

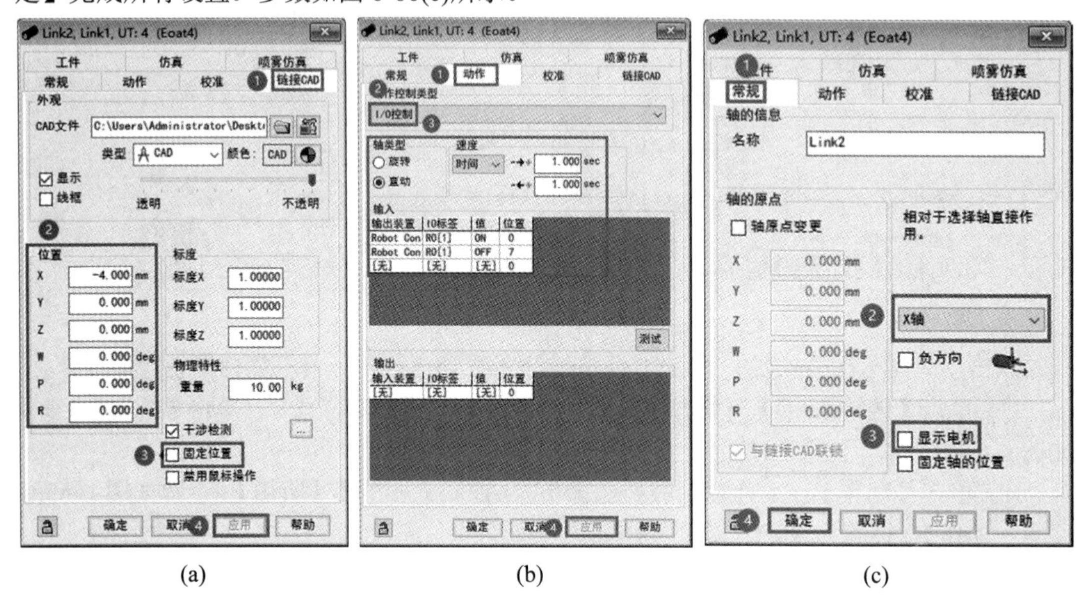

图 6-66 设置右夹爪属性

在属性对框中单击【UTOOL】→勾选【Edit UTOOL】→修改【UTOOL】参数→单击【Apply】，参数如图 6-67 所示。夹爪工具 TCP 坐标：Y = 40、Z = 118，其余为 0。

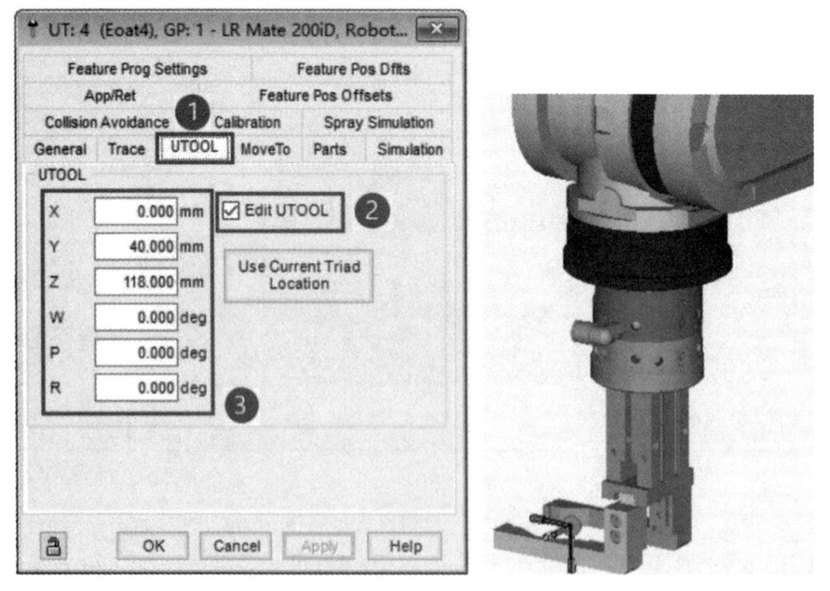

图 6-67 修改工具 4 工具坐标

在属性对框中单击【工件】→勾选【Part1】→单击【应用】→单击【Part1】→勾选【编辑偏移参数】→修改【工件偏移参数】→取消勾选【示教时显示】→单击【确定】，参数如图 6-68 所示。工件偏移坐标：Y = 35、Z = 120、R = 90，其余为 0。

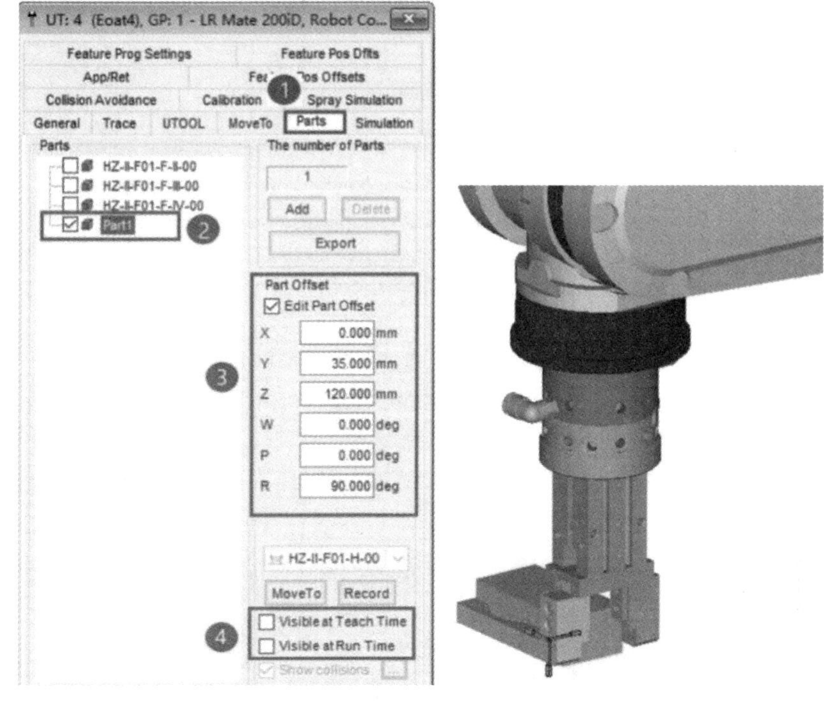

图 6-68　夹爪工具添加工件仿真模型

6.4.2　编写夹爪工具程序

1. 拾取夹爪工具仿真程序 Pick3

单击示教【Teach】→单击【Add Simulation Program】，仿真程序命名为 Pick3。单击指令【Inst】→选择【Pickup】创建抓取指令，指令参数如下：Pickup 抓取夹爪工具(HZ-Ⅱ-F01-F-Ⅱ-00)，From 从 HZ-II-F01-F-00 工具架模型 F 上抓取，With 用机器人的 Eoat1 工具抓。添加 Pick3 仿真程序如图 6-69 所示。

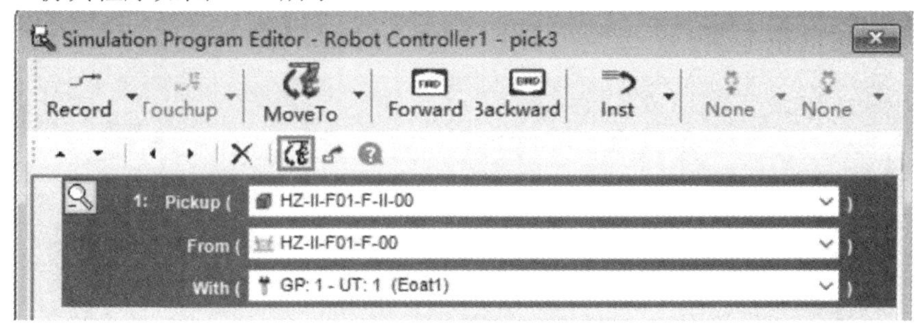

图 6-69　添加 Pick3 仿真程序

2. 放置夹爪工具仿真程序 Drop3

单击示教【Teach】→单击【Add Simulation Program】，仿真程序命名为 Drop3。单击指令【Inst】→选择【Drop】创建放置指令，指令参数如下：Drop 放置夹爪工具(HZ-Ⅱ-F01-F-Ⅱ-00)，From 从机器人的 Eoat1 工具上放置，On 放置在 HZ-Ⅱ-F01-F-00 工具架模型上。添加 Drop3 仿真程序如图 6-70 所示。

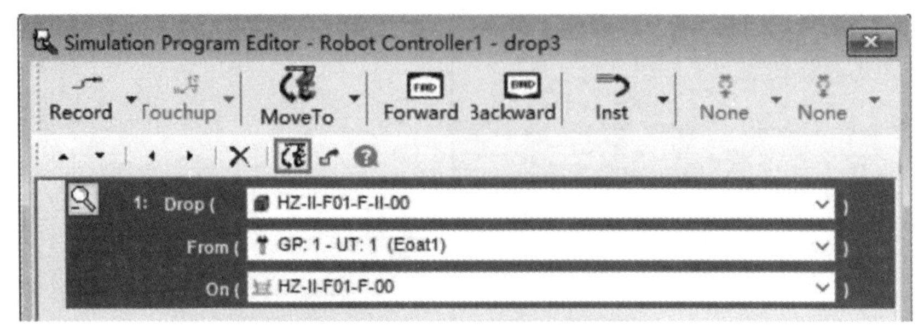

图 6-70　添加 Drop3 仿真程序

3. 夹取工件 Part1 仿真程序 Pick31

单击示教【Teach】→单击【Add Simulation Program】，仿真程序命名为 Pick31。单击指令【Inst】→选择【Pickup】创建抓取指令，指令参数如下：Pickup 抓取工件(Part1)，From 从 HZ-Ⅱ-F01-Ⅰ-00 原料库架模型Ⅰ上抓取，With 用机器人的 Eoat4 工具抓。添加 Pick31 仿真程序如图 6-71 所示。

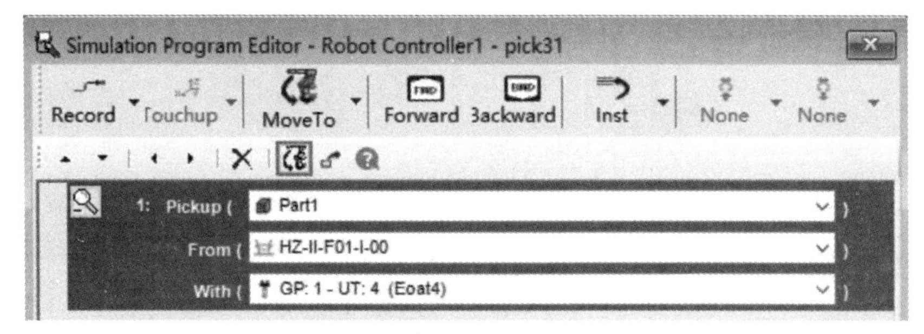

图 6-71　添加 Pick31 仿真程序

4. 放置工件 Part1 仿真程序 Drop31

单击示教【Teach】→单击【Add Simulation Program】，仿真程序命名为 Drop31。单击指令【Inst】→选择【Drop】创建放置指令，指令参数如下：Drop 放置工件(Part1)，From 从机器人的 Eoat4 工具上放置，On 放置在 HZ-Ⅱ-F01-H-00 工作加工台模型 H 上。添加 Drop31 仿真程序如图 6-72 所示。

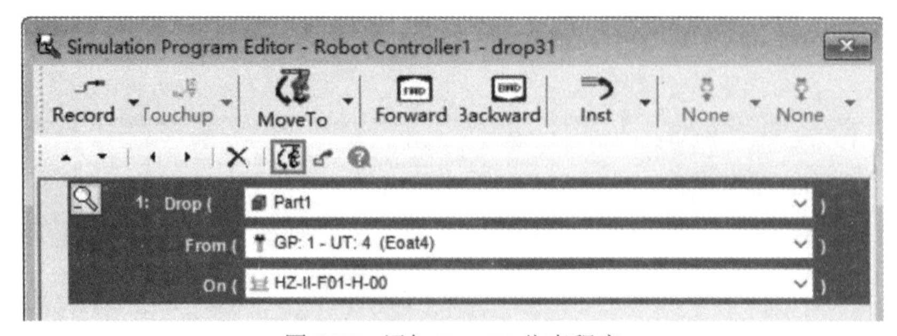

图 6-72　添加 Drop31 仿真程序

5. 编写夹爪工具快换程序

单击【示教器】，打开示教器界面→单击示教器面板的【select】切换至程序界面。单击【创建】功能键创建程序名为【TEST03】的夹爪工具快换及搬运工件的程序。

程序如下：

```
1:  UTOOL_NUM=1                  ; 激活工具坐标系 1(Eoat1 快换接头)
2: J P[1] 100% FINE             ; Eoat1 工具坐标系下的 home 点
3: J P[2] 100% FINE             ; Eoat1 工具坐标系下的过渡点
4: J P[3] 100% FINE             ; Eoat1 工具坐标系下的接近点
5: L P[4] 100mm/sec FINE        ; Eoat1 工具坐标系下的吻合点
6:  CALL PICK3                   ; 调用拾取夹爪工具仿真程序
7:  WAIT    1.00(sec)
8:  UTOOL_NUM=4                  ; 激活工具坐标系 4(Eoat4 夹爪工具)
9: L P[5] 100mm/sec FINE        ; Eoat4 工具坐标系下的逃离点 1
10: L P[6] 100mm/sec FINE       ; Eoat4 工具坐标系下的逃离点 2
11: L P[7] 1000mm/sec FINE      ; Eoat4 工具坐标系下的过渡点
12: J P[8] 100% FINE            ; Eoat4 工具坐标系下的 home 点
13:  RO[1]=ON                    ; 夹爪初始化松开
14: J P[13] 100% FINE           ; 夹取工件 Part1 的过渡点
15: J P[14] 100% FINE           ; 夹取工件 Part1 的接近点
16: L P[11] 100mm/sec FINE      ; 夹取工件 Part1 的吻合点
17:  CALL PICK31                 ; 调用夹取工件 Part1 仿真程序
18:  RO[1]=OFF                   ; 夹爪夹紧
19:  WAIT    1.00(sec)
20: L P[14] 100mm/sec FINE      ; 夹取工件 Part1 的逃离点
21: J P[13] 100% FINE           ; 夹取工件 Part1 的过渡点
22: J P[12] 100% FINE           ; 放置工件 Part1 的接近点
23: L P[9] 100mm/sec FINE       ; 放置工件 Part1 的吻合点
24:  CALL DROP31                 ; 调用放置工件 Part1 仿真程序
25:  RO[1]=ON                    ; 夹爪松开
26:  WAIT    1.00(sec)
27: L P[12] 100mm/sec FINE      ; 放置工件后逃离点
28: J P[8] 100% FINE            ; Eoat4 工具坐标系下的 home 点
29: J P[7] 100% FINE            ; Eoat4 工具坐标系下的过渡点
30: J P[6] 100% FINE            ; Eoat4 工具坐标系下的接近点 1
31: L P[5] 100mm/sec FINE       ; Eoat4 工具坐标系下的接近点 2
32: L P[10] 100mm/sec FINE      ; Eoat4 工具坐标系下的吻合点
33:  CALL DROP3                  ; 调用放置夹爪工具仿真程序
34:  UTOOL_NUM=1                 ; 激活工具坐标系 1(Eoat1 快换接头)
35:  WAIT    1.00(sec) ;
36: L P[3] 100mm/sec FINE       ; Eoat1 工具坐标系下的逃离点
37: J P[2] 100% FINE            ; Eoat1 工具坐标系下的过渡点
38: J P[1] 100% FINE            ; Eoat1 工具坐标系下的 Home 点
```

至此，完成了机器人工作站夹爪搬运任务仿真。工作站夹爪工具仿真轨迹如图 6-73 所示。

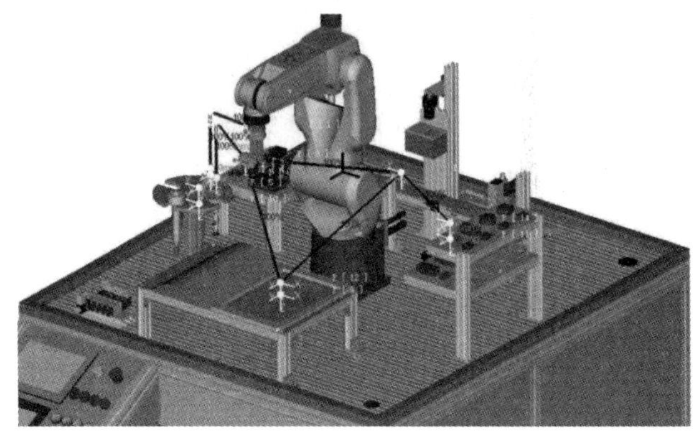

图 6-73　机器人工作站夹爪搬运任务仿真

6. 编写主程序

主程序如下：

```
1：CALL TEST01            ；调用笔形工具快换程序
2：WAIT   2.00(sec)
3：CALL TEST02            ；调用吸盘工具快换程序
4：WAIT   2.00(sec)
5：CALL TEST03            ；调用夹爪工具快换程序
END
```

第7章　工业机器人吸盘设计与仿真应用

工业机器人作为先进的生产工具，不仅能够替代传统的人工操作，还可以大大提高生产效率和产品的一致性。目前，机器人市场的需求越来越多，以及工艺要求越来越复杂，单个工业机器人工作已难以满足生产需求。在此情况下，多个工业机器人通过共享信息协作完成工作任务成为研究热点。同时，随着科技的快速发展和智能制造的兴起，越来越多的企业开始关注并采用工业机器人末端解决方案，以实现自动化生产、提高产品质量。由此工业机器人末端解决方案也成为当前研究重点。

工业机器人的末端解决方案是指机器人配备的各种工具、夹具以及其他附件，用于完成特定生产工序或处理产品的过程。这些解决方案根据不同的需求和应用场景，可以采用灵活的设计和定制化的配件，确保机器人能够准确、高效地完成各种任务。

在工业机器人末端解决方案中，常见的工具包括夹爪、吸盘、钻头、焊枪等。例如，在汽车制造业中，工业机器人配备的夹爪能够精确抓取和组装零部件，确保汽车生产线的连续性和高效性；而在电子制造业中，工业机器人配备的吸盘可以轻松地抓取、搬运和安装微小的电子元件，提高产品的装配质量和减少人工操作的错误率。

本章以吸盘工具为工业机器人的末端解决方案，实现双工业机器人搬运手机壳加工的仿真应用设计。

专业能力素养

- 能够了解吸盘工具在制造业中的典型应用案例
- 能够使用 SOLIDWORKS 软件完成吸盘工具的建模
- 能够使用 ROBOGUIDE 软件完成吸盘工具的模拟仿真
- 能够掌握吸盘工具作为工业机器人末端执行器的设计方法

任务与工作流程

本章内容主要讲述通过使用 SOLIDWORKS 软件设计工业机器人吸盘工具的三维模型，并使用 ROBOGUIDE 软件来进行自动化工作环境的虚拟仿真设计，实现所设计的吸盘工具在特定环境中的应用。

本章内容大致分为四个部分来进行：

- 工业机器人吸盘工具设计
- 工业机器人虚拟工作环境搭建
- 工业机器人 I/O 信号配置

- 工业机器人编程设计

7.1 工业机器人工作环境

7.1.1 工作站设计需求

本工作站设计：由两台工业机器人、三个传输带模块、一台加工中心，以及安全防护系统组成工作站布局，整体布局如图 7-1 所示。

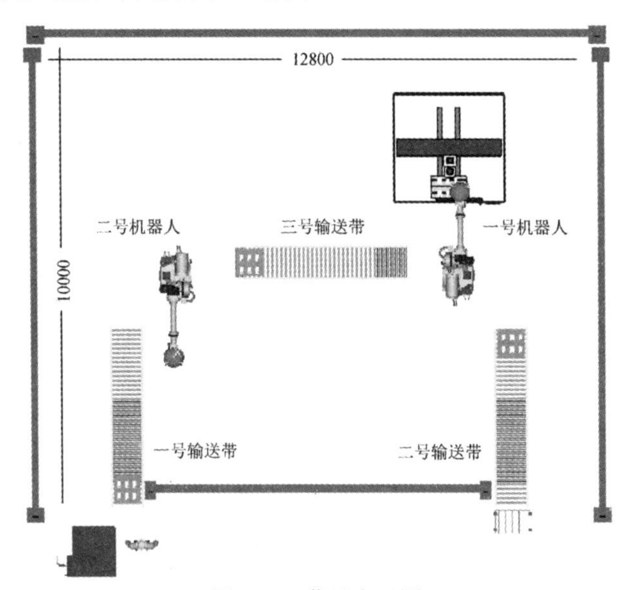

图 7-1 工作站布局图

两台工业机器人协作搬运，运行过程如下：

(1) 场地工人将待加工件搬运至一号传输带，一号传输带传送待加工件至二号机器人工作范围内。与此同时，在传送过程中对待加工工件进行整型。

(2) 二号机器人搬运待加工件至三号传输带，三号传输带传送工件至一号机器人的工作位置，再次进行整型，使待加工工件能够被精确定位，方便机器人将待加工工件精准抓取。

(3) 一号机器人抓取工件送入铣床内加工，完成后取出搬运至二号传输带。

(4) 二号传输带传送已加工好的工件至成品框内。

7.1.2 机器人型号选择

在 ROBOGUIDE 仿真软件中，机器人的型号种类非常丰富，比如协作机器人、迷你机器人、SCARA 机器人、弧焊机器人、码垛机器人、大型机器人等，各有各的优缺点。本案例设计针对中小型金属板材零件的数控加工，工作场地是工厂，目标是节约生产加工时间、提高工作效率，所以决定采用中、大型机器人。FANUC 大型机器人主要有 FANUC Robot

R-2000iC、FANUC Robot R-2000iB、FANUC Robot M-900iB、FANUC Robot M-900iA、FANUC Robot M-2000iA 这五个型号。其中，Robot R-2000iC 成本低、精度高、运行稳定、安全性高，符合本案例的目标需求，故在仿真软件 ROBOGUIDE 中使用 FANUC Robot R-2000iC 机器人。由于本案例所设计的末端执行器要求达到较远距离，所以采用负载 165F 的工业机器人，如图 7-2 所示。

图 7-2　R-2000iC 165F 机器人

7.1.3 工作场地布置

1. 输送带模块

输送带是自动化产线经常使用的设备之一。采用 ROBOGUIDE 软件自带的【CAD 模型库】内夹具【Fixtures】目录下运输机【conveyer】的输送带【cnvyr】，输送带输送距离为 3050 mm，宽度为 750 mm，高度为 762 mm。

输送带上安装一块托板，预防工件滑落。托板尺寸长 600 mm、宽 600 mm、高 20 mm。为了便于机器人夹取，工作人员在摆放待加工件时，需要对工件进行初步位置排放，工件排放距离如图 7-3 所示。

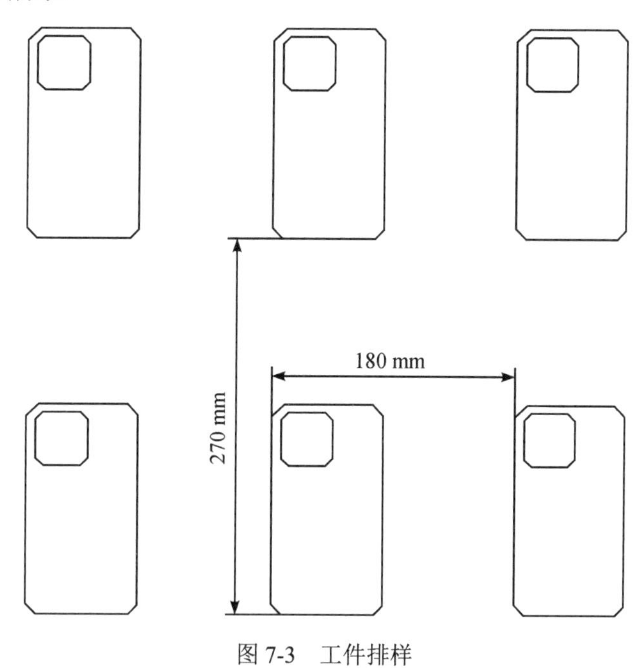

图 7-3　工件排样

2. 数控加工中心

数控机床是一种装有程序控制系统的自动化机床，能够根据已编好的程序，使机床动作并加工零件。现代数控机床搭载多种传感器，可以通过编程实现多设备联动，打造无人生产线。数控机床种类繁多，这里采用 ROBOGUIDE 软件【CAD 模型库】内机器【Machines】目录下常规 CNC 机床【GeneralCNCMachine】的数控加工中心【CNCMachine1】作为示例，操作路径如图 7-4 所示。

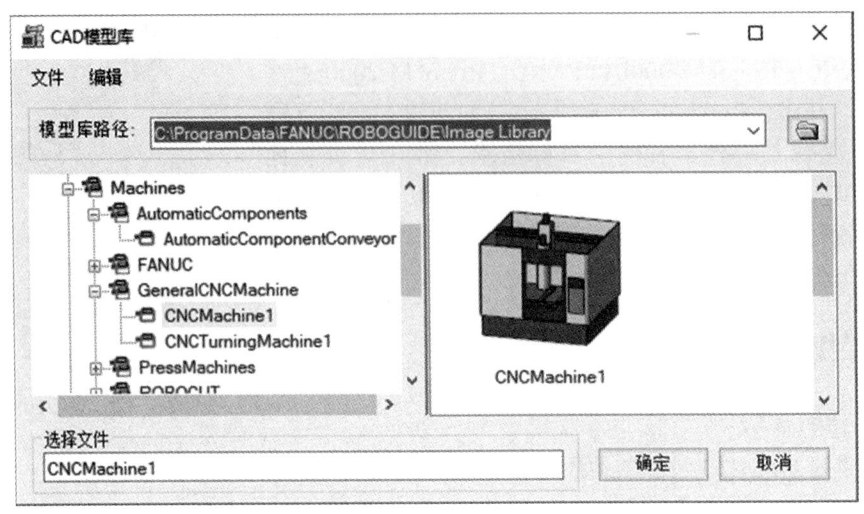

图 7-4　数控加工机床

3. 安全防护与其他设备

安全防护装置是机器人工作站重要组成部分之一。在机器人自动运行过程中，安全保护装置可以避免工作人员无意闯入机器人的工作区域而造成安全事故。

围栏的模型位于 ROBOGUIDE 软件【CAD 模型库】内障碍物【Obstacles】目录下的围栏【Fence】选项中，用户可以根据实际需求选择合适的围栏。根据场地需求摆放各个设备，完成后的双机器人工作站如图 7-5 所示。

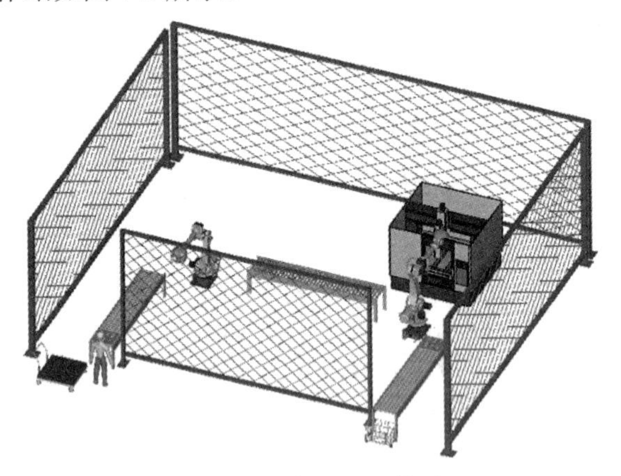

图 7-5　双机器人工作站

7.2　工业机器人工具吸盘设计

本案例实现了机器人搬运全流程自动化生产，充分体现了智能制造的全自动化特性。根据仿真设计要求，系统自带的模型库无法满足仿真系统设计需求。因此，需要搭配 SOLIDWORKS 软件，绘制所需的工件和工具。

7.2.1　工件绘制

依据所需加工的零件(手机壳体)，毛坯规格为长 150 mm × 宽 80 mm × 高 10 mm，待加工零件图如图 7-6 所示。使用 CNC 数控机床在壳体内加工长 146 mm × 宽 76 mm × 深 8 mm 的凹槽，已加工零件图如图 7-7 所示。

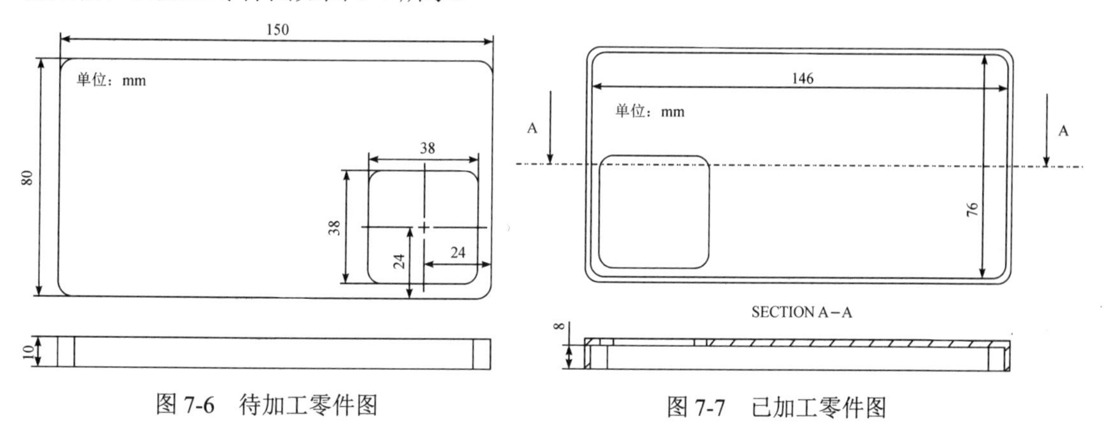

图 7-6　待加工零件图　　　　图 7-7　已加工零件图

7.2.2　吸盘工具设计

1. 工具主体设计

工具主体选用 200 mm × 150 mm 的钢板作为中间连接件，连接吸盘与机械臂法兰盘，形成完整的机器人末端工具，工具主体尺寸如图 7-8 所示。

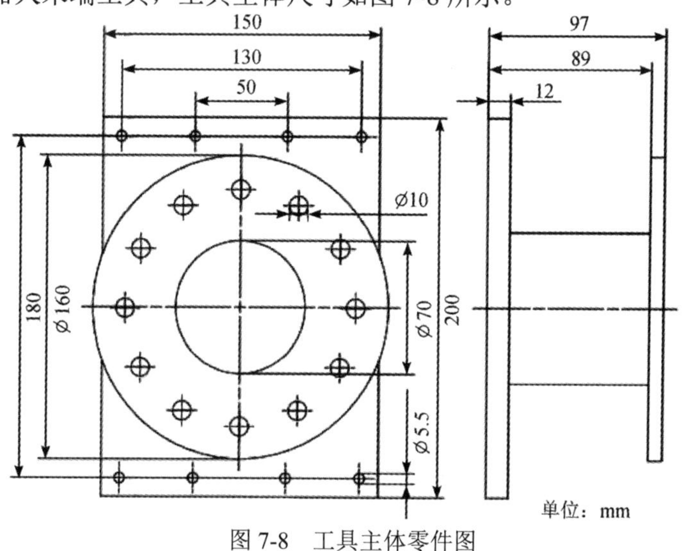

图 7-8　工具主体零件图

2. 搭建吸盘工具框架

本工具选用铝型材自行搭建吸盘工具结构。吸盘工具需要两根长度为 420 mm 的长杆(用于安装吸盘)与两根长度为 200 mm 的短杆(用于固定长杆并连接工具主体)，铝型材框架之间需要使用角铁与螺钉进行固定。铝型材尺寸如图 7-9 所示。

完成铝型材的绘制后，搭建吸盘工具框架，3D 模型如图 7-10 所示。

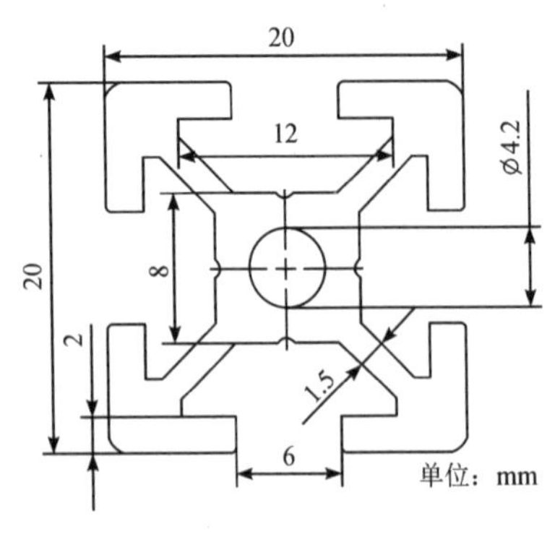

图 7-9　铝型材零件图

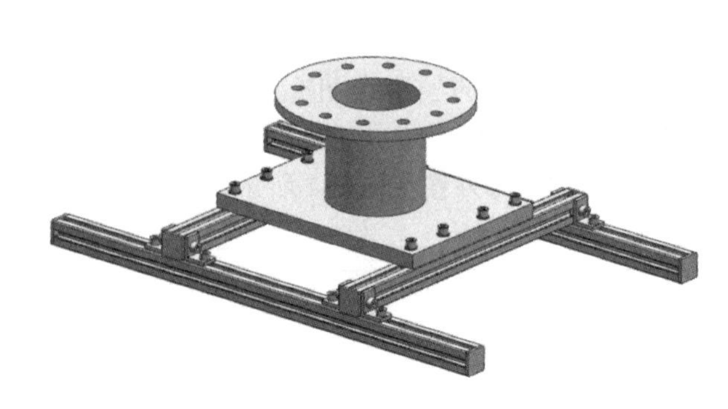

图 7-10　吸盘工具框架

3. 绘制吸盘组件

吸盘绘制方法参考 5.2 节吸盘工具设计的内容，需要使用 SOLIDWORKS 零件功能完成零件三维模型的造型，然后使用 SOLIDWORKS 装配体功能完成整个吸盘的装配，吸盘零件尺寸如图 7-11 所示。

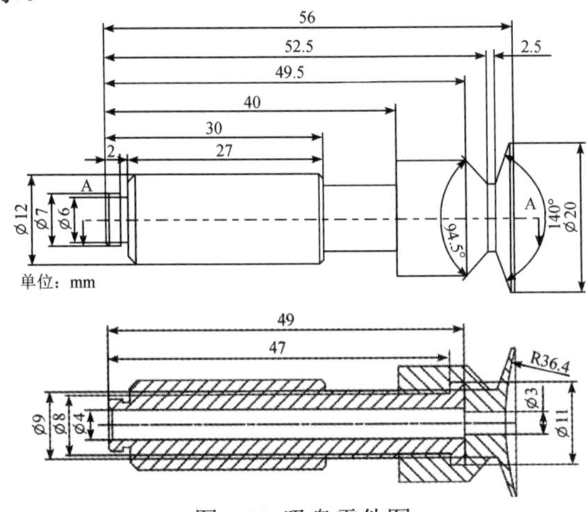

图 7-11 吸盘零件图

吸盘需先安装在尺寸为长 105 mm × 宽 30 mm × 高 8 mm 的钢板上，并且每个吸盘使用两个 M10 的螺母进行固定，再使用 M8 的螺丝将钢板安装在铝型材的两端和中间部位，组装完的吸盘组件如图 7-12 所示。

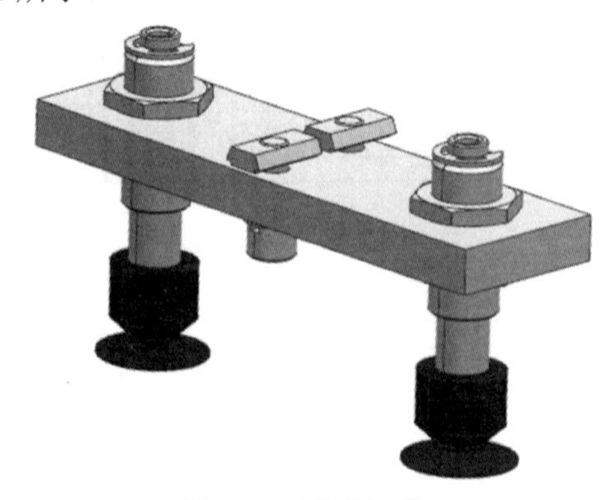

图 7-12　吸盘组件

4. 气路设计与机器人工具装配

气动接头种类很多，主要用于控制气体的吸入和排出顺序。本案例设计采用单向阀、T 型三通阀和 Y 型三通阀这三种接头。根据设计需求选择合适的接头，并根据设计要求使用线管将其依次连接即可。完成所有零件装配，完成后的吸盘工具如图 7-13 所示。

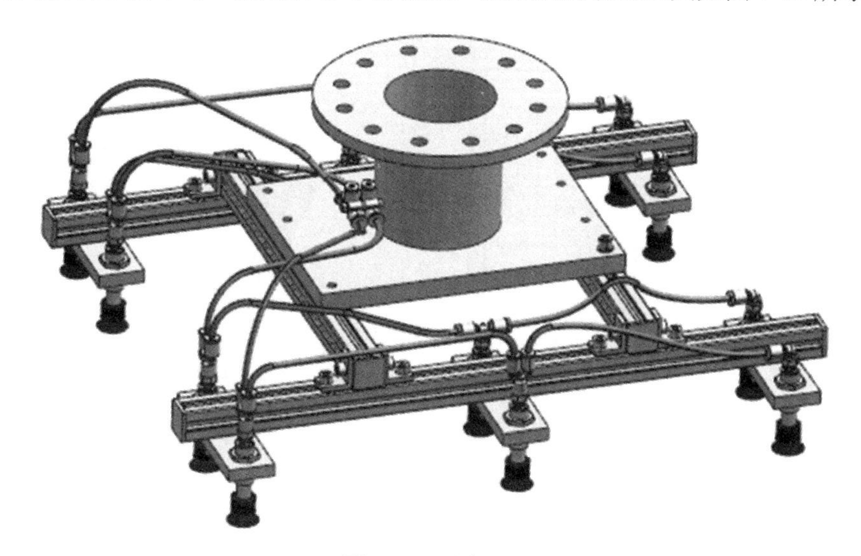

图 7-13　吸盘工具

7.3　工业机器人编程仿真

本案例将工业机器人搬运工作站仿真设计分为三部分：工作站配置、I/O 配置、机器人程序设计。明确各部分的工作流程、工作要求，最后完成运行调试。

7.3.1　工作站配置

在 ROBOGUIDE 软件中添加 CNC 机床、三个输送带、围栏与两台 165F 工业机器人，添加工业机器人的工具，设置工具坐标系，添加工件。

1. Robot Controller2 机器人工具设置

在 Robot Controller2 中使用 Eoat1 工具坐标系添加吸盘工具模型，在 Eoat1 属性对话框中设置【General】、【UTOOL】、【Parts】三个属性栏。【General】设置对象为吸盘工具模型的安装位置，【UTOOL】设置的是 Eoat1 工具坐标系 TCP 点的位置，而【Parts】为添加手机壳模型工件，并调整其在吸盘工具模型上的位置。工具安装后，机器人工具设计如图 7-14 所示。

Robot Controller1 机器人工具设置不再赘述。

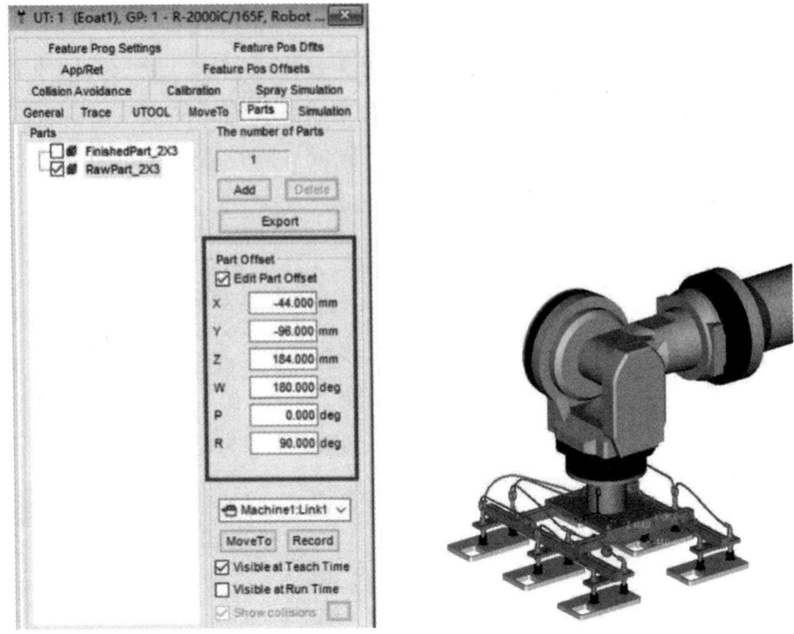

图 7-14　机器人工具设置

2. Machine1 输送带设置

在 Cell Browser 菜单中使用【Machines】属性添加 Machine1 输送带、Machine2 输送带、Machine3 输送带和 CNCMachining 数控机床。

在 Machine1 输送带(1 号输送带) 中，添加【Link】属性，在其 Link1 属性对话框中设置【Link CAD】、【General】、【Motion】、【Parts】四个属性栏。【Link CAD】设置 Link1 的位置和尺寸大小，【General】设置 Link1 电机的运动方向，【Motion】设置电机的运动速度和控制信号，如图 7-15 所示。而【Parts】主要添加工件(手机壳)，并设置 Link 上工件的放置位置。

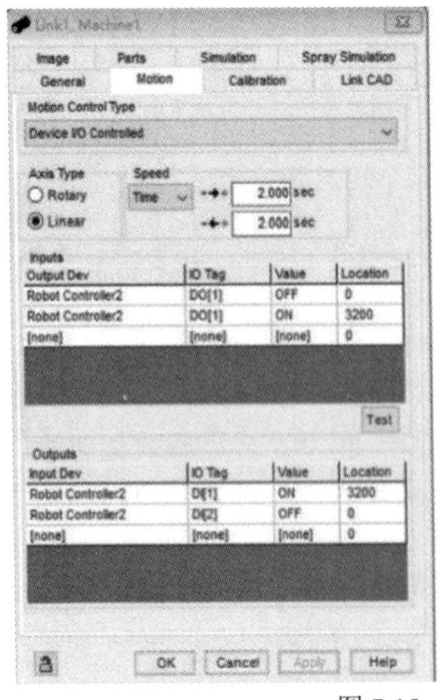

图 7-15　输送带设置

Machine2(2 号输送带)、Machine3(3 号输送带)和 CNCMachine 数控机床设置不再赘述。

3. 围栏设置

在 Cell Browser 菜单中使用【Obstacles】属性添加围栏(4 个)、小推车和收集篮。通过属性窗口中的【General】栏可设置位置和尺寸大小。

围栏路径：ROBOGUIDE\Image Library\Obstacles\Fence\Screen-Course-Wire。

小推车路径：ROBOGUIDE\Image Library\Fixtures\Pallets\Pallet_Cart01。

收集篮路径：ROBOGUIDE\Image Library \Fixtures\Pallets\Box_Pallet03。

7.3.2　I/O 配置

1. 一号机器人 I/O 设置

机器人 I/O 涉及两个方面：输入和输出。输入通常来自传感器、摄像头等。输出通常用于控制执行器，例如电机等。机器人 I/O 旨在为整个工作站建立信号的通信，一号机器人 I/O 框架如图 7-16 所示。

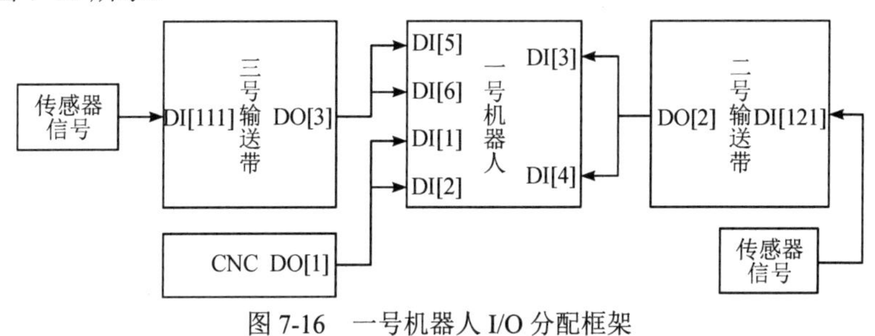

图 7-16　一号机器人 I/O 分配框架

1) 三号输送带 I/O

在 Cell Browser 菜单中，在【Machine3】输送带的一级链接【Link1】处双击打开属性对话框→单击【常规】→选择【X 轴】→勾选【负方向】→取消勾选【显示电机】→单击【确定】完成所有设置。属性设置如图 7-17 所示。

单击【动作】→工作控制类型选择【I/O 控制】→修改 I/O 参数→单击【应用】，动作信号设置如图 7-18 所示。

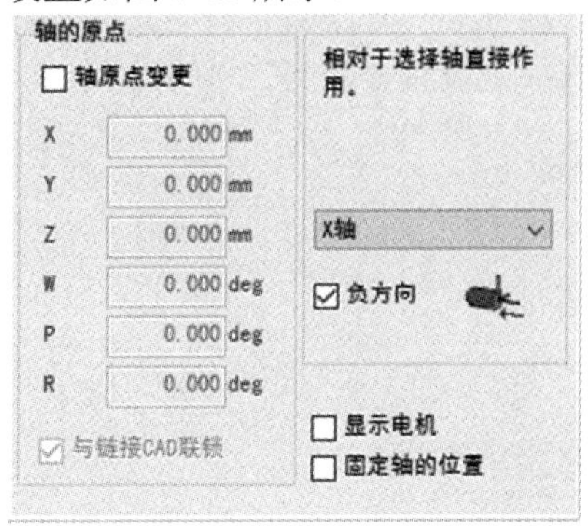

图 7-17　Machine3 Link1 常规属性对话框设置

图 7-18　Machine3 Link1 动作属性对话框设置

单击【仿真】→勾选【允许抓取工件】→勾选【允许放置工件】→设置【工件存在信号】各项参数→单击【确定】完成所有设置，仿真参数设置如图 7-19 所示。

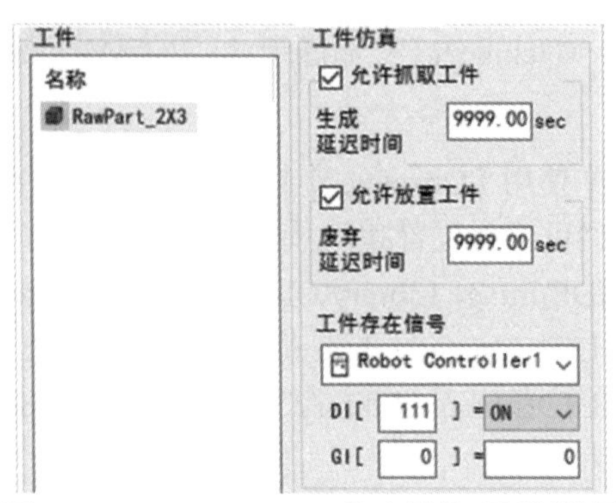

图 7-19　Machine3 Link1 仿真属性对话框设置

2) 二号输送带 I/O

在 Cell Browser 菜单中，在【Machine2】输送带的一级链接【Link1】处双击打开属性对话框→单击【常规】→选择【X 轴】→勾选【负方向】→取消勾选【显示电机】→单击【确定】完成所有设置，属性设置如图 7-20 所示。

单击【动作】→工作控制类型选择【I/O 控制】→修改 I/O 参数→单击【应用】，动作信号设置如图 7-21 所示。

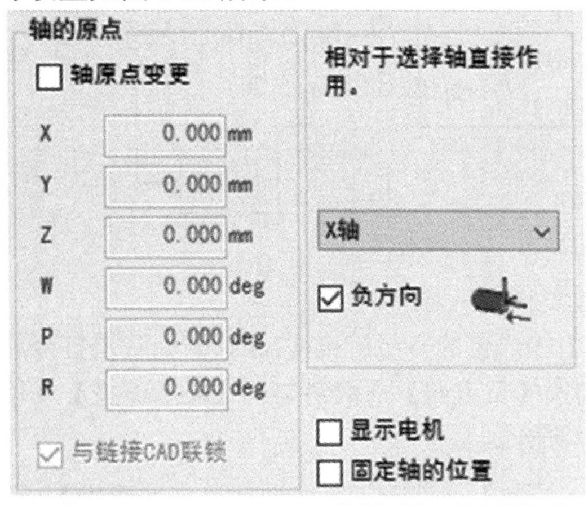

图 7-20　Machine2 Link1 常规属性对话框设置

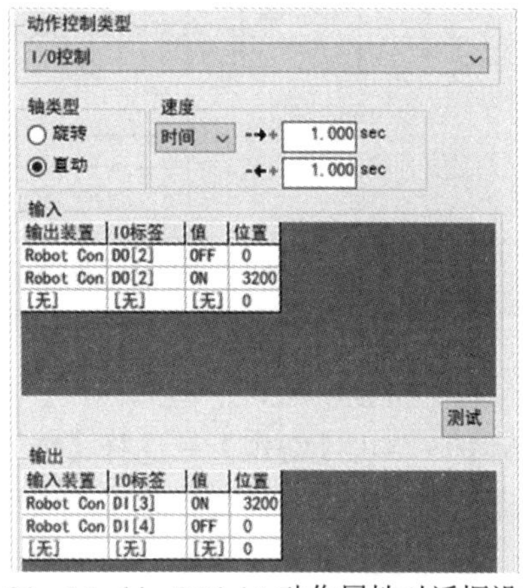

图 7-21　Machine2 Link1 动作属性对话框设置

单击【仿真】→勾选【允许放置工件】→设置【废弃延时时间】4 s→设置【工件存在信号】各项参数→单击【确定】完成所有设置，仿真参数设置如图 7-22 所示。

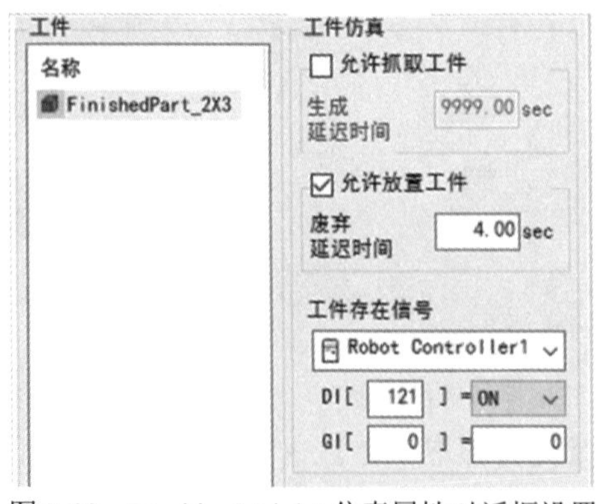

图 7-22　Machine2 Link1 仿真属性对话框设置

3) CNC 数控机床 I/O

在 Cell Browser 菜单中，在【CNCMachine】数控机床的一级链接【Door】处双击打开属性对话框→单击【常规】→选择【Z 轴】→取消勾选【负方向】→取消勾选【显示电机】→单击【确定】完成所有设置，属性设置如图 7-23 所示。

单击【动作】→工作控制类型选择【I/O 控制】→修改 I/O 参数→单击【应用】，动作信号设置如图 7-24 所示。

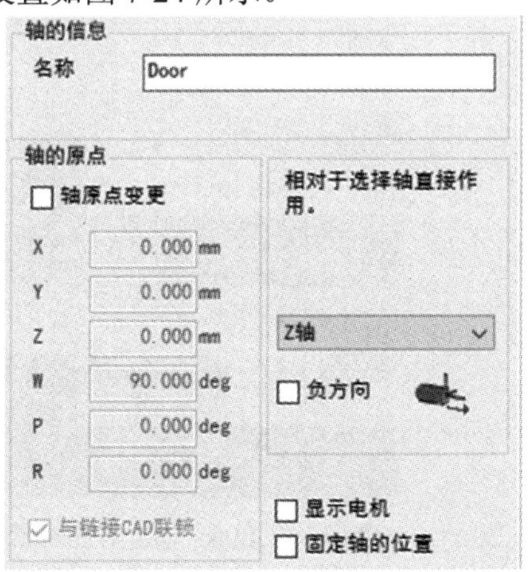

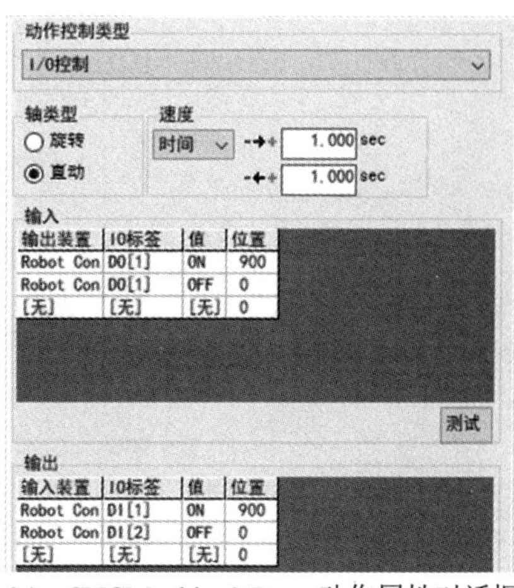

图 7-23　CNCMachine Door 常规属性对话框设置　图 7-24　CNCMachine3 Door 动作属性对话框设置

在 Cell Browser 菜单中，在【CNCMachine】数控机床的一级链接【Table】处双击打开属性对话框→单击【仿真】→勾选【允许放置工件】→设置【废弃延迟时间】6.5s→设置【工件存在信号】各项参数→单击【确定】完成所有设置，仿真参数设置如图 7-25 所示。

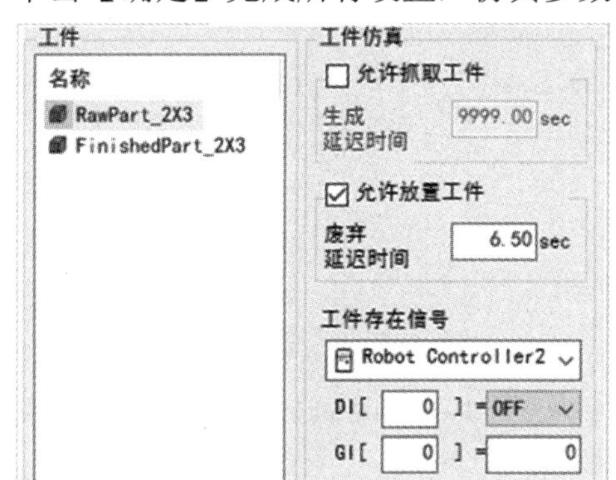

图 7-25　CNCMachine Table 仿真属性对话框设置

2. 二号机器人 I/O 设置

二号机器人 I/O 分配框架，如图 7-26 所示。

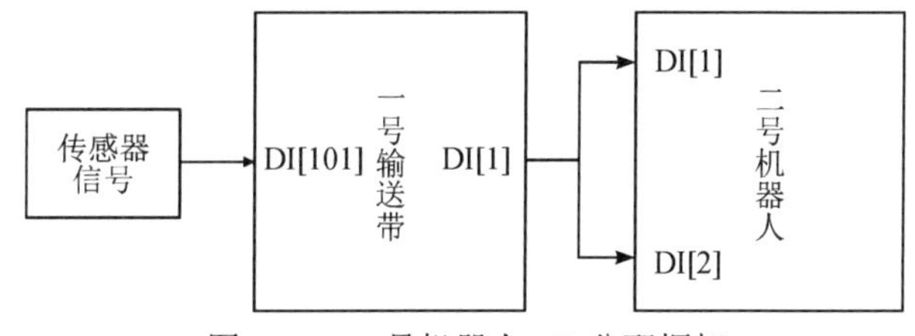

图 7-26　二号机器人 I/O 分配框架

在 Cell Browser 菜单中，在【Machine1】输送带的一级链接【Link1】处双击打开属性对话框→单击【常规】→选择【X 轴】→取消勾选【负方向】→取消勾选【显示电机】→单击【确定】完成所有设置，属性设置如图 7-27 所示。

单击【动作】→工作控制类型选择【I/O 控制】→修改 I/O 参数→单击【应用】，动作信号设置如图 7-28 所示。

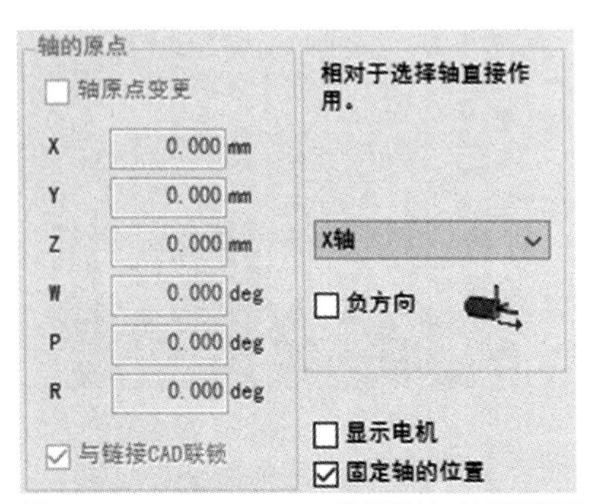

图 7-27　Machine1 Link1 常规属性对话框设置

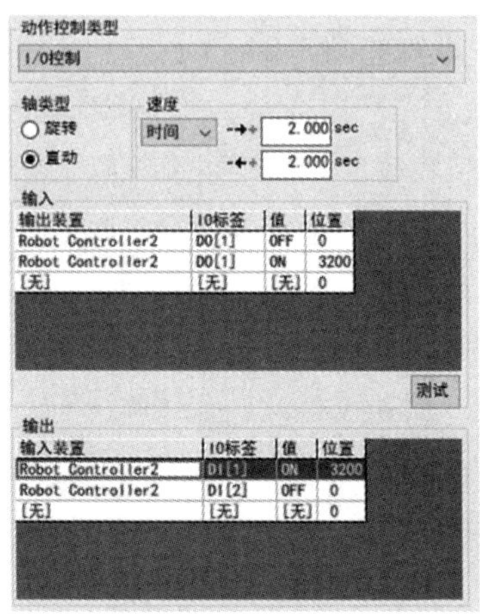

图 7-28　Machine1 Link1 动作属性对话框设置

单击【仿真】→勾选【允许抓取工件】→设置【生成延迟时间】10 s→设置【工件存在信号】各项参数→单击【确定】完成所有设置，仿真参数设置如图 7-29 所示。

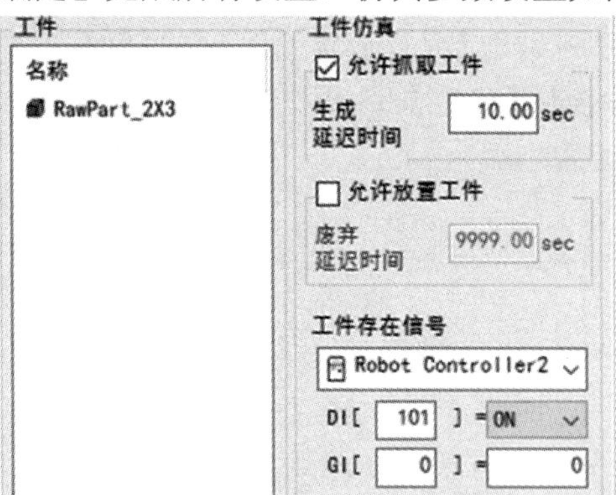

图 7-29　Machine1 Link1 仿真属性对话框设置

7.3.3　机器人程序设计

1. 一号机器人编程示例程序

单击 Robot Controller1【示教器】，打开示教器界面→单击示教器面板的【select】切换至程序界面。单击【创建】功能键创建吸盘搬运工件程序。

```
1:  J P[1] 100% FINE          ; home 点
2:  LBL[2]                    ; 循环开始
3:  DO[1]=ON                  ; 设备复位开始
4:  DO[3]=OFF
```

```
5:  DO[2]=OFF
6:  WAIT DI[5]=OFF
7:  WAIT DI[4]=OFF
8:  WAIT DI[1]=ON
9:  WAIT DI[3]=OFF                    ；设备复位结束
10:  WAIT DI[111]=ON                  ；等待输送带 3 的工件信号
11:  WAIT    1.00(sec)
12:  DO[3]=ON                         ；输送带 3 开始传送工件
13:  WAIT DI[5]=ON                    ；等待输送带 3 到位信号
14:  L P[2] 3000mm/sec FINE           ；接近工件
15:  L P[3] 3000mm/sec FINE
16:    CALL  PICKFROMM3               ；抓取工件
17:  WAIT    .50(sec) ；
18:  L P[4] 3000mm/sec FINE           ；接近机床工作台
19:  WAIT    1.00(sec)
20:  L P[5] 3000mm/sec FINE
21:  L P[6] 3000mm/sec FINE
22:    CALL DROPTOC1                  ；放置工件进行加工
23:  WAIT    .50(sec)
24:  J P[7] 100% FINE                 ；机器人退出 CNC 机床
25:  DO[1]=OFF                        ；关闭 CNC 机床防护门
26:  WAIT DI[1]=OFF                   ；等待防护门完全关闭
27:  WAIT    2.00(sec)                ；加工时间
28:  DO[1]=ON                         ；开启 CNC 机床防护门
29:  WAIT DI[1]=ON                    ；等待防护门完全开启
30:  L P[8] 3000mm/sec FINE           ；靠近加工好的工件
31:  J P[9] 100% FINE
32:    CALL PICKFROMC1                ；取出加工好的工件
33:  WAIT    .50(sec)
34:  J P[10] 67% FINE                 ；靠近输送带 3 托盘
35:  J P[11] 100% FINE
36:  J P[12] 100% FINE
37:    CALL DROPTOM2                  ；放置加工完成的工件
38:  WAIT    .50(sec)
39:  WAIT DI[3]=OFF                   ；检测输送带 3 托盘是否已经回位
40:  J P[13] 67% FINE                 ；机器人返程过渡点
41:  WAIT    1.00(sec)
42:  DO[2]=ON                         ；输送带 2 传送工件
43:  J P[14] 67% FINE                 ；准备夹取下一批工件
```

```
44:  WAIT DI[3]=ON                  ; 等待输送带 2 送出工件
45:  WAIT DI[121]=OFF               ; 等待输送带 2 取走工件
46:  DO[2]=OFF                      ; 输送带 2 返回
47:  JMP LBL[2]                     ; 循环结束
```

2. 二号机器人编程示例程序

单击 Robot Controller2【示教器】，打开示教器界面→单击示教器面板的【select】切换至程序界面。单击【创建】功能键创建吸盘搬运工件程序。

```
1:  J P[1] 100% FINE
2:  LBL[1]                          ; 循环开始
3:  DO[1]=OFF                       ; 设备复位开始
4:  WAIT DI[2]=OFF
5:  WAIT DI[101]=ON                 ; 检查是否有输送带 1 上是否有工件
6:  DO[1]=ON
7:  WAIT DI[1]=ON                   ; 设备复位结束
8:  L P[2] 3000mm/sec FINE          ; 靠近输送带 1 托盘
9:  L P[3] 3000mm/sec FINE
10:    CALL PICKFROMM1              ; 抓取工件
11:  WAIT    .50(sec)
12:  L P[4] 3000mm/sec FINE         ; 离开输送带 1
13:  WAIT    1.00(sec)
14:  DO[1]=OFF                      ; 输送带 1 复位
15:  L P[5] 3000mm/sec FINE         ; 靠近输送带 2 托盘
16:  WAIT DI[111]=OFF               ; 检查输送带 3 工件是否取走
17:  WAIT DI[6]=OFF                 ; 等待输送带 3 托盘复位
18:  L P[6] 3000mm/sec FINE
19:    CALL DROPTOM3                ; 放置工件
20:  WAIT    .50(sec)
21:  J P[7] 100% FINE               ; 离开输送带 3
22:  WAIT    1.00(sec)
23:  J P[8] 100% FINE               ; 准备抓取下一个工件
24:  JMP LBL[1]                     ; 循环结束
```

参 考 文 献

[1] 卢亚平，刘和剑，职山杰. FANUC 工业机器人编程操作与仿真[M]. 西安：西安电子科技大学出版社，2022.
[2] 郑晓虎，谷洲之. SolidWorks 机械设计实例教程[M]. 西安：西安电子科技大学出版社，2021.
[3] 郭洪红. 工业机器人技术[M]. 4 版. 西安：西安电子科技大学出版社，2022.
[4] 陶守成，周平. 工业机器人夹具设计与应用[M]. 北京：人民交通出版社，2019.
[5] 陶守成，周平. 工业机器人技术基础[M]. 北京：人民交通出版社，2019.
[6] 林燕文，陈南江，彭赛金. 工业机器人应用系统建模[M]. 北京：人民邮电出版社，2020.
[7] 彭赛金，张红卫，林燕文. 工业机器人工作站系统集成设计[M]. 北京：人民邮电出版社，2018.
[8] 陈南江，郭炳宇，林燕文. 工业机器人离线编程与仿真(ROBOGUIDE) [M]. 北京：人民邮电出版社，2018.
[9] 李艳晴，林燕文，卢亚平，等. 工业机器人现场编程(FANUC) [M]. 北京：人民邮电出版社，2018.
[10] 卢亚平，丁建强，任晓. 计算机控制技术：理论、方法与应用[M]. 北京：清华大学出版社，2024.
[11] 韩鸿鸾. 工业机器人现场编程与调试一体化教程[M]. 西安：西安电子科技大学出版社，2021.
[12] 张爱红. 工业机器人应用与编程技术[M]. 北京：电子工业出版社，2015.
[13] 张爱红. 工业机器人操作与编程技术(FANUC) [M]. 北京：机械工业出版社，2018.
[14] 余攀峰. FANUC 工业机器人离线编程与应用[M]. 北京：机械工业出版社，2020.
[15] 黄金梭，周庆慧. 工业机器人虚拟仿真技术[M]. 北京：机械工业出版社，2023.
[16] 孟庆波. 工业机器人离线编程(FANUC) [M]. 北京：高等教育出版社，2018.
[17] 李康，刘文东，王璐，等. 多功能气动柔性三指机械手设计与实验[J]. 机床与液压，49 (9)，2021：16-20.
[18] 刘洪波，孟祥蕊，耿德旭，等. 气动单向弯曲关节柔性手指静力学特性实验研究[J]. 机床与液压，50(11)，2022：14-19.
[19] 刘洪波，耿德旭，赵云伟，等. 双驱动型单向弯曲柔性关节弯曲特性[J]. 北华大学学报(自然科学版)，18(6)，2017：815-819.
[20] 张东阳，李庆党，杨晓晖. 机器人末端工具换接装置设计及研究[J]. 机械设计与制造工程，49(4)，2020：34-37.

[21] 杨钒，黄泽森. 钢球锁紧式工业机器人末端工具快速更换器的设计[J]. Equipmen Equipment Manufacturing Technology，No.02，2019：10-13+18
[22] 文清平，李勇兵. 工业机器人应用系统三维建模(SolidWorks)[M]. 北京：高等教育出版社，2022.